储能先进技术及应用系列丛书

全钒液流电池储能系统建模与控制技术

李　鑫　李建林　邱　亚
杨霖霖　陈　薇　周喜超　著
郑　涛　王　含　唐　昦

机 械 工 业 出 版 社

全钒液流电池具有长寿命、高安全及功率和容量可灵活独立设计等优点，是大规模储能技术热点研究领域。本书对全钒液流电池储能本体技术与系统应用技术发展现状、工作原理与结构、全钒液流电池储能系统的数学模型、全钒液流电池及储能系统的 SOC 估计、全钒液流电池接入直流侧和交流侧母线的接口控制技术及储能系统的分层控制等问题进行了阐述。本书还给出了全钒液流电池储能系统的相关标准、典型工程应用实例及用于研究和算法验证的实证平台。本书可供从事全钒液流电池储能技术、智能电网等领域的相关研究人员参考使用，也可供高等院校广大师生借鉴参考。

图书在版编目（CIP）数据

全钒液流电池储能系统建模与控制技术 / 李鑫等著.
—北京：机械工业出版社，2020.8（2024.7重印）
（储能先进技术及应用系列丛书）
ISBN 978-7-111-66341-6

Ⅰ. ①全… Ⅱ. ①李… Ⅲ. ①钒—化学电池—储能—系统建模②钒—化学电池—储能—控制系统
Ⅳ. ①0646.21

中国版本图书馆 CIP 数据核字（2020）第 149641 号

机械工业出版社（北京市百万庄大街 22 号　邮政编码 100037）
策划编辑：宗　颖
责任编辑：宗　颖　史海疆　张万英
责任校对：胡　颖
责任印制：张　博
北京建宏印刷有限公司印刷
2024 年 7 月第 1 版第 3 次印刷
169mm×239mm・22.75 印张・456 千字
标准书号：ISBN 978-7-111- 66341-6
定价：120.00 元

电话服务
客服电话：010-88361066
010-88379833
010-68326294

网络服务
机　工　官　网：www.cmpbook.com
机　工　官　博：weibo.com/cmp1952
金　书　网：www.golden-book.com
机工教育服务网：www.cmpedu.com

封底无防伪标均为盗版

序

大规模储能是国家战略，备受国家各部委的高度重视，国家层面关于储能方面的政策频出，近三年内五部委颁布的政策就有20余项，各级政府颁发的配套政策累计达50余项，储能的战略地位达到了空前高度。工业和信息化部、科技部专门设立了大规模储能重大专项，针对锂电、液流、飞轮和压缩空气等主流储能类型设立了国家重点研发计划项目共计10余项；国家基金委专门设立了储能重大专项，国家电网公司、南方电网公司将储能作为重要战略部署。教育部、国家发展和改革委员会和国家能源局联合制订了《储能技术专业学科发展行动计划（2020—2024年）》（教高函〔2020〕1号），并于2020年2月公开发文。

储能技术在促进能源生产消费、开放共享、灵活交易、协同发展及推动能源革命和能源新业态发展方面发挥着至关重要的作用。储能技术的创新突破将成为带动全球能源格局革命性、颠覆性调整的重要引领技术。储能设施的加快建设将成为国家构建更加清洁低碳、安全高效的现代能源产业体系的重要基础设施。

江苏、河南、湖南、青海、浙江和甘肃等省陆续建设了百兆瓦级别的储能电站，应用范围覆盖了风电、光伏等可再生能源发电以及火电性能提升方面；也用于特高压外送线路的安全、可靠运行；还用于用户侧综合能源供应、电力需求响应。截至目前，累计储能装机容量1.7GW左右。储能技术作为促进能源清洁利用的重要技术手段已经得到国际共识，电化学储能作为当前最具大规模商业应用前景的技术，在研发和应用层面得到了更多的重视。全钒液流电池具有寿命长、安全性高和环境友好等优点，输出功率和储能容量彼此独立。通过改变储槽中电解液数量，能够满足大规模蓄电储能需求；通过调整电池堆中单电池的串联数量和电极面积，能够满足额定放电功率要求；电池正负极反应均在液相中完成，充电/放电过程仅仅改变溶液中钒离子状态，没有外界离子参与电化学反应，电极只起转移电子作用，本身不参与电化学反应，大幅延长了电池的使用寿命，比较适合在电力系统中进行大规模应用。

作者团队长期致力于全钒液流电池储能系统的研究、开发工作，《全钒液流电池储能系统建模与控制技术》这本书从理论建模、控制策略，到示范工程实证以及政策、标准方面进行了全面梳理，适合在储能领域有一定基础的研究工作者参考，也适合作为高等院校研究生教学、科研参考用书。

杨生伟

2020年7月于清华园

前　言

大规模电化学储能技术可有效提升电网的安全性和运行效能，是智能电网的基础支撑技术，对国家实施能源结构调整的重大战略具有极其重要的意义。全钒液流电池具有高安全、长寿命和低成本等独特优点，在国家发展和改革委员会、国家能源局组织编制的《能源技术革命创新行动计划（2016—2030 年）》中被列为大规模储能领域的首选技术。

为了加快培养储能领域“高精尖缺”人才，教育部、国家发展和改革委员会和国家能源局三部委联合制订了《储能技术专业学科发展行动计划（2020—2024年）》，为推动我国储能产业和能源高质量发展做好引导。

本书围绕全钒液流电池储能系统的模型与控制进行撰写，总结了著作团队的研究成果，参考国内相关研究团队和会议报告的相关内容，共分为 9 个章节。第 1 章介绍大规模储能技术的分类、发展及应用，梳理了全钒液流电池的关键技术、现有的储能政策及全钒液流电池的国内外标准。第 2 章介绍了全钒液流电池的工作原理、化学反应过程、结构及主要参数，并给出了市场上常见的全钒液流电池产品及规格。第 3 章梳理了全钒液流电池常见的数学模型，建立了全钒液流电池的混合模型和状态空间方程，推导出电池组的数学模型。第 4 章阐述了全钒液流电池的 SOC 估计方法，并给出了全钒液流电池储能系统的估计方案。第 5 章主要详细地给出了全钒液流电池的直流侧接口设备（双向 DC/DC），建立了双向 DC/DC 变换器的模型，并给出了多 DC/DC 并联运行的控制策略。第 6 章建立了全钒液流电池的交流侧接口设备（PCS）的模型，分析了多 PCS 并联运行失稳机理，并提出了多 PCS 并联系统谐振抑制的方法。第 7 章阐述了全钒液流电池的分层控制，包括就地层的充放电控制及功率协调控制。第 8 章给出了全钒液流电池的工程实例及液流电池应用的一般场景。第 9 章阐述了其他液流电池储能技术。全书将为全钒液流电池储能系统的建模、控制和应用带来有益参考，具有较好的可读性和参考价值。

本书由合肥工业大学李鑫博士、北方工业大学李建林教授和合肥工业大学邱亚博士等著；上海电气集团股份有限公司杨霖霖博士、合肥工业大学陈薇博士、国网节能服务有限公司周喜超高级工程师、合肥工业大学郑涛博士、国家电投中央研究院王含教授级高工和中国科学院金属研究所唐奡博士撰写了部分内容。

本书得到了中央高校基本科研业务费专项资金（JZ2020HGQA0175）以及合肥综合性国家科学中心能源研究院的项目资助，在此深表谢意。感谢合肥工业大学苏建徽教授、中电联电力发展研究院高长征博士和合肥工业大学陈梅副教授，他们认真审阅了全部书稿，并提出了许多宝贵而中肯的修改意见。感谢中南大学刘素琴教授、湖南大学李欣然教授和中国科学院山西煤炭化学研究所李南文研究员对本书的建议和意见。

感谢合肥工业大学电气与自动化工程学院先进控制技术研究所研究生汪丹、张微微、莫言青、邵军康、黄钰笛、狄那、卢文品、侯杨成、朱浩宇、石帅飞、张超、高翔和何慧敏等在本书撰写过程中所做的资料整理等辛勤的工作。还要感谢书中引注和未曾引注的所有文献作者的辛勤工作。

本书可供从事全钒液流电池储能技术、智能电网等领域的相关研究人员参考使用，也可供高等院校广大师生借鉴参考。

限于作者水平及现阶段对液流电池的认知，虽然对书稿进行了反复研究推敲，但难免仍会存在疏漏与不足之处，恳请读者批评指正。

著 者

目　录

第1章　液流电池储能技术

1.1　大规模储能技术的分类

随着经济社会的发展和人类生活水平的提高，以化石能源为主的传统能源供应结构已无法满足人类的可持续发展。化石能源是不可再生能源，会出现能源短缺并产生环境污染问题，因此需要大力发展可再生能源，提高其在能源供应结构中的比例。近年来，大力开发可再生能源已成为世界各国保障能源供应安全、保护环境的重要举措。截至2019年底，我国可再生能源发电装机达到7.72亿kW，同比增长6%，约占全部电力装机的38.4%。其中，风电、光伏装机容量分别为2.09亿kW、2.05亿kW，同比增长13.5%、17.8%[1]。报告[2]指出，2050年中国可再生能源发电比重将达到68%。由此可知可再生能源正逐渐由辅助能源变为主导能源。随着新能源高比例渗透，倒逼传统电力系统在形态、结构和功能上实现变革，储能技术具有时空能量的特性，对提高可再生能源并网的可控性和可调度性，提升电网接纳能力有重要作用。随着可再生能源装机容量的增加，对大规模储能系统的需求会越来越多。

大规模储能是国家战略，备受国家各部委的高度重视，国家层面关于储能方面的政策频出。近三年内五部委颁布的政策就有20余项，各级政府颁发的配套政策累计达50余项，储能的战略地位达到了空前高度。工业和信息化部、科技部专门设立了大规模储能重大专项，针对锂电、液流、飞轮和压缩空气等主流储能类型设立了国家重点研发计划项目共计10余项；国家基金委专门设立了储能重大专项，国家电网公司、南方电网公司将储能作为重要战略部署，每年立项10余项，累计立项百余项；山西、云南和吉林科技厅等各级政府部门也在“十四五”规划中，专门设立了大规模储能重大专项。

江苏、河南、湖南、青海、浙江和甘肃等省陆续建设了百兆瓦级别的储能电站，应用范围覆盖了风电、光伏等可再生能源发电以及火电性能提升方面；也用于特高压外送线路的安全、可靠运行，还用于用户侧综合能源供应、电力需求响应。截至2019年底，累计储能装机容量1.7GW左右。区块链、大数据等新兴技术在共享储能中的应用，必将进一步推动储能的爆发式增长，加速储能爆发元年的到来。

通过多年的研究和应用实践，国内外针对储能技术形成三个共识：一是储能技术是推动世界能源清洁化、电气化和高效化，破解能源资源和环境约束，实现全球能源转型升级的核心技术之一；二是新能源高渗透化的态势，倒逼传统电力系统在形态、结构和功能上实现变革，电网需要构建高比例、泛在化和可广域协同的储能形态；三是要坚实、有序推动新能源可持续发展，需要借助于边界成本低且性能优异的储能技术。世界各国均将储能作为战略性技术，通过持续实施基础研究、创新和示范应用项目，推动储能产业发展，推进储能技术应用。

储能按照技术类别大致可以分为物理储能、电化学储能和电磁储能，见表 1-1。不同储能适合不同容量、不同时间常数的场合，其中液流电池、钠硫电池、抽水蓄能和压缩空气等特别适合大功率、长时间常数的场合。

表 1-1 储能类型

类型	储能类型	典型功率	典型时长	优势	劣势	应用方向
物理储能	抽水储能	100～2000MW	4～10h	大功率，大容量，低成本	场地要求特殊	日负荷调节频率控制和系统备用
	压缩空气	100～300MW	6～20h	大功率，大容量	场地要求特殊	调峰发电厂，系统备用电源
	飞轮储能	5kW～1.5MW	15s～15min	大容量	低能量密度	调峰，频率控制，电能质量调节
电化学储能	铅酸电池	1kW～50MW	1min～3h	低投资	寿命短	电能质量，可靠性，UPS
	锂离子电池	100kW～10MW	min～h 级	高能量密度，污染小	造价高	调峰，备用电源
	钠硫电池	100kW～100MW	min～h 级	高能量密度，高成本	运维复杂	调峰，备用电源，电能质量调节
	液流电池	5kW～100MW	1～20h	大容量，长寿命	低能量密度	电能质量，可靠性，备用电源
电磁储能	超导储能	10kW～1MW	5s～5min	大容量	低能量密度，高成本	UPS，电能质量，电网稳定性
	超级电容	1～100MW	1s～1min	长寿命，高效率	低能量密度	电能质量调节，输电稳定性

1.1.1 大规模储能技术的简介

《能源技术革命重点创新行动线路图》[3]给出了先进储能技术创新路线图，如图 1-1 所示。

由图 1-1 可知，应用于电网的先进储能技术种类很多，不同技术有不同的成熟度。接下来针对其中的抽水储能、压缩空气储能、飞轮储能、铅酸电池、锂离子电池、钠硫电池和液流电池等大规模储能技术进行介绍。

1. 抽水储能技术

抽水储能电站的先进性在于运行灵活、反应快速，是电力系统中具有调峰、

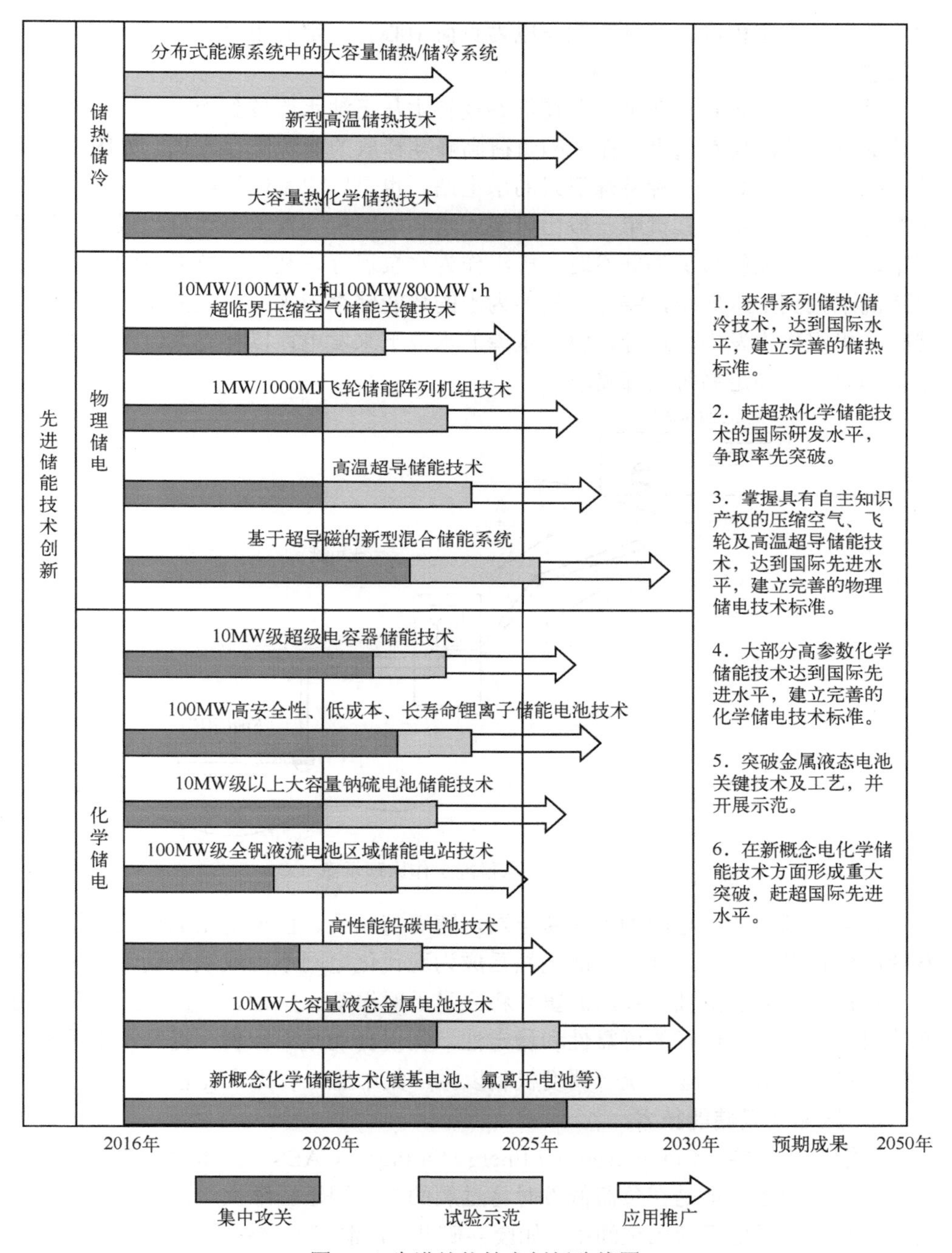

图 1-1　先进储能技术创新路线图

填谷、调频、调相、事故备用和黑启动等多种功能的特殊电源，是目前经济性的大规模储能设施，其技术成熟，成本较低。但其建设完全依赖于地理条件，即当地水资源的丰富程度，并且一般与电力负荷中心有一定的距离，面临长距离输电的问题。

抽水储能技术是指在电力负荷低谷期将水从下池水库抽到上池水库，将电能转化成重力势能储存起来，在电网负荷高峰期释放的能源储存方式，如图 1-2 所示。抽水蓄能电站是一种特殊形式的水电站，也可以说是储存电能的水电站，故可简称为蓄能电站。其机组一般由可逆式水泵水轮机与发电电动机组成。一般情况下，在电力系统负荷为低谷时，机组作为水泵运行，利用系统多余的电能将下水库的水抽到上水库中，将电能转换为水的势能储存起来；在电力系统负荷为高峰时，机组作为发电机运行，将上水库的水放下来发电，以补充系统不足的尖峰容量和电能，满足系统调峰需求。

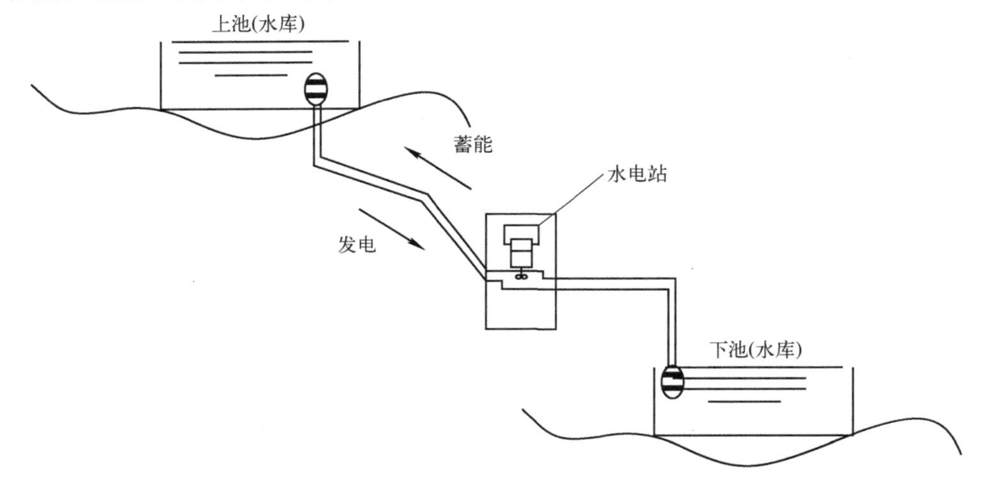

图 1-2　抽水蓄能工作原理示意

目前，国内各大电网均为跨省电网，随着特高压、巨型电站的建设投运和全网智能化程度的提高，抽水蓄能电站已成为现代化电网不可或缺的调峰手段。为进一步提高整体经济性，今后的重点将立足于对振动、空蚀、变形、止水和磁特性的研究，着眼于运行的可靠性和稳定性，实现自动频率控制，提高机电设备可靠性和自动化水平，建立统一调度机制以推广集中监控和无人化管理[4]。

2．压缩空气储能技术

压缩空气储能（Compresed Air Energy Storage，CAES）技术属于物理储能方式的一种，基本原理是在负荷低谷时将过剩的电能用于压缩空气，压缩的空气被高压密封存储于地下密闭空间中（如废弃矿井、山洞等），待电网负荷高峰时释放压缩的空气来推动涡轮发电机。通常燃气轮机发电时，压缩空气需要消耗燃气轮机 50%以上的有功输出；而压缩空气储能技术中，存储的气体已经被压缩，不再需要消耗能量用于压缩空气，从而可使燃气轮机的有功输出提高一倍。压缩空气储能原理图如图 1-3 所示。

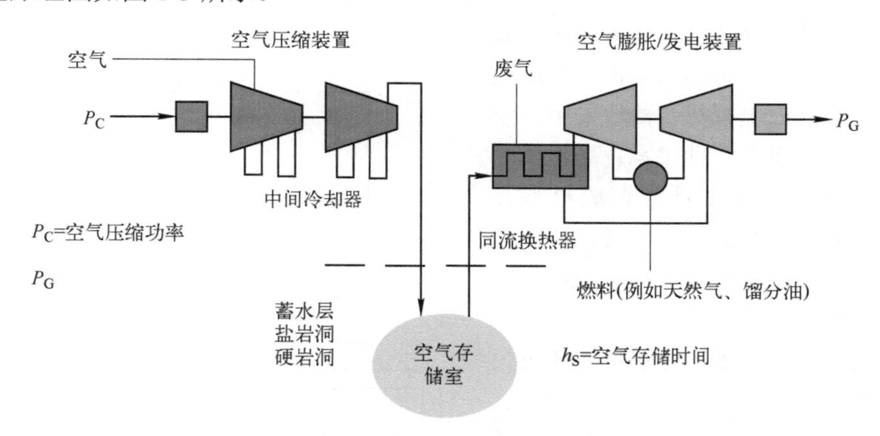

图 1-3　压缩空气储能原理图

目前压缩空气储能主要是基于传统的燃气轮机和蒸汽轮机技术。随着压缩机和汽轮机系统的改进，新的热量回收存储技术会使先进的绝热压缩空气储能（AA–CAES）技术变得经济可行。压缩空气储能涡轮机的工作温度可能会升高，引进燃气轮机中的压缩空气储能单元中的涡轮叶片冷却技术可以提高它们的效率。此外，其他先进的压缩空气储能技术包括各种加湿和蒸汽喷射技术，这些技术可以提高系统的输出功率，并降低储能的要求。

3．飞轮储能技术

飞轮储能系统是一种机电能量转换的储能装置，突破了化学电池的局限，用物理方法实现储能。通过电动/发电互逆式双向电机，电能与高速运转飞轮的机械动能之间的相互转换与储存，并通过调频、整流、恒压与不同类型的负载连接。

在储能时，电能通过电力转换器变换后驱动电机运行，电机带动飞轮加速转动，飞轮以动能的形式把能量储存起来，完成电能到机械能转换的储存能量过程，能量储存在高速旋转的飞轮体中；之后，电机维持一个恒定的转速，直到接收到一个能量释放的控制信号；释能时，高速旋转的飞轮拖动电机发电，经电力转换器输出适用于负载的电流与电压，完成机械能到电能转换的释放能量过程。整个飞轮储能系统实现了电能的输入、储存和输出过程[5]，如图 1-4 所示。

飞轮根据转速等级可以分为高速飞轮（10000～100000r/min）和低速飞轮（低于 6000r/min）。低速飞轮通常额定功率为几百兆瓦，由于其可靠性高且结构坚固，适用于大储能容量的应用对象。相对于低速飞轮，高速飞轮储能是一项新技术，动态响应速度更快，效率更高，拥有更好的循环特性和更高的能量密度，但由于受成本（比低速飞轮储能系统高 5 倍）和冷却设备的限制，只适用于低功率等级应用对象。转速等级的不同不仅对飞轮储能系统的材料、尺寸和几何形状的选择产生影响，也决定了轴承和电机的选型。低速飞轮储能系统通常采用金属材料的飞轮，选用感应电机、直流电机或双馈感应电机等，轴承采用传统的滑动轴承或者滚动轴承；高速飞轮储能系统通常采用纤维合成材料飞轮，电机选用永磁同步电机和开关磁阻电机等更适合高速运行的电机，轴承则采用电磁轴承[6]。

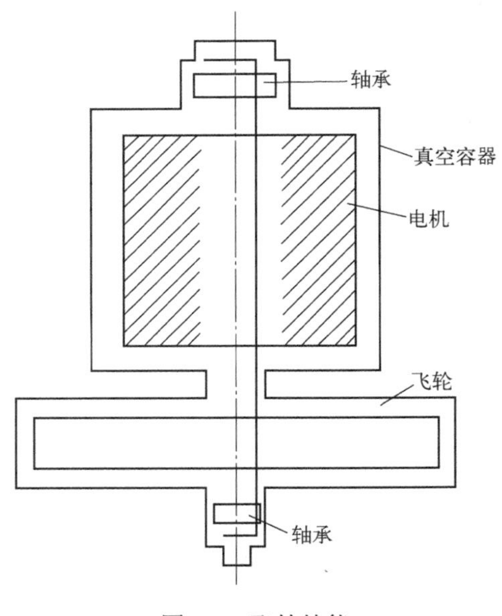

图 1-4　飞轮储能

飞轮储能技术，特别是高速飞轮储能系统，具有功率密度高、寿命长、可实时监测系统荷电状态、对环境温度不敏感和响应速度快等优点，但也不可避免地存在严重的自放电现象。在能量型应用时，飞轮储能价格昂贵，一定程度上限制了其在能量型应用领域的发展。

4．铅酸电池技术

铅酸电池是一种电极主要由铅及其氧化物制成，电解液是硫酸溶液的蓄电池。铅酸电池放电状态下，正极主要成分为 PbO_2，负极主要成分为 Pb；充电状态下，正负极的主要成分均为 $PbSO_4$，如图 1-5 所示。

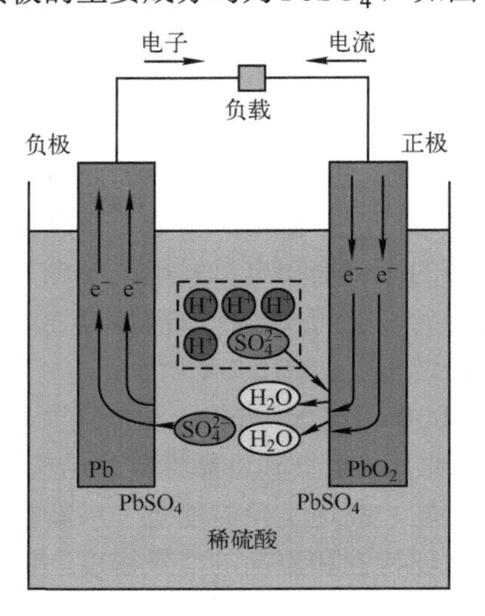

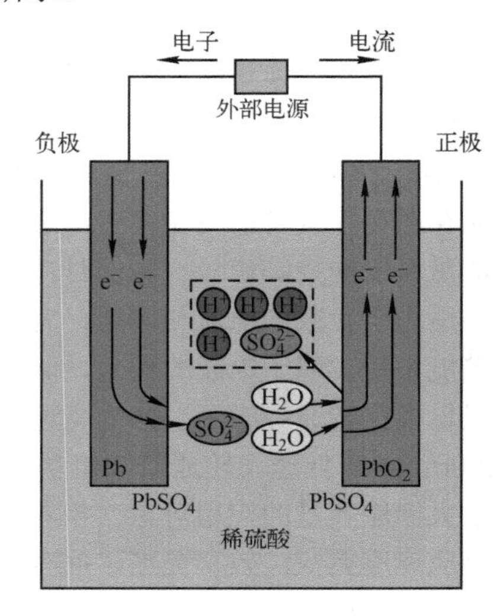

图 1-5　铅酸电池

铅酸电池反应如下。

正极：$PbO_2 + 3H^+ + HSO_4^- + 2e^- \Leftrightarrow PbSO_4 + 2H_2O$

负极：$Pb + HSO_4^- \Leftrightarrow PbSO_4 + H^+ + 2e^-$

总反应：$PbO_2 + Pb + 2H_2SO_4 \Leftrightarrow 2PbSO_4 + 2H_2O$

铅酸电池在充电后期和过充电时，会发生电解水的副反应，在电极上产生一定量的气体，如下所示。

正极：$2H_2O \rightarrow O_2 \uparrow + 4H^+ + 4e^-$

负极：$2H^+ + 2e^- \rightarrow H_2 \uparrow$

自从1859年法国物理学家普兰特（Raymond Gaston Planté）发明铅酸电池以来，迄今已有160年的发展历史。铅酸电池由于具有工艺成熟、成本低廉、回收利用率高和自放电低等优点，目前在市场中占据一半的比例。但是，在高倍率部分荷电状态下，铅酸电池负极存在严重的硫酸盐化现象，这将导致电池循环寿命缩短，严重制约其发展。虽说目前很难被任何其他种类的电池完全替代，但铅酸蓄电池未来市场会随其他新兴电池的成熟而逐渐变小。铅酸蓄电池的发展前沿仍然是如何增加能量、功率密度及循环寿命[7]。

研究学者将铅酸电池和超级电容器两者相结合：既发挥了超级电容瞬间大容量充电的优点，又发挥了铅酸电池的比能量优势。铅炭电池是通过“内混”的方式把碳材料加入铅酸电池负极板而形成的一种新型储能电池。由于铅炭电池在安全性、经济性和循环寿命等方面展现出优异的性能，使其在混合动力电动汽车、可再生能源接入、削峰填谷、智能微电网和需求侧管理等领域得到国内外人士的广泛关注[8]。

5．锂离子电池

锂离子电池一般是使用锂合金金属氧化物为正极材料、石墨为负极材料，使用非水电解质的电池。锂离子电池共由四部分组成，分别是正极、负极、电解质和隔膜。充电时，在外电场的作用下，正极发生氧化反应，产生自由锂离子，穿过隔膜，移动到负极并被嵌入到石墨碳原子中；放电时，锂离子从碳原子中脱离，穿过隔膜，回到正极；充电和放电的过程就是锂离子不断在正负极来回运动的过程，如图1-6所示。

锂离子电池的化学反应式：$LiMO_2 + nC \underset{\text{放电}}{\overset{\text{充电}}{\Leftrightarrow}} Li_{1-x}MO_2 + Li_xC_n$

正极反应：$LiMO_2 \underset{\text{放电}}{\overset{\text{充电}}{\Leftrightarrow}} Li_{1-x}MO_2 + xLi^+ + xe^-$

负极反应：$xLi^+ + xe^- + nC \underset{\text{放电}}{\overset{\text{充电}}{\Leftrightarrow}} LiC_n$

化学反应式正向均表示充电，反向均表示放电；M表示锂离子电池正极各种材料，可以是钴、镍、铁和铝等。

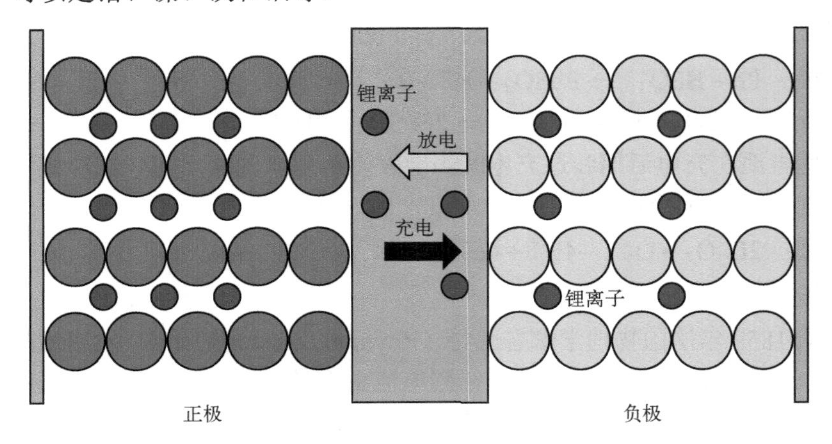

图 1-6 锂电池

1970 年，埃克森的 M.S.Whittingham 采用硫化钛作为正极材料，金属锂作为负极材料，制成首个锂电池。1982 年伊利诺伊理工大学（Illinois Institute of Technology）的 R.R.Agarwal 和 J.R.Selman 发现锂离子具有嵌入石墨的特性，此过程是快速的，并且可逆。1983 年 M.Thackeray、J.Goodenough 等人发现锰尖晶石是优良的正极材料，具有低价、稳定和优良的导电性能。1989 年，A.Manthiram 和 J.Goodenough 发现采用聚合阴离子的正极将产生更高的电压。1992 年日本索尼公司发明了以碳材料为负极，以含锂的化合物作为正极的锂电池。在充放电过程中，没有金属锂存在，只有锂离子，这就是锂离子电池。1996 年 Padhi 和 Goodenough 发现具有橄榄石结构的磷酸盐，如磷酸铁锂（$LiFePO_4$），比传统的正极材料更具安全性，尤其耐高温，耐过充电性能远超过传统锂离子电池材料。1998 年，天津电源研究所开始商业化生产锂离子电池。

锂离子电池也具备循环寿命长、能效高、能量密度大和绿色环保等优势，随着锂离子电池制造成本的降低以及政策的推出落地，锂离子电池大规模装机到电化学储能领域将是趋势，在储能领域迎来爆发式增长[19]。此外，锂离子电池单体电压较低，例如磷酸铁锂电池仅为 3.2～3.6V。因此在使用过程中，需要将大量单体电池进行串并联后使用，这就需要高精度和较复杂的电池管理和监控系统。但锂离子电池也存在一些缺点，例如价格较贵和安全性较差等。锂离子电池工作时内部存在一系列放热反应，在一定条件下会发生热失控联锁反应，可能导致电池的燃烧和爆炸，使有关锂离子电池储能安全问题成为该领域的一个热点[9]。

6．钠硫电池技术

通常情况下，钠硫电池由正极、负极、电解质、隔膜和外壳组成。1968 年福特公司公开了钠硫电池的发明专利。与一般二次电池（铅酸电池、镍镉电池等）

不同，钠硫电池是由熔融电极和固体电解质组成的，负极的活性物质为熔融金属钠，正极的活性物质为液态硫和多硫化钠熔盐[10]，如图 1-7 所示。

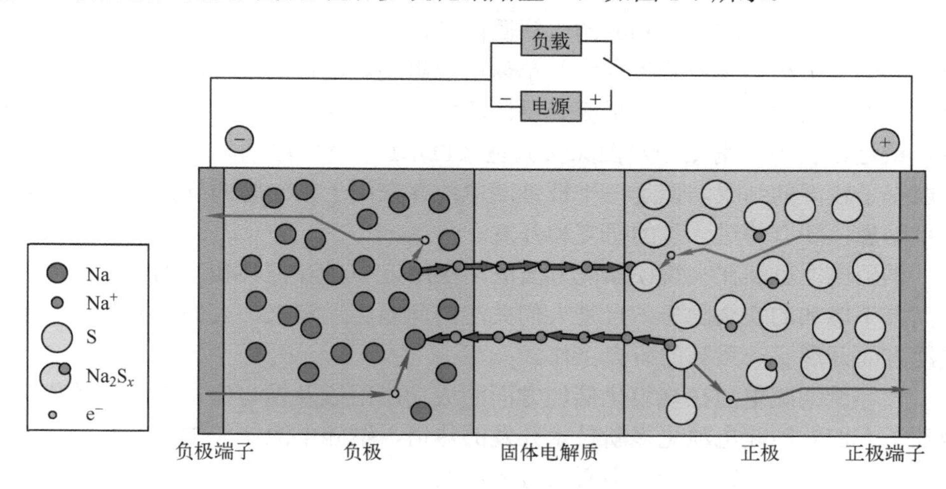

图 1-7　钠硫电池

固体电解质兼隔膜工作温度为 300～350℃。在工作温度下，钠离子（Na^+）透过电解质隔膜与 S 之间发生可逆反应，形成能量的释放和储存。钠硫电池反应如下。

$$\text{正极：} S^{2-} \underset{\text{放电}}{\overset{\text{充电}}{\Leftrightarrow}} S + 2e$$

$$\text{负极：} 2Na^+ + 2e^- \underset{\text{放电}}{\overset{\text{充电}}{\Leftrightarrow}} 2Na$$

$$\text{总反应：} Na_2S_x \underset{\text{放电}}{\overset{\text{充电}}{\Leftrightarrow}} 2Na + xS$$

钠硫电池在放电过程中，电子通过外电路由阳极（负极）到阴极（正极），而 Na^+则通过固体电解质β–Al_2O_3 与 S^{2-}结合形成多硫化钠产物，在充电时电极反应与放电相反。钠与硫之间的反应剧烈，因此两种反应物之间必须用固体电解质隔开，同时固体电解质又必须是钠离子导体。

目前所用电解质材料为 Na–β–Al_2O_3，只有温度在 300℃以上时，Na–β–Al_2O_3 才具有良好的导电性。因此，为了保证钠硫电池的正常运行，钠硫电池的运行温度应保持在 300～350℃，这个运行温度使钠硫电池作为车载动力电池的安全性降低，同时使电解质破损，从而造成安全性问题。

管式设计的钠硫电池虽然充分显示了其大容量和高比能量的特点，在多种场合获得了成功的应用，但与锂离子电池、超级电容器和液流电池等膜设计的电化学储能技术相比，它在功率特性上没有优势。

平板式设计有一些管式电池不具备的优点。首先，平板式设计允许更薄的阴极，对给定的电池体积，有更大的活性表面积，有利于电子和离子的传输；其次，相对管式电池使用的1～3mm的电解质而言，平板式设计可使用更薄的电解质（小于1mm）；另外，平板式设计使得单体电池组装电池堆的过程简化，有利于提高整个电池堆的效率。因此，平板式设计的电池可能获得较高的功率密度和能量密度。最近，美国西南太平洋国家实验室（PNNL）对中温钠硫电池进行了研究，并取得了较好的结果。但是，平板钠硫电池存在由于密封脆弱导致安全性能差等严重隐患，还有待进一步的研究和开发。

钠硫电池虽然在大规模储能方面成功应用近20年，但其较高的工作温度以及在高温下增加的安全隐患一直是人们关注的问题。近年来，人们在探索常温钠硫电池方面开展了一系列的研究工作。

大容量钠硫电池在规模化储能方面的成功应用以及钠与硫在资源上的优势，激发了人们对钠硫电池更多新技术开发的热情，钠硫电池储能技术的发展势头将在较长的时间内继续保持并不断取得新进展。

7．液流电池技术

液流电池通过正、负极电解质溶液活性物质发生可逆氧化还原反应（即价态的可逆变化）实现电能和化学能的相互转化。充电时，正极发生氧化反应使活性物质价态升高；负极发生还原反应使活性物质价态降低；放电过程与之相反。与一般固态电池不同的是，液流电池的正极和负极电解质溶液存储于电池外部的储罐中，通过泵和管路输送到电池内部进行反应，因此，电池功率与容量独立可调。从理论上讲，有离子价态变化的离子对可以组成多种液流电池。液流电池示意图如图1-8所示。

液流电池的概念是由L.H.Thaller于1974年提出的。该电池通过正、负极电解质溶液活性物质发生可逆氧化还原反应实现电能和化学能的相互转化。

在早期的液流电池技术探索中，世界各国对铁铬液流电池的研发最为广泛。从1974年开始，美国航空航天局及日本的研究机构均开展了千瓦级铁铬液流电池研发，并且成功开发出数十千瓦级的电池系统。然而，由于铬半电池的反应可逆性差，铁和铬离子透过隔膜存在交叉污染及电极析氢等问题，致使铁铬液流电池系统的能量效率较低。因此，世界范围内对铁铬液流电池的研究开发基本上处于停滞状态，仅有美国的EnerVault等公司还在进行项目研发及示范。

2004年9月，Regenesys公司将多硫化钠/溴液流电池的所有知识产权转让给了加拿大的VRB动力系统公司，从而淡出了多硫化钠/溴液流电池行业。由于多硫化钠/溴液流电池采用的电解质价格便宜，因此，曾被认为非常适合建造大型储能电站。英国Innogy公司于20世纪90年代初开始，发展多硫化钠/溴液流电池储能系统的商业化应用开发，成功地开发出5kW、20kW和100kW三个系列的电池模块。

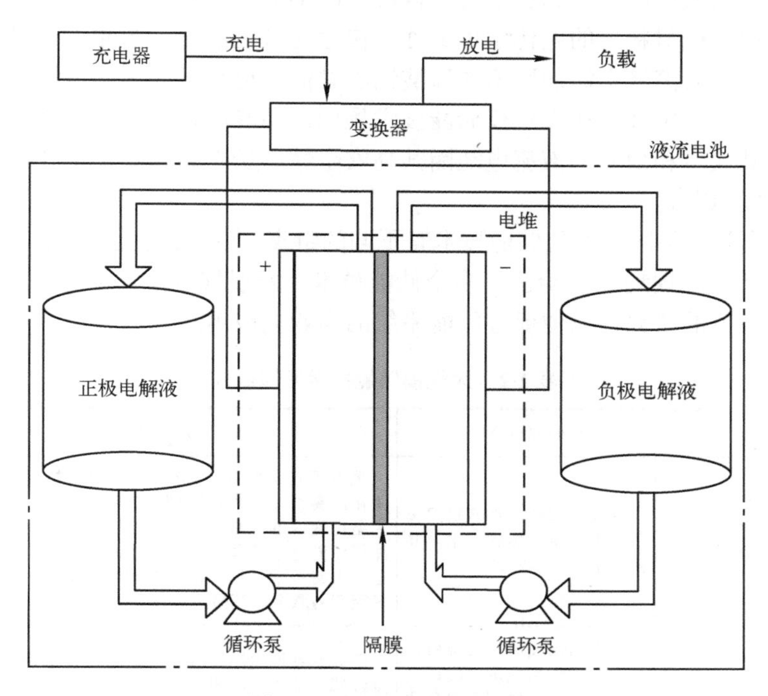

图 1-8　液流电池的示意图

与其他液流电池相比，近几年来，全钒液流电池（Vanadium Redox Flow Battery，简称 VRB 或 VFB）储能系统的研究开发、工程化及产业化不断取得重要进展。加拿大的 VRB 能源系统公司、日本的住友电气工业公司及 Kashima-kita 电力公司曾致力于全钒液流电池储能系统的开发。日本住友电气工业公司与关西电力公司合作开发出输出功率为 100kW 的全钒液流电池储能系统，该成果获 2001 年度日本“能源与资源技术进步奖”。Kashima-kita 电力公司相继成功开发 2kW 和 10kW 全钒液流电池电堆。住友电气工业公司在北海道建造了一套输出功率为 4MW、储能容量为 6MW • h 的全钒液流电池储能系统，用于对 30MW 风电场的调幅、调频和平滑输出并网。加拿大 VRB 能源系统公司曾利用日本住友电气工业公司制造的电堆，实施了调峰电站用 250kW/2MW • h 全钒液流电池储能系统和用于与风力发电配套的 200kW/800kW • h 全钒液流电池储能系统的应用示范。德国、奥地利等国家也在开展全钒液流储能系统的研究，并且计划将其应用于光伏发电和风能发电的储能电站。

我国对液流储能电池的基础研究起步较早，于 20 世纪 80 年代末开始研究液流储能电池，中国地质大学及北京大学都建立了全钒液流电池的实验室模型，测试了充放电性能。中国工程物理研究院电子工程研究所研究了碳塑电极和全钒液流电池正极溶液的浓度及添加剂对正极反应的影响。广西大学研究了钒电解质溶液在不同碳电极材料上的电化学可逆性及快速充放电能力。东北大学材料与冶金学系在钒电解质溶液中添加适量的硫酸钠和甘油来提高钒离子的溶解度，同时也提高了溶液的稳定性。在大规模储能技术领域，储能的首要条件就是安全性，接下来便是其成本和效率。液流电池因其高安全性、长寿命得到了学者们的广泛关注及快速发展[11]。

综上所述，不同类型的储能技术有不同的特点，成熟程度也不同。《能源技术创新“十三五”规划》[12]给出了多个储能技术的发展规划，汇总见表 1-2。后续仍需开展大量的研究，以便促进储能系统的商业化应用。

表 1-2　大规模储能技术发展规划

名称	研究目标	研究内容	类型
大型抽水蓄能电站关键技术示范与推广	掌握大型抽水蓄能机组设备制造与系统集成技术，并开展示范工程建设	重点研究高水头、大容量抽水蓄能机组设备自主化，高水头大 PD 值埋藏式钢管和钢岔管设计，大型可变速抽水蓄能机组关键技术，大型抽水蓄能机组配套设备与系统集成技术，海水抽水蓄能电站关键技术，抽水蓄能电站与新能源、核电等多能互补联合运行技术	示范试验类
新型高效电池储能技术研究	开发出低成本、长寿命、高安全性和高能量密度锂电池，建立低温化、高安全性和高性能的钠硫储能新体系，掌握高性能铅炭电池制备关键技术；突破大型机械储能关键技术，建立示范系统；研制出高能量密度、长寿命和低成本固态化学电池	研究水系锂电池、凝胶锂电池、固态锂电池以及锂硫电池技术的电极材料及规模制备技术，新型钠、硫体系储能系统的关键技术，低电阻、高可靠性铅炭电池电极板的制备工艺技术，大容量机械储能（如飞轮储能、压缩空气储能）的系统结构、控制、大功率高效电机及变流等关键技术，以及固态电化学储能电池的关键材料匹配、电芯设计和电芯规模制造关键技术	集中攻关类
大容量长寿命钛酸锂储能电池及装置示范验证	掌握低成本长寿命储能锂离子电池关键技术，建成 20MW/10MW·h 钛酸锂电池储能示范系统，并投入示范运行，储能系统循环寿命达到 10000 次，成本低于 3000 元/（kW·h）	研究长寿命钛酸锂材料、储能用锂离子电池设计及工艺、电池系统集成等关键技术；研究开发钛酸锂电池模块结构设计、系统结构、散热设计方案、模块成组及连接技术，以及低成本、高可靠性储能系统管理控制设计技术；开展 20MW/10MW·h 钛酸锂电池储能示范系统的建设；研究储能系统和电力系统联合控制方法和控制策略	示范试验类
兆瓦级以上大容量钠硫电池储能装置示范验证	掌握大尺寸陶瓷电解质的低成本制备与产业化放大、金属/陶瓷/玻璃高温多相封装的产业化放大与稳定服役、兆瓦级以上大容量钠硫电池储能电站集成与运维技术，实现 1MW/8MW·h 钠硫电池系统制造和电站实地示范运行	研发β-Al_2O_3陶瓷电解质制备工艺和设备、金属/陶瓷/玻璃密封结合技术、连接技术以及批量化制备工艺和设备、高自动化精密激光焊接系统和标准工艺、铝质壳体防腐蚀涂层量产制备专用设备和工艺；研究中试规模（2～5MW/a）的铝质单体电池的批量制备的专用设备工具、工艺和检测方法；研发大容量模块设计与批量化装配技术、模块化集成技术、钠硫电池储能系统并网及监控技术、基于智能化管理模式设计技术；研发低温钠硫电池技术；开展不同应用领域的兆瓦级储能电站的设计、控制与运维技术研究和钠硫电池运行性能评估等	示范试验类

（续）

名称	研究目标	研究内容	类型
10MW/100（MW·h）先进压缩空气储能系统示范	突破10MW/100MW·h先进压缩空气储能系统核心部件设计技术，建成系统工程示范，系统性能达到国际领先水平	研发10MW/100MW·h先进压缩空气储能系统中宽负荷压缩机和高负荷透平膨胀机、紧凑式蓄热（冷）换热器等核心部件的流动、结构与强度设计技术，以及系统集成及其与电力系统的耦合控制技术和示范系统的调试与性能测试技术	示范试验类
全钒液流电池储能产业化技术	实施百兆瓦以上级全国产化材料全钒液流电池储能装置示范应用工程；建造300MW/a液流电池产业化基地，实现规模化生产	开展全钒液流电池用高性能、低成本非氟离子传导膜的规模化制备，开展30kW及以上级高功率密度电堆、高集成度集装箱式200kW以上级的全钒液流电池模块的工程化技术开发；制定全钒液流电池标准	应用推广类

1.1.2 大规模储能技术的应用

大规模储能可应用于电力系统的各个环节，包括发电、输电、配电和用电等。针对不同的应用领域，依据功率等级和放电时间，可将大规模储能技术在电力系统中的应用分为以下三大类，具体见表1-3。

表1-3 大规模储能技术的应用分类

类别	应用方向
发电	备转容量：大规模储备电能，在发电站意外停运期间保证不间断供电 区域控制与调频备转容量：控制区域内的电力设施使之保持频率一致，以防出现计划外的电力传输，使孤立发电系统能瞬时响应负荷变化引起的频率偏移 商业化储能：储存低价谷电，调用作高价峰电
输配电	输电系统稳定性：使输电线路中各部件维持同步，避免系统崩溃 输电电压调节：在负荷变化的情况下，使输电线路在发电/用电端的电压变动保持在5%以内 延缓输电设施更新：为现有设施提供额外电源，以延缓输电线路和变压器的更新 延缓配电设施更新：为现有设施提供额外电源，以延缓配电线路和变压器的更新
用户终端	用户端能量管理：用户端储存电厂的低价谷电，适时调用以满足需要 可再生能源管理：储存可再生能源发电，满足用电高峰需要，同时保证持续供电 电能质量和可靠性：避免电压瞬时高峰、电压骤降以及短时间断电对用户造成损失

储能本质是平抑电力供需矛盾，新能源发展创造新的储能需求。电能自身不能储存，而任何时刻其生产量和需求量须严格相等，因此传统电源生产连续性和用电需求间断性的不平衡持续存在。此外，全球范围内可再生能源装机量和发电量占比不断提升（尤其是风能和太阳能）。2019年上半年，德国风光发电量占比已超过30%。但可再生能源发电存在固有的间歇性和波动性，导致出现弃风、弃光现象，增加供需不匹配程度，且影响电网的稳定性。储能技术可平抑电能供需矛盾，提高风光消纳并维持电网稳定。2019年为国内储能减速调整期，储能将向

更加市场化方向发展。根据 CPIA 统计数据，截至 2019 年底，我国电化学储能累计装机 1592.3MW，同比增长 48.4%；新增装机 591.6MW，同比下降 23.7%。忽略 2018 年相对激增，储能行业仍然是维持稳步增长的趋势。就应用端来看，用户侧仍是储能最大的应用市场，占比为 51%。此外，2019 年广东、湖南等地电网侧火储联合投运装机较多，但《输配电定价成本监审办法》的出台，提出“电网企业投资的电储能设施明确不计入输配电定价成本”。意味着短期内电网侧项目建设缺乏盈利渠道支撑，电网侧储能的发展受到制约。长期来看，储能行业将向更加市场化的方向发展。

电网侧储能是近年来兴起的一种新型业态，一经出现就备受业界关注，从技术层面到政策层面再到商业模式等诸多方面，无不成了储能产业的焦点问题。随着江苏、河南、湖南、青海和福建等省电网侧百兆瓦级电站先继建设、投运，一系列具有实操性的政策文件也陆续出台。《江苏电力辅助服务（调频）市场交易规则》《甘肃省电力辅助服务市场运营暂行规则》和《浙江省加快储能产业技术与产业发展实施方案》等，明确了具备自动发电控制（AGC）调节能力的各并网发电企业、储能电站及综合能源服务商可有序开展电力调频辅助服务交易，为储能参与电力辅助服务市场提供了政策保障。

随着储能技术的不断进步和各项政策的有序推进，电网侧储能从运营模式、功能定位和投资主体上不断演化，逐步走向成熟。江苏的电网侧百兆瓦级储能电站，为电网侧储能电站的规划设计、施工建设、运行控制和消防保障等提供了有力的工程借鉴作用。百兆瓦级电站采用“分布式建设、集中式控制”建设原则，利用退役变电站、在运变电站空余场地等，分 8 个站址建设了储能子站，并接入了统一的控制器。运行策略主要采用 AGC 模式，设定响应优先级：紧急功率控制、一次调频和 AGC，大幅提升了江苏电网频率考核指标。在用电负荷急剧攀升的迎峰度夏、迎峰度冬时期，为镇江电网提供紧急供应，有效保障了当地生产生活用电需求。验证了百兆瓦级电网侧储能可根据电网调度需求快速响应，精准动作，双向调节，大大充实了坚强智能电网的灵活调节手段。河南电网侧储能采用精准切负荷控制系统，不仅可以实现自身负荷的精准切除，而且还可实现跨省调用模式，验证了省间储能资源整合配置的可行性，充分利用储能电站双向调节、响应快速和控制精准的本质属性。通过跨省调用辅助服务，对湖北、江西等电网实现了紧急支援，同时实现了区域电网储能资源的共享利用，提升了华中电网安全、稳定运行水平。福建晋江储能电站试点项目 30MW/108MW • h 并网运行，由当地电网纳入统一调度，为附近 3 个 220kV 重载的变电站提供调峰、调频辅助服务，变电站的平均负载率以及区域电网的利用效率得到了大幅提升。规划建设中的青海格尔木 32MW/64MW • h 电网侧储能电站采用全市场化运营的共享商业模式，验证储能电站对周边地区新能源场站弃光、弃风的技术可行性，对电网侧储能电站的市场化运营进行有益尝试。

根据不完全统计[1]，截止 2019 年底，全球已投运储能项目累计装机规模 183.1GW，同比增长 1.2%。其中抽水蓄能累计装机占比最大，为 93.4%，比 2018 年同期下降 0.9 个百分点。电化学储能累计装机规模为 8216.5MW，占比 4.5%，比 2018 年同期增长 0.9 个百分点。截至 2019 年底，中国已投运储能项目累计装机规模 32.3GW，占全球 18%，同比增长 3.2%。其中抽水蓄能累计装机占比最大，为 93.7%，比 2018 年同期下降 2.1 个百分点。电化学储能累计装机规模为 1592.3MW，占比 4.9%，比 2018 年同期增长 1.5 个百分点。

抽水蓄能和电化学储能作为两种主要的储能形式，可以在智能电网中联合应用，以提高系统的稳定性和可靠性。电化学储能具有响应速度快、容量相对小等特点，可以补偿系统中的高频功率波动；而抽水蓄能的大容量特点，能够补偿系统中的低频率功率波动。近年来，由于电化学储能具有使用灵活、响应速度快等优势，其市场占有额越来越高[13]。

下面将介绍抽水储能、压缩空气储能、飞轮储能、铅酸电池、锂离子电池、钠硫电池和液流电池等大规模储能技术的应用，最后给出电化学储能在综合能源服务方面的应用情况。

1．抽水储水技术的应用

目前，物理储能中最成熟、应用最普遍的是抽水蓄能，主要用于电力系统的调峰、填谷、调频、调相和紧急事故备用等。世界上第一座抽水储能电站于 1882 年建造于瑞士的苏黎世，在 20 世纪 60 年代之后得到了迅速发展，以美国、日本和西欧各国为代表的工业发达国家带动了抽水储能电站的大规模发展。日本规定，建设一座核电站的同时必须建设一座用于削峰填谷的电站。

我国的抽水储能电站建设起步较晚，20 世纪 60 年代后期才开始建设，1968 年和 1973 年先后在中国华北地区建成岗南和密云两座小型抽水储能电站，但之后出现停顿。20 世纪 90 年代初，随着中国国民经济的高速发展，推动了中国抽水储能电站的迅速发展，到 2004 年底全国已建成并投入运行的抽水储能电站共 10 座，装机容量达到 570 万 kW。截至 2005 年底，我国抽水储能电站投产规模已达 624.5 万 kW，约占全国总发电装机容量的 1.2%。到 2009 年底，我国抽水储能装机容量占电力总装机容量的比例还很低，仅为 1.66%。到 2010 年底，我国抽水储能电站投产装机容量达到 16345MW，总规模跃居世界第三位，但抽水储能电站占电力系统总装机的比例仍然很低。根据中关村储能产业技术联盟（China Energy Storage Alliance，CNESA）数据统计，截至 2018 年 12 月底，中国已投运储能项目的累计装机规模为 31.2GW，其中抽水蓄能的累计装机规模最大，约为 30.0GW，占比高达 96%。

抽水储能技术成熟度高，具有储能容量大、运行寿命长和成本低等特点，占据了储能市场装机容量的绝大部分份额。抽水储能技术是电网调峰、调幅、调频和核电站削峰填谷的主要配套解决方案，也是解决风电场弃风问题的有效技术手段。通过抽水储能电站可实现电能的有效储存，以及有效调节电力系统生产、供应和使用三者之间的动态平衡。

2．压缩空气储能技术的应用

压缩空气储能技术问世已有 30 多年，但迄今为止，世界上仅有两座 100MW 以上级大型压缩空气储能电站投入商业运行。第一座是 1978 年投入商业运行的德国亨托夫电站，目前仍在运行中，机组的压缩机功率为 60MW，发电输出功率为 290MW。第二座是 1991 年投入商业运行的美国亚拉巴马州的 Mclntosh 压缩空气储能电站，该储能电站压缩机组功率为 50MW，发电输出功率为 110MW，可以实现连续 41h 空气压缩和 26h 发电。目前，两座压缩空气储能电站都正常运行。

我国对压缩空气储能系统的研究开发比较晚，但随着电力储能需求的快速增加，压缩空气储能技术的研究逐渐被一些大学和科研机构所重视。中科院工程热物理研究所、清华大学、华北电力大学、西安交通大学和华中科技大学等单位对压缩空气储能电站的热力性能、经济性能等进行了研究，但大多集中在理论和小型实验室研究层面，目前还没有投入商业示范运行的压缩空气储能电站。

目前中科院工程热物理研究所已建成 1.5MW 蓄热式压缩空气储能示范系统以及国际首套 10MW 示范系统，效率达 60.2%，是全球目前效率最高的压缩空气储能系统。

2017 年，中科院工程热物理研究所开始研发 100MW 级新型压缩空气储能技术，预计 2020 年完成样机研制，额定效率将达到 70%左右。示范项目建成后，将成为国际上规模最大、效率最高的新型压缩空气储能电站，有效促进我国压缩空气储能技术及产业发展。

3．飞轮储能技术的应用

飞轮储能思想早在 100 年前就有人提出，但是由于受当时技术条件的制约，在很长时间内都没有突破。直到 20 世纪六七十年代，才由美国宇航局（NASA）Glenn 研究中心开始把飞轮作为蓄能电池应用在卫星上。到了 20 世纪 90 年代，由于在以下 3 个方面取得了突破，给飞轮储能技术带来了更大的发展空间。

1）高强度碳素纤维复合材料（抗拉强度高达 8.27GPa）的出现，大大增加了单位质量中的动能储量。

2）磁悬浮技术和高温超导技术的研究进展迅速，利用磁悬浮和真空技术，使飞轮转子的摩擦损耗和风损耗都降到了最低限度。

3）电力电子技术的新进展，如电动/发电机及电力转换技术的突破，为飞轮储存的动能与电能之间的交换提供了先进的手段。储能飞轮是高科技机电一体化产品，它在航空航天（卫星储能电池、综合动力和姿态控制）、军事（大功率电磁炮)、电力（电力调峰)、通信（UPS）和汽车工业（电动汽车）等领域有广阔的应用前景。

我国在飞轮的研究上起步较早，在轴承、转子等关键技术研究和小功率实验样机研发方面取得了一些成果。从事飞轮储能技术研发的单位有清华大学、北京航空航天大学、北京飞轮储能（柔性）研究所、核工业理化工程研究院、中科院电工研究所、华北电力大学和中科院长春光学精密机械与物理研究所等。此外保定英利公司、深圳飞能公司和唐山盾石磁能科技也在进行相关领域的研究，并取得了一定的突破，唐山盾石磁能科技生产的主要产品碳纤维永磁复合材料制作的磁飞轮系统，可以在 15s 内实现全功率快速充放电，响应时间只需 5ms。中科院电工研究所较早探索飞轮储能技术，开展了电磁浮轴承和超导磁浮轴承的理论研究与样机试制。清华大学在飞轮储能系统设计、关键技术研发和系统试验等方面开展了系统的研究工作，前后研制出 6 套飞轮储能技术系统样机；2016 年研制了一套 1kW • h/20kW 储能飞轮样机，支承方式为永磁卸载结合机械轴承，飞轮体为合金钢，质量 100kg，试验转速达到 280r/s；近期正在开展 100kW 电动/500kW 发电飞轮储能工程样机的研制。

根据中关村储能产业技术联盟（CNESA）的项目数据库，除 UPS 外，自 2010 年以来，应用于电网储能领域的规划、在建和已经投运的飞轮储能项目共 14 个，共计 81MW，主要应用在电力市场调频、分布式发电及微网和轨道能量回收等领域。

美国的 Beacon Power 公司在纽约州史蒂芬镇建设了 20MW 飞轮储能项目，该项目既可以对纽约州智能电网进行频率调节，又能缓存该地区风力发电的过剩电能，并在用电高峰期将电力注入电网，该项目是典型的飞轮储能系统在电力系统中的应用案例之一；2011 年 1 月 Beacon Power 公司在美国纽约的 8MW 飞轮项目投入运营，标志着飞轮储能开始了在电网的大规模正式商业应用。未来飞轮储能将有可能在电力调频业务中发挥更大的作用。

国内飞轮储能系统主要在轨道交通（唐山盾石磁能）以及 UPS（北京泓慧）等领域实现了应用，在电力系统领域内的应用案例较少。2018 年，由西藏运高新能源股份有限公司开发、投资、建设及运营的 60MW 运高光伏电站计划引进第一个长达 4h 的飞轮储能系统电站，主要用于调峰、调频和增加新能源消纳，飞轮系统采用美国 Amber Kinetics 公司产品，阵列容量为 0.8MW/3.2MW • h，由 100 个 AmberKinetics M32 型飞轮系统组成，先期已经完成了 16kW/64kW • h 的验证机组，参与光伏发电调控[14]。

4．铅酸电池技术的应用

近年来，随着市场需求的变化，铅酸蓄电池的生产方式及工艺不断完善，制造水平不断提升，电池比能量、循环寿命、性能一致性、使用安全性和环保性不断提高。随着电动自行车蓄电池等动力电源的发展，高温固化技术发展较快。一般认为高温固化可以提高蓄电池的寿命。近年来负极添加剂及配比也积累了大量参数，并找出了一些有规律的经验。国内对于其他先进技术（如卷绕式电池、双极式和薄型极板等）还只是处于研究阶段，没有批量生产。

从我国专利技术申报情况看，蓄电池行业在近几年的总体技术发展方向是电池结构改进及电池型号开发。而国外专利技术则主要涉及先进的薄型极板双极式铅电池、使用模块结构的密封电池和胶体电解液铅电池。因此，我国的专利技术与国外还有一定差距。

已有百余年历史的铅酸蓄电池由于材料廉价、工艺简单、技术成熟、自放电低和免维护要求等特性，在未来几十年里，依然会在市场中占主导地位，虽然起动用、动力用电池的市场空间可能会有拐点，在近期国家产业发展中仍将占主流地位，中期也将占有一席之地，长期来看，在不需要高重量比能量的用途领域还将继续存在。

目前，其原有主要应用领域（如汽车、摩托车和备用电源等）大幅增长，而且也在新的应用领域（如电动助力车、游览车等）得到发展，阀控式电池技术的发展，满足了高科技（如 UPS、电力和通信等）设备用电源的需要。由于铅酸电池技术的不断进步，使得电动助力车产业获得巨大发展，并对减少燃油汽车和燃油摩托车的污染做出了贡献。免维护技术、拉网板栅技术的发展，满足了汽车产业快速发展的需求。可以说在这些应用领域中，铅酸蓄电池的技术进步对提高国家竞争力做出了实实在在的贡献。电动工具、电动自行车等行业对小型移动电源的需求刺激了动力电池产业的快速增长。电动自行车所配置的电池大部分是阀控密封铅酸蓄电池，经过性能改进，在比能量和循环寿命方面有所突破，但目前为止都还存在着在中、高速率比能量不够高、深循环寿命不够长等缺点，在很大程度上影响了电动自行车行业的高速成长。铅酸电池可应用于备用电源、机械工具起动器及工业设备/仪器摄像。机械工具起动器包括剪草机、hedgetrimmers、无绳电钻、电动起子和电动雪橇等。工业设备/仪器摄像包括闪光灯、VTR/VCR 和电影灯等。

尽管铅酸电池比能量和比功率较低，相对于各类储能电池，铅酸电池以其技术最成熟、性价比高，仍然在储能系统和工业备用电源中占据主导位置。目前世界各地已建立许多铅酸电池储能系统。1988 年，美国在加利福尼亚州建立了 10MW/40MW•h 铅酸电池储能系统，用于电能质量控制和电力调峰。1996 年，美国在阿拉斯加州建立了另一套 1.4MW•h 的铅酸电池储能系统，该系统作为离网式水力发电系统的后备电源，能够以 800kV•A 的功率提供 90min 的应急电能。国内的大型铅酸储能电站有应用于削峰填谷和跟踪风电计划出力的张北 10kW×6h 储能系统，以及浙江应用于提高电网可靠性、改善电网质量的 2MW×2h

储能系统。储能系统考虑到其投资回报率，现阶段铅酸电池商业化进度较快。据报道，2019 年中国电化学储能新装机分布中，铅蓄电池占比接近 30%。

5．锂离子电池的应用

20 世纪 70 年代，锂离子电池由 Exxon 公司研制成功，电池正极材料为硫化钛，负极材料为金属锂。1980 年，Armand 首次提出摇椅式电池的构想，即用低嵌锂电位的物质代替金属锂负极，配之以高嵌锂电位的物质。然而，合适的负极材料迟迟没有找到，限制了锂离子摇椅式电池的研发。

直到 1990 年，日本索尼公司把石油焦（石墨）用于锂离子电池的负极材料，显著提高了电池的工作电压，并且推出了以 $LiCoO_4$ 为正极的商品化电池，这种电池的工作电压超过 3.6V，质量能量密度达到 120～150W • h/kg。此后，锂离子电池迅速占领市场，至今仍是便携电子产品的主要电源。

此后，锂离子电池的开发进入黄金时代，大量正极和负极材料被报道。1996 年，Padhi 和 Goodenough 发现具有橄榄石结构的磷酸盐，如磷酸铁锂。与传统的 $LiCoO_2$ 等正极材料相比，$LiFePO_4$ 更具有安全性、耐高温性和耐过充电性，已成为目前主流的大电流放电的动力锂离子电池的正极材料。

然而，目前所知的锂离子二次电池的质量能量密度较低，难以满足电动汽车的发展需求，以金属锂为负极材料的锂/硫电池与锂/空气电池逐渐成为研究开发的热点。

锂离子电池在电力储能领域的应用，需要电池具备安全、长寿命和能量转换效率高等性能。风光发电大规模接入电网或独立使用时，储能电源能够改善电能质量，并网过程中不能对主电网造成影响。目前，国内锂电池技术主要分为磷酸铁锂体系、三元体系和钛酸锂体系三个主流路线。据中关村储能产业技术联盟（CNESA）统计，截至 2018 年底，全球累计已投运储能项目 181GW，同比增长 3.19%，其中电化学储能累计装机 6.625GW，同比增长 126.4%，截至 2018 年底电化学储能占全部储能累计装机的 3.7%，是抽水蓄能以外累计装机规模最大的技术路线。在各类电化学储能技术中，锂离子电池累计规模最大，是最主流的电化学储能技术路线。根据 CNESA 数据，截至 2018 年底，全球锂电池储能累计装机 5.71GW，占电化学储能累计装机的 86.3%。锂电池在储能的应用上，以磷酸铁锂电池为主流。磷酸铁锂电池比能量达到 140W • h/kg 以上，常温条件下循环寿命达到 3000 次以上，且自放电小，没有记忆效应，可快速充放电，按照削峰填谷模式运行，使用寿命能达到 10～15 年以上，锂电池具备的上述特性符合储能应用场景的需求。

三元体系锂电池虽然比能量较大，但循环和安全性技术上还有待突破。当三元电池受到碰撞、针刺、过充电或短路时，内部温度升高至 200～300℃，正极材料发生反应导致电池膨胀爆炸等安全问题，而且危险发生时可控性低。储能领域与新能源汽车区别在于系统布置空间较大，对质量比能量并不敏感。相比之下，储能系统能量巨大，安全性尤其被重视，一旦发生起火、爆炸等涉及安全危害的事故将造成无可挽回的损失，所以各方对三元体系锂电池在储能领域使用相对谨慎，目前在储能领域只有少数示范项目。

钛酸锂电池在比能量上虽然没有另外两种锂电池高，但钛酸锂电池低温条件下性能优异，大倍率充放电条件下寿命也能达到万次以上。以珠海银隆、微宏动力和四川兴能为首的企业，以钛酸锂技术路线为主，在东北地区公交系统商务车上取得了广泛的市场应用。在储能系统中应用时，由于钛酸锂电池电压平台仅有1.5V，为与PCS的直流端电压匹配，需要增加电池串联数，电池一致性差，导致电池管理系统（BMS）相对庞大，设计上要做好控制策略。同时，要在保证长寿命的前提下，通过降低高倍率性能控制成本，发挥低温长寿命性能优势，未来在储能领域应用也有一定机会[15]。

6．钠硫电池的应用

钠硫电池是以 $Na-\beta-Al_2O_3$ 为电解质和隔膜，并分别以金属钠和多硫化钠为负极和正极的二次电池，是美国福特公司于1967年首先发明的。早期对钠硫电池的主要研究目的是作为电动汽车的动力源，美国的福特公司、Mink公司、英国的BBC公司以及铁路实验室、德国的ABB公司等先后分别组装出以钠硫电池为动力源的电动汽车，并且进行了长期的路试。但研究发现，钠硫电池用于电动汽车或其他移动工具的电源时，不能显示其优越性，而且没有解决钠硫电池的安全可靠性问题，因此，钠硫电池作为电动汽车动力源方面的应用研究最终被放弃。

钠硫电池作为固定储能电池系统具有一定优势，日本在此方面的研究与应用走在世界前列，日本NGK公司是国际上钠硫电池研究开发、制造、应用示范和产业化的领军企业。自20世纪70年代开始研究开发钠硫电池，80年代NGK公司开始与日本东京电力公司合作开发固定储能电站用钠硫电池，1992年首个钠硫电池储能系统开始在日本示范运行，至2002年日本示范运行的钠硫电池已超过50座。2002年NGK公司开始了钠硫电池的商业化生产和销售，2002年9月在美国AEP主持下，NGK公司开始了钠硫电池储能电站在美国的示范运行。2003年4月开始，NGK公司开始了储能钠硫电池的大规模商业化生产，产量达到30MW，2004年达到65MW，2008年达到90MW的规模。截至2011年NGK公司钠硫电池储能系统的产能已达到150MW/a，累计已安装钠硫电池储能系统200座，总功率超过300MW。

我国钠硫电池的研究以中国科学院上海硅酸盐研究所为代表，曾研制成功6kW钠硫电池电动汽车。上海硅酸盐研究所和上海电力公司于2006年8月开始合作，联合开发储能应用的钠硫电池。2007年1月研制成功容量达到650A•h的单体钠硫电池，并在2009年建成了具有年产2MW单体电池生产能力的中试线，可以连续制备容量为 650A • h 的单体电池。中试线涉及各种工艺和检测设备百余台套，其中有近 2/3 为自主研发，拥有多项自主知识产权，形成了有自己特色的钠硫电池关键材料和电池的评价技术。目前电池的比能量达到 150W • h/kg，电池前 200 次循环的退化率为 0.003%/次，这一数据与国外先进水平持平，目前的单体电池整体水平已接近 NGK 公司的水平。2011 年 10 月，上海电气集团、上海电力公司和上海硅酸盐研究所正式成立“钠硫电池产业化公司”，建造钠硫电池生产线，2015 年钠硫电池的年产能达到 50MW，成为世界上第二大钠硫电池生产企业。

7．液流电池技术的应用

液流储能电池作为容量调节范围宽、充放电效率高、循环寿命长、响应迅速和环境友好的储能技术，有广阔的应用前景和巨大的市场潜力。主要的应用领域有：配套并网及离网式可再生能源发电系统，提高电网对可再生能源发电的消纳水平，用于电网调峰、调频提高电力品质；延缓输配电网络扩容升级，提高电网运营效率；终端用户自主进行能量管理；应急和备用电源，保证稳定、及时的应急电力供应。在近年来提出的“智能电网”技术中，储能系统作为其中重要的组成部分，起到中枢纽带的作用。液流储能电池技术作为综合评价较有优势的储能解决方案，建设“智能电网”工程的实施，将为液流储能电池技术的发展注入新的活力。

有关全钒液流电池的具体应用将在下一节中详细介绍，其他液流电池的应用在书中第 9 章进行阐述。

8．电化学储能与综合能源服务

在众多储能技术中，电化学储能技术不受地理地形环境的限制，可以对电能直接进行存储和释放，从乡村到城市均可使用，因而引起新兴市场和科研领域的广泛关注。而综合能源服务是由新技术革命、绿色发展和新能源崛起引发的能源产业结构重塑，从而推动出的新兴业态、商业模式与服务方式。综合能源服务被誉为储能发展的后继动力，在工商业园区微电网、光储充和需求侧管理等应用场景的商业模式正在培育和逐步走向成熟。未来随着储能成本的降低和技术的完善，储能进入的空间将大幅增加，其应用范围也将不断扩大。

根据美国能源部和电科院联合出版的储能手册，储能应用分类包括批发能源服务、电力系统辅助服务、输电设施服务、配电设施服务和消费侧能源的管理服务，每种服务下面又有不同的分支和应用场景。我国近年来的储能工程项目基本上也分为五类：第一类是新能源厂站侧的储能项目；第二类是微电网的储能项目；第三类是电网侧的储能项目；第四类是用户侧的储能项目；第五类是电源侧电力系统辅助类的储能项目。整体来看，遵循储能技术的应用范围，电化学储能的应用场景整体上分为电源侧、电网侧和用户侧三类，如图 1-9 所示。其中大部分场景目前在国内已有初步应用探索，其他场景已在国外具有应用实践。

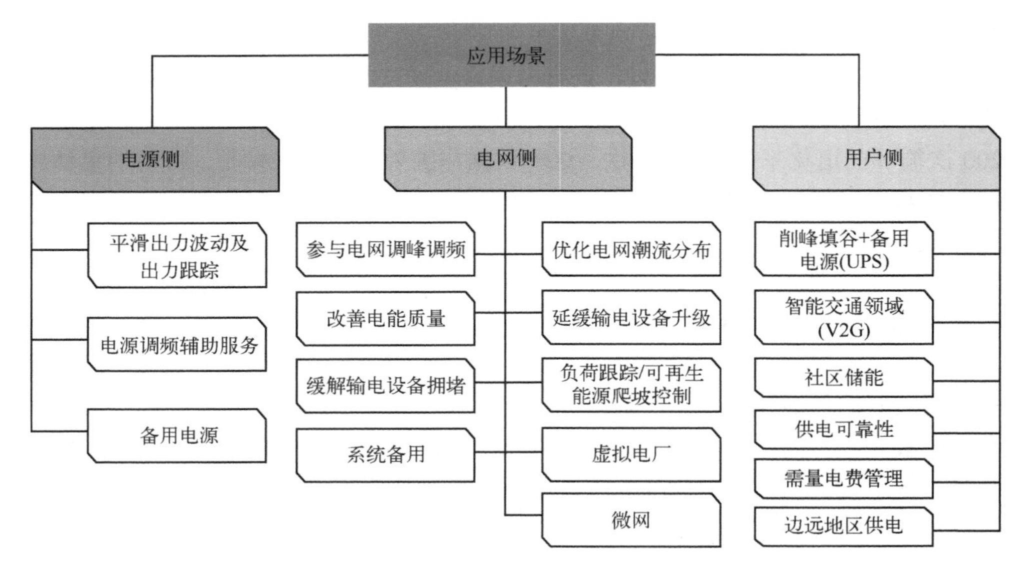

图 1-9　电化学储能技术应用场景分类

1）电源侧。一是以储能为载体，聚合风、光等可再生能源，构建虚拟电厂，能够平滑出力波动、跟踪调度计划指令和提升新能源消纳水平。例如：国家风光储输示范一期项目（100MW 风电/40MW 光伏/20MW 储能）；青海格尔木时代光储联合发电项目（50MW 光伏/15MW 储能）；辽宁卧牛石风储联合发电项目（50MW 风电/5MW 储能）；青海格木多能互补项目（400MW 风电/200MW 光伏/50MW 储能/50MW 光热）。二是以储能为核心手段，优化火电等传统电源的运行特性，参与调频辅助服务。全国已有五省开展“火电+储能”调频项目，其中山西、内蒙古和广东目前已有多家火电企业投资建设了配套储能项目，且成功进入商业运营，取得了较为理想的效果。福建省已启动独立调频辅助服务项目。特斯拉在澳大利亚承建的 100MW 储能项目也属于电源侧的典型应用。

2）电网侧。一是直接参与调峰调频，满足电网尖峰负荷。南方电网于 2010 年建成 4MW/16MW•h 深圳宝清电池储能电站，成为中国首座兆瓦级调峰调频锂电池储能电站。江苏镇江储能项目规模为 100MW/200MW•h，是目前全球容量最大的在运电网侧储能项目。河南电网已建成 100MW/100MW•h 电网侧储能电站。湖南长沙电池储能电站项目分为两期建设：一期规模为 60MW/120MW•h，已建成投运；二期规划建设规模为 60MW/120MW•h，以磷酸铁锂电池储能技术为主，并适当加入全钒液流电池储能技术以辅助。辽宁大连 200MW/800MW•h 液流电池储能调峰电站是国家大型化学储能示范项目，一期 100MW/400MW•h 正在建设中。浙江电网也在近期开展 43MW 电网侧储能电站建设，于 2019 年投产。二是作为系统备用，保障电网安全运行。意大利 Terna 公司电网侧规模储能项目，通过对不同运行控制模式的切换，可同时承担一二次调频、系统备用、减少电网阻塞和优化潮流分布等多重任务，最终起到提高电网运行稳定性和减少弃风、弃光电量的作用，实现同一资产多种效益。三是作为配电网的有效补充，解决季节性负荷，延缓配电网新增投资。储能配合分布式能源一体化建设，可有效解决配电网薄弱地区的“低电压”或分布式能源接入后引起的“高、低电压”问题。美国芝加哥电力利用可回收储能设备延缓变压器升级投资，属于电网侧延缓输变电设施建设的典型应用。

3）用户侧。一是以储能为核心手段，聚合可中断负荷、电动汽车和智慧农机等多种储能资源，协同分布式发电，构建虚拟电厂，参与需求侧响应、电力市场交易。嘉定安亭充换储一体化电站项目，成功将电动汽车充电站、换电站、储能站和电池梯次利用等多功能进行融合。无锡新加坡工业园区智能配电网项目是典型的需量管理应用，利用储能设备降低工业园区变压器负载率，延缓园区变压器的增容需求。二是利用峰谷价差，降低用电成本。江苏无锡星洲工业园储能系统项目（20MW/160MW•h）是全国最大容量商业运行客户侧储能，也是首个依照江苏公司《客户侧储能系统并网管理规定》并网验收的项目。江苏常州首套工商业智慧能源储能系统已于 2018 年初投运。三是“储能+微网”应用，保障用户供电可靠性。江苏车牛山岛能源综合利用微电网项目是国内首个交直流混合智能型微电网，由储能设备及风力发电、光伏发电和柴油机组成；西藏尼玛县可再生能源局域网工程（1.2MW/1.8MW•h）是目前位于全球海拔最高、环境最恶劣地区的可再生能源局域网项目，整体由多种电池储能系统、柴油机及光伏组成。江苏连云港并、离网可切换储能项目，实现了用户负荷实时监测，可随时调节储能运行状态，保障用户供电可靠性。

4）复合场景。以储能为核心手段，聚合源–网–荷资源，提升新能源友好接入、电网输配资源利用率和新能源有效消纳。美国加州“鸭型曲线”解决方案属电网侧负荷跟踪与可再生能源爬坡控制的典型应用等。我国甘肃网域大规模储能项目拟瞄准新能源弃电市场，探索跨领域联合应用模式。项目规划 1.5GW•h，其中一期 182MW/720MW•h 已于 2019 年建成，并计划在电源、电网和用户侧分别建设 50MW、120MW 及 12MW 储能项目，目前已完成设备招标和项目用地预审，其中两项电网侧储能项目共计 120MW/480MW•h 已完成接入系统报告（瓜州、玉门各 60MW/240MW•h），并于 2019 年底投运。

1.2　全钒液流电池的发展

全钒液流电池的研发工作最早开始于 1984 年，由澳大利亚的新南威尔士大学的 MariaSkyllas–Kazacos 等人提出。1986 年新南威尔士大学研发团队研究的全钒液流电池体系获得专利后，继续对全钒液流电池的相关材料进行研究，并获取多个专利。1994 年，全钒液流电池应用在高尔夫车和潜艇上并作为备用电源，标志着全钒液流电池开始走出实验室，迈向工程化研发阶段。20 世纪 90 年代初开始，住友电工（SEI）和 Kashima–kita 电力公司得到授权并开始合作开发全钒液流电池，由此进入全钒液流电池工程发展的第二个阶段。随后几年以住友电气为首的工业企业开发了一系列规模不一的实验性电堆，逐步把全钒液流电池系统推向商业化试运营阶段。

全钒液流电池的应用研究主要集中在储能领域，全钒液流电池研发的先驱——澳大利亚新南威尔士大学、日本住友电气工业公司和加拿大 VRB Power Systems 等公司投入大量的资金，致力于全钒液流电池商业化开发。经过长达数十年的深入研究，相继在泰国、日本、美国和南非等地建成了千瓦级和兆瓦级的全钒液流电池储能系统，用于光伏发电系统、风能发电系统、备用电源和电站调峰等。

我国全钒液流电池研究开始于 20 世纪末期和 21 世纪初期，我国首例全钒液流电池系统是由中国工程物理研究院成功研发，在此领域中国工程物理研究院开创多项技术创新。21 世纪初期，中科院大连物化所、北京普能世纪科技有限公司成为中国最早开始研发全钒液流电池系统的企业。经过多年的研究，北京普能、大连融科（前身大连物化所）成为我国全钒液流电池系统领军企业，已成功将全钒液流电池系统应用于国内外多个项目中。此外，国内部分高校和研究机构也开始开展对全钒液流电池的研究，如中南大学、合肥工业大学、中国地质大学、广东工业大学、广西大学和东北大学等。目前，国内外多家卓有成效的研发应用机构都致力于全钒液流电池的研发，全钒液流电池系统已步入商业化阶段。国家能源局于 2016 年 4 月印发《关于同意大连液流电池储能调峰电站国家示范项目建设的复函》，批复同意大连市建设国家化学储能调峰电站示范项目，确定项目建设规模为 20 万 kW/80 万 kW • h[16]。这是迄今为止全球最大规模的全钒液流电池储能系统应用示范工程。国内外全钒液流电池企业发展史如图 1-10 所示。

全钒液流电池的技术发展趋势是大容量化、高效率化、高可靠化以及低成本化，这是由电力系统的应用需求决定的。全钒液流电池大容量化的技术核心是电堆的大容量化。而表征电堆大容量性能的核心参数是指输出功率和对应的能量转换效率。电堆是液流电池的核心部件，其大容量化需要离子交换膜、双极板和碳毡等元件及材料性能的提升，以及电堆集成工艺水平的提升。

全钒液流电池系统的能量转换效率与电堆效率及辅机系统的效率相关。目前大容量液流电池系统的效率均在 75%以下，限制了全钒液流电池的应用场合。全钒液流电池系统的高效率化是一个系统性技术，需要从离子交换膜的改性、电解液改性以及工艺适配性等各个方面统一考量。全钒液流电池系统由电堆、电解液管道、散热水冷管道、泵系统以及电池管理系统等构成，结构非常复杂，是一个

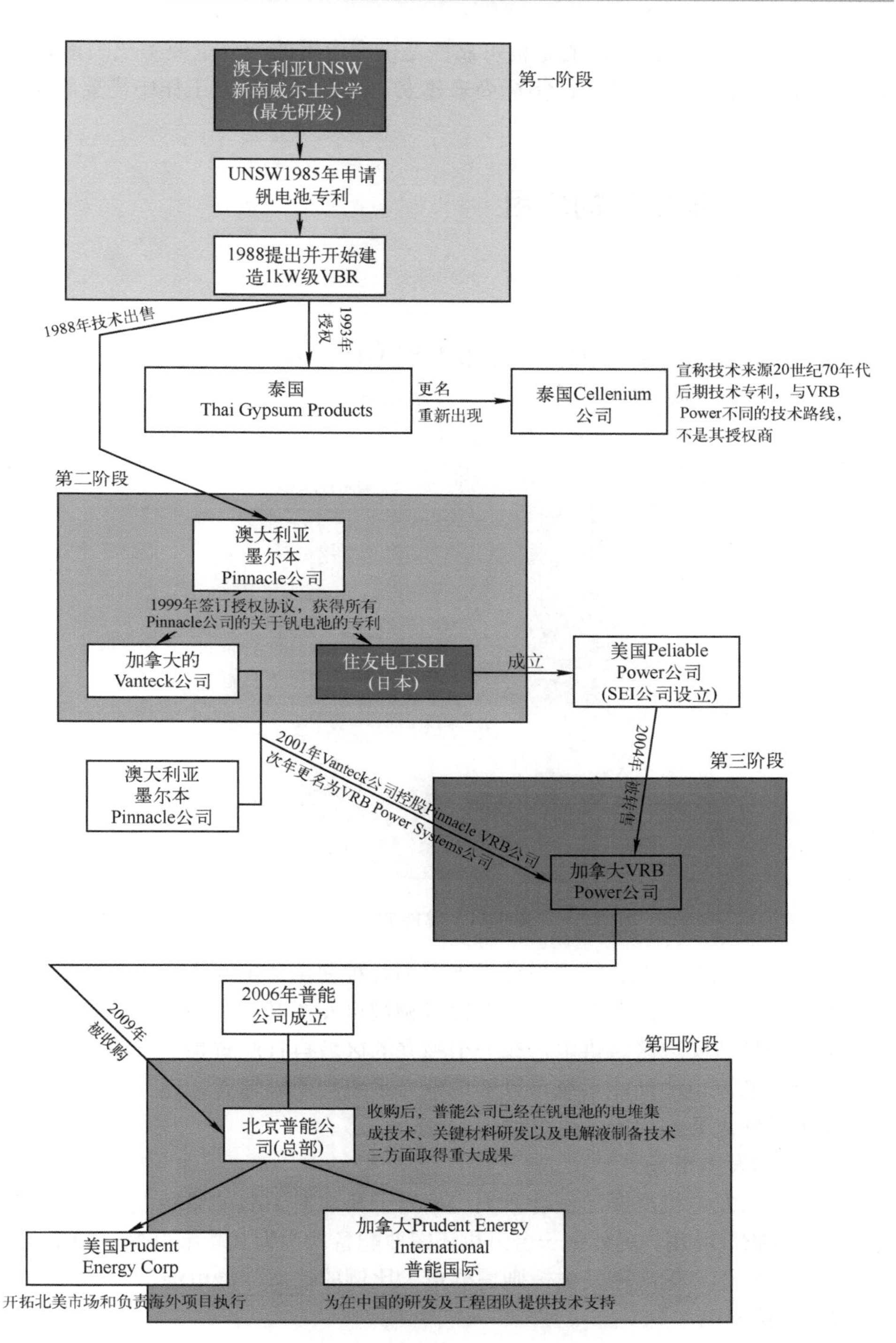

图 1-10　国内外全钒液流电池企业发展史

典型的小化工厂。电池系统的整机可靠性是推广应用的一个重要考核因素。目前，全钒液流电池的可靠性能表征指标尚未建立，这是未来研究工作中需要解决的一个问题。

1.3 全钒液流电池的应用

1.3.1 应用领域

储能技术在电力系统中的应用占比如图 1-11 所示。

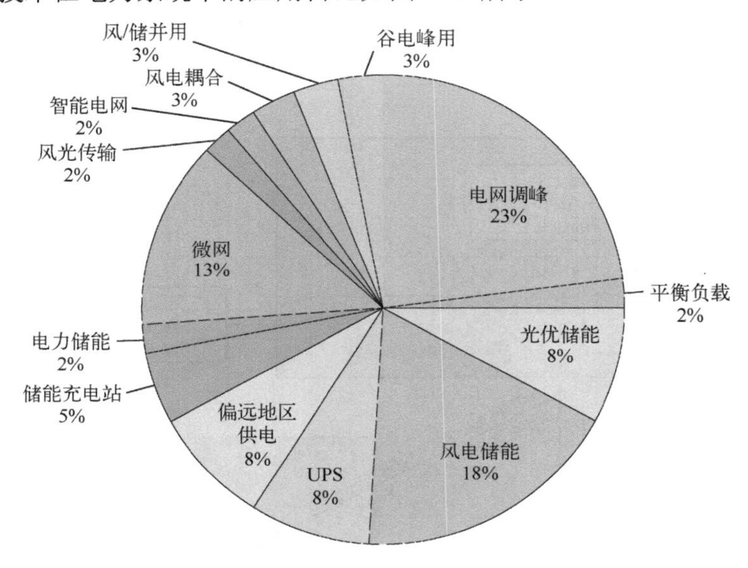

图 1-11 储能的应用

全钒液流电池储能系统规模介于电网和各种便携式电池之间，正好填补了大型电网和小型电池间的空白，因而在很多领域可发挥其独特的作用。例如，全钒液流电池系统可实现区域供电，在一个独立的区域自行配置稳定供电设施并离网运行；全钒液流电池储能系统可以实现电力系统的削峰填谷，还可用作军事设施的应急电源和重要部门的备用电站。

1．风力发电市场

目前风力发电机需要配备功率大约相当于其功率 10%的铅酸电池作为紧急情况时风机保护风叶用，另外每一台风机还需要配备功率为其功率 10%～50%的动态储能电池。对于风机离网发电，则需要更大比例的动态储能电池。

2．光伏发电

光伏发电需要阳光，一旦遇到诸如夜晚和阴雨天气时，需要储能电池为其储存电力，由于现有的铅酸电池功率、容量和寿命均非常有限，充放电效率高的全钒液流电池可作为替代传统电池的手段。

3．电网调峰

电网调峰的主要手段一直是抽水蓄能电站，由于抽水蓄能电站需建上、下两个水库，受地理条件限制较大，在平原地区不容易建设，而且占地面积大，维护成本高。全钒液流电池储能电站不受地理条件限制，选址自由，占地少，维护成本低，可以和抽水蓄能电站媲美，相信随着技术的进步，后期全钒液流电池会在电网调峰中发挥重要的作用。

4．不间断电源和应急电源

UPS 可用于办公大楼、剧院和医院等应急照明场所，也可用作计算机以及一些军事设备的备用电源。

5．供电系统（分布式能源、微网等供电系统）

海岛、偏远地区等建设常规电站或架设输电线路造价高昂，使用全钒液流电池并配以太阳能、风能等发电装置，可保障这些地区的稳定电力供应。另外全钒液流电池储能还可以作为邮电通信、铁路发送信号、无线电传播站、市政路灯照明、农业光伏大棚、工业园及家庭等供电系统。

1.3.2 示范项目

全钒液流电池最初是由泰国的 Thai Gypsum 公司于 20 世纪 90 年代中期开始进行 UNSW VFB 的早期商业化和实地测试，将 5kW/12kW • h 的 VFB 与 1kW PV 板连接起来用于太阳能示范房屋，实现白天存储太阳能晚上使用[17]。

1997 年，UNSW 也将 VFB 技术授权给日本的 Mitsubishi Chemicals 及其子公司 Kashima–Kita Electric Power（KKEPC），建成一个 200kW/800kW • h VFB 调峰示范系统[18]。这是 VFB 首次进行中等规模的实地试验。

随后，日本住友电工、加拿大 VRB 公司、北京普能、大连融科储能、湖南德沃普和上海电气等诸多企业都对 VFB 进行了研究，并建立了千瓦级至兆瓦级示范工程。本书给出了 1997—2020 年初国内外典型 VFB 示范工程，见表 1-4 和表 1-5。

表 1-4　国外典型 VFB 示范工程

序号	项目名称	功率/MW	时间/h	容量/（MW • h）	主要功能	年份	状态
1	储能系统用于电网测试	0.2	4	0.8	电网调试	1997	
2	日本 SEI 办公大楼削峰填谷	0.1	8	0.8	削峰填谷	2000	
3	日本电站 UPS 平衡负载	1.5	2	3	平衡负载	2001	
4	日本北海道风/储并用系统	0.17	6	1	风/储并用系统	2001	

（续）

序号	项目名称	功率/MW	时间/h	容量/（MW•h）	主要功能	年份	状态
5	日本高尔夫球场离网光伏储能	0.03	8	0.24	光伏储能	2001	
6	南非应急备用	0.25	2	0.52	应急备用	2002	
7	澳洲金岛风场风/储/柴联合供电	0.2	4	0.8	风/储/柴联合供电	2003	
8	犹他州削峰填谷	0.2	10	2	削峰填谷	2004	
9	日本北海道札幌风/储并用系统	4	1.5	6	风/储并用系统	2005	
10	美国南卡罗来纳州空军基地雷达 UPS	0.03	2	0.06	雷达 UPS	2005	
11	爱尔兰并网风电储能	2	6	12	风电储能	2006	
12	国家风电检测中心	0.5	2	1	检测中心	2012	
13	Terna Storage Lab 1, Sardinia （意大利）	1	4	4	黑启动、频率调节和电压支持	2012	宣布
14	Yokohama Works Energy Storage System-Sumitomo Electric Industries, Ltd.（日本横滨）	1	5	5	平抑可再生能源波动	2012	运行
15	Minami Hayakita Substation Hokkaido Electric Power-Sumitomo（日本北海道）	15	4	60	促进可再生能源高效利用	2013	运行
16	Snohomish PUD-MESA 2（美国华盛顿州）	2	4	8	削峰填谷	2014	建设
17	Washington State University 1 MW UET Flow Battery-Avista Utilities（华盛顿州立大学）	1	3.2	3.2	黑启动、削峰填谷、频率调节、负载跟踪、电压支持	2014	运行
18	5MW/20MWh-Ontario IESO- SunEdison/ Imergy Flow Battery（加拿大安大略省）	5	4	20	频率调节	2015	宣布
19	RedT-Southwest England（英格兰西南,英国）	1	1	1	频率调节，促进可再生能源高效利用	2015	宣布
20	V.C. Bird International Airport of Antigua Solar/Energy Storage Project -PV Energy Ltd（安提瓜和巴布达）	3	4	12	促进可再生能源高效利用	2015	运行
21	Milton-IESO（米尔顿，新西兰）	2	4	8	电费管理	2016	建设
22	Monash University RedT 300kW/ 1MWh Hybrid System（莫纳什大学,澳大利亚）	0.3	3.33	0.999	促进可再生能源高效利用	2017	宣布
23	Holy Name High School ESS（圣名高中，波士顿，美国）	3	6	18	促进可再生能源高效利用	2018	运行
24	VRFB ESS, A Paper-Mill Project in Jeonju city（全州市,韩国）	0.26	6	1.56	削峰填谷	2018	运行

表1-5　国内典型VFB示范工程

序号	项目名称	功率/MW	时间/h	容量/（MW·h）	主要功能	年份	状态
1	中国国家电网电网削峰填谷	0.1	10	0.2	削峰填谷	2008	
2	西藏太阳能研究示范中心	0.005	10	0.05	示范中心	2009	
3	张北储能特性实验基地	0.5	2	1	平滑新能源波动、储能并网特性研究与检测、多类型电池储能联合应用试验	2010	运行
4	国家风光储输示范工程	2	4	8	平滑新能源波动、跟踪计划出力、参与调频、削峰填谷	2012	一期已建成运行，二期正在建设
5	卧牛石风电场	5	2	10	跟踪计划发电、平滑风电功率输出，还将具备暂态有功出力紧急响应、暂态电压紧急支撑功能	2013	运行
6	国电和风北镇风场	2	2	4	平抑风电波动、跟踪计划出力、电网支撑、削峰填谷	2014	运行
7	黑山龙湾风电场储能电站	3	2	6	平抑风电波动	2014	运行
8	大连液流电池储能调峰电站国家示范项目	200	4	800	电网调峰	2016	正在建设
9	枣阳10MW光储用一体化全钒液流电池示范项目	10	4	40	参与电网辅助服务	2017	正在建设（一期共3MW/12MW·h）
10	四川最大全钒液流电池储能示范工程：污水处理厂80kW/480kW·h储能	0.08	6	0.48	谷电峰用，降低用电成本	2017	运行
11	湖南1MW/6MW·h全钒液流电池储能电站	1	6	6	谷电峰用	2017	正在建设
12	承德市东梁风电场丰宁森吉图全钒液流电池风储示范项目	2	4	8	平抑风电波动	2018	招标
13	新疆1MW/4MW·h液流电池光储电站	1	4	4	配合光伏（20MW）	2018	正在建设
14	吉林1MW/4MW·h液流电池火储电站	1	4	4	配合火电	2018	正在建设
15	吉林1MW/4MW·h液流电池储能电站	1	4	4	配合风电	2018	正在建设
16	吉林10MW/40MW·h液流电池储能电站	10	4	40	削峰填谷	2018	正在建设
17	大连普兰店乐甲乡100MW网源友好型风电场示范项目	10	4	40	风电储能、调峰功能	2019	正在建设

（续）

序号	项目名称	功率/MW	时间/h	容量/（MW•h）	主要功能	年份	状态
18	江西 5MW/20MW•h 全钒液流电池储能示范项目	5	4	20	配合光伏（200MW）	2019	正在建设
19	青海共和 45 万 kW 风电配套储能项目液流电池系统	45	2	90	配合风电（450MW）	2019	正在建设
20	乌兰 10 万 kW 风电配套储能项目液流电池系统	10	2	20	配合风电（100MW）	2019	正在建设
21	上海电气汕头智慧能源系统示范项目	1	1	1	风光储联合发电（总装机容量 14.42MW）	2019	正在建设
22	辽宁大唐国际瓦房店风电场示范项目 10MW/40MW•h 全钒液流电池储能系统设备	10	4	40	配合风电（100MW）	2020	正在建设

下面将简要阐述其中 5 个全钒液流电池示范工程的情况。

（1）张北风光储示范工程

张北风光储示范工程位于河北省张家口市张北县和尚义县境内，规划建设 500MW 风电场、100MW 光伏发电站和相应容量储能电站。一期建设规模为：风电 98.5MW，光伏发电 40MW，储能 23MW，其中，储能系统包括磷酸铁锂储能系统 14MW/63MW•h、液流电池储能系统 2MW/8MW•h 和钠硫储能系统等，分别接入 46 台 500kW 的 PCS 并联运行，经过升压变压器接到 35kV 母线，再经过 220kV 智能变电站接入智能电网。主要功能包括跟踪计划出力、平滑可再生能源出力。

（2）辽宁卧牛石风储电站

卧牛石风储电站位于辽宁省法库县卧牛石乡附近，距沈阳市中心 85km，距县城 45km。风电场中心点经纬度坐标：东经 123°03′，北纬 42°31′。卧牛石 33 台风机共 49.5MW，风机分三线接入风电场 35kV 母线，同时接入 35kV 母线的还有 5MW×2h 的全钒液流电池储能电站，风机和储能所发电能经过两次变电进入 220kV 输电系统中。储能电站建于风电场升压站东侧，采用全户内布置方案，由 5 组 1MW×2h 全钒液流储能子系统组成，包括储能装置、电网接入系统、中央控制系统、风功率预测系统、能量管理系统、电网自动调度接口和环境控制单元等。该系统采用 350kW 模块化设计，单个电堆额定输出功率为 22kW，确保了储能设备的利用率。主要用于实现跟踪计划出力、平滑输出和提高电网对可再生能源发电的接纳能力等功能。示范工程结构图与现场图如图 1-12 和图 1-13 所示。

（3）湖北枣阳全钒液流电池光储用一体化项目

2019 年 1 月 5 日，湖北枣阳平凡瑞丰 10MW 光伏+10MW/40MW•h 全钒液流电池储能项目首期 3MW 光伏+3MW/12MW•h 储能项目竣工投运。该项目是国内已投运的最大规模全钒液流电池光储用一体化项目。由湖北平凡瑞丰新能源有限公司投资，北京能高自动化技术股份有限公司系统集成，并提供除电池以外的全部储能变流设备、一二次设备、能量管理系统和监控系统，液流电池由北京普能世纪科技有限公司提供。项目应用目前国内最先进的全钒液流电池储能技术、新一代储能变流系统架构、智能控制技术和大数据能量管理技术，可以实现光伏出力最大消纳、削峰填谷、保电增容、智能配电和综合能源管理等功能。在三方精诚合作下，该项目实现了国内数个第一和模式创新。示范工程现场图如图1-14所示。

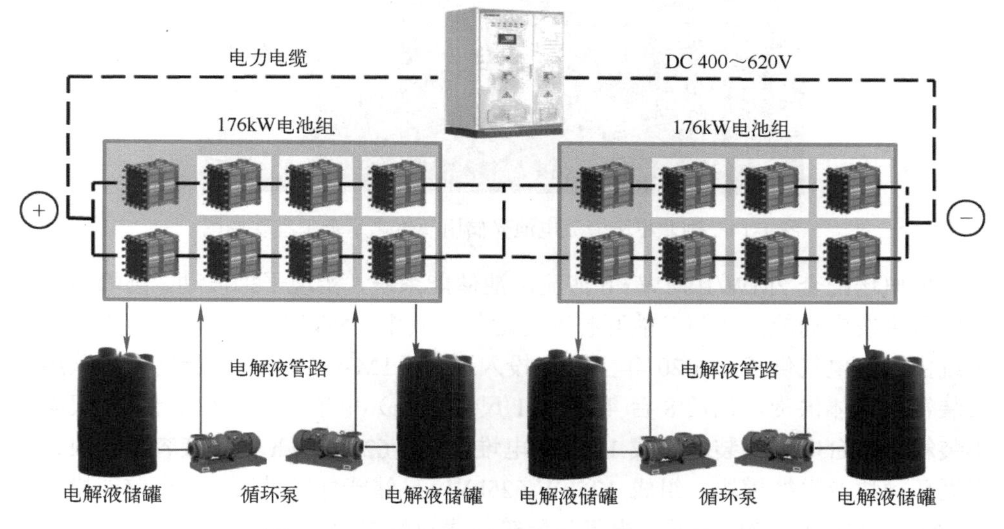

图1-12　辽宁卧牛石示范工程储能系统拓扑图

图1-13　辽宁卧牛石示范工程现场图

（4）青海共和450MW风电配套液流电池储能项目

国家电投集团黄河上游水电开发有限责任公司共和450MW风电场项目位于青海省海南藏族自治州共和县切吉乡，风电场装机规模450MW，安装225台

2000kW 风力发电机组，该风电场和周围其他风电场配套建设一座切吉东 330kV 升压站，升压站规划容量 1500MW，最终接入海南州水光风多能互补集成优化示范工程 750kV 汇集站 330kV 侧。风电场风机出口电压均为 0.69kV，每台风机配套一台 2150kV • A 箱式变电站。

图 1-14 湖北枣阳液流电池光储用一体化示范工程现场图

风电场配套 2MW/10MW • h 液流电池储能系统，实现平抑波动、削峰填谷等风储联合发电功能，参与多能互补联合运行。其中 1MW/5MW • h 液流电池储能系统由上海电气供货，2020 年上半年投入运行。1MW/5MW • h 储能系统采用全集装箱式整体供货，包括 8 台 45 尺（1 尺=0.33m）电堆集装箱和 1 台 10 尺电气集装箱。单台电堆集装箱集成 125kW 电堆模块、625kW • h 电解液容量模块、配套循环模块及电控模块，组成 125kW/625kW • h 储能标准模块，8 套储能模块形成 1MW/5MW • h 储能单元；电气集装箱集成总配电柜、直流柜、UPS 柜和 BMS 柜等电气设备，电池组直流输出电压 520～850V，通过 PCS 与风电场电网连接，实现储能单元与风电场的能量与信息交互。青海共和 45 万 kW 风电配套液流电池储能项目现场图如图 1-15 所示。

a）电气集装箱

b）电堆集装箱

图 1-15 青海共和 450MW 风电配套液流电池储能项目现场图

（5）上海电气汕头智慧能源系统项目

上海电气汕头智慧能源系统示范项目为风光储联合发电示范项目，如图 1-16 所示。项目建设 1 台 8000kW 风力发电机组，1 台 4000kW 风力发电机组，2.42MWp 屋顶光伏，总装机容量 14.42MW，配套 2MW/2MW·h 储能系统，其中 1MW/1MW·h 储能系统采用磷酸铁锂储能系统，1MW/1MW·h 储能系统采用全钒液流电池储能系统。1MW/1MW·h 液流电池储能系统采用全集装箱式整体供货，2020 年上半年投入运行。系统包括 4 台 30 尺电堆集装箱和 1 台 10 尺电气集装箱。单台电堆集装箱集成 250kW 电堆模块、250kW·h 电解液容量模块、配套循环模块及电控模块，组成 250kW/250kW·h 储能标准模块，4 套储能模块形成 1MW/1MW·h 储能单元；电气集装箱集成总配电柜、直流柜、UPS 柜和 BMS 柜等电气设备，电池组直流输出电压 520～850V，通过 PCS 与电网连接，实现储能单元与风光联合电站的能量与信息交互。

a）电气集装箱

b）电堆集装箱

c）现场照片

图 1-16　上海电气汕头智慧能源系统项目

从目前已经完成的大量实地试验基础上可知，最初 VFB 的示范是小功率、小容量的原理性验证，接着是基于大功率、大容量 VFB 储能系统的功能性验证。通过示范，说明了 VFB 能够应用于平抑可再生能源波动、负荷平衡、电网调峰和应急备用电源等场景。下一阶段应以 VFB 储能系统的推广应用为主，着力探索出 VFB 储能系统参与电网辅助服务的多种模式，在保证其安全的前提下提高 VFB 储能系统效率，推动其商业化应用进程。

1.4 全钒液流电池的关键技术

随着储能技术的不断发展，全钒液流电池的长寿命、大容量和高安全的特点显得尤为突出，全钒液流电池储能系统或配合风力、光伏等使用提高可再生能源利用率，或削峰填谷。为了全钒液流电池储能系统更好地配合风力、光伏等可再生能源使用，研究学者采用低通滤波[19]、滑动平均滤波[20]、加权移动平均滤波[21]、小波分解[22]、模糊控制[23]或动态规划[24]等算法平抑风电、光伏等可再生能源的波动，或研究风储联合优化和协调控制[25-33]、光储联合优化及协调控制[34-41]等。在不同场景的应用中，电池储能系统或单独使用，或与超级电容等功率型储能装置构成混合储能系统。国内外学者又对混合储能系统的协调控制及储能系统内部协调控制展开了研究，如基于 SOC 的功率分配、下垂和改进的下垂算法[42]、基于专家知识库的功率分配算法[43-45]、带补偿系数的低通滤波算法[46]、基于 SOC 的自适应下垂算法[47-48]、基于 SOC 平衡度的功率分配[49]以及按照各个储能单元 SOC（或放电状态 SOD）占 SOC（或 SOD）之和的比例进行功率分配[50-51]等算法。

虽然全钒液流电池已经得到了广泛关注和研究，并且已经建设了各类示范应用工程，但仍然有一些问题需要研究和解决，主要体现在电池的关键材料、模型、多体系系统耦合、能量管理和控制策略等方面。全钒液流电池的研究依旧任重而道远，关于全钒液流电池的关键技术主要有以下几种。

1）开发新一代高性能、低成本的国产化全钒液流电池关键材料。包括：开发高导电性、高离子选择性、高耐久性和低成本的离子传导膜材料；研究低电阻、低成本及高稳定性的一体化电极制备技术；开发高浓度、高稳定和温度范围适应性强的电解液等。

2）研究全钒液流电池关键材料的大规模制备技术以及电堆的自动化装配技术。通过电池关键材料的大规模生产提高电池的性能与可靠性，通过自动化装配技术提高电堆的一致性与装配效率，促进全钒液流电池的产业化。

3）采用模拟和仿真技术开展电池的优化设计与控制策略研究。通过建立全钒液流电池的电化学模型、动态机理模型、电路模型和混合模型等不同类型的模型，分析电池充放电过程和反应原理，实现电池的优化设计，具有理论指导意义和实际参考价值。

4）研究循环泵的优化及流速控制。循环泵的作用是将电解液从电解液储罐输送到电堆中进行氧化还原反应。电解液的流量过大会消耗过多的电能，导致电池效率降低；流量较小又会导致电化学反应不完全，降低效率。因此，需要寻找合适的流速使得电池反应充分，同时能够提高电池的效率。

5）研究全钒液流电池的控制，实现电池的最大化利用。包括研究全钒液流电池的柔性充放电技术，以提高其储电能力；研究不同应用场景下全钒液流电池储能系统的协调控制，更好地与火电、光伏和风电等配合；研究全钒液流电池储能系统内部的功率分配等。

6）研究全钒液流电池储能系统的远程诊断与维护技术，实现储能电站的高效可靠运行。通过设备远程监控系统，实时掌握设备的健康状况，实现故障预警功能，通过远程诊断第一时间排除故障，最大程度地确保储能系统连续运行。

作者所在团队在全钒液流电池本体及控制技术方面展开了研究[52-73]，本书综合了前期的研究成果，围绕全钒液流电池储能系统的建模及控制技术进行阐述。

1.5 政策法规、标准规范

随着光伏、风电等新能源发电的进一步推广，储能日益受到相关行业的关注。近年来支持储能发展的政策越来越多，储能前景一片大好。为了更好地促进行业的健康发展，很多电池相关的标准也在逐步制定完善中。为此，本节汇总了近年来储能方面特别是全钒液流电池相关的政策及标准。

1.5.1 政策法规

全球各国政府都制定了大规模储能项目的支持政策。下面阐述美国、德国、日本、澳大利亚及中国的政策情况。

美国储能系统的激励政策包括投资税抵免（ITC）、加速折旧（MACRS）和调频辅助服务系列政策。为促进储能系统的发展，2016年美国明确储能技术都可以申请投资税抵免（ITC），针对配套可再生能源充电比例75%以上的储能系统，按充电比例给予30%的投资税抵免，例如储能系统80%由可再生能源充电，则可以享受相当于系统成本24%（30%×80%）的税收抵免。目前，独立储能ITC政策有望出台。据Wood Mackenzie预计，如果独立的储能ITC政策出台，到2024年每年储能新增装机量将达到5.1GW，较基准预测值4.8GW增加300MW/a。美国联邦能源管理委员会（FERC）从2005年起针对辅助服务市场制定了一系列结算和付费补偿机制，构建了电储能参与调频辅助服务的市场收益机制，为储能在调频辅助服务领域的商业化应用奠定了基础。包括：890号法令，给予储能独立参与调频辅助市场的身份；755 号法令，制定电力零售市场调频辅助服务按效果付费补偿机制；784 号令，即“新电力储能技术的第三方提供辅助服务规定以及结算与财务报告”。除联邦政策外，各州也针对储能出台了相应的激励政策，其中以加州最为突出。加州公用事业委员会（CPUC）自 2001 年开始启动自发电激励计划（Self-Generation Incentive Program，SGIP），鼓励多种分布式能源，如光伏、风电等。自 2011 年起，储能被纳入 SGIP 计划支持范围，可获得 2 美元/W 的补贴。此后，尽管 SGIP 政策经历了多次调整和修改，但对于推动加州分布式储能的发展依然发挥了重要作用。此外，加州通过制定政策引导公用事业公司（IOU）部署储能项目。2013 年，加州公用事业委员会（CPUC）设置了储能采购框架，为加州三大 IOU 设定了到 2020 年部署 1.3GW 储能的目标。2016 年，又在 1.3GW 目标基础上增加了 500MW～1.8GW。预计各 IOU 将在规定的 2024 年期限之前就能完成目标，并且最终采购规模将超过此前制定的目标。

德国储能系统的激励政策包括小型户用光伏储能投资补贴计划和分布式光伏储能补贴计划。2013 年，德国小型户用光伏储能投资补贴计划正式确立。该政策为功率 30kW 以下，为与户用光伏配套的储能系统提供 30%的安装补贴，并通过德国复兴发展银行（KfW）的“275 计划”对购买光伏储能设备的单位或个人提供低息贷款。2016 年初，德国联邦经济事务和能源部重新调整并发布了新一轮“光伏+储能”补贴计划。补贴总额约 3000 万欧元，于 2018 年底截止。该政策适用于 2012 年 12 月之后安装且容量低于 30kWp 的光伏系统。因此，新安装的光储系统或光伏改造添加储能设备的家庭均可以向 KfW 提交申请新补贴计划的支持。

日本储能系统的激励政策包括可再生能源储能应用相关支持政策和“氢能社会”相关支持政策。2014 年秋，日本的五大电力公司曾因太阳能发电项目势头过猛而暂停收购光伏电力。为解决此问题，日本政府支持可再生能源发电公司引入储能电池，资助电力公司开展集中式可再生能源配备储能的示范项目，以降低弃风/光率、保障电网运行的稳定性。2015 年，日本政府共划拨 744 亿日元（约 46.4 亿人民币），对安装储能电池的太阳能或风能发电公司给予补贴。目前，这项补贴已经结束，但该补贴政策的实施表明，日本政府为了促进电力公司接受可再生能源输出的电力，会不定期地出台一些补贴措施。2014 年 6 月，经济产业省发布“氢能社会”战略路线图，“氢能社会”战略是日本在福岛核事故之后建立新能源体系的重要支撑，也是其培育下一个全球领先产业的基石。路线图指出，到 2020 年，主要着力于扩大本国固定式燃料电池和燃料电池汽车的使用量，以占据氢燃料电池世界市场的领先地位；到 2030 年，进一步扩大氢燃料的需求和应用范围，使氢加入传统的“电、热”而构建全新的二次能源结构；到 2040 年，氢燃料生产采用 CO_2 捕获和封存（CCS）组合技术，建立起 CO_2 零排放的氢供应系统。

澳大利亚储能系统的激励政策包括可再生能源储能应用相关支持政策和户用

光储相关支持政策。澳大利亚可再生能源署（Australian Renewable Energy Agency，ARENA）是澳大利亚联邦各部门中对储能技术和产业发展支持力度最大的机构。ARENA 已经开展储能技术验证和示范应用支持项目，主要涉及探索多能互补和多种储能技术混合应用的风光储项目，探索采用全新商业模式的虚拟电厂项目，探索储能与大型光伏电站或风电场配合出力的项目，利用储能帮助矿区等电网薄弱地区构建微网系统，实现离网供能、降低柴油发电水平和支持创新型储能技术研发，推动商业化应用。此外，维多利亚和昆士兰州政府也在以招标采购计划的方式大力推进可再生能源领域的储能应用。随着大部分州的光伏 FIT 即将或已经终结以及高电价的作用，澳大利亚居民和商业用户安装储能的意愿变得更加强烈。为此，澳大利亚不同政府机构都出台了户用储能安装激励计划，推动澳大利亚户用光储市场的发展。主要包括澳大利亚绿党电池储能安装激励计划、南澳大利亚州和阿德莱德市储能安装激励计划以及堪培拉的下一代储能推广计划。

国内的储能相关的政策见表 1-6，其中与全钒液流电池相关的政策见表 1-7。

表 1-6 储能领域的相关政策（国内）

政策名称	发布时间	发布部门	相关内容
《关于加强储能标准化工作的实施方案》	2020 年 1 月	国家能源局	建立储能标准化协调工作机制；建设储能标准体系；推动储能标准化示范；推进储能标准国际化
《首台（套）重大技术装备推广应用指导目录（2019 年版）》	2019 年 12 月	工业和信息化部	全钒液流电池储能系统：额定功率≥100kW；额定能量≥200kW • h； 额定能量效率≥70%；寿命≥15 年 压缩空气储能系统：额定功率≥100MW；系统效率≥65%；寿命≥30 年 飞轮储能装置：①UPS 飞轮：输出功率≥100kW；放电时间≥15s ②电网调频飞轮：输出功率≥100kW；输出能量≥30MJ
《省级电网输配电价定价方法（修订征求意见稿）》	2019 年 12 月	国家发展改革委	电动汽车充换电服务等辅助性业务单位、抽水蓄能电站和电储能设施等不能纳入可计提收益的固定资产范围
《2019—2020 年及以后年度蒙东地区清洁供暖优惠电价政策》	2019 年 8 月	国家交通部、工业和信息化部等 12 个部门	将实施居民峰谷分时电价政策，鼓励电蓄热、储能企业与风光发电企业直接交易
《输配电定价成本监审办法》	2019 年 5 月	国家发展改革委，国家能源局	电动汽车充换电服务等辅助性业务单位、抽水蓄能电站和电储能设施等成本费用是与电网企业输配电业务无关的费用
《关于创新和完善促进绿色发展价格机制的意见》	2018 年 7 月	国家发展改革委	通过鼓励市场主体签订包含峰、谷和平时段价格和电量的交易合同。利用峰谷电价差、辅助服务补偿等市场化机制，促进储能发展
《南方区域电化学储能电站并网运行管理及辅助服务管理实施细则（试行）》	2018 年 1 月	南方监管局	南方区域地市级及以上电力调度机构直接调度的并与电力调度机构签订并网调度协议的容量为 2MW/0.5h 及以上的储能电站。储能电站根据电力调度机构指令进入充电状态的，按其提供充电调峰服务统计，对充电电量进行补偿，具体补偿标准为 0.05 万元/（MW • h）

（续）

政策名称	发布时间	发布部门	相关内容
《完善电力辅助服务补偿（市场）机制工作方案》	2017 年 11 月	国家能源局	面对电力系统运行管理新形势，着力完善和深化电力辅助服务补偿（市场）机制，制定了详细的阶段性发展目标和主要任务。这是继《并网发电厂辅助服务管理暂行办法（电监市场[2006]43 号）》之后，又一个重要的推动全国性的电力辅助服务工作的纲领性文件。《工作方案》提出按需扩大电力辅助服务提供主体，鼓励储能设备、需求侧资源参与提供电力辅助服务，允许第三方参与提供电力辅助服务
《关于促进我国储能技术与产业发展的指导意见》	2017 年 10 月	国家发展改革委、财政部、科学技术部、工业和信息化部、国家能源局	应用推广一批具有自主知识产权的储能技术和产品。加强引导和扶持，促进产学研用结合，加速技术转化。鼓励储能产品生产企业采用先进制造技术和理念提质增效，鼓励创新投融资模式降低成本，鼓励通过参与国外应用市场拉动国内装备制造水平提升。重点包括 100MW 级全钒液流电池储能电站、高性能铅炭电容电池储能系统等
《关于深入推进供给侧结构性改革做好新形势下电力需求侧管理工作的通知》	2017 年 9 月	国家发展改革委、工业和信息化部、财政部、住房城乡建设部、国务院国资委、国家能源局	可再生能源发电的间歇性、随机性和不可控性，对需求侧用电负荷曲线柔性度的要求越来越高，通过深化推进电力需求侧管理，积极发展储能和电能替代等关键技术，促进供应侧与用户侧大规模友好互动，是促进可再生能源多发满发的重要手段
《关于深化能源行业投融资体制改革的实施意见的通知》	2017 年 3 月	国家能源局	大力加强能源领域“双创”项目金融扶持力度。加大对电动汽车充电基础设施、氢燃料电池、储能和综合智慧能源等科技程度高、资本密度低，并处于种子期、初创期项目的金融支持力度，鼓励金融机构有针对性地为能源领域“双创”项目提供股权、债券以及信用贷款等融资综合服务
《2017 年能源工作指导意见的通知》	2017 年 2 月	国家能源局	建立储能技术系统研发、综合测试和工程化验证平台，推进重点储能技术试验示范，加强储能标准体系建设，推动大容量储能应用技术产业化推广，鼓励用户在低谷期使用电力储能蓄热，积极推进已开工抽水蓄能电站和储能电站项目建设
《能源技术创新“十三五”规划》	2017 年 1 月	国家能源局	被单列为应用推广类储能技术。研究目标：实施百兆瓦以上级全国产化材料全钒液流电池储能装置示范应用工程；建造 300MW/a 液流电池产业化基地，实现规模化生产
《工业绿色发展规划（2016—2020 年）》	2016 年 7 月	工业和信息化部	支持绿色制造产业核心技术研发。面向节能环保、新能源装备和新能源汽车等绿色制造产业的技术需求，加强核心关键技术研发，构建支持绿色制造产业发展的技术体系。新能源装备重点研发核心装备部件制造、并网、电网调度和运维管理等关键技术
《关于推进多能互补集成优化示范工程建设的实施意见》	2016 年 7 月	国家发展改革委、国家能源局	风光水火储能互补示范项目就地消纳后的富余电量，可优先参与跨省区电力输送消纳。符合条件的多能互补集成优化工程项目将作为能源领域投资的重点对象。符合条件的项目可按程序申请可再生电价附加补贴，各省（区、市）可结合当地实际情况，通过初投资补贴或贴息、开设专项债券等方式给予相关项目具体支持政策
《关于推动东北地区电力协调发展的实施意见》	2016 年 7 月	国家能源局	加快储能、燃料电池技术研究与应用。开展全钒液流电池等储能技术示范工程，促进可再生能源消纳。成立燃料电池发电技术创新协作平台，促进多方合作，推进燃料电池技术的进步与应用

（续）

政策名称	发布时间	发布部门	相关内容
《开展电储能参与“三北”地区电力辅助服务补偿（市场）机制试点》	2016年6月	国家能源局	国家能源局有关负责人表示，将鼓励发电企业、售电企业、电力用户和电储能企业等投资建设电储能设施。鼓励各地规划集中式新能源发电基地时配置适当规模的电储能设施，实现电储能设施与新能源、电网的协调优化运行。鼓励在小区、楼宇和工商企业等用户侧建设分布式电储能设施
《2016年能源工作指导意见》	2016年4月	国家能源局	推进重点关键技术攻关，集中攻关大容量储能装备及关键材料的自主研发应用，加快全钒液流储能电池的技术定型
《能源技术革命创新行动计划（2016—2030年）》	2016年4月	国家发展改革委、国家能源局	“先进储能技术创新”为15大技术创新重点任务之一；研究面向可再生能源并网、分布式及微电网和电动汽车应用的储能技术，掌握储能技术各环节的关键核心技术，完成示范验证，整体技术达到国际领先水平，引领国际储能技术与产业发展
《能源技术革命重点创新行动线路图》	2016年4月	国家发展改革委、国家能源局	突破化学储电的各种新材料制备、储能系统集成和能量管理等核心关键技术；示范推广100MW级全钒液流电池储能系统、10MW级钠硫电池储能系统和100MW级锂离子电池储能系统等一批趋于成熟的储能技术；建设100MW级全钒液流电池、钠硫电池和锂离子电池的储能系统；完善电池储能系统动态监控技术
《国民经济和社会发展第十三个五年规划纲要的决议》	2016年3月	人民代表大会	支持新一代信息技术、新能源汽车、生物技术、绿色低碳、高端装备与材料和数字创意等领域的产业发展壮大。大力推进先进半导体、机器人、增材制造、智能系统、新一代航空装备、空间技术综合服务系统、智能交通、精准医疗、高效储能与分布式能源系统、智能材料、高效节能环保以及虚拟现实与互动影视等新兴前沿领域的创新和产业化，形成一批新增长点
《关于在储能等领域推广政府和社会资本合作模式的通知》	2016年3月	国家能源局	在能源PPP项目审批方面建立绿色通道。加快项目审批，简化审核内容，优化办理流程，缩短办理时限。涉及规划、国土和环保等审批事项的，应积极推动相关部门建立PPP项目联审机制。加快开通项目审批网上平台，公开项目全流程审批信息，进一步提高行政服务效率
《关于推动电储能参与“三北”地区调峰辅助服务工作的通知》	2016年3月	国家能源局	强调要充分发挥电储能技术在调峰方面的作用，促进辅助服务分担共享新机制建立，减少弃风、弃光，满足民生供热需求
《关于实施光伏发电扶贫工作意见》	2016年3月	国家发展改革委、国务院扶贫开发领导小组办公室、国家能源局、国开行以及中国农业发展银行	光伏发电清洁环保，技术可靠，收益稳定，既适合建设户用和村级小电站，也适合建设较大规模的集中式电站，还可以结合农业、林业开展多种“光伏+”应用。各地区应将光伏扶贫作为资产收益扶贫的重要方式，进一步加大工作力度，为打赢脱贫攻坚战增添新的力量
《关于推进“互联网+”智慧能源发展的指导意见》	2016年2月	国家发展改革委	开发储电、储热、储冷和清洁燃料存储等多类型、大容量、低成本、高效率和长寿命储能产品及系统、推动集中式能源发电基地，配置适当规模的储能电站，实现储能系统与新能源、电网的协调优化运行

（续）

政策名称	发布时间	发布部门	相关内容
《可再生能源发电全额保障性收购管理办法》（征求意见稿）	2015 年 12 月	国家能源局	近年来，弃风、弃光一直是影响我国可再生能源产业健康持续发展的最大掣肘。《办法》是我国能源主管部门在新一轮的电力体制改革的背景下，进一步加大力度，落实《可再生能源法》等法律法规对可再生能源全额保障性收购的规定，保障非化石能源消费比重目标实现，推动能源生产和消费革命的重要举措。《办法》发布并实施后，成为解决弃风、弃光问题，促进风电、光伏等可再生能源行业有效发展的主要推动力
《绿色债券支持项目目录》	2015 年 12 月	中国人民银行	为加快建设生态文明，引导金融机构服务绿色发展，推动经济结构转型升级和经济发展方式转变，支持金融机构发行绿色金融债券，募集资金用于支持绿色产业发展。风力发电、光伏发电、智能电网及能源互联网、分布式能源、太阳能热利用、水力发电和其他新能源利用均被列入其中
《关于开展可再生能源就近消纳试点的通知》	2015 年 10 月	国家发展改革委办公厅	在可再生能源富集的甘肃省、内蒙古自治区率先开展可再生能源就近消纳试点，为其他地区规划内的可再生能源全额保障性收购积累经验，实现可再生能源优先调度的机制创新，努力解决弃风、弃光问题，促进可再生能源持续健康发展
《关于组织太阳能热发电示范项目建设的通知》	2015 年 9 月	国家能源局	明确所有项目至少配置 1h 的储热设置。从目前申报的项目来看，储热在 1～14h 之间
《关于推进新能源微电网示范项目建设的指导意见》	2015 年 7 月	国家能源局	联网型新能源微电网建设应具备足够容量和反应速度的储能系统；独立型新能源微电网应重点建设技术经济性合理的储能系统
《关于促进智能电网发展的指导意见》	2015 年 7 月	国家发展改革委、国家能源局	明确发展智能电网是实现我国能源生产、消费、技术和体制革命的重要手段，是发展能源互联网的重要基础，可实现清洁能源的充分消纳。构建安全高效的远距离输电网和可靠灵活的主动配电网，实现水能、风能和太阳能等各种清洁能源的充分利用；加快微电网建设，推动分布式光伏、微燃机及余热余压等多种分布式电源的广泛接入和有效互动，实现能源资源优化配置和能源结构调整
《中国制造 2025》	2015 年 5 月	中共中央国务院	实施智能电网成套装备创新专项，实现大容量储能装置自主化，大容量储能技术及兆瓦级储能装置满足电网调峰需要，解决可再生能源并网瓶颈
《关于改善电力运行调节促进清洁能源多发满发的指导意见》	2015 年 3 月	国家发展改革委、国家能源局	各省（区、市）政府主管部门组织编制本地区年度电力电量平衡方案时，应采取措施落实可再生能源发电全额保障性收购制度，在保障电网安全稳定的前提下优先预留水电、风电和光伏发电等清洁能源机组发电空间，全额安排可再生能源发电
《关于进一步深化电力体制改革的若干意见（中发〔2015〕9 号）文》	2015 年 3 月	中共中央国务院	全面放开用户侧分布式电源市场。积极开展分布式电源项目的各类试点和示范。放开用户侧分布式电源建设，支持企业、机构、社区和家庭根据各自条件，因地制宜投资建设风能、生物质能发电以及燃气“热电冷”联产等各类分布式电源，准许接入各电压等级的配电网络和终端用电系统

（续）

政策名称	发布时间	发布部门	相关内容
《国家能源局综合司关于做好太阳能发展“十三五”规划编制工作的通知文》	2014 年 12 月	国家能源局综合司	建立分布式光伏发电、太阳能热利用、地热能、储能以及天然气分布式利用相结合的新型能源体系
《能源发展战略行动计划（2014—2020 年）》	2014 年 11 月	国务院办公厅	加强储备应急能力建设，完善能源储备制度，建立国家储备与企业储备相结合、战略储备与生产运行储备并举的储备体系，建立健全国家能源应急保障体系，提高能源安全保障能力
《国家应对气候变化规划（2014—2020 年》	2014 年 9 月	国家发展改革委	在重点发展的低碳技术方面，先进太阳能、风能发电及大规模可再生能源储能和并网技术列入其中
《国家能源局科技“十二五”规划》(2011—2015 年)》	2011 年 12 月	国家能源局	明确了兆瓦级液流储能系统的研究方向

表 1-7　全钒液流电池的相关政策

政策名称	发布时间	发布部门	相关内容
《关于促进我国储能技术与产业发展的指导意见》	2017 年 10 月	国家发展改革委、财政部、科学技术部、工业和信息化部、国家能源局	应用推广一批具有自主知识产权的储能技术和产品。加强引导和扶持，促进产学研用结合，加速技术转化。鼓励储能产品生产企业采用先进制造技术和理念提质增效，鼓励创新投融资模式降低成本，鼓励通过参与国外应用市场拉动国内装备制造水平提升。重点包括 100MW 级全钒液流电池储能电站、高性能铅炭电容电池储能系统等
《能源技术创新“十三五”规划》	2017 年 1 月	国家能源局	被单列为应用推广类储能技术。研究目标：实施百兆瓦以上级全国产化材料全钒液流电池储能装置示范应用工程；建造 300MW/a 液流电池产业化基地，实现规模化生产
《能源技术革命重点创新行动线路图》	2016 年 4 月	国家发展改革委、国家能源局	突破化学储电的各种新材料制备、储能系统集成和能量管理等核心关键技术；示范推广 100MW 级全钒液流电池储能系统、10MW 级钠硫电池储能系统和 100MW 级锂离子电池储能系统等一批趋于成熟的储能技术；建设 100MW 级全钒液流电池、钠硫电池和锂离子电池的储能系统；完善电池储能系统动态监控技术
《国家能源局科技“十二五”规划》(2011—2015 年)》	2011 年 12 月	国家能源局	明确了兆瓦级液流储能系统的研究方向

1.5.2　标准规范

国内和液流电池相关的标准化技术委员会有：全国燃料电池及液流电池标准化技术委员会（SAC/TC342）、能源行业液流电池标准化技术委员会（NEA/TC23）。截至 2018 年 12 月，已经颁布了 5 项国家标准和 10 项行业标准，见表 1-8。标准涉及 VFB 的基础标准，包括关键部件性能与测试、电池管理系统、电池的安全以及安装与维护等四个方面。这些标准的制定为 VFB 的生产制造、性能检测、安全及维护提供了重要的判定标准和依据。

表 1-8 国内全钒液流电池的标准

标准名称	编号	标准级别	状态
全钒液流电池 术语	GB/T 29840—2013	国标	现行
全钒液流电池通用技术条件	GB/T 32509—2016	国标	现行
全钒液流电池系统 测试方法	GB/T 33339—2016	国标	现行
全钒液流电池 安全要求	GB/T 34866—2017	国标	现行
全钒液流电池用电解液	GB/T 37204—2018	国标	现行
全钒液流电池用电解液 测试方法	NB/T 42006—2013	行标	现行
全钒液流电池用双极板 测试方法	NB/T 42007—2013	行标	现行
全钒液流电池用离子传导膜 测试方法	NB/T 42080—2016	行标	现行
全钒液流电池 单电池性能测试方法	NB/T 42081—2016	行标	现行
全钒液流电池电极测试方法	NB/T 42082—2016	行标	现行
全钒液流电池 电堆测试方法	NB/T 42132—2017	行标	现行
全钒液流电池用电解液 技术条件	NB/T 42133—2017	行标	现行
全钒液流电池管理系统技术条件	NB/T 42134—2017	行标	现行
全钒液流电池 维护要求	NB/T 42144—2018	行标	现行
全钒液流电池 安装技术规范	NB/T 42145—2018	行标	现行

国际上液流电池国际标准起步较晚，标准制定工作主要由国际电工委员会燃料电池技术委员会（IEC/TC 105）开展，该委员会于 2014 年成立液流电池联合工作组（IEC/TC21/JWG7）[74]，并开展了 3 项液流电池国际标准制定工作。另外，英国、韩国和斯洛伐克等国家也开展了液流电池相关的标准制定工作。目前国际上并没有单独针对 VFB 的标准，表 1-9 给出了部分与液流电池相关的国际标准及国外标准。

表 1-9 国际和国外全钒液流电池标准

标准名称	编号	类型	状态
Flow batteries-Guidance on the specification, installation and operation（液流电池-规范、安装和操作指南）	CWA 50611	欧洲液流电池工作组协议	现行（2013 年 4 月正式发布）
Flow Battery Systems for Stationary applications-Part 1: Terminology（《固定式领域用液流电池系统 第 1 部分：术语》）	IEC62932–1	国际标准	现行（2020 年 2 月正式发布）
Flow Battery Systems for Stationary applications-平共处 Part 2-1: Performance general requirements and test methods（《固定式领域用液流电池系统 第 2-1 部分：通用性能要求及测试方法》）	IEC 62932–2–1	国际标准	现行（2020 年 2 月正式发布）
Flow Battery Systems for Stationary applications-Part 2-2: Safety requirements（《固定式领域用液流电池系统 第 2-2 部分 安全要求》）	IEC 62932–2–2	国际标准	现行（2020 年 2 月正式发布）

（续）

标准名称	编号	类型	状态
流体电池.安装和运转规范导则 Flow batteries. Guidance on the specification, installation and operation	BS CWA 50611–2013	GB-BSI（英国标准学会）	现行
Redox flow battery for use in energy storage system—Performance and safety tests	KS C 8547–2017	KR-KATS（韩国标准）	现行
液流电池. 规格, 安装和操作指南 Flow batteries-Guidance on the specification, installation and operation	TNI CWA 50611–2013	SK-STN（斯洛伐克标准学会）	现行

1.6　本章小结

本章首先给出了常见的大规模储能技术，包括物理储能、电化学储能和电磁储能，不同储能适合不同容量、不同时间常数的场合，其中液流电池、钠硫电池、抽水蓄能和压缩空气等特别适合大功率、长时间常数的场合。然后介绍了抽水储能、压缩空气储能、飞轮储能、铅酸电池、锂离子电池、钠硫电池和液流电池等大规模储能技术的发展及应用，列举了全钒液流电池相关的主要应用领域和示范项目，并总结了全钒液流电池建模与控制的研究热点。最后给出了全钒液流电池相关的国内外政策和标准。

1.7　参考文献

[1] 北极星储能网. 2019 年全国电力装机量、发电量、用电量数据盘点[EB/OL]. [2020-2-10]. http://chuneng.bjx.com.cn/news/20200210/1041096.shtml.

[2] 国家发展和改革委员会能源研究所, 等. 重塑能源: 中国[R]. 2016.

[3] 国家发展改革委, 国家能源局. 能源技术革命创新行动计划(2016—2030 年)(发改能源[2016]513 号)[EB/OL]. [2016-06]. http://www.nea.gov.cn/2016-06/01/c_135404377.htm.

[4] 张文亮, 丘明, 来小康. 储能技术在电力系统中的应用[J]. 电网技术, 2008, 32(7): 1-9.

[5] 张维煜, 朱烷秋. 飞轮储能关键技术及其发展现状[J]. 电工技术学报, 2011, 26(7): 141-146.

[6] 张翔. 飞轮储能系统高速永磁同步电动/发电机控制关键技术研究[D]. 杭州: 浙江大学, 2019.

[7] 廉嘉丽, 王大磊, 颜杰, 等. 电力储能领域铅炭电池储能技术进展[J]. 电力需求侧管理, 2017, 19(3): 21-25.

[8] 邵勤思, 颜蔚, 李爱军, 等. 铅酸蓄电池的发展、现状及其应用[J]. 自然杂志, 2017, 39(4): 258-264.

[9] 卓萍, 倪照鹏, 杨凯, 等. 锂离子储能系统消防安全研究现状[J]. 消防科学与技术, 2019, 38(7): 1023-1027.

[10] 张华民. 储能与液流电池技术[J]. 储能科学与技术, 2012, 1(1): 58-63.

[11] 张华民. 液流电池技术[M]. 北京: 化学工业出版社, 2015.

[12] 国家能源局. 能源技术创新“十三五”规划(国能科技[2016]397 号)[EB/OL]. [2017-01]. http://zfxxgk.nea. gov.cn/auto83/201701/t20170113_2490.htm.

[13] 孙玉树, 杨敏, 师长立, 等. 储能的应用现状和发展趋势分析[J]. 高电压技术, 2020, 46(1): 80-89.

[14] 北极星储能网. 飞轮储能技术在电力储能领域中的应用现状[EB/OL]. [2020-02]. http://chuneng.bjx.com.cn/news/20200224/1046512.shtml.

[15] 周芳, 刘思, 侯敏. 锂电池技术在储能领域的应用与发展趋势[J]. 电源技术, 2019, 43(2): 348-350.

[16] 中国储能网新闻中心. 大连市获批建设国家级化学储能调峰电站示范项目[EB/OL]. [2016-05-21]. http://www.escn.com.cn/news/show-319391.html.

[17] LARGENT R L, SKYLAS-KAZACOS M, CHIENG J. Improved PV system performance using vanadium batteries[A]. 23rd Photovoltaic Specialists Conference[C]. Kentucky: IEEE, 1993. 1119-1124.

[18] SHIBATA A, SATO K. Development of vanadium redox flow battery for electricity storage[J]. Journal of Power Engineering, 1999, 13(3): 130-135.

[19] 宇航. 利用储能系统平抑风电功率波动的仿真研究[D]. 吉林: 东北电力大学, 2008.

[20] TESFAHUNEGN S G, ULLEBERG, VIE P J S, et al. Optimal shifting of photovoltaic and load fluctuations from fuel cell and electrolyzer to lead acid battery in a photovoltaic/hydrogen standalone power system for improved performance and life time[J]. Journal of Power Sources, 2011, 196(23): 10401-10414.

[21] 丁明, 吴建锋, 朱承治, 等. 具备荷电状态调节功能的储能系统实时平滑控制策略[J]. 中国电机工程学报, 2013, 33(1): 22-29.

[22] 韩晓娟, 陈跃燕, 张浩, 等. 基于小波包分解的混合储能技术在平抑风电场功率波动中的应用[J]. 中国电机工程学报, 2013, 33(19): 8-13.

[23] 杨锡运, 曹超, 李相俊, 等. 基于模糊经验模态分解的电池储能系统平滑风电出力控制策略[J]. 电力建设, 2016, 37(8): 134-140.

[24] 丁明, 徐宁舟, 毕锐. 用于平抑可再生能源功率波动的储能电站建模及评价[J]. 电力系统自动化, 2011, 35(2): 66-72.

[25] HU R, RAN C, YAO H, et al. Coordinated control strategy of wind power and large-scale access of battery energy storage[A]. International Conference on Intelligent Systems Design & Engineering Applications[C]. Guiyang: IEEE, 2015: 247-250.

[26] 黄杨，胡伟，闵勇，等. 考虑日前计划的风储联合系统多目标协调调度[J]. 中国电机工程学报, 2014, 34(28): 4743-4751.

[27] DICORATO M, FORTE G, PISANI M, et al. Planning and operating combined wind-storage system in electricity market[J]. IEEE Transactions on Sustainable Energy, 2012, 3(2): 209-217.

[28] 黄杨，胡伟，闵勇，等. 计及风险备用的大规模风储联合系统广域协调调度[J]. 电力系统自动化, 2014, 38(9): 41-47.

[29] 栗然，党磊，董哲，等. 分时电价与风储联合调度协调优化的主从博弈模型[J]. 电网技术, 2015, 39(11): 3247-3253.

[30] 陆秋瑜，胡伟，闵勇，等. 考虑时间相关性的风储系统多模式协调优化策略[J]. 电力系统自动化, 2015, 39(2): 6-12.

[31] 刘辉，葛俊，巩宇，等. 风电场参与电网一次调频最优方案选择与风储协调控制策略研究[J]. 全球能源互联网, 2019, 2(1): 44-52.

[32] 符杨，黄丽莎，赵晶晶. 基于风储协调控制的微电网平滑切换控制策略[J]. 电力系统及其自动化学报, 2017, 29(3): 55-61.

[33] 李中豪，张沛超，马军，等. 采用动态赋权的风储协调多目标优化控制方法[J]. 电力系统自动化, 2016, 40(12): 94-99, 206.

[34] 梁亮，李建林，惠东. 光伏-储能联合发电系统运行机理及控制策略[J]. 电力自动化设备, 2011, 31(8): 20-23.

[35] 刘英培，侯亚欣，梁海平，等. 一种适用于黑启动的光储联合发电系统协调控制策略[J]. 电网技术, 2017, 41(9): 2979-2986.

[36] 米阳，吴彦伟，符杨，等. 独立光储直流微电网分层协调控制[J]. 电力系统保护与控制, 2017, 45(8): 37-45.

[37] 刘迎澍，王翠敏. 光储微电网并网模式协调控制策略[J]. 电力系统及其自动化学报, 2018, 30(1): 127-132.

[38] 徐少华，李建林. 光储微网系统并网/孤岛运行控制策略[J]. 中国电机工程学报, 2013, 33(34): 25-33, 39.

[39] ZHANG Y, JIA H J, GUO L. Energy management strategy of islanded microgrid based on power flow control[A]. Innovative Smart Grid Technologies[C]. Washington DC: IEEE, 2012: 1-6.

[40] 刘梦璇，郭力，王成山，等. 风光柴储孤立微电网系统协调运行控制策略设计[J]. 电力系统自动化, 2012, 36(15): 19-24.

[41] ZHOU H H, BHATTACHARYA T, TRAN D, et al. Composite energy storage system involving battery and ultracapacitor with dynamic energy management in microgrid applications[J]. IEEE Transactions on Power Electronics, 2011, 26(3): 923-930.

[42] 周建萍，张纬舟，王涛，等. 基于功率交互及动态分配的多储能单元控制策略[J]. 高电压

技术, 2018, 44(4): 1149-1156.

[43] 于芃, 周玮, 孙辉, 等. 用于风电功率平抑的混合储能系统及其控制系统设计[J]. 中国电机工程学报, 2011, 31(17): 127-133.

[44] ABBEY C, STRUNZ K, JOOS G. A knowledge-based approach for control of two-level energy storage for wind energy systems[J]. IEEE Transactions on Energy Conversion, 2009, 24(2): 539-547.

[45] ROSS M, HIDALGO R, ABBEY C, et al. Energy storage system scheduling for an isolated microgrid[J]. IET on Renewable Power Generation, 2011, 5(2): 117-123.

[46] 洪涛. 混合储能系统的控制策略的研究[D]. 合肥: 合肥工业大学, 2016.

[47] 陆晓楠, 孙凯, 黄立培, 等. 直流微电网储能系统中带有母线电压跌落补偿功能的负荷功率动态分配方法[J]. 中国电机工程学报, 2013, 33(16): 37-46.

[48] LU X, SUN K, GURRERO J M, et al. State of charge balance using adaptive droop control for distributed energy storage systems in DC microgrid applications[J]. IEEE Transactions on Industrial Electronics, 2013, 61(6): 2804-2815.

[49] 谭树成, 张辉, 肖曦, 等. 基于 SOC 不平衡度的储能装置功率分配方法[J]. 电力电子技术, 2016, 50(11): 57-59.

[50] LI X, HUI D, LAI X. Battery energy storage station (BESS)-based smoothing control of photovoltaic (PV) and wind power generation fluctuations[J]. IEEE Transactions on Sustainable Energy, 2013, 4(2): 464-473.

[51] LI X, YAO L, HUI D. Optimal control and management of a large-scale battery energy storage system to mitigate fluctuation and intermittence of renewable generations[J]. Journal of Modern Power Systems and Clean Energy, 2016, 4(4): 593-603.

[52] 李建林, 王剑波, 袁晓冬, 等. 储能产业政策盘点分析[J]. 电器与能效管理技术, 2019(20): 1-9.

[53] 李建林, 郭威, 牛萌, 等. 我国电力系统辅助服务市场政策分析与思考[J]. 电气应用, 2019, 38(10): 22-27, 35.

[54] 李建林. 储能系统在电网中的应用及投资热点分析[J]. 电气应用, 2019, 38(4): 4-6.

[55] 李建林, 徐少华, 靳文涛. 我国电网侧典型兆瓦级大型储能电站概况综述[J]. 电器与能效管理技术, 2017(13): 1-7.

[56] 李建林, 徐少华, 惠东. 百兆瓦级储能电站用 PCS 多机并联稳定性分析及其控制策略综述[J]. 中国电机工程学报, 2016, 36(15): 4034-4047.

[57] 李建林, 徐少华, 惠东. 一种适合于储能 PCS 的 PI 与准 PR 控制策略研究[J]. 电工电能新技术, 2016, 35(2): 54-61.

[58] 徐少华, 李建林, 惠东. 基于准PR控制的储能逆变器离网模式下稳定性分析[J]. 电力系统自动化, 2015, 39(19): 107-112.

[59] 李鑫，莫言青，邱亚，等. 全钒液流电池仿真模型综述[J]. 机械设计与制造工程，2017，46(11): 1-7.

[60] 邵军康，李鑫，莫言青，等. 全钒液流电池建模与流量特性分析[J]. 储能科学与技术，2020，9(2): 645-655.

[61] LI X, ZHANG W W, CHEN W, et al. Dual active bridge bidirectional DC-DC converter modeling for battery energy storage system[A]. Proceedings of the 37th Chinese Control Conference[C]. Wuhan: IEEE, 2018: 1740-1745.

[62] 邱亚，李鑫，陈薇，等. 基于 P-AWPSO 算法的全钒液流电池储能系统功率分配[J]. 高电压技术, 2020, 46(2): 500-510.

[63] 邱亚，李鑫，陈薇，等. 基于 RLS 和 EKF 算法的全钒液流电池 SOC 估计[J]. 控制与决策，2018, 33(1): 37-44.

[64] QIU Y, LI X, CHEN W, et al. State of charge estimation of vanadium redox battery based on improved extended Kalman Filter[J]. ISA Transaction, 2019, 94: 326-337.

[65] 黄钰笛. 双向 DC/VC 变换器并联运行控制研究[D]. 合肥: 合肥工业大学, 2019.

[66] ZHENG T, LU W P, LI X, et al. Soc estimation of vanadium redox flow battery based on OCV-DKF algorithm[A]. 2018 IEEE 3rd Advanced Information Technology, Electronic and Automation Control Conference[C]. Chongqing: IEEE, 2018: 1528-1532.

[67] 郑涛，卢文品，李鑫，等. 双卡尔曼滤波下的全钒液流电池荷电状态估计[J]. 合肥工业大学学报(自然科学版), 2019, 42(2): 206-210.

[68] 李鑫，张微微，朱浩宇，等. 基于扩展状态平均法的隔离型多端口移相全桥双向直流变换器建模研究[J/OL]. 电源学报: 1-11[2018-11-26]. http://kns.cnki.net/kcms/detail/12.1420.TM.20181126.1043.004.html.

[69] CHEN W, HUANG Y D, LI X, et al. Double Closed-loop Charge-discharge Control Strategy of VRB based on CMAC[A]. Proceedings of the 37th Chinese Control Conference[C]. Wuhan: IEEE, 2018: 2747-2752.

[70] 李鑫，倪宵，邱亚，等. 基于全钒液流电池光储一体化波动抑制策略[J]. 控制工程，2019，26(7): 1270-1275.

[71] 郑涛，杨艳芳，陈薇，等. 全面学习 PSO 算法与 SUMT 内点法在微电网调度中的应用[J]. 传感器与微系统, 2019, 38(10): 157-160.

[72] 邱亚，李鑫，魏达，等. 全钒液流电池的柔性充放电控制[J]. 储能科学与技术，2017，6(1): 78-84.

[73] 陈梅，洪涛，李鑫. 全钒液流电池建模及充放电双闭环控制[J]. 电源技术，2017，1(41): 61-63.

[74] 田超贺，陈晨. 液流电池国际标准化现状分析研究[J]. 电器工业, 2018(4): 47-49.

第 2 章　全钒液流电池的原理及结构

本章介绍了全钒液流电池的工作原理、结构与组成、存储结构和主要技术参数，并给出了市场上常见的全钒液流电池产品和规格。

2.1　全钒液流电池工作原理

全钒液流电池（Vanadium Flow Battery，VFB）主要由电堆、两个独立正负极电解液储罐、循环泵以及管路等组成，其中电堆由多片单电池串联组成。全钒液流电池储能技术是利用正负极电解液中钒离子价态变化，来实现电能的储存和释放。钒电解液以四种钒离子溶液的形式存在，正极电解液为活性电对 VO^{2+}（蓝色）和 VO_2^+（黄色），负极电解液为活性电对 V^{2+}（紫色）和 V^{3+}（绿色），存储于储液罐中，于电堆中发生电化学反应。电堆中单电池内的离子交换膜将正负极电解液隔开。另外，电堆外接负载或电源、循环泵以及管路连接电堆和电解液储罐。为便于表达 VFB 内部的化学机理，图 2-1 所示的全钒液流电池中的电堆由一片单电池构成。

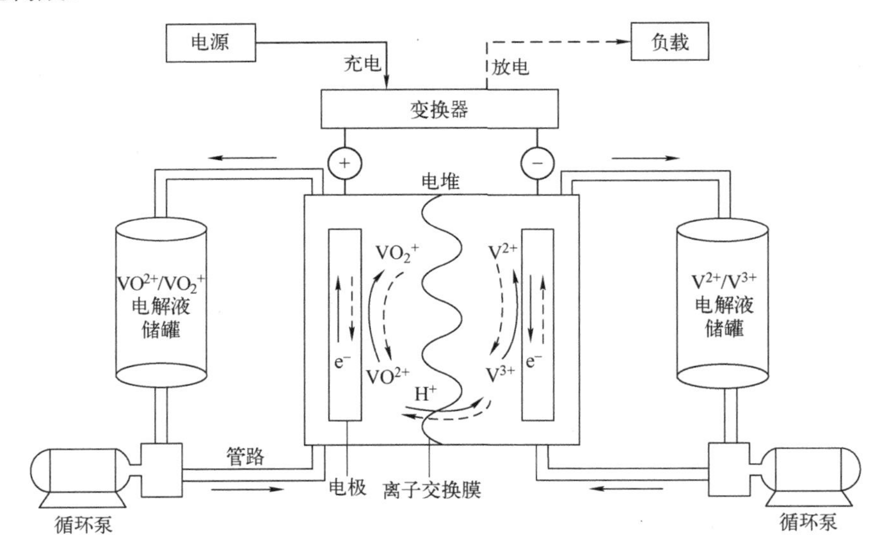

图 2-1　VFB 工作原理

当外接电源对 VFB 进行充电时，钒离子在电堆中的电极上发生氧化还原反应，

正极 VO^{2+}不断失去电子逐渐氧化成 VO_2^+，电子通过电路到达负极，负极 V^{3+}得到电子逐渐被还原为 V^{2+}，并且在循环泵压力作用下，储液罐中的钒电解液流进电堆，均匀流过各单体并持续进行反应，直至充电结束。接入负载 VFB 放电时，正极的 VO_2^+得到电子被还原为 VO^{2+}，同时，负极的 V^{2+}不断失去电子被氧化为 V^{3+}，氢离子透过离子交换膜在正负极电解液之间传递来维持电池内部电荷的平衡，充电时 V^{3+}和 VO^{2+} 离子浓度逐渐减小，V^{2+}和 VO_2^+ 增大，放电时相反。其中，电化学反应过程如下：

正极充放电

$$VO_2^+ + 2H^+ + e^- \underset{\text{充电}}{\overset{\text{放电}}{\rightleftharpoons}} VO^{2+} + H_2O \tag{2-1}$$

负极充放电

$$V^{2+} \underset{\text{充电}}{\overset{\text{放电}}{\rightleftharpoons}} V^{3+} + e^- \tag{2-2}$$

总反应

$$V^{2+} + VO_2^+ + 2H^+ \underset{\text{充电}}{\overset{\text{放电}}{\rightleftharpoons}} VO^{2+} + V^{3+} + H_2O \tag{2-3}$$

由于各价钒离子存在浓度差，钒离子会透过电堆中的离子交换膜发生扩散现象，与对极的离子发生交叉自放电反应，电化学反应过程为：

正极交叉放电

$$V^{2+} + 2VO_2^+ + 2H^+ \rightarrow 3VO^{2+} + H_2O \tag{2-4}$$

$$V^{3+} + VO_2^+ \rightarrow 2VO^{2+} \tag{2-5}$$

负极交叉放电

$$VO^{2+} + V^{2+} + 2H^+ \rightarrow 2V^{3+} + H_2O \tag{2-6}$$

$$VO_2^+ + 2V^{2+} + 4H^+ \rightarrow 3V^{3+} + 2H_2O \tag{2-7}$$

在电化学反应中，会产生相应的标准电动势，温度为 298K 时，各价钒离子相对电位为

$$VO_2^+ \xrightarrow{1.004V} VO^{2+} \xrightarrow{0.337V} V^{3+} \xrightarrow{-0.255V} V^{2+} \tag{2-8}$$

则正极电对 VO^{2+}/VO_2^+发生反应的标准电位 E_{0+}=1.004V，负极电对 V^{2+}/V^{3+}发生反应的标准电位 E_{0-}=–0.255V，即在温度为 298K 时，单电池的标准电极电动势 U_{eq} 为

$$U_{eq} = E_{0+} - E_{0-} = 1.259V \tag{2-9}$$

由 VFB 的结构和工作原理可知，除了考虑电堆中的电化学反应外，还需要考虑储液罐为电堆提供电解液的容量，以及管路和电堆结构中电解液流量等因素对

电池的影响。

2.2 全钒液流电池的结构

全钒液流电池主要由电堆、两个独立正负极电解液储罐、循环泵以及管路等组成，如图 2-2a 所示。其中电堆由多片单电池串联组成，单电池由一组正负极电极及离子交换膜组成，相邻的两个单电池之间的隔板为双极板，如图 2-2b 所示。离子交换膜将单电池隔离为正负两个反应区。全钒液流电池电堆工作时，电解液在循环泵的驱动下，通过管路流向正负极，电解液中的活性物质在电极表面分别发生释放电子和接收电子的氧化反应和还原反应，同时氢离子在离子交换膜两侧传递，与电子通过外电路的传递组成回路，形成电流汇集至双极板。电堆的电极面积和电流密度决定了电堆的电流，串联的单电池数量决定了电堆的功率。

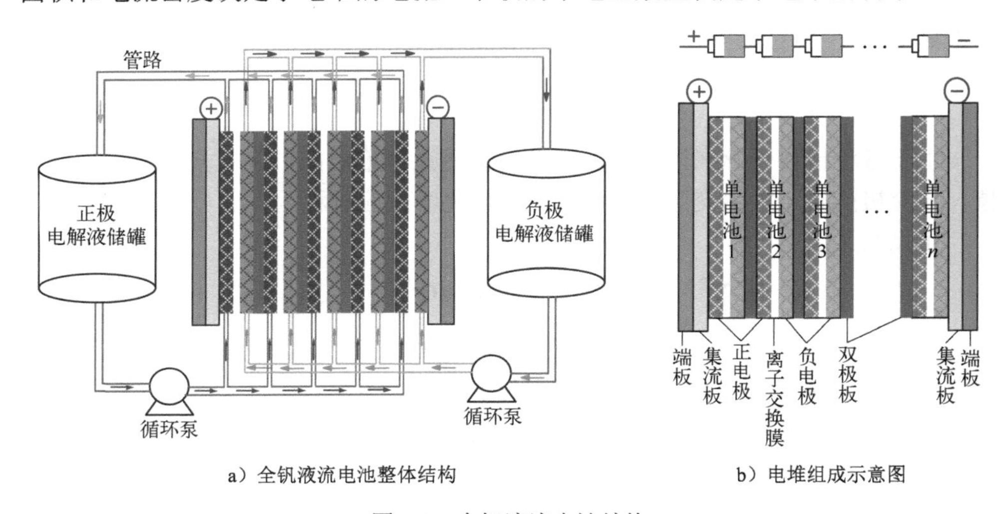

a）全钒液流电池整体结构　　b）电堆组成示意图

图 2-2　全钒液流电池结构

下面将介绍全钒液流电池的关键组成部分。

2.2.1 电堆

电堆是全钒液流电池系统的核心部分，是实现电能和化学能相互转换的场所。电堆由数节单电池顺序叠加而成，所使用的材料和组件包括电极、离子交换膜、双极板、起固定电极和分配电解液作用的电极板框、电解液进出液板、电解液进出液管路、集流板（一般是经防腐处理的铜板）、端板（一般是铝合金板或不锈钢钢板）、密封件和紧固件（主要包括螺杆、螺母、垫圈和紧固弹簧等）。

全钒液流电池的电堆组装示意图如图 2-3 所示。

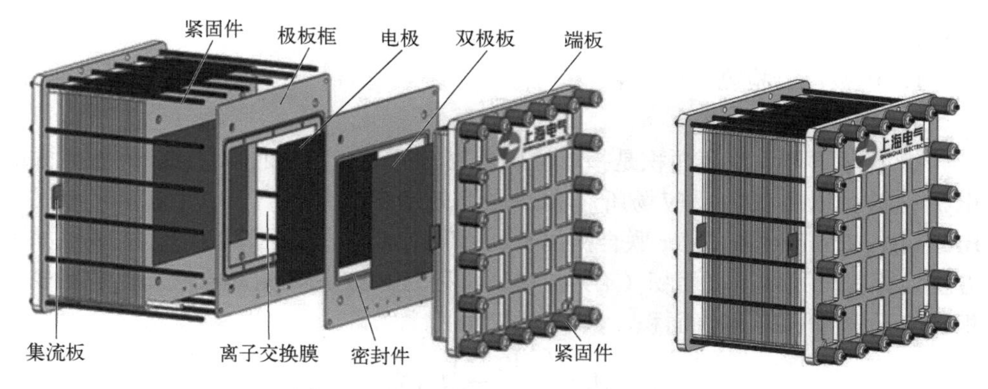

图 2-3 全钒液流电池电堆组装示意图

2.2.2 电极

液流电池的电极是化学储能系统充放电反应的场所，而电极本身不参与电化学反应。全钒液流电池通过电解液中的活性物质在电极表面发生反应接收或释放电子来完成电化学反应，并进行电能与化学能之间的转变。

全钒液流电池电极对电池能量转换效率至关重要，其导电性和催化活性直接影响电极极化程度、电流密度大小，进而影响电池性能，其材料的物理稳定性和化学稳定性直接影响电池寿命及电池运行稳定性[1]。

VFB 的电极是提供电能与化学能相互转化的场所，本身不参与化学反应，常见的电极有金属材料（金、铅和钛等）和碳素电极（石墨毡、碳毡等）。金属材料成本较高且可逆性较差[2]，不适合 VFB 大规模使用。碳素类材料来源广、成本低及导电性好，被广泛用于 VFB 中，主要包括石墨、碳毡、石墨毡、玻璃碳、碳布和碳纤维等，是一类成本相对较低的电极材料。石墨毡是由高聚物高温碳化后制成的毡状多孔性材料，具有耐高温、耐腐蚀、良好的机械强度、表面积大和导电性好等优点，在全钒液流电池研究中被广泛用作电极材料。碳毡是由含碳原纤维的针织毛毡经空气介质预氧化，惰性气氛碳化甚至高温石墨化、表面处理等工序形成的碳纤维纺织品，具有高比强度、优良的耐腐蚀性、抗蠕变性及导电传热性等一系列优异性能。根据含碳原纤维种类的不同，碳毡可分为聚丙烯腈基碳毡、沥青基碳毡和黏胶基碳毡。但碳素类材料在长期使用时易被氧化脱落，不能直接使用，故需要对其进行改性处理。常见的改性处理方法有材料本征处理[3-5]、金属化处理[6-7]和杂原子掺杂[8-9]等。除此之外，VFB 电极还有复合电极材料，它是将聚乙烯、聚丙烯和聚氯乙烯等基体聚合物高分子和一定比例的导电碳素材料（如石墨、炭黑和碳纤维）混合、烘干和压片后制成电极，或将压片固定在石墨棒上制成电极，以提高电极的导电性、稳定性和机械性能，降低电极成本。在实际应用中，电极材料的选取要考虑耐腐蚀、耐高温、表面积大、高导电性且价格低廉的材料[10]。

1．电极性能检测

（1）物理性质检测

1）比表面积。比表面积是指单位质量物料所具有的总面积。比表面积越大的电极材料可以提供的反应场所越大，电池效率也就越高。20 世纪 40 年代，Brunauer、Emmett 和 Teller 联合提出了利用吸附质单分子层体积（V_m），通过如下方程计算获得固体比表面积（A_s）的模型，称为 BET 法，由此方法测得的比表面积通常又称为 BET 比表面积，其表达式为

$$A_s=\left(\frac{V_m}{22414}\right)N_A S \tag{2-10}$$

式中，A_s 为固体比表面积（m^2/g）；V_m 为吸附质单分子层体积（mL）；N_A 为阿伏伽德罗常数（6.02×10^{23}）；S 为氮分子所覆盖的面积（m^2）。

不同种类电极材料 BET 比表面积参数见表 2-1。

2）孔隙率

① 初湿法测定孔径分布。初湿法是将固态物质用一种非溶剂液体，使孔完全充满，总孔体积等于被固体吸附的液体体积，总孔体积与电极材料表现体积之比就是材料的孔隙率。

② 压汞法测定孔径分布。大多数固态物质与汞的接触角都会大于 90°，汞需要大于按照 Washburn 方程算得的压力才能穿过孔，测量所需压力下进入孔中汞的量即知相应的孔体积。计算公式为

$$P=\frac{2\gamma\cos\theta}{r_p} \tag{2-11}$$

式中，P 为所用压力（mN/m^2）；γ 为表面张力（mN/m）；θ 为接触角；r_p 为孔径大小（m）。

表 2-1 不同种类电极材料 BET 比表面积参数[11]

种类	BET 比表面积/（m^2/g）
Act CF	60.6
DRFCF 900	160.2
DRFCF 1100	571.6

不同种类电极材料孔径参数见表 2-2。

表 2-2 不同种类电极材料孔径参数[11]

样品	r_p/nm
Act CF	1.41
DRFCF 900	2.90
DRFCF 1100	3.17

3）表观密度。采用体积–质量法测量电极材料的表观密度。计算公式为

$$\rho=\frac{m}{LWH} \tag{2-12}$$

式中，ρ 为表观密度（g/cm^3）；L 为长度（cm）；W 为宽度（cm）；H 为厚度（cm）；m 为样品质量（g）。

4）形变率。将电极材料置于材料试验机夹板之间，在传感器感应到入口力后开始记录试验机压板位移，该位移与电极材料原始厚度之比即为电极形变率。

（2）化学性质检测

1）电化学交流阻抗。给电化学系统施加一个频率不同的小振幅的交流电动势波，测量交流电动势与电流信号的比值（此比值即为系统的阻抗值）随正弦波频率 ω 的变化，或者是阻抗的相位角 Φ 随 ω 的变化。电极的阻抗复平面图如图 2-4 所示。图中，横轴为实轴（Re），纵轴为虚轴（Im），Z 为阻抗（Ω），R_s 为欧姆电阻（Ω）。

由半圆直径大小可以判断出反应的可逆程度，半圆直径越大，电化学反应电阻 R_{ct} 越大，体系的可逆性越差。不同种类电极材料交流阻抗参数见表 2-3。

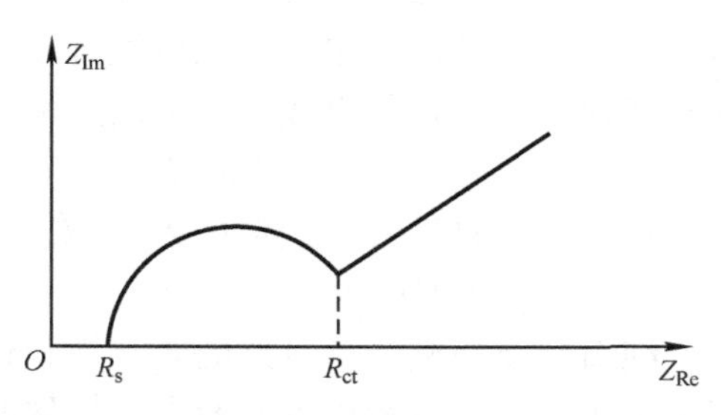

图 2-4　电极的阻抗复平面图

表 2-3　不同种类电极材料交流阻抗参数

样品	R_s/（Ω • cm²）	R_{ct}/（Ω • cm²）
Act CF	1.2	9.7
DRFCF 900	1.5	18.2
DRFCF 1100	1.5	10.2

2）循环伏安法。从电极电位（V）φ_i 开始，控制电极的电位以速度 v 沿一定方向扫描，经过一定时间 λ 后，电位达到 φ_λ，再以速度 v 沿相反的方向回扫至 φ_i，如此重复多次。在此过程中记录电流或电流密度与电极电位的关系。氧化峰峰值电流 i_{pa} 和还原峰峰值电流 i_{pc} 与电化学反应速率、扫描速度（V/S）有关。在相同的扫描速度下，峰值电流越大，说明电化学反应速度越快，即电极的电化学活性越高。i_{pa}/i_{pc} 和 ΔE_p 可作为体系可逆性的有效判据。循环伏安曲线如图 2-5 所示。

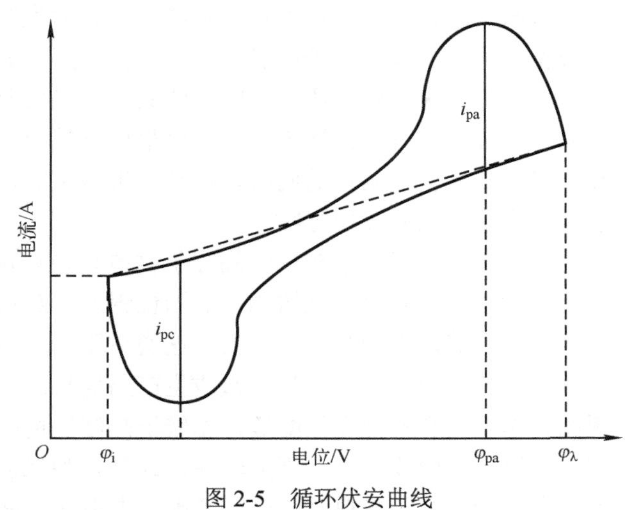

图 2-5　循环伏安曲线

2．电极流场结构

电解液流经电极的方式分为流通型和流经型，如图 2-6 与图 2-7 所示。

流经型电极结构简单且机械稳定性高，但因电极反应面积利用率低，目前全钒液流电池应用较多的为流通型电极，流通型电极拥有较大的反应面积，可大幅度提高电极催化活性。

2.2.3 双极板

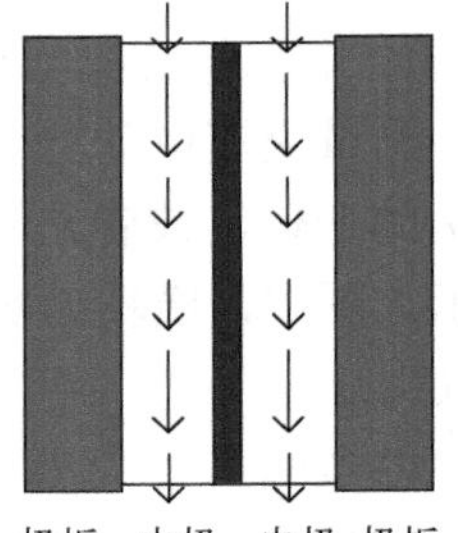

图 2-6 流通型电极

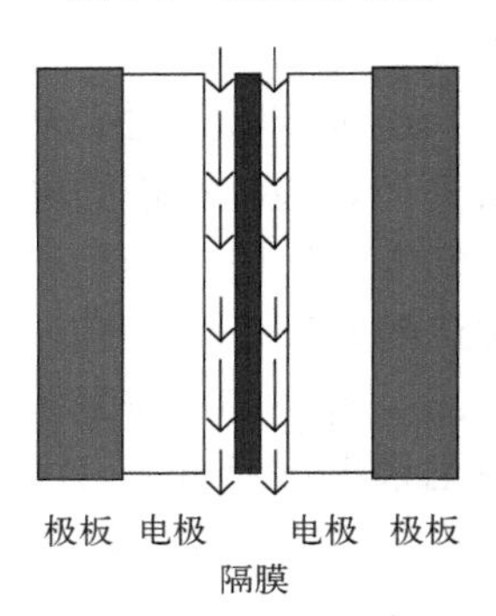

图 2-7 流经型电极

双极板在全钒液流电池中起到阻隔电解液、汇集电流和支撑电极的作用，这就要求双极板材料必须具有化学惰性、耐强氧化还原和耐腐蚀性，同时具有阻气性和阻液性，还应具有良好的导电能力和很好的机械稳定性。在电池中电极与双极板直接接触，之间必然存在接触电阻，将直接影响电池效率，因此已有研究将电极与双极板进行一体化设计[12]。

目前常见的双极板的类型及材料如下所述[13-14]。

（1）纯石墨双极板

纯石墨双极板具有良好的导电性和化学稳定性，但是加工和安装过程中容易断裂，导致厚度较厚，且加工成本较高，在大规模应用中受到限制。

（2）金属材料双极板

金属材料双极板具有较高的机械强度和韧性，导电和导热性能好，同时金属材料良好的机加工性能使得流场易于加工成型，但金属材料耐腐蚀性能较差，不能满足全钒液流电池长期稳定运行的需求。

（3）复合材料双极板（碳素双极板）

复合材料双极板是以导电填料和高分子树脂为原料，采用典型塑料加工技术一次成型，同时具有高分子树脂良好的机械强度和加工性能以及导电填料优异的导电性能，近年来受到了研究者的广泛关注。采用典型塑料加工工艺制备，成本低且耐腐蚀性能良好，已逐渐成为应用最广泛的全钒液流电池双极板材料。在降低复合材料双极板电阻率的同时，提高其机械性能、缩短生产周期及降低生产成本，成为未来主要的发展方向。

用于制造复合材料双极板的高分子材料必须具有良好的耐化学腐蚀性和耐电化学腐蚀性，主要有热塑性树脂和热固性树脂。热塑性材料包括聚偏氟乙烯、聚丙烯和聚乙烯等，可回收重复利用。这类树脂与导电填料混合后经高温模压制成双极板，但所需冷却时间较长，造成生产周期长。热固性树脂包括环氧树脂、酚醛树脂、聚氨酯和不饱和聚酯等，相较于热塑性树脂有较好的耐热性，且不需要冷却就可以直接脱模，生产周期较短。此外，为保证导电填料在树脂内的良好分散性，在选择高分子材料时还必须考虑导电填料与高分子材料的相容性。

用于制造复合材料双极板的导电填料在目前的研究中，常用的包括石墨、炭黑、中间相碳微球、碳纤维、碳纳米管和金属碳化物等。

VFB 在组装时，正负极电极分别装在双极板的两侧，电极与双极板直接接触产生接触电阻。为减小该电阻，研究学者将电极与双极板一体化构成一体化双极板[15]。研究低电阻、低成本和高稳定性一体化电极制备技术并减小接触电阻是发展趋势。

2.2.4 离子交换膜

离子交换膜作为全钒液流电池的核心部件之一，既能隔离正负极电解液，防止活性物质互混和导通，形成内电路自放电，又带有荷电基团，可以实现质子或者阴离子的选择性传递，保证电池运行时充放电回路的形成。离子交换膜性能的优劣，直接影响全钒液流电池的性能和循环寿命。

根据交换离子的荷电电荷种类，离子交换膜又可分为阳离子交换膜和阴离子交换膜。迄今为止，人们已经研究开发出多种液流电池用离子交换膜，应用最广泛的是阳离子交换膜。

根据烃类树脂中 C-H 键被 C-F 键取代的程度，可将离子交换膜分为全氟离子交换膜、部分氟离子交换膜和非氟离子交换膜。全氟离子交换膜（主要为 Nafion 膜）具有很好的离子导电性和化学稳定性，但是离子选择性不足，成本较高。而部分氟化膜和非氟离子交换膜具有较高的性价比，不仅保留了全氟化离子交换膜的高离子导电性和化学稳定性，而且制造成本较低。

（1）全氟离子交换膜

全氟磺酸树脂通常是由四氟乙烯经磺化、聚合反应得到全氟磺酰氟烯醚单体，该单体再与四氟乙烯共聚得到全氟磺酸树脂。该树脂成膜后，再水解并用 H^+交换 Na^+，获得全氟磺酸离子交换膜。分子结构如图 2-8 所示。

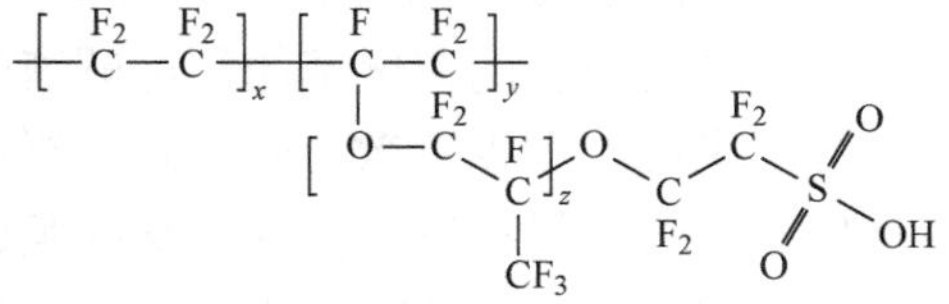

图 2-8　全氟离子交换膜分子结构

目前 VFB 使用的离子交换膜主要是已经商品化的进口全氟磺酸型离子交换膜，具有比较高的质子传导性和化学稳定性，有以下几种：美国 Dupont 公司生产的 Nafion 系列膜，美国 Dow 公司生产的 Dow 膜，日本 AsahiGlass 公司生产的 Flemion 膜等。全氟离子交换膜主要是由全氟乙烯基醚基团聚合，并采用磺酸盐在四氟乙烯骨架上终止，形成独特的膜结构。但是由于全氟膜自身的离子选择性较差，而且价格较为昂贵。目前，研究者主要在 Nafion 膜的基础上，对其离子选择性、水迁移性和钒离子渗透性等方面进行改性[17-20]。也有学者通过溶液流延成膜法制备了具有不同离子交换容量（IEC）的全氟磺酸（PFSA）离子交换膜，研究发现，高 IEC 值的 PFSA 离子交换膜具有相对较低的Ⅴ（Ⅳ）离子透过率和较高的质子电导率，其中 IEC 值为 1.10mmol/g 的 PFSA 离子交换膜对Ⅴ

（Ⅳ）离子具有最高的选择性，其选择性系数为 Nafion 117 膜的 2.97 倍[21]。

（2）部分氟化膜

部分氟化膜是采用成本较低的部分氟化聚合物作为离子交换膜的基体，一定程度上保留了氟化物化学稳定性高的优点，同时将离子交换基团引入部分氟化物基体中，以保证膜的离子传导性。膜基体通常采用部分氟化聚合物，包括乙烯–四氟乙烯共聚物（ETFE）以及聚偏氟乙烯（PVDF）等。而离子交换基团通过“接枝”方式引入到部分氟化膜的基体上。部分氟化膜分子结构如图 2-9 所示。

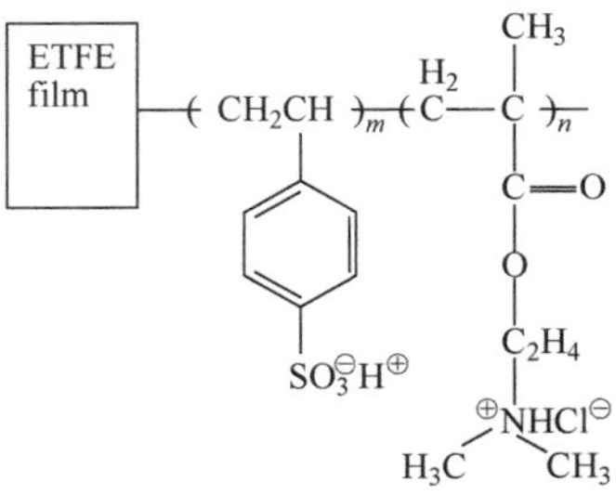

图 2-9　部分氟化膜分子结构

常见的部分氟化离子交换膜中的离子交换基团为磺酸基、羧基和季铵基等。张宇等对聚醚醚酮（PEEK）膜进行改性后应用于全钒液流电池；乙烯-四氟乙烯（ETFE）和聚四氟乙烯基（PTFE）阳离子交换膜也已开发研究[22]。Chen 等[23]通过溶液辐射接枝的方法将聚丙烯酸接枝到 PVDF 上得（PVDF-g-PSSA）膜。该膜的电池性能较之 Nafion 117 膜更优越。此外，有研究分别将含有阳离子基团的聚合物和阴离子基团的聚合物分步接枝到 ETFE 膜上，制备得到镶嵌膜。

（3）非氟离子交换膜

一些非氟材料的成本低、离子选择透过性高且机械和化学性能稳定，也开始用于全钒液流电池。

磺化芳香聚合物是制备非氟离子交换膜的主要方式，所制备的离子交换膜为阳离子交换膜。一种非氟阳离子交换膜的制备方法和分子结构如下：在多孔聚烯烃薄膜上覆盖 20μm 的聚乙烯（PE）薄层，以磺酰氯气体使其氯磺化，然后在氢氧化钠溶液中水解，便得到含磺酸基团的非氟阳离子交换膜。其分子结构如图 2-10 所示。

阴离子交换膜的荷电基团与电解液中的钒离子所带电荷相反，存在静电作用，阻钒性能突出，可以有效地降低正负极电解液中的活性物质的渗透程度，近年来也被广泛研究。目前制备阴离子交换膜的常规手段是用氯甲基醚对聚合物进行氯甲基化，然后用三甲胺季铵化得到季铵基团。Zhang 等[24]制备了杂萘联苯聚醚酮/砜阴离子交换膜，考察了胺化试剂对膜性能的影响，测试结果表明此膜的性能与 Nafion 117 相当，并且可以通过提高添加乙二胺的量来提高膜的稳定性。Jung 等[25]制备了基于聚砜的季铵型阴离子交换膜，并通过二维核磁共振的方法考察了该膜的稳定性，结果表明该膜浸泡于 1.5mol/L 的 VO_2^+/硫酸溶液中 90 天没有表现出明显降解。除了聚砜类季铵型阴离子交换膜外，Yun 等[26]还制备了聚醚酮季铵型阴离子交换膜，并且考察了其在全钒液流电池中的稳定性。但是阴离子交换膜对全钒液流电池强氧化性工作环境的耐受性较差，稳定性较低，需要更进一步的研究。

非氟离子交换膜除具有单独的阴阳荷电基团的类型外，还同时具有阴阳两性荷电基团的类型。将阴阳离子交换树脂复合而成的两性离子交换膜，结合两性荷电基团各自的优点，避免了各自的不足，在质子电导率、阻钒性能和稳定性上都有显著的提高，在全钒液流电池领域表现出巨大的市场前景，相关研究也在逐渐深入。

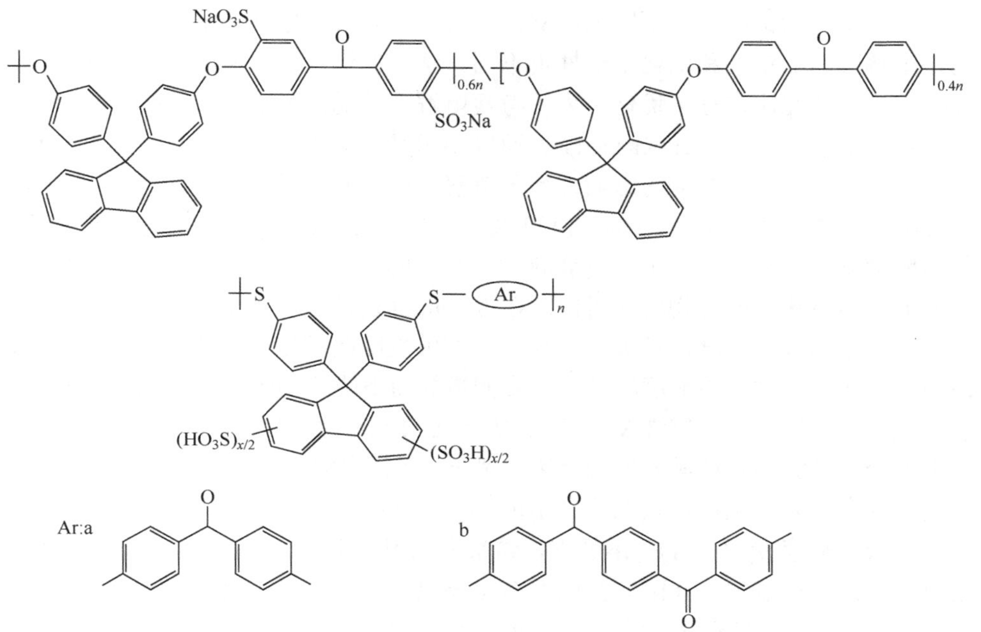

图 2-10　非氟阳离子交换膜分子结构

2.2.5　电解液

全钒液流电池电解液是全钒液流电池储能介质，电解液中活性物质的浓度和电解液体积决定电池比能量和容量大小。全钒液流电池正负极电解质溶液以不同价态的钒离子作为活性物质，通常采用硫酸水溶液作为溶剂。也有研究学者[27]提出采用一定比例的盐酸和硫酸构成混合酸型电解液，与采用硫酸体系的 VFB 相比，其容量提高了 30%，运行温度范围变宽。

电解液中存在四种价态的钒离子，正极电解液中为高氧化态五价钒离子 VO_2^+ 和四价钒离子 VO^{2+}，五价钒离子具有强氧化性，负极电解液中为低氧化态三价 V^{3+}和二价 V^{2+}水合离子，二价钒离子具有强还原性。钒的多价态特性形成电极电位，在温度 25℃环境下，价态间共有 1.259V 的电位差，如式（2-13）所示，这就是钒这种化学物质可以组成液流电池的本质。

全钒液流电池电极电位表达式为

$$VO_2^+ \xrightarrow{1.004V} VO^{2+} \xrightarrow{0.337V} V^{3+} \xrightarrow{-0.255V} V^{2+} \tag{2-13}$$

电解液在电极表面完成电能与化学能的转变，实现电池储存能量及释放能量的过程。目前电解液的研究多集中在电解液制备、电解液中钒离子稳定性、制约电池自放电和副反应导致的电解液价态失衡等，其中电解液价态失衡直接导致电池容量的衰减。

不同价态的钒离子在不同浓度支持电解质（硫酸）中的溶解性和存在形式不同，电解液的稳定性和电化学活性也不同。学者们进行了大量的实验，对钒离子和硫酸浓度的配比进行了优化。为了考察电解液性能的影响因素，提高电解液的稳定性和溶解度，Skyllas-Kazacos 的研究小组[28-30]对电解液的配比、温度和充放电状态对活性物质溶解度的影响进行了考察。研究表明，在 15～40℃温度范围内，4.5mol/L 硫酸溶液中 V（Ⅳ）的浓度可以达到 2mol/L；低温时，负极电解液 V（Ⅲ）的溶解度降低；高温时，正极电解液 V（Ⅴ）的稳定性降低；极端温度可导致全钒液流电池电解液活性物质的析出。在 0～9mol/L 范围内调节硫酸浓度，同时在 10～50℃之间改变温度，正极 V（Ⅳ）的溶解度随硫酸浓度的增加和温度的降低而下降。在低温时，溶解度随硫酸浓度的增加而下降的趋势更为明显。常芳等[31]研究发现较高温度下电解液 V（Ⅴ）浓度超过 1.8mol/L 时容易析出沉淀。全钒液流电池处于高温和长期满充电的使用环境下，正极电解液易析出 V_2O_5 沉淀，而处于高转换率的充放电循环状态不易出现 V_2O_5 沉淀。赵建新等[32]研究了全钒液流电池负极电解液 $V_2(SO_4)_3$ 溶解性，结果表明 V（Ⅲ）的溶解度随着温度降低而逐渐降低，在溶液中 V（Ⅲ）会以 V-O-V 形式形成二聚体。随硫酸浓度的增大，V（Ⅲ）溶解度逐渐降低，但 H_2SO_4 浓度的增大有益于提高 V（Ⅲ）/V（Ⅱ）氧化还原反应的可逆性。文越华等[33]研究了硫酸浓度和钒浓度对电池的影响，得到了全钒液流电池 V（Ⅳ）-H_2SO_4 溶液浓度优化值为：V（Ⅳ）最佳浓度 1.5～2mol/L，H_2SO_4 浓度为 3mol/L。王绍亮等[34]研究指出钒电池电解液配比对于钒电池的放电容量和能量转换效率具有显著影响，负极体积过量和价态过量虽然均能在一定程度上提高钒电池的性能，但它们的影响方式是不一样的。电解液价态匹配时（3.50 价），保持正极电解液体积不变，单纯增加负极的体积，可提高电池的放电容量，但对电池的能量转换效率影响较小；电解液价态的升高会在一定程度上降低钒电池的放电容量，但其能量转换效率却呈现先升高后降低的抛物线规律；增加负极电解液体积和提高电解液价态均会导致负极活性物质过量，但后者对电池性能的影响更为显著，在后者的基础上前者对能量转换效率的影响也会被放大。史小虎等[35]通过对不同钒浓度和硫酸浓度的电解液进行高低温下的稳定性、电化学活性及在隔膜中的钒离子渗透率等测试，进一步得出钒电解液在硫酸浓度为 4.3mol/L、钒离子浓度为 1.6mol/L 时，电解液的整体性能最佳。

除了对钒离子和硫酸浓度配比的研究，文献[36-42]研究了添加剂对电解液稳定性的影响，提高钒离子浓度及稳定性，如在正极添加剂方面，Sarah Roe 等[36]

以 1% K_3PO_4+2%（NH_4）$_2SO_4$+1%H_3PO_4 作为添加剂，考察了钒浓度为 3mol/L 的正极电解液的稳定性。结果表明添加剂不但可以显著提高电解液的稳定性，还可以提升电解液的电化学活性，同时提高钒电池系统的能量密度。张书弟等[38]研究了在 40℃温度下，添加剂对五价钒电解液稳定性的影响，通过循环伏安曲线扫描，分析添加剂的引入对电解液电化学性能的影响。其得出的试验结果为：添加剂对五价钒溶液稳定性的影响次序为：尿素＞硫酸钾＞CTAB＞草酸铵＞草酸钠；添加剂对钒溶液氧化活性的影响为：草酸钠＞尿素＞硫酸钾＞CTAB＞草酸铵；对还原活性的影响为：草酸铵＞草酸钠＞硫酸钾＞CTAB＞尿素；对氧化还原反应可逆性的影响为：尿素＞草酸钠＞硫酸钾＞CTAB＞草酸铵。在负极添加剂方面，刘剑蕾[39]分别以十四烷基三甲基溴化铵（TTAB）、十二烷基硫酸钠（SDS）和十二烷基磺酸钠（SDS'）作为负极电解液添加剂，考察了电解液的稳定性和电化学活性，试验结果表明：TTAB、SDS 的加入对负极电解液的稳定性无促进效果，并且会降低 V（Ⅱ）/V（Ⅲ）电对反应活性和可逆性；SDS'的加入提高了负极电解液的稳定性，SDS'最为合适的用量为 0.2%～0.4%，此用量对负极电解液的活性和电池的充放电性能基本无影响。李彦龙等[40]考察了尿素和酒石酸对负极电解液稳定性和电化学活性的影响。结果发现，两者可以在一定程度上提高负极电解液的稳定性，尿素的质量分数为 0.5%时，可以有效提升负极电解液的反应速率，酒石酸作为添加剂的最佳浓度为 0.8%。

在电解液制备方面，文献[43-47]研究了电解液的制备技术，如化学合成法、电解法等。杨亚东[44]分别使用草酸、抗坏血酸、酒石酸、柠檬酸、双氧水、甲酸和乙酸作为还原剂，并通过对电解液的转化率、还原率及电化学性能的测试，发现由草酸还原制得的电解液转化率和还原率较高，且电化学性能明显优于其他还原剂。通过对制备过程中各项参数的优化，发现在草酸与 V_2O_5 的摩尔比为 1:1、硫酸与 V_2O_5 的摩尔比为 5:1、反应温度为 90℃及反应时间为 100min 的条件下，电解液的转化率与还原率达到最佳。管涛[46]利用 V_2O_5 粉末作为制备电解液的原料，利用氢气高温还原 V_2O_5 粉末制备 V_2O_3 粉末，然后将 V_2O_5 和 V_2O_3 按照一定比例溶解在硫酸溶液中，从而制得三价钒与四价钒比例为 1:1 的电解液。刘然[47]采用流动型电解槽电解还原法，研究了采用相对廉价的 V_2O_5 代替价格昂贵的 $VOSO_4$ 为原料制备全钒液流电池电解液。分别考察了以钛基钌铱涂层电极（记作 Ru-Ir/Ti）和钛基铱钽涂层电极（记作 Ir-Ta/Ti）作为阳极，Pb 板作为阴极，不同电流密度等对制备电解液的影响；通过循环伏安性性、交流阻抗和充放电测试分析表明，以 Ru-Ir/Ti 为阳极，多孔铅板为阴极，在电流密度为 40mA/cm^2 恒流电解得到的电解液不但具有良好的电化学活性和可逆性，而且电流效率高和电能损耗低。

近年来，还有很多研究学者关注了电解液的回收利用，采用混液、电解回流、氧化还原+沉淀+高温煅烧和电解+蒸发结晶等方法对电解液中的钒进行回收[48-51]，该做法能够提高全钒液流电池的商业价值，同时保护了环境，防止电解液对环境造成污染。开发高浓度、高稳定性和温度范围适应性强的电解液是发展目标。

2.2.6 密封结构

液流电池电堆的密封主要用来防止外漏和内漏，电堆内漏会严重影响电堆的库仑效率和储能容量，甚至使充放电过程无法进行；电解质溶液若发生外漏流出，电池系统将无法正常运行。

液流电池电堆采用的密封结构一般分为面密封与线密封两种方式。采用面密封时，电堆的组装压紧力很大，若采用弹性密封材料，随着电池系统长时间运行，密封件会变形、老化，为确保电堆密封性，需另加自紧装置。若采用线密封，电堆的组装压紧力小，而且由于密封件变形量小，可不加自紧装置，可简化电堆结构，但是线密封对电堆其他关键材料的精度要求较高，不易实现。

关于密封结构的性能检测具体如下所述。

（1）密封性

1）水浸法。将密封结构泡入水中，通过观察是否有气泡及气泡的多少判断容器的密封性。这种测试办法有可能损坏被测产品，另外，水浸法会导致检测场地积水积泥，需频繁清理。

2）干空气法。通过抽真空或者空气加压，控制密封结构内外压力不同，若存在泄漏，内外压力差将缩小。通过检测空气压力变化可检测密封性。检测介质为干空气，无毒无害，不破坏被测品，同时检测环境干净整洁。

3）示踪气体法。监测低压测试工件的示踪气体浓度变化。典型的示踪气体有氦气或 SF_6 气体等，它们都是惰性气体，且在大气中含量极少。例如，往被测件中充入氦气，采用质谱分析仪可以检测被测件氦气的泄漏量。另外，还有放射性气体示踪检测法。这种检测方法精度极高。

（2）形变率

将框板置于材料试验机夹板之间，在传感器感应到入口力后开始记录试验机压板位移，该位移与框板原始厚度之比即为框板形变率。

（3）抗弯强度

一般采用三点抗弯测试。方法：将标本放在有一定距离的两个支撑点上，在两个支撑点中性点上方向标本施加向下的载荷，标本的 3 个接触点形成相等的两个力矩时即发生三点弯曲，标本将于中性点处发生断裂。抗弯强度一般大于 40MPa。

$$R=\frac{3FL}{2bh^2} \tag{2-14}$$

式中，F 为破坏载荷（N）；L 为跨距（m）；b 为宽度（m）；h 为厚度（m）。

（4）平整度

不平与决定水平之间的差值就是平整度（越小越好），测试方法包括 3m 直尺法、连续平整度仪法、颠簸累积仪法和水准仪法。

（5）化学稳定性

方法：在线测试和离线测试。

在线测试：将各部件组装成电池，并且在电池运行过程中评价其寿命。

离线测试：用强氧化剂检测框板的稳定性。

在强酸溶液（浓度大于 3mol/L 的硫酸溶液）和 VO^{2+}溶液中性质稳定。

2.2.7　管路和循环泵

电解液管路设计存在 U 形和 Z 形两种方式，电解液通过支管流向每片电池，支管流量均匀性对电池整体性能存在重大影响，支管数目较多时更甚。液流电池循环泵是不同于铅酸电池和锂电池的最大区别，循环泵为电解液进入电堆反应提供动力，控制着电池电解液的流速。通常泵体同时配置过滤器、流量计等各种传感器，该类传感器的作用是为电池管理系统提供电解液参数。流速直接影响电池泵损和整体运行效率，泵损也是液流电池建模的必要考虑因素。经研究发现，电解液流量流速对泵损功率存在正向影响[16]。

2.3　全钒液流电池的存储结构

由 2.1 节和 2.2 节可知，全钒液流电池是由电堆、正负极储液罐、循环泵和管路回路组成。循环泵是整个系统的动力部分，将电解液抽到电堆中进行电化学反应，将反应好的电解液再送回储液罐，正极和负极电解液分别在各侧的电堆和储液罐间循环。电堆由多个单电池重叠而成，电路上串联，液路上并联，即将电解液并列输送到电堆内的各个单电池内。全钒液流电池的功率和容量可独立设计，功率由电堆决定，容量由储液罐的体积和电解液浓度决定，通过改变电解液的体积就可以改变电池的容量。单个电堆的存储结构如图 2-11 所示。

单个电堆存储结构的全钒液流电池电压电流很难满足大功率高容量储能系统的要求，大容量 VFB 储能系统是由多个 VFB 串并联再加上功率变换器构成的。多个 VFB 串联时常见的连接方式有两种：一种是采用电气串联+管路并联结构（Electric in Series and Pipeline in Parallel，ESPP），如图 2-12 所示；另一种是采用电气串联+管路独立结构（Electric in Series and Pipeline Independent，ESPI），如图 2-13 所示。图 2-12 和图 2-13 中的点画线表示电气回路，标有箭头的实线为管路回路。

图 2-12 所示的 ESPP 结构是将每个 VFB 的电堆在电气上串联，在液体回路上共用正负极电解液储罐，每个电堆的电解液由同一个泵供给；图 2-13 所示的 ESPI 结构是将每个 VFB 的电堆在电气上串联，但管路独立即每个 VFB 有自己的堆、

泵和电解液，各个 VFB 之间只有电气上的连接，没有流体之间的联系，这种结构串并联灵活，但也存在成本高的问题。目前示范的项目中大多采用 ESPP 结构，即 VFB 储能系统是由多个电堆串并联+共用储液罐构成。

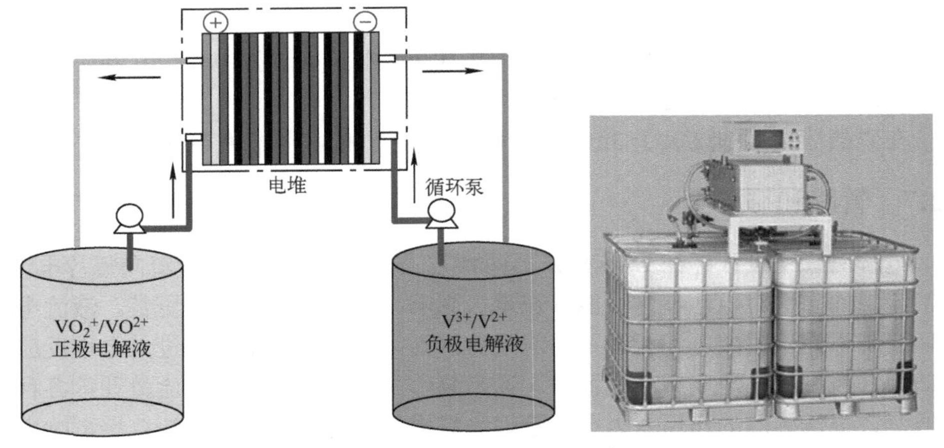

图 2-11 单个电堆存储结构

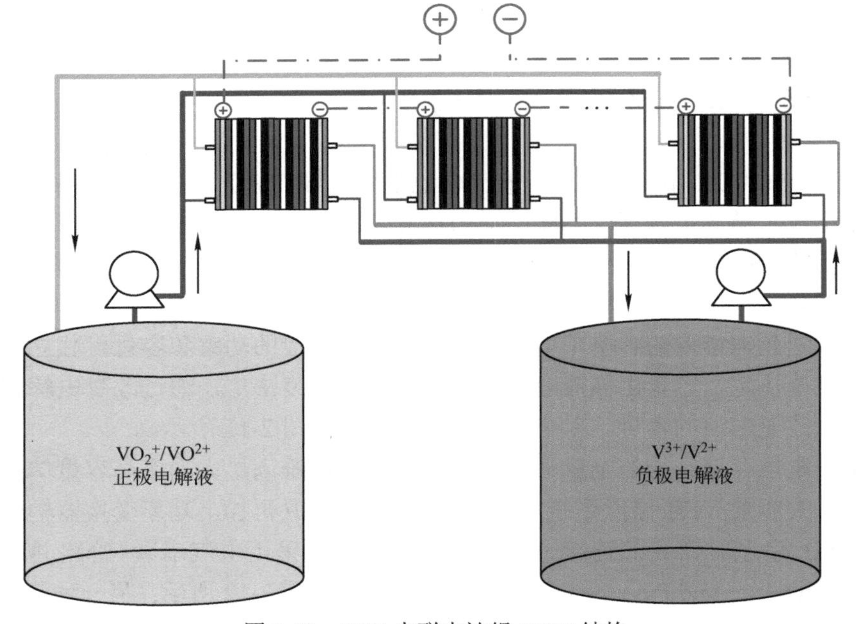

图 2-12 VFB 串联电池组 ESPP 结构

以 45kW 单堆为例给出了 270kW 储能单元的构成方式，可以将电堆 3 串 2 并，如图 2-14 所示，也可将电堆 3 并 2 串，如图 2-15 所示。在实际系统中电堆如何串并联，管路系统如何设计均会影响系统的效率，这也是设计和应用时需要考虑的问题。

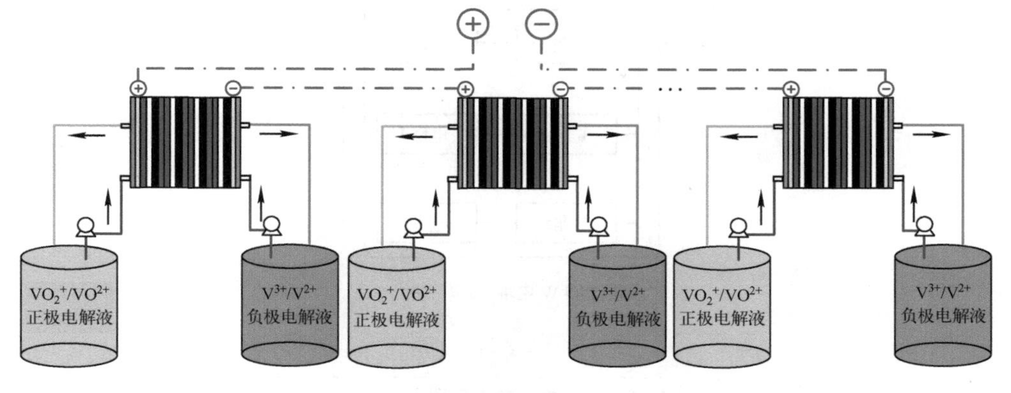

图 2-13　VFB 串联电池组 ESPI 结构

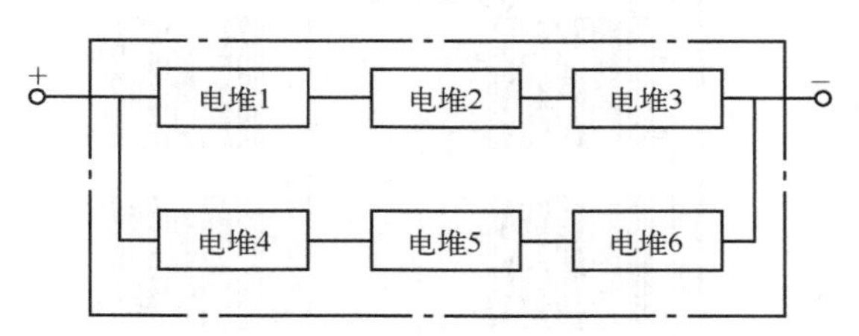

a）270kW 电堆（3 串 2 并）

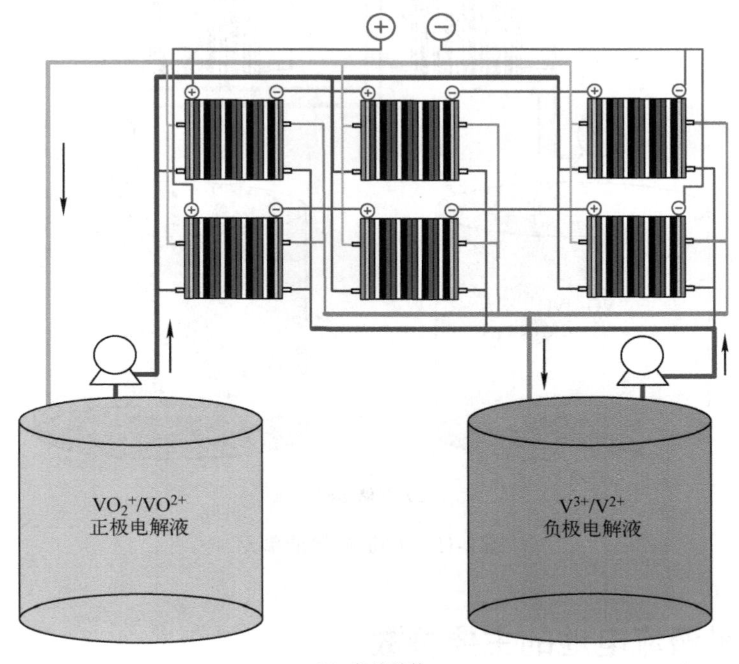

b）存储结构

图 2-14　270kW 储能单元

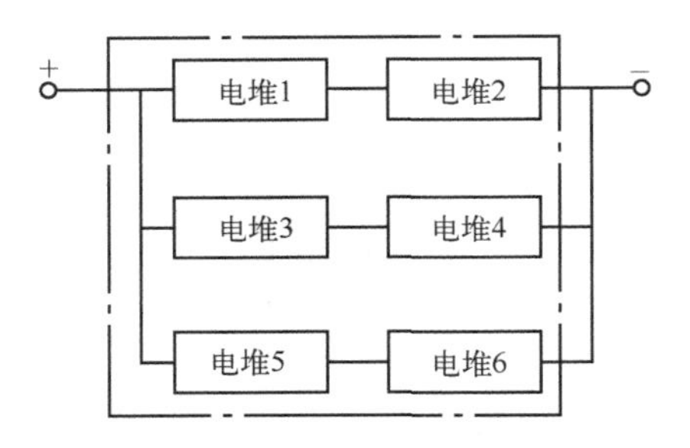

a）270kW 电堆（2 串 3 并）

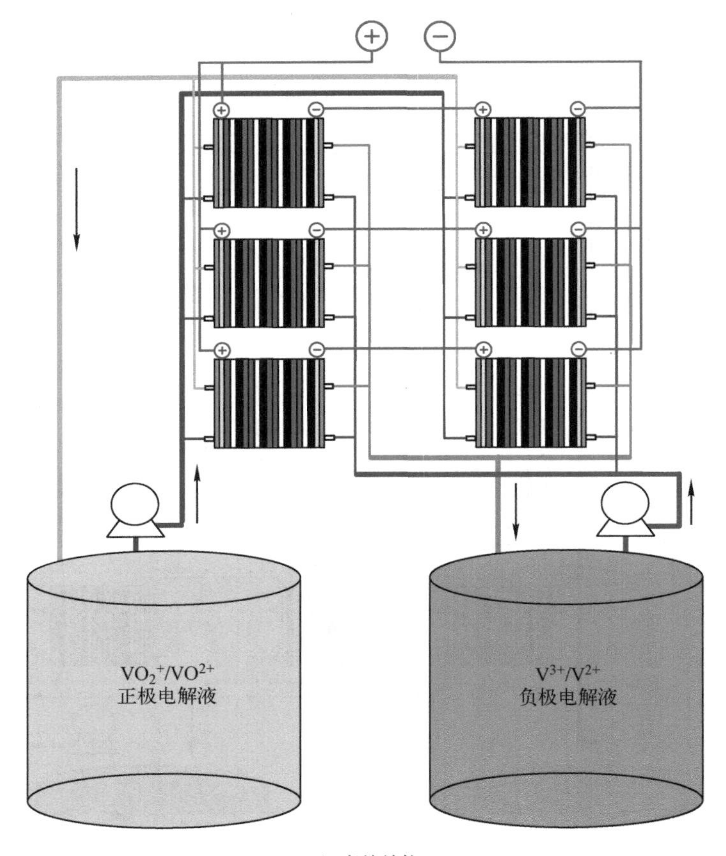

b）存储结构

图 2-15　270kW 储能单元

2.4　全钒液流电池的主要参数

全钒液流电池是液流电池中的一种，通过电解液中不同价态的钒离子在电极表面发生氧化还原反应，实现电能和化学能之间的转化，具有寿命长、安全可靠、系统设计灵活（功率、容量可单独设计）和全生命周期成本低等特点。下面将给出全钒液流电池的主要参数。

2.4.1　功率与容量

全钒液流电池作为储能，基本特性是功率和容量，其大小决定了如何利用全钒液流电池，使其高效的工作同时不损伤电池本体。VFB 的功率和容量参数有额定功率、瓦时容量、安时容量、额定安时容量、理论瓦时容量和额定瓦时容量。

1）额定功率。满足指定能量效率的电池在一个充放电循环过程中获得的最大可持续功率。

2）瓦时容量。在规定的条件下，充满电的电池能够放出的能量，通常用 W • h 或 kW • h 表示。

3）安时容量。在规定的条件下，充满电的电池能够放出的电量，通常用 A • h 表示。

4）额定安时容量。充满电的电池以额定功率放电到 30% SOC 时，再以额定功率的 30%进行放电直至放电截止条件所放出的安时容量。

5）理论瓦时容量。根据电解液浓度和体积计算得出的电池充满电后所能提供的全部放电瓦时容量。

6）额定瓦时容量。充满电的电池以额定功率放电到 30% SOC 时，再以额定功率的 30%进行放电直至放电截止条件所放出的瓦时容量。

通过获得 VFB 的容量还可用于计算电解液利用率，即在规定的条件下，电池工作时实际放电瓦时容量与理论放电瓦时容量的比值。

2.4.2　电压与电流

VFB 的主要参数还包括电池两端的电压和充放电电流。VFB 在充放电过程中的电流和电压曲线就是其电流电压特性。一般可以以恒流恒压充电、以恒功率放电。恒流充电时，VFB 端电压上升，达到充电截止电压后转为恒压充电，电流达到下限后停止充电。恒功率放电时，随着放电的进行，电压逐渐降低，电流慢慢上升，最终达到放电截止电压，放电结束。

电池的开路电压是指电池没有外部电流通过时的电压。

由于实际工况中多采用大功率、大容量的全钒液流电池，而 VFB 的功率大小完全取决于电堆的数目，通过增加单个电堆的数量和面积即可增加电池的功率。因此，为了提高电池工作效率与循环寿命，需要保证其单电池的电压一致性。

电池内阻是衡量电池状态的一个重要指标。由于电池老化等原因导致的内阻过大，会严重降低电池工作效率。

2.4.3 效率

VFB 的效率有电池系统能量效率、电池系统额定能量效率、库仑效率和电压效率。

1）电池系统能量效率。电池以恒功率充放电时，输出到逆变装置的能量占输入到电池的能量的百分比。

2）电池系统额定能量效率。电池以额定功率运行时所测得的电池系统能量效率。

3）库仑效率。在规定的条件下，电池放电过程所放出的安时数占充电过程所消耗安时数的百分比（DC–DC）。

4）电压效率。在规定的条件下，电池的放电平均电压占充电平均电压的百分比。

2.4.4 循环寿命

在确定的充放电截止条件下，全钒液流电池瓦时容量衰减到额定瓦时容量的60%时所经历的充放电循环次数，一般是 15000～20000 次。随着技术的进步，其循环次数会更长。

2.4.5 荷电状态

电池荷电状态（SOC）反映了电池剩余电量，是当前剩余电量与额定电量的比值，也是电池管理系统和电池储能系统调度的重要指标。SOC 不是能直接测量的量，所以需要通过测量其他的量来进行估计。全钒液流电池的 SOC 介于 0～1 之间，当 SOC 为 0 时，表示电池完全放完电，正极电解液为 VO^{2+} 离子溶液，负极电解液为 V^{3+} 离子溶液；SOC 为 1 时，表示电池完全充满电，此时正极电解液为 VO_2^+ 离子溶液，负极电解液为 V^{2+} 离子溶液。

目前关于 VFB 的 SOC 有两种定义：理论 SOC 和实际 SOC。当 VFB 运行过程中正负极电解液不发生迁移时，理论 SOC 可通过测量正负极电解液不同价态钒离子浓度并根据式（2-15）来计算。

$$\mathrm{SOC}=\frac{C(\mathrm{V}^{2+})}{C(\mathrm{V}^{2+})+C(\mathrm{V}^{3+})}=\frac{C(\mathrm{VO_2}^{+})}{C(\mathrm{VO}^{2+})+C(\mathrm{VO_2}^{+})} \tag{2-15}$$

式中，$C(\mathrm{V}^{2+})$、$C(\mathrm{V}^{3+})$、$C(\mathrm{VO}^{2+})$ 和 $C(\mathrm{VO_2}^{+})$ 分别为 V^{2+}、V^{3+}、VO^{2+}和 VO_2^+ 的浓度（mol/L）。

实际 SOC 根据标准 GB/T 29840—2013《全钒液流电池 术语》定义为：电池实际（剩余）可放出的瓦时容量与实际可放出的最大瓦时容量的比值，可由式

（2-16）计算得到。

$$SOC = SOC_0 \pm \frac{W_h}{W_e} \tag{2-16}$$

式中，W_h 为充入或消耗的电量（kW・h）；W_e 为额定电量（kW・h）；SOC_0 为初始状态，由 OCV–SOC 曲线确定。

2.5　全钒液流电池常见的产品及规格

目前全钒液流电池的生产厂家主要有大连融科技术发展有限公司、上海电气储能科技有限公司、北京普能世纪科技有限公司、大力电工襄阳股份有限公司和山西金能世纪科技有限公司等。下面给出这几个厂家的常见产品及规格。

1．大连融科技术发展有限公司

大连融科的钒电池储能系统主要包括 VMODULE1–B 60kW、VMODULE1–A 125kW、VPOWER1–A 250kW 和 VPOWER2–A 500kW，其中 60kW 和 125kW 钒电池参数分别见表 2-4 和表 2-5。大连融科电堆照片如图 2-16 所示。

图 2-16　大连融科电堆照片

表 2-4　60kW 钒电池参数

类别	参数	类别	参数
额定功率/kW	60	额定容量/（kW・h）	300
直流电压范围/V	200～310	交流输出电压/V	380
最大电流/A	150	通信接口及协议	RS 485，Modbus–RTU
响应时间/ms	100	绝缘电阻/MΩ	>550
集装箱尺寸/（m×m×m）	9×2.438×2.591	空间要求/（m×m×m）	12.2×8.4×5
总质量/kg	40.000（标配）	最大承重要求/（t/m^2）	3.5
运行环境温度/℃	–30～40	运行环境湿度（%）	5～95

表 2-5　125kW 钒电池参数

类别	参数	类别	参数
额定功率/kW	125	额定容量/（kW·h）	625
直流电压范围/V	208～325	交流输出电压/V	380
最大电流/A	250	通信接口及协议	RS 485，Modbus–RTU
响应时间/ms	100	绝缘电阻/MΩ	>550
集装箱尺寸/（m×m×m）	12.192×2.438×2.591	空间要求/（m×m×m）	16.7×8.5×5
总质量/kg	75.000（标配）	最大承重要求/（t/m^2）	3.5
运行环境温度/℃	–30～40	运行环境湿度（%）	5～95

2．上海电气（安徽）储能科技有限公司

上海电气的全钒液流电池储能系统主要包括小型机柜式、10 尺（1 尺≈33.33cm）集装箱、30 尺集装箱及 40 尺高柜集装箱类型。其中小型机柜式全钒液流储能系统是一款具备高性能、高可靠和绿色环保的储能系统，内部集成液流电池堆、储液罐、循环系统和电池管理系统（BMS）可户外安装，如图 2-17 所示，其参数见表 2-6。其中 40 尺高柜集装箱可实现多箱串并联使用，可组成 250kW/1MW·h、500kW/2MW·h 和 1MW/4MW·h 等大型储能系统，如图 2-18 所示，其参数见表 2-7。

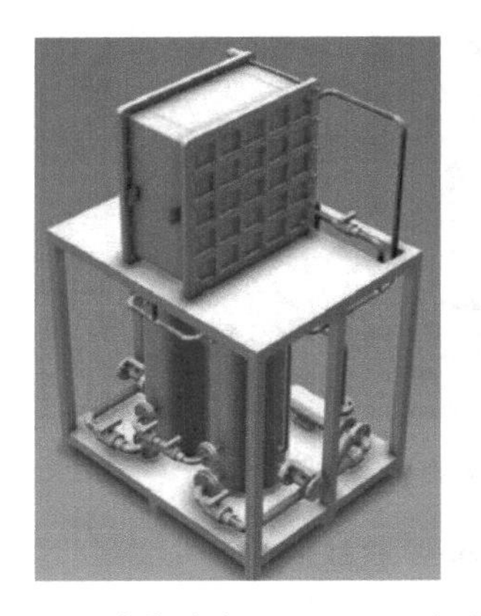

图 2-17　上海电气 SEVRB–S 小型机柜式全钒液流储能系统

表 2-6　SEVRB–S 参数

类别	参数	类别	参数
电池名称	SEVRB–S	系统效率（%）	70～75
电池类型	全钒液流电池	环境温度/℃	–30～50
额定功率/kW	5～25	防护等级	IP54
储能容量/（kW·h）	5～40	温控系统	工业级冷热一体机
直流侧额定电压/V	48	箱体外形尺寸/（mm×mm×mm）	1200×1000×2100

表 2-7　上海电气 SEVRB–C40

类别	参数	类别	参数
电池名称	SEVRB–C40	系统效率（%）	70～85
电池类型	全钒液流电池	环境温度/℃	–30～50
额定功率/kW	250～500	防护等级	IP54
储能容量/（kW•h）	500	温控系统	工业级冷热一体机
直流侧工作电压/V	520～850	箱体外形尺寸/（mm×mm×mm）	12198×2438×2896

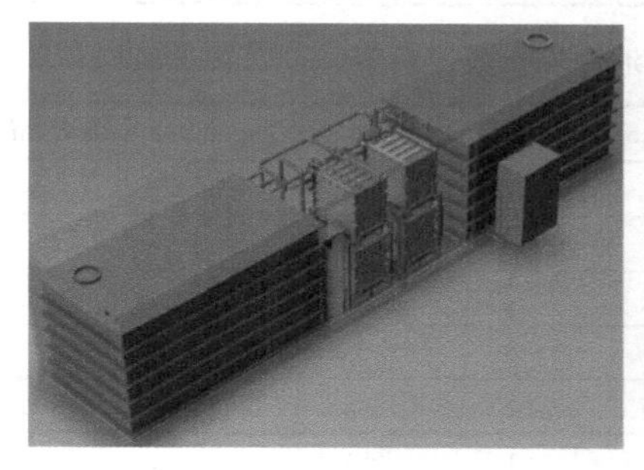

图 2-18　上海电气 SEVRB–C40 储能系统

3．北京普能世纪科技有限公司

北京普能世纪科技有限公司的主要产品包括千瓦级（VRB KW–ESS）和兆瓦级（VRB MW–ESS）储能系统，系统功率与容量相互独立，可按用户需求灵活地从千瓦级到兆瓦级进行配置。其中千瓦级储能系统的性能参数及外形尺寸见表 2-8、表 2-9。北京普能千瓦级钒电池如图 2-19 所示。

表 2-8　性能参数

参数	数值
标称电压/V（DC）	48
开路电压范围/V	47～54
最大充电电压/V	56
最小放电电压/V	42
最大充电电流/A	140
最大连续放电电流/A	125
峰值放电电流（<300s）/A	175
最高充电状态时连续输出功率/kW	8.4
最低充电状态时连续输出功率/kW	7.4
工作周期	连续
通信接口	RS 485/ DC 0～10V

4．大力电工襄阳股份有限公司

大力电工襄阳股份有限公司的千瓦级全钒液流电池储能系统主要有 VBS–VI–50（额定功率 50kW）、VBS–VI–125（额定功率 125kW）和 VBS–VI–250（额定功率 250kW）。钒电池电堆主要有 1kW、5kW、10kW 和 25kW 四个功率级别，其中 1kW、5kW 和 10kW 的钒电池性能参数见表 2-10。图 2-20 为大力电工 5kW 钒电池。

5．山西金能世纪科技有限公司

山西金能世纪科技有限公司的千瓦级 VFB 产品主要有 GEC–VFB–5kW 钒电池电堆、GEC–VES–1.5M 钒电解液、GEC–VFB–5kW/30kW•h 钒电池和 GEC–

VFB–10kW/30kW • h 钒电池。其中 GEC–VFB–5kW 钒电池电堆、GEC–VFB–5kW/30kW • h 钒电池和 GEC–VFB–10kW/30kW • h 钒电池的参数见表 2-11～表 2-13。

表 2-9　外形尺寸

仅电池模块	510kg	1.2m×1.0m×1.1m
20kW • h VFB 能量储存系统	3000kg	3.8m×1.4m×1.3m
40kW • h VFB 能量储存系统	5300kg	3.8m×1.4m×1.9m
带方舱的 20kW • h VFB 能量储存系统	5200kg	3.7m×2.2m×2.2m

表 2-10　钒电池性能参数

技术参数	1kW 8h	5kW 8h	10kW 8h
环境温度/℃	0～40		
环境湿度（%）	5～95		
单电池个数/个	16	36	48
额定功率/kW	1	5	10
最大功率/kW	1.5	7.5	15
容量/（kW • h）	8	40	80
功率范围/kW	0～1.0	0～5.0	0～10
最大充电电压/V	25.6	57.6	76.8
最小放电电压/V	16	36	48
单体电池电压/V	1.6	1.6	1.6
额定充电时间/h	10	10	10.25
电池寿命/次	8000	8000	8000
额定电流/A	60	125	200
系统工作温度/℃	–5～45		
能量效率（电堆）（%）	>80%	>78%	>75%
电解液	V[(1.7M)(±2%)] V^{3+}/VO^{2+}(1:1)(±3%)		
正极电解液体积/L	208	1040	2080
负极电解液体积/L	208	1040	2080
电堆质量/kg	88	300	550
系统质量/kg	968	4185	8480
系统占地体积（净空间）/（m×m×m）	1.6×0.95×1.88	4.5×2.9×1.9	5.5×2.6×2.1

表 2-11　5kW 钒电池电堆参数

GEC–VFB–5kW 钒电池电堆	额定电压/V	DC 48	额定电流/A	DC 110
	额定功率/kW	5.3	额定能效（%）	83
	最大功率/kW	20	工作温度/℃	–30～60
	电堆质量/kg	130	电堆尺寸/（cm×cm×cm）	63×75×35
	充电限压/V	DC 59	放电限压/V	DC 40
	循环寿命/次	20000	存放寿命	无限

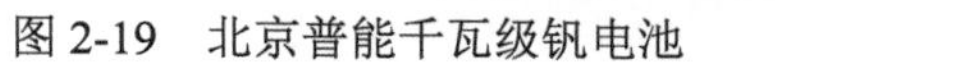

图 2-19　北京普能千瓦级钒电池　　　图 2-20　大力电工 5kW 钒电池

表 2-12　5kW 钒电池参数

GEC–VFB–5kW/30（kW•h）钒电池	额定电压/V	DC 48	额定电流/A	105
	额定功率/kW	5	额定时间/h	6
	额定能量/（kW•h）	30	额定容量/（A•h）	630
	额定能效（%）	75	最大功率/kW	20
	电堆质量/kg	130	电堆尺寸/（cm×cm×cm）	63×75×35
	电池质量/t	2.5	电池尺寸/（m×m×m）	2.0×1.2×2.0
	电解液质量/t	2.2t	电解液量/m^3	1.6
	电解液/MV	1.5（IV/III）	工作温度/℃	–30～60
	充电限压/V	DC 59	放电限压/V	DC 40
	循环寿命/次	20000	存放寿命	无限

表 2-13　10kW 钒电池参数

GEC–VFB–10kW/30（kW•h）钒电池	额定电压/V	DC 48	额定电流/A	210
	额定功率/kW	10	额定时间/h	3
	额定能量/（kW•h）	30	额定容量/（A•h）	630
	额定能效（%）	75	最大功率/kW	40
	电堆质量/kg	2×130	电堆尺寸/（cm×cm×cm）	2×63×75×35
	电池质量/t	2.7	电池尺寸/（m×m×m）	2.0×1.2×2.0
	电解液质量/t	2.2	电解液量/m^3	1.6
	电解液/MV	1.5（IV/III）	工作温度/℃	–30～60
	充电限压/V	DC 59	放电限压/V	DC 40
	循环寿命/次	20000	存放寿命	无限

5kW 钒电池电堆如图 2-21 所示，5kW 钒电池如图 2-22 所示，10kW 钒电池如图 2-23 所示。

图 2-21　5kW 钒电池电堆

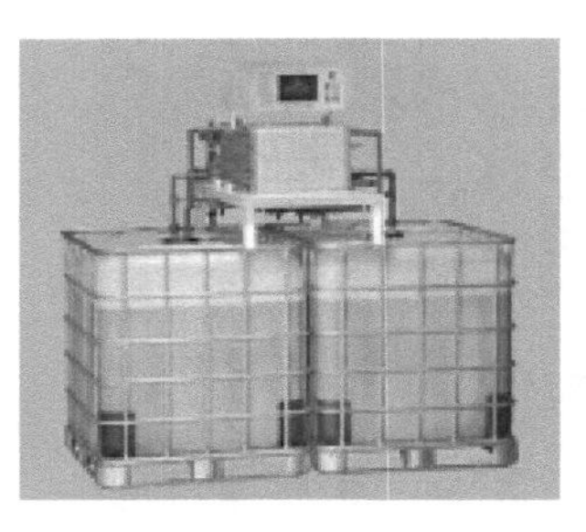

图 2-22　5kW 钒电池

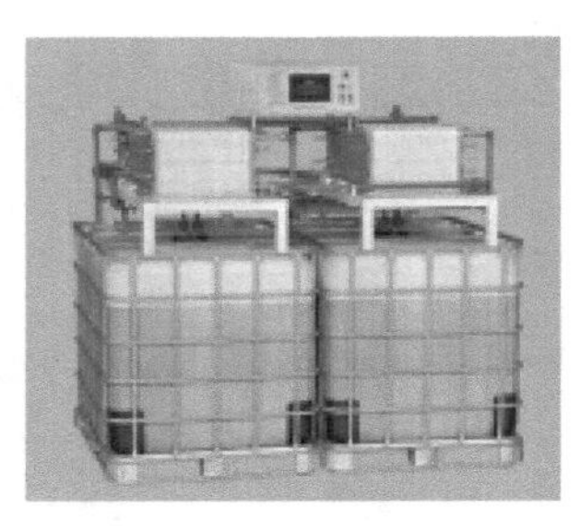

图 2-23　10kW 钒电池

2.6　本章小结

本章首先介绍了全钒液流电池的工作原理、内部结构，然后给出了大容量 VFB 储能系统的存储结构，以 VFB 串联电池组为例，给出了两种连接结构：ESPP 和 ESPI 方式，再以 45kW 单电堆为例给出了 270kW VFB 储能单元的存储结构；最后介绍了全钒液流电池相关的主要技术参数，并给出了市场上常见的全钒液流电池产品和规格。

2.7　参考文献

[1] 苏秀丽, 杨霖霖, 周禹, 等. 全钒液流电池电极研究进展[J]. 储能科学与技术, 2019, 8(1): 65-74.

[2] KIM K J, PARK M S, KIM Y J, et al. A technology review of electrodes and reaction mechanisms in vanadium redox flow batteries[J]. Journal of Materials Chemistry A, 2015, 3(33): 16913-16933.

[3] LIU Y, SHEN Y, YU L, et al. Holey- engineered electrodes for advanced vanadium flow batteries[J]. Nano Energy, 2018, 43: 55-62.

[4] WU X, XU H, XU P, et al. Microwave-treated graphite felt as the positive electrode for all vanadium redox flow battery[J]. Journal of Power Sources, 2014, 263(4): 104-109.

[5] CHEN J, LIAO W, HSIEH W, et al. All-vanadium redox flow batteries with graphite felt electrode streated by atmospheric pressure plasma jets[J]. Journal of Power Sources, 2015, 274: 894-898.

[6] LI B, GU M, NIE Z, et al. Bismuth nanoparticle decorating graphite felt as a high-performance electrode for an All-Vanadium redox flow battery[J]. Nano Letters, 2013, 13(3): 1330-1335.

[7] WU X, XU H, LU L, et al. PbO_2-modified graphite felt as the positive electrode for an all-vanadium redox flow battery[J]. Journal of Power Sources, 2014, 250: 274-278.

[8] WU L, SHEN Y, YU L, et al. Boosting vanadium flow battery performance by nitrogendoped carbon nanospheres electrocatalyst[J]. Nano Energy, 2016, 28: 19-28.

[9] HUANG P, LING W, SHENG H, et al. Heteroatom doped electrodes for all-vanadium redox flow batteries with ultralong lifespan[J]. Journal of Materials Chemistry A, 2018, 6(1): 41-44.

[10] 曾艳, 吕早生, 刘俞辰, 等. 全钒液流电池中石墨毡电极的改性研究[J]. 电镀与精饰, 2019, 41(1): 15-21.

[11] SCHMIDT C N, CAO G. Properties of mesoporous carbon modified carbon felt for anode of all-vanadium redox flow battery[J]. Science China Materials, 2016, 59(12): 1037-1050.

[12] HAGG C M, SKYLLAS K M, Novel bipolar electrodes for battery applications[J]. Journal of Applied Electrochemistry, 2002, 32(10): 1063-1069.

[13] 王茜, 姜国义, 刘海波, 等. 全钒液流电池用复合材料双极板研究进展[J]. 电源技术, 2017, 41(4): 658-660.

[14] 钱鹏, 张华民, 陈剑, 等. 全钒液流电池用电极及双极板研究进展[J]. 能源工程, 2007(1): 7-11.

[15] QIAN P, ZHANG H M, CHEN J, et al. A novel electrode-bipolar plate assembly for vanadium redox flow battery applications[J]. Journal of Power Sources, 2008, 175(1): 613-620.

[16] 严敢, 吕玉祥, 马维青, 等. 泵损对全钒液流电池性能和效率的影响分析[J]. 电源技术, 2015, 39(12): 2647-2649.

[17] 陆地, 聂峰, 薛立新. 全钒液流电池的质子传导膜研究进展[J]. 膜科学与技术, 2014, 34(6): 112-121.

[18] ZHANG L, LING L, XIAO M, et al. Effectively suppressing vanadium permeation in vanadium redox flow battery application with modified nafion membrane with nacre-like nanoarchitectures [J]. Journal of Power Sources, 2017, 352: 111-117.

[19] TENG X, DAI J, JING S, et al. Modification of nafion membrane using fluorocarbon surfactant for all vanadium redox flow battery[J]. Journal of Membrane Science, 2015, 476: 20-29.

[20] AZIZ M A, SHANMUGAM S. Zirconium oxide nanotube-Nafion composite as high performance membrane for all vanadium redox flow battery[J]. Journal of Power Sources, 2017, 337: 36-44.

[21] 牛淑娟, 李磊, 张永明. 全钒液流电池用新型全氟磺酸离子交换膜制备及性能研究[J]. 功能材料, 2012, 43(8): 1072-1075.

[22] 周城良, 胡峥勇, 周建民. 全钒液流电池离子交换膜研究进展[J]. 化学与黏合, 2017, 39(3): 215-217, 222.

[23] CHEN D Y, WANG S J, XIAO M, et al. Synthesis and characterization of novel sulfonated poly

(arylenethioether) ionomers for vanadium redox flow battery applications[J]. Energy & Environmental Science, 2010, 3(5): 622-628.

[24] ZHANG S H, YIN C X, XING D B, et al. Preparation of chloromethylated/ quaternized poly (phthalazinone ether ketone) anion exchange membrane materials for vanadium redox flow battery applications[J]. Journal of Membrane Science, 2010, 363(1): 243-249.

[25] JUNG M S J, PARRONDO J, ARGES C G, et al. Polysulfonebased anion exchange membranes demonstrate excellent chemical stability and performance for the all-vanadium redox flow battery[J]. Journal of Materials Chemistry A, 2013, 1(35): 10458-10464.

[26] YUN S, PARRONDO J, RAMANI V. Derivatizedcardo- polyetherketone anion exchange membranes for all- vanadium redox flow batteries[J]. Journal of Materials Chemistry A, 2014, 2(18): 6605-6615.

[27] LI L, KIM S, WANG W, et al. A stable vanadium redox - flow battery with high energy density for large-scale energy storage[J]. Advanced Energy Materials, 2011, 1(3): 394-400.

[28] SKYLLAS-KAZACOS M, MENICTAS C, KAZACOS M. Thermal stability of concentrated V(V) electrolytes in the vanadium redox ce11[J]. Journal of the Electrochemical Societyi, 1996, 143: 86-88.

[29] RAHMAN F, SKYLLAS-KAZACOS M. Solubility of vanadyl sulfatein concentrated sulfuric acid solutions[J]. Journal of Power Sources,1998, 72: 105-110.

[30] SKYLLAS-KAZACOS M, PENG C, CHENG M. Evaluation of precipitation inhibitors for supersaturated vanadyl electrolytes for the vanadium redox battery[J]. Electrochemical and solid State Letters, 1999(3): 121-122.

[31] 常芳，崔艳华. 五价钒电解液稳定性研究[J]. 化学研究与应用, 2006, 18(7): 866-869.

[32] 赵建新，武增华. 钒电池负极电解液 $V_2(SO_4)_3$ 溶解性规律[J]. 无机材料学报，2012，27(5): 469-474.

[33] 文越华，张华民. 全钒液流电池高浓度下 V(IV)/V(V)的电极过程研究[J]. 物理化学学报, 2006, 22(4): 403-408.

[34] 王绍亮，范新庄，张建国，等. 钒电池电解液配比的优化及其对电池性能的影响[J]. 储能科学与技术, 2015, 4(5): 510-514.

[35] 史小虎，李君涛，余龙海，等. 钒电池电解液浓度与稳定性研究[J]. 电源技术, 2017, 41(11): 1581-1583.

[36] ROE S, MENICTAS C, KYLLAS-KAZACOS M. A high energy density vanadium redox flow battery with 3 M vanadium electrolyte[J]. Journal of the Electrochemical Society, 2016, 163(1): 5023-5028.

[37] 张胜寒，底广辉，任桂林. 添加剂对全钒液流电池电解液稳定性的影响[J]. 电源技术, 2017, 41(3): 447-448.

[38] 张书弟，翟玉春，陈维民. 全钒氧化还原液流电池电解液的研究[J]. 材料与冶金学报, 2013, 12(1): 77-80.

[39] 刘剑蕾. 全钒液流电池负极电解液性能研究[D]. 长沙：中南大学, 2014.

[40] 李彦龙，王为. 钒电池负极电解液改性研究[J]. 化学工业与工程, 2016, 33(1): 66-70.

[41] MULCAHY J, SUMMERS K, CHIDAMBARAM D. Effect of quinone additives on the performance of electrolytes for vanadium redox flow batteries[J]. Journal of Applied Electrochemistry, 2017, 47(10): 173-1178.

[42] YANG Y, ZHANG Y, LIU T, et al. Improved properties of positive electrolyte for a vanadium redox flow battery by adding taurine[J]. Research on Chemical Intermediates, 2017(1): 1-18.

[43] SUKKAR T, SKYLLAS-KAZACOS M. Water transfer behaviour across cation exchange membranes in the vanadium redox battery[J]. Journal of Membrane Science,2003, 222(1): 235-247.

[44] 杨亚东，张一敏，黄晶，等. 化学还原法制备钒电池电解液中还原剂选择及性能[J]. 化工进展, 2017, 36(1): 274-281.

[45] 陈孝娥，崔旭梅，王军. V(Ⅲ)-V(Ⅳ) 电解液的化学合成及性能[J]. 化工进展，2012，31(6): 1330-1332.

[46] 管涛. 全钒氧化还原液流电池电解液的研究[D]. 上海：上海交通大学, 2012.

[47] 刘然，潘建欣，谢晓峰，等. 五氧化二钒电解制备全钒液流电池 V^{3+}电解液[J]. 高校化学工程学报, 2014, 28 (6): 1275-1280.

[48] ZHANG Y, LIU L, XI J, et al. The benefits and limitations of electrolyte mixing in vanadium flow batteries[J]. Applied Energy, 2017, 204: 373-381.

[49] WANG K, LIU L, XI J, et al. Reduction of capacity decay in vanadium flow batteries by an electrolyte-reflow method[J]. Journal of Power Sources, 2017, 338: 17-25.

[50] 丁虎标，崔旭梅，陈孝娥. 钒电池失效电解液制备五氧化二钒[J]. 电源技术，2017，41(2): 272-273.

[51] 王远望，官清. 利用失效钒电池电解液制备硫酸氧钒的方法：中国，201510981612.8[P]. 2016-03-16.

第 3 章　全钒液流电池的数学模型

大规模电池储能技术引入可以实现电能的大容量存储和并网移时应用，是缓解电力供需矛盾，提高电网的安全性和稳定性，促进太阳能光伏发电和风能发电等可再生能源发电接入的有效手段。近年来，大容量液流电池储能技术发展迅速，液流电池储能已被公认为是最具有应用前景的电化学储能方式之一，备受业界关注。VFB 作为主要的大容量储能设备，广泛应用于各种储能系统中。在工业化的进程中，虽然 VFB 得到了广泛关注和研究，并且已经建设了各类示范应用工程，但仍然有一些紧迫的问题亟待解决。目前对大容量电池的研究主要体现在电池的关键材料、模型、多体系系统耦合及能量管理策略等方面。其中利用模拟和仿真技术对 VFB 进行研究，既可以对电池充放电过程和原理进行分析，又可以用于电池模块和电池系统的优化设计，具有理论指导意义和实际参考价值。

建立不同类型的数学模型有不同的作用，如通过建立 VFB 的综合模型并对其进行模拟仿真，可以了解电池反应过程、物质量的变化和温度变化等，这些模型对改进优化电池本体的结构设计、电解液的选择、电极设计和膜的研究等有一定的指导意义；建立其等效电路模型可将其用于 SOC 估计或实时优化控制中。为此，本章主要阐述全钒液流电池的建模，为后面章节中的 SOC 估计及控制奠定基础。

本章首先介绍全钒液流电池的建模方法，介绍了常见的电化学模型、电路模型及混合模型，然后建立了 VFB 混合模型并进行了特性分析，另外还建立了适合电气仿真分析用的状态空间方程，通过频域灵敏度与轨迹灵敏度分析找到影响 VFB 外特性的主要因素；最后在 VFB 模型基础上通过电路串联结构和灵敏度分析方法建立了 VFB 电池组模型。

3.1　全钒液流电池的建模方法

电池建模的方法有电化学模型、热力学模型、神经网络模型、微观的分子模型和原子模型，不同复杂度电池模型其建模方法有着显著差异。参考近 10 年来相关文献、资料，在对国内外关于 VFB 模型的研究进行归纳、总结和分析的基础上，根据构建原理主要将 VFB 模型分为电化学模型、电路模型及混合模型三大类。

电化学模型基于电池内部反应的电化学过程，从电池运行机理的角度，考虑了电池运行中包含的流场、浓度场、电场、温度场和电化学反应，由质量、动量、电荷和能量守恒及电化学反应动力学等诸多复杂控制方程，构成了电化学模型高度耦合的非线性偏微分方程。

电路模型是从物理机制的角度考虑，用理想的电路元件来模拟电化学过程产生的物理效应，等效电路模型是根据电池的电流、电压和荷电状态（State of Charge, SOC）等运行特性参数之间的关联方程建立的。

混合模型是根据已有建模方法存在的问题、复杂工业过程中的特点及过程控制对模型的要求建立的，将两种或两种以上的建模方法按一定方法集成后用于 VFB 抽象化描述过程，包括电化学模型与机械模型结合、电化学模型与等效电路模型结合以及准稳态模型与暂稳态模型结合等混合电路模型。混合模型从 VFB 运行机理出发，克服单一建模方法本身存在的问题，并针对实际工业过程的具体情况将多种建模方法有机结合，既能充分反映电池的充放电动态特性，又能表示其对外的等效特性。

3.2 全钒液流电池模型概述

3.2.1 电化学模型

3.2.1.1 早期电化学模型

早期对电化学模型的研究，主要集中在电池的整体性能上。

Skyllas-Kazacos 等[1]研究在不同外加电流且 SOC 达到 50%的条件下进行充放电，测试电池输出电压，得出的结论是电池输出电压与外加电流呈线性关系。

Li 等[2]研究了 10 片单电池组成电堆的输出电压模型，在不同外加电流下进行恒流充放电，测试电池的端电压和堆栈电压。

早期电化学模型对实验数据统计确定电池输出电压和开路电压随外加电流的经验关系式，建立简单电压模型，但缺乏对电池自身化学特性的考虑，未进一步展开分析讨论。

3.2.1.2 电化学数学模型

相比早期的电化学模型，电化学数学模型进一步考虑了电池各参数之间的关系，从能量的角度出发，结合能斯特（Nernst）方程、伯努利方程以及一些经验关联方程，构建了整个电池系统的数值计算模型。

Chahwan 等[3]建立的电化学数学模型是关于电压与 SOC 的关联方程。

陈金庆等[4]在建立开路电压数学模型时考虑了钒离子透膜扩散的自放电反应，由 Nernst 方程表示的自放电开路电压模型为

$$E = E^0 - \frac{RT}{zF}\ln\frac{[V^{3+}][VO^{2+}]}{[V^{2+}][VO_2{}^{+}][H^{+}]^2} \qquad [V^{2+}] \neq 0 \tag{3-1}$$

$$E' = E'^0 - \frac{RT}{zF}\ln\frac{[VO^{2+}]}{[VO_2{}^+][H^+]^2} \qquad [V^{2+}] = 0 \tag{3-2}$$

式中，E^0 为钒电池标准状态下的平衡电动势（V）；E 为开路电压（V）；E'^0 为正极电对标准电极电动势（V）；E' 为开路电动势（V）；T 为温度（K）；R 为通用气体常数（J/（mol•K））；z 为电池反应转移电子数，z=1。

模型揭示了钒电池开路电压由电池总电动势和 $VO_2{}^+/VO^{2+}$电极电动势决定。

周文源[5]对开路电压数学模型进行改进，从电化学角度对 VFB 的反应进行分析得出电化学模型，推导了以钒电池荷电容量和初始离子浓度为参量的电压方程，建立了电池充放电过程的输出端电压模型，计算公式为

$$\begin{cases} \mathrm{SOC}_t = \mathrm{SOC}_{t-1} + \dfrac{N_{\mathrm{cell}} E I_{\mathrm{stack}} \Delta t}{E_{\mathrm{rated,real}}} \\ E = a_V C_H + b_V + 2 \times \dfrac{RT}{nF} \ln\left[2\dfrac{(C_V \mathrm{SOC} + C_H)\mathrm{SOC}}{1-\mathrm{SOC}}\right] \\ \text{充电} I_{\mathrm{stack}} = I_0 - I_{\mathrm{loss}}; U_0 = E + U_{\mathrm{loss}} \\ \text{放电} I_{\mathrm{stack}} = I_0 + I_{\mathrm{loss}}; U_0 = E - U_{\mathrm{loss}} \\ E_{\mathrm{rated,real}} = 0.5 k U_{\mathrm{cell}} C_V V_{\mathrm{tank}} N_A e \end{cases} \tag{3-3}$$

式中，N_{cell} 为电池数；E 为单电池电动势（V）；I_{stack} 为堆栈电流（A）；$E_{\mathrm{rated,real}}$ 为实际系统可被利用的总能量（kW•h）；Δt 为时间差（s）；C_V 为 V^{2+}和 V^{3+}离子浓度之和（mol/L）；C_H 为 H_2SO_4 的摩尔浓度（mol/L）；n 为参与反应的电子数；a_V 和 b_V 为线性拟合系数；I_{loss} 为外部损耗总电流（A）；I_0 为电池端电流（A）；U_{loss} 为内部损耗总电压（V）；U_0 为端电压（V）；k 为常数；U_{cell} 为单电池的平均电压（V）；V_{tank} 为储液罐体积（L）；N_A 为阿伏伽德罗常数（6.02×10^{23}）；e 为单个电子带电量。

TANG A 等[6-7]考虑了全钒液流电池的电压由开路电压、欧姆极化、活化极化和浓差极化四部分组成，其中欧姆极化为电流和电池内阻的乘积，即

$$E_{\mathrm{cell}} = E_{\mathrm{ocv}} + IR_{\mathrm{cell}} + \eta_{\mathrm{act}} + \eta_{\mathrm{con}} \tag{3-4}$$

式中，E_{cell} 为电池电压（V）；E_{ocv} 为开路电压（V）；I 为电流（A）；R_{cell} 为电池内阻（Ω）；η_{act} 为活化极化（V）；η_{con} 为浓差极化（V）。

由于全钒液流电池采用多孔电极，具有足够大的比表面，活化极化的影响可以被忽略。开路电压和浓差极化的表达式分别为

$$E_{\mathrm{ocv}} = E^{0'} + \frac{RT}{zF}\ln\frac{c_2^c c_5^c}{c_3^c c_4^c} \tag{3-5}$$

$$\eta_{\mathrm{con}}=\eta_{\mathrm{con}}^{+}+\eta_{\mathrm{con}}^{-}=\frac{RT}{zF}\ln\left(1-\frac{i}{zFk_{\mathrm{m}}c_{\mathrm{r}}^{+}}\right)+\frac{RT}{zF}\ln\left(1-\frac{i}{zFk_{\mathrm{m}}c_{\mathrm{r}}^{-}}\right) \tag{3-6}$$

式中，$E^{0'}$为条件电极电动势（V）；η_{con}^{+}、η_{con}^{-}分别为正极、负极浓差极化（V）；R为摩尔气体常数[（J/（mol·K）]；T为温度（K）；z为电子转移数量；F为法拉第常数（96485C/mol）；c_2^{c}、c_3^{c}、c_4^{c}和c_5^{c}分别为钒电池中 V^{2+}、V^{3+}、VO^{2+}和VO_2^{+}四种离子的摩尔浓度（mol/L）；k_{m}为局部传质系数（m/s）；c_{r}^{+}、c_{r}^{-}分别为正极、负极的反应物摩尔浓度（mol/L）；i为电流密度（A/m^2）。

局部传质系数受固–液截面反应物的扩散和对流影响，可表示为

$$k_{\mathrm{m}}=\alpha v^{\beta} \tag{3-7}$$

式中，v为多孔电极中的电解液流动速度（L/min）；α和β为拟合系数。

将式（3-5）和式（3-6）代入到式（3-4）中，可获得电池电压，如式（3-8）和式（3-9）所示。

充电过程

$$E_{\mathrm{cell}}=E^{0'}+\frac{RT}{zF}\ln\frac{c_2^{\mathrm{c}}c_5^{\mathrm{c}}}{c_3^{\mathrm{c}}c_4^{\mathrm{c}}}+IR_{\mathrm{cell}}+\left|\frac{RT}{zF}\ln\left(1-\frac{i}{zFk_{\mathrm{m}}c_{\mathrm{r}}^{+}}\right)\right|+\left|\frac{RT}{zF}\ln\left(1-\frac{i}{zFk_{\mathrm{m}}c_{\mathrm{r}}^{-}}\right)\right| \tag{3-8}$$

放电过程

$$E_{\mathrm{cell}}=E^{0'}+\frac{RT}{zF}\ln\frac{c_2^{\mathrm{c}}c_5^{\mathrm{c}}}{c_3^{\mathrm{c}}c_4^{\mathrm{c}}}-IR_{\mathrm{cell}}-\left|\frac{RT}{zF}\ln\left(1-\frac{i}{zFk_{\mathrm{m}}c_{\mathrm{r}}^{+}}\right)\right|-\left|\frac{RT}{zF}\ln\left(1-\frac{i}{zFk_{\mathrm{m}}c_{\mathrm{r}}^{-}}\right)\right| \tag{3-9}$$

对于由多个单电池组成的电堆，电堆电压等于电池数量与单电池电压的乘积，即

$$E_{\mathrm{stack}}=N_{\mathrm{c}}E_{\mathrm{cell}} \tag{3-10}$$

式中，E_{stack}为电堆电压（V）；N_{c}为电堆中单电池的个数。

对于由多个电堆组成的钒电池模块，模块电压等于串联电堆数量与电堆电压的乘积，即

$$E_{\mathrm{module}}=N_{\mathrm{s}}E_{\mathrm{stack}} \tag{3-11}$$

式中，E_{module}为模块电压（V）；N_{s}为模块中串联电堆的个数。

由式（3-8）和式（3-9）可以看出，通过电压模型预测电池输出电压需要以反应物质钒离子的浓度作为输入量，不同价态钒离子浓度的构建需要基于如下质量守恒定律。

对于二价钒离子（V^{2+}）

$$\begin{cases} V_{\mathrm{c}} \dfrac{\mathrm{d}c_2^{\mathrm{c}}(t)}{\mathrm{d}t} = Q\left(c_2^{\mathrm{t}}(t) - c_2^{\mathrm{c}}(t)\right) \pm \dfrac{N_{\mathrm{c}} I}{zF} - \dfrac{S}{d}\left(k_2 c_2^{\mathrm{c}}(t) + k_4 c_4^{\mathrm{c}}(t) + 2k_5 c_5^{\mathrm{c}}(t)\right) \\ V_{\mathrm{t}} \dfrac{\mathrm{d}c_2^{\mathrm{t}}(t)}{\mathrm{d}t} = Q\left(c_2^{\mathrm{c}}(t) - c_2^{\mathrm{t}}(t)\right) \end{cases} \tag{3-12}$$

对于三价钒离子（V^{3+}）

$$\begin{cases} V_{\mathrm{c}} \dfrac{\mathrm{d}c_3^{\mathrm{c}}(t)}{\mathrm{d}t} = Q\left(c_3^{\mathrm{t}}(t) - c_3^{\mathrm{c}}(t)\right) \mp \dfrac{N_{\mathrm{c}} I}{zF} - \dfrac{S}{d}\left(k_3 c_3^{\mathrm{c}}(t) - 2k_4 c_4^{\mathrm{c}}(t) - 3k_5 c_5^{\mathrm{c}}(t)\right) \\ V_{\mathrm{t}} \dfrac{\mathrm{d}c_3^{\mathrm{t}}(t)}{\mathrm{d}t} = Q\left(c_3^{\mathrm{c}}(t) - c_3^{\mathrm{t}}(t)\right) \end{cases} \tag{3-13}$$

对于四价钒离子（VO^{2+}）

$$\begin{cases} V_{\mathrm{c}} \dfrac{\mathrm{d}c_4^{\mathrm{c}}(t)}{\mathrm{d}t} = Q\left(c_4^{\mathrm{t}}(t) - c_4^{\mathrm{c}}(t)\right) \mp \dfrac{N_{\mathrm{c}} I}{zF} - \dfrac{S}{d}\left(k_4 c_4^{\mathrm{c}}(t) - 3k_2 c_2^{\mathrm{c}}(t) - 2k_3 c_3^{\mathrm{c}}(t)\right) \\ V_{\mathrm{t}} \dfrac{\mathrm{d}c_4^{\mathrm{t}}(t)}{\mathrm{d}t} = Q\left(c_4^{\mathrm{c}}(t) - c_4^{\mathrm{t}}(t)\right) \end{cases} \tag{3-14}$$

对于五价钒离子（VO_2^{+}）

$$\begin{cases} V_{\mathrm{c}} \dfrac{\mathrm{d}c_5^{\mathrm{c}}(t)}{\mathrm{d}t} = Q\left(c_5^{\mathrm{t}}(t) - c_5^{\mathrm{c}}(t)\right) \pm \dfrac{N_{\mathrm{c}} I}{zF} - \dfrac{S}{d}\left(k_5 c_5^{\mathrm{c}}(t) + 2k_2 c_2^{\mathrm{c}}(t) + k_3 c_3^{\mathrm{c}}(t)\right) \\ V_{\mathrm{t}} \dfrac{\mathrm{d}c_5^{\mathrm{t}}(t)}{\mathrm{d}t} = Q\left(c_5^{\mathrm{c}}(t) - c_5^{\mathrm{t}}(t)\right) \end{cases} \tag{3-15}$$

式中，V_{c}、V_{t}分别为半电池、储罐中电解液的体积（m^3）；$c_2^{\mathrm{c}}(t)$、$c_3^{\mathrm{c}}(t)$、$c_4^{\mathrm{c}}(t)$和$c_5^{\mathrm{c}}(t)$分别为t时刻电池中V^{2+}、V^{3+}、VO^{2+}和VO_2^{+}四种离子的摩尔浓度（mol/L）；$c_2^{\mathrm{t}}(t)$、$c_3^{\mathrm{t}}(t)$、$c_4^{\mathrm{t}}(t)$和$c_5^{\mathrm{t}}(t)$分别为t时刻储罐中V^{2+}、V^{3+}、VO^{2+}和VO_2^{+}四种离子的摩尔浓度（mol/L）；Q为电解液流量（m^3/s）；k_2、k_3、k_4和k_5分别为V^{2+}、V^{3+}、VO^{2+}和VO_2^{+}四种离子透过隔膜的扩算系数（m^2/s）；S为电极面积（m^2）；d为隔膜厚度（m）；$\pm$表示充电过程（+）和放电过程取（–）；$\mp$表示充电过程取（–）和放电过程（+）。

流量Q可按如下公式计算

$$Q = f\frac{N_{\mathrm{c}}\left|I\right|}{Fc_{\mathrm{r}}} \tag{3-16}$$

$$c_{\mathrm{r}} = \begin{cases} c_{\mathrm{r}}(t) & \text{变速} \\ c_{\mathrm{r}}(t_{\mathrm{end}}) & \text{固定流速} \end{cases} \tag{3-17}$$

式中，f为流量系数；c_{r}（t）为t时刻反应物的摩尔浓度（mol/L）；c_{r}（t_{end}）为充电或放电截止时刻反应物的摩尔浓度（mol/L）。

对于由 N 台电堆组成的钒电池模块，忽略离子膜两侧物质扩散影响，其动态机理模型可描述为

$$\begin{cases} V_{\mathrm{c}}\dfrac{\mathrm{d}c_{n,i}^{\mathrm{s}}(t)}{\mathrm{d}t}=Q\left[c_n^{\mathrm{t}}(t)-c_{n,i}^{\mathrm{s}}(t)\right]\pm/\mp\dfrac{N_{\mathrm{c}}I}{zF} \\ V_{\mathrm{t}}\dfrac{\mathrm{d}c_n^{\mathrm{t}}(t)}{\mathrm{d}t}=NQ\left(\dfrac{1}{N}\sum_{i=1}^{N}c_{n,i}^{\mathrm{s}}(t)-c_n^{\mathrm{t}}(t)\right) \end{cases} \tag{3-18}$$

式中，$c_n^{\mathrm{t}}(t)$ 为 t 时刻储罐中 V^{2+}、V^{3+}、VO^{2+}或 VO_2^{+}某一钒离子的摩尔浓度(mol/L)；$c_{n,i}^{\mathrm{s}}(t)$ 为 t 时刻第 i 台电堆中 V^{2+}、V^{3+}、VO^{2+}或 VO_2^{+}某一钒离子的摩尔浓度(mol/L)。

李明华、王保国等[8]在电化学模型基础上，综合考虑电池反应、交叉放电、流体力学和外电路的影响，分析了电堆及储液罐内各价钒离子浓度变化，建立了电池充放电过程的输出端电压模型。该模型能够较好地拟合实际电池系统的状态变化，但是计算较为复杂，表达不够直观。SHAH 等[9-10]通过综合描述，并结合涉及钒物质反应的全局动力学模型，对复杂系统进行简化计算，建立了电池二维数值模型，但计算时忽略了温度变化（特别是热损失）可能会发挥的重要作用。田野等[11]对二维模型进行改进，建立了更为全面的三维模型，建模时考虑了流场、浓度场以及温度场，针对流场特性、钒离子的浓度分布以及温度变化情况进行模拟研究。Tang A 等人在电化学模型的基础上从钒电池动态性能分析和控制系统设计角度出发，首次构建了单电堆的动态机理模型[12-13]，对容量衰减、温度演化和运行能效等关键问题进行了详细的模拟分析，为液流电池优化运行与控制设计研究奠定了基础，特别是在模型中考虑到电解液在管路中传输会产生延时的影响。针对多电堆的钒电池模块，储罐至电堆的传输延时应为电解液流经管路的各级管路的延时之和，即

$$\theta_i=\sum_{j=1}^{m}\theta_{i,j}=\sum_{j=1}^{m}\frac{V_{i,j}}{Q_{i,j}}=\sum_{j=1}^{m}\frac{\pi r_{i,j}^2L_{i,j}}{Q_{i,j}} \tag{3-19}$$

式中，θ_i 为储罐至第 i 台电堆的电解液传输时间（s）；$\theta_{i,j}$ 为储罐至第 i 台电堆的 m 级管路中第 j 级管路的传输延时（s）；$V_{i,j}$ 为管路体积（m^3）；$Q_{i,j}$ 为流量（m^3/s）；$r_{i,j}$ 为半径（m）；$L_{i,j}$ 为长度（m）。

则多电堆钒电池储能模块的电解液传输模型可描述为

$$\begin{cases} V_{\mathrm{c}}\dfrac{\mathrm{d}c_{n,i}^{\mathrm{s}}(t)}{\mathrm{d}t}=Q\left(c_n^{\mathrm{t}}\left(t-\sum_{j=1}^{m}\dfrac{\pi r_{i,j}^2L_{i,j}}{Q_{i,j}}\right)-c_{n,i}^{\mathrm{s}}(t)\right)\pm\dfrac{N_{\mathrm{c}}I}{zF} \\ V_{\mathrm{t}}\dfrac{\mathrm{d}c_n^{\mathrm{t}}(t)}{\mathrm{d}t}=N_sQ\left(\dfrac{1}{N_{\mathrm{s}}}\sum_{i=1}^{N_{\mathrm{s}}}c_{n,i}^{\mathrm{s}}\left(t-\sum_{j=1}^{m}\dfrac{\pi r_{i,j}^2L_{i,j}}{Q_{i,j}}\right)-c_n^{\mathrm{t}}(t)\right) \end{cases} \tag{3-20}$$

式中，当$t < \theta_i$时，$c_{n,i}^{\mathrm{s}}\left(t-\sum_{j=1}^{m}\frac{\pi r_{i,j}^2 L_{i,j}}{Q_{i,j}}\right)=c_{n,i}^{\mathrm{s}}(0)$，$c_{n}^{\mathrm{t}}\left(t-\sum_{j=1}^{m}\frac{\pi r_{i,j}^2 L_{i,j}}{Q_{i,j}}\right)=c_{n}^{\mathrm{t}}(0)$。

考虑到每个模块中包含N台电堆，完整的钒电池传输延时模型包含的常微分方程总数应为$4(1+N)$。

以单电堆模型为基础，TANG A 等人近年来进一步建立了多堆成组模型用来研究液流电池储能模块的性能演化规律。首先，通过构建延时的钒电池动态模型，系统研究了传输延时对模块中电解液浓度、电堆电压的分布特性，分析了大功率储能模块中电解液传输延时对模块性能的影响，然后以模型为基础，从管路设计、流量控制和进液方式等方面进行优化控制，消除或减弱传输延时带来的负面效应，实现了模块设计和运行管理的优化[14]；其次，通过构建液流电池储能模块的机理模型，进一步探讨了大功率储能模块的布局方式对模块性能的影响，研究以实际32kW 电堆和 250kW 模块的测试数据为基础，辅以实验室液流电池和迷你模块的实验结果，证实电堆在模块中的布局方式是影响模块性能的重要因素，并初步探索其规律特性。通过钒电池动态模型，以 4 串 2 并的 250kW 储能模块作为研究对象，考察全部 35 种排布方式的模块效率和容量，得出最优的布局。并在此布局基础上，通过流量的单独控制，进一步提升模块性能[15]。在 TANG A 等人工作的基础上，国内外研究团队也相继利用动态建模手段对液流电池相关问题展开了大量深入有价值的研究。YU V 等人[16]将浓差极化引入单电堆机理模型，分析了其对液流电池性能的影响；XIONG B Y 等人[17-18]利用动态建模方法，研究了液流电池热力学和流体特性对电池效率的影响规律，此外还对电池的荷电状态和容量衰减进行了预测分析；ZHAO C[19]、YAN Y 等人[20]进一步进行了热力学建模与分析，预测了不同设计和运行条件下的温度变化及其对电池效率的影响；针对流量对电池性能的影响，KONIG 等人[21-22]引入了活塞流动反应器模型原理，进一步改进了机理模型，提出了流量优化策略；除此之外，MEREI G[23]、BOETTCHER P[24]和 LI YF[25]还利用动态模型分别对电池老化预测、离子膜厚度对容量衰减的影响以及最优充放电条件件展开了深入研究。对于液流电池多电堆问题，WANDSCHNEIDER 等人[26]分析了储能模块多电堆间的旁路电流分布特性；KONIG 等人[27]则提出了一种具有低损耗的储能模块拓扑结构；YE 等人[28]研究发现长而粗的管路有利于减小储能模块中的旁路电流和液阻；TOMAZIC 团队[29]对环流产生的机制进行了简单描述，并指出可以在开路条件下，通过切断电堆间的电气连接避免环流的产生。

通过建立 VFB 电化学模型并对其进行模拟仿真，可以了解电池反应的过程、物质量的变化和温度变化等，这些模型对改进优化电池本体的结构设计、电解液的选择、电极设计和膜的研究等有一定的指导意义，但不适合应用于电力管理系统的模拟研究。

3.2.2　电路模型

电路模型采用电阻、电容、电感和受控源等电气元件描述 VFB 的电气特性，建模方法简单、参数容易辨识和适用性强，更适合电气相关领域的专家及研究学者使用，可将其用于 SOC 估计或实时控制中。在等效电路模型方面，针对不同应用场合也有不同复杂程度、不同侧重点的模型。通过阅读文献，将常用的 VFB 等效电路模型进行了列举，主要包括戴维南等效电路[30]、一阶 *RC* 等效电路[31]、二阶 *RC* 等效电路[32-33]、热相关的电气模型[34-36]、等效电路模型[37-42]和综合等效电路模型[43-44]等。

（1）戴维南等效电路

姚勇[30]等重点研究了功率输出、电能存储能力及暂态反应速度，在确定电池端电压与电池中剩余有效能量间的关联关系时，采用了戴维南等效电路模型，如图 3-1 所示。图 3-1 中，电压源 V_s 表示开路电压（V），*R*、*L* 分别是考虑 VFB 使用时的等效电阻（包括电池内阻和导线阻抗，Ω）和电感（mH）。

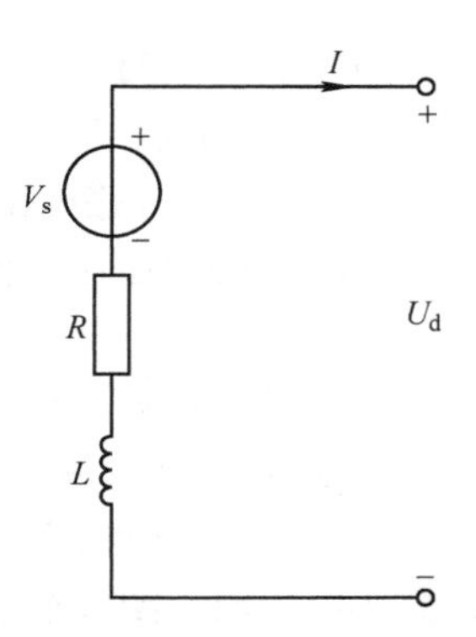

图 3-1　戴维南等效电路

（2）一阶 *RC* 等效电路模型

一阶 *RC* 模型结构如图 3-2 所示。图 3-2 中，电压源 V_s 表示开路电压（V），R_s 是欧姆电阻（Ω），并联 *RC* 网络由极化电阻（R_p, Ω）和极化电容（C_p, F）组成，用于模拟 VFB 中涉及的瞬态动力学，如活化极化和浓差极化。

（3）二阶 *RC* 等效电路模型

二阶 *RC* 等效电路模型是在一阶 *RC* 模型基础上将极化部分继续细化，分成活化极化和浓差极化，可以更加细致准确地描述 VFB 动态特性，如图 3-3 所示。图 3-3 中，V_s 为开路电压（V）；R_s 为欧姆电阻（Ω）；C_{ap} 为浓差极化电容（F）；R_{ap} 为浓差极化电阻（Ω）；C_{cp} 为活化极化电容（F）；R_{cp} 为活化极化电阻（Ω）。

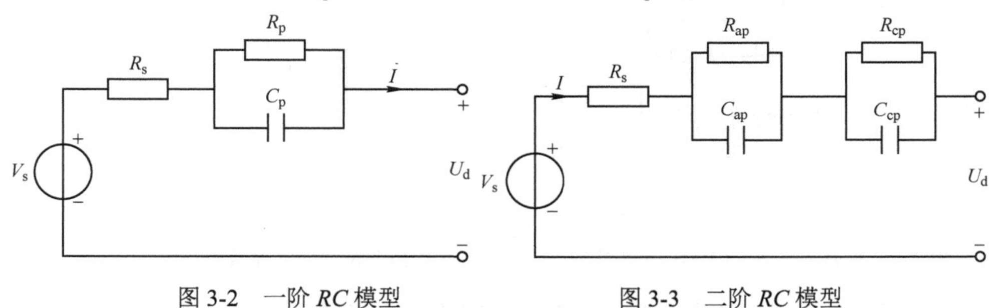

图 3-2　一阶 *RC* 模型　　图 3-3　二阶 *RC* 模型

文献[32]在二阶 *RC* 等效电路基础上增加了支路电流损耗，提出了包含支路电流的 VFB 模型，如图 3-4 所示，其中 R_p 和 I_p 表示支路电流损耗。

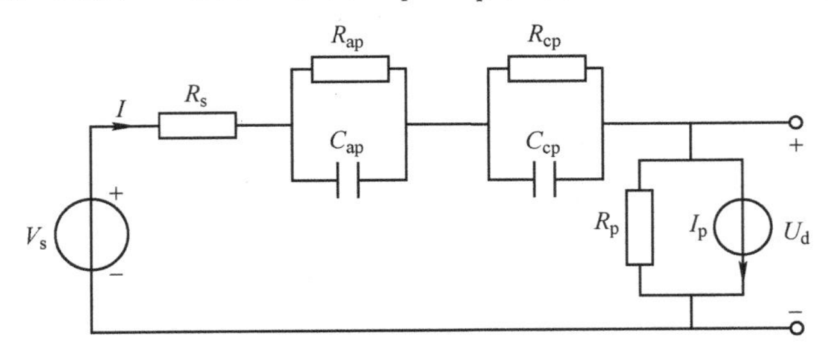

图 3-4 考虑支路电流的二阶 *RC* 模型

（4）热相关的电气模型

文献[34]提出了热相关的电气模型，模型综合了温度和流量的影响，如图 3-5 所示。该模型由开路电压、充放电内阻、温度预测模型和浓度过电动势四部分组成。

文献[35-36]在这个模型的基础上建立了 VFB 电堆模型，并进行了换热效率分析。

（5）等效损耗电路模型

CHAHWAN[37]基于 VFB 的工作原理建立了其等效损耗电路模型，该模型能反应 VFB 电气特性，还考虑了泵损耗，计算复杂度不高，受到了广大学者的关注，如图 3-6 所示。图 3-6 中，U_d 为 VFB 两端的端电压（V）；I_d 为 VFB 的充放电电流（A）；V_s 为 VFB 的内核电压（即开路电压,V）；I_p 为泵损（A），采用恒流源表示；R_3 为寄生损耗（Ω）；R_1、R_2 表示包括反应动力等效的阻抗、传质阻抗、隔膜阻抗、溶液阻抗、电极阻抗和双极板阻抗等在内的所有电池内部阻抗（Ω）；C_1 为电极电容（F），主要用来模拟电池的动态过程。

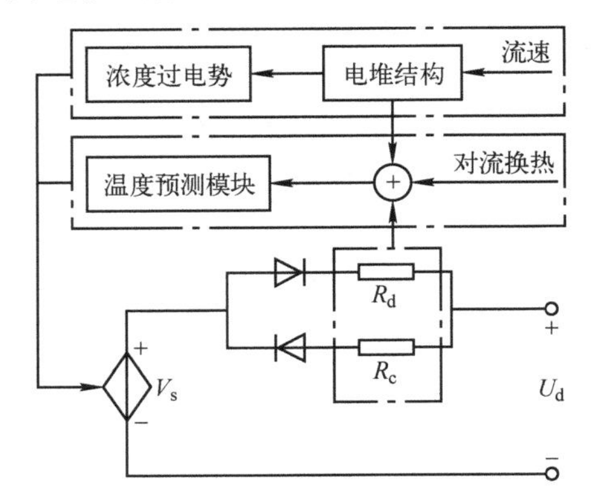

图 3-5 具有热相关的 VFB 电气模型

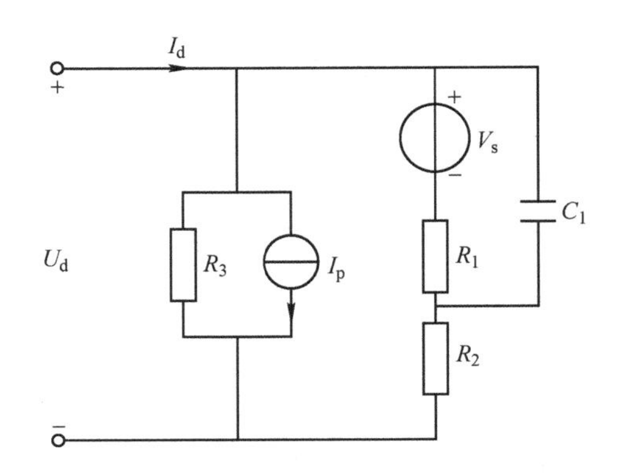

图 3-6 VFB 等效电路模型

随后，又有很多研究学者对该等效电路模型进行了改进。尹丽[38]在原模型基础上考虑了离子扩散作用的影响，对内核电压 V_s 进行了改进，如图 3-7 所示。图

3-7 中 C_i（i=2,3,4,5）为二价、三价、四价和五价的钒离子浓度。

迟晓妮[39]将等效损耗电路模型与流体力学模型结合，对等效损耗电路模型中的泵损进行了改进，如图 3-8 所示。该模型建立了流量和泵损耗之间的关系，便于对流速控制，提高 VFB 运行效率。

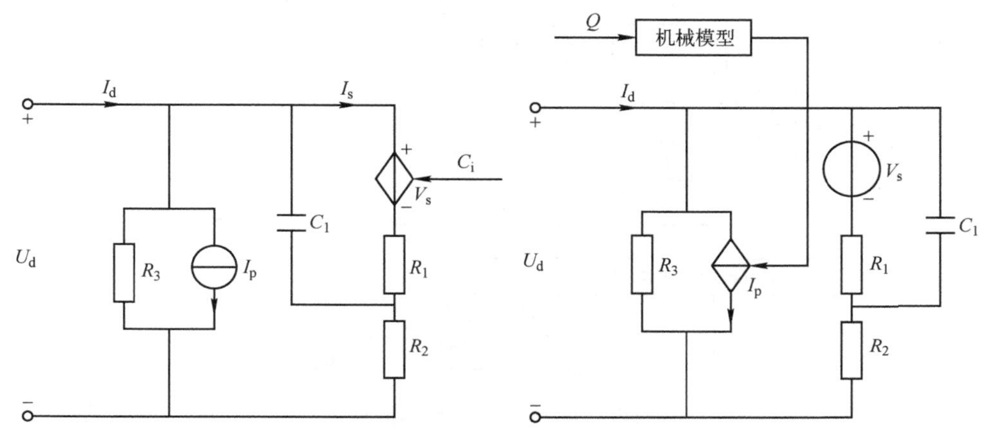

图 3-7　考虑离子扩散作用的等效电路模型　　图 3-8　改进的等效电路模型

彭亚凯等人[40]将受控电流源去掉，将 R_3、I_p 等效成一个固定电阻；Qiu 等人[41]进一步简化模型，去掉了电极电容，将泵损耗与寄生损耗合并，并将其用于光伏微电网中。随后，Qiu 又在简化的等效损耗电路模型的基础上，增加了加热、通风和空调系统等损耗，提供了一个更现实的效率模型[42]，如图 3-9 所示。图 3-9 中，I_{HVAC} 表示电池运行时需要的加热、通风和空调等辅助系统，R_{th} 为电池等效阻抗（Ω）。

（6）综合等效电路模型

文献[43]提出了考虑泵损、支路电流损耗的综合等效电路模型，如图 3-10 所示，该模型由一个开路电压、两个并联的电流源、一个一阶 RC 网络和一个管路模型组成。其中两个并联的电流源 I_{diff}、I_{shunt} 分别表示离子扩散和支路电流的影响（A）；RC 网络用于描述 VFB 的动态特性和静态特性；管路模型用于分析预测泵的损耗。

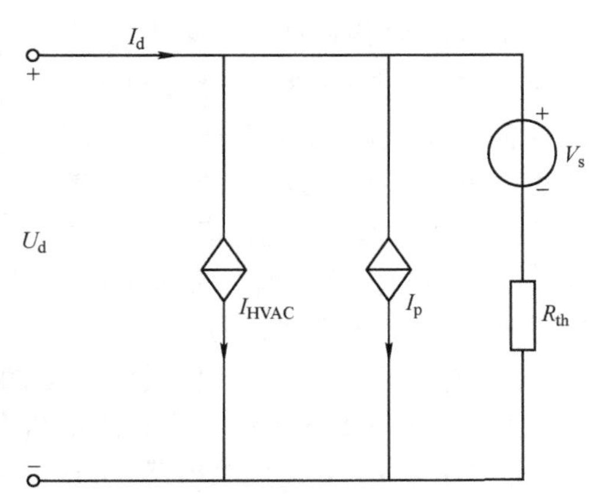

图 3-9　考虑 HVAC 的等效电路模型

文献[44]提出了考虑容量衰减的动态等效电路，如图 3-11 所示。图 3-11 中，V_s 为开路电压（V）；R_0 为欧姆电阻（Ω）；R_1 和 C_1 为极化损耗（Ω, F）；R_p

和 I_p 为寄生损耗（Ω, A）；C_n 为电池容量（A•h）；a 为容量衰减因子；C_0 为最初储存在电池中的容量（A•h）。

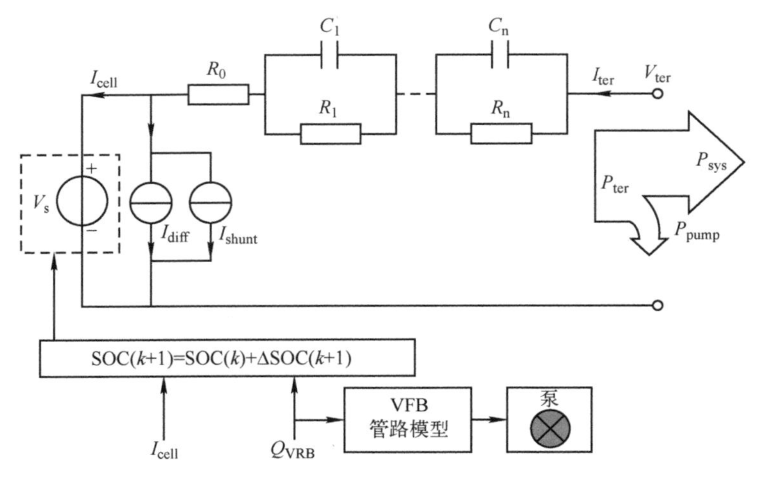

图 3-10 综合等效电路模型

（7）交流阻抗电路模型

VFB 交流阻抗模型[45]主要是通过简化等效电路和交流阻抗的方法得到，基于该方法建立的钒电池等效电路如图 3-12a 所示（除点画线框内）。由于建立的模型过于简单，因此当电池电量过低时不能很好地仿真电池的伏安特性曲线。罗冬梅[46]及 YANG 等[47]在图 3-12a 的基础上，即在简单交流阻抗等效模型的基础上添加 RC 回路，该模型忽略了电感以及高频区机理不明的内阻。李国杰等[48]在交流阻抗等效模型的基础上，对重要参数变化规律进行了分析与简化，忽略了电感以及高频区数学不明的内阻，建立了反映 VFB 充放电特性的电池模型，如图 3-12b 所示，其中 R 和 R_3 分别用外控可变电阻实现。

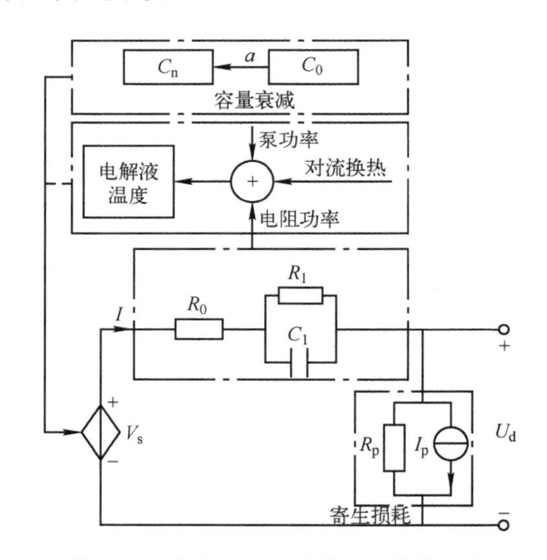

图 3-11 考虑容量衰减的动态等效电路

图 3-12a 中，L 为电池电感（mH）；R_1 为电池欧姆阻抗（Ω）；R_2 为电荷传递阻抗（Ω）；R_3 为数学不甚明确的中频区弛豫过程阻抗（Ω）；CPE_1 为恒相位元素（Ω）；CPE_2 为扩散阻抗（Ω）；C 为弛豫过程容抗（F）。图 3-12b 中，R 和 R_3 分别用外控可变电阻实现，二极管 VD_1 、VD_2 控制充放电支路；U_{oc} 为内部理想直

流电压源，电压随电池所存电量的变化而变化，利用理想电容模拟。

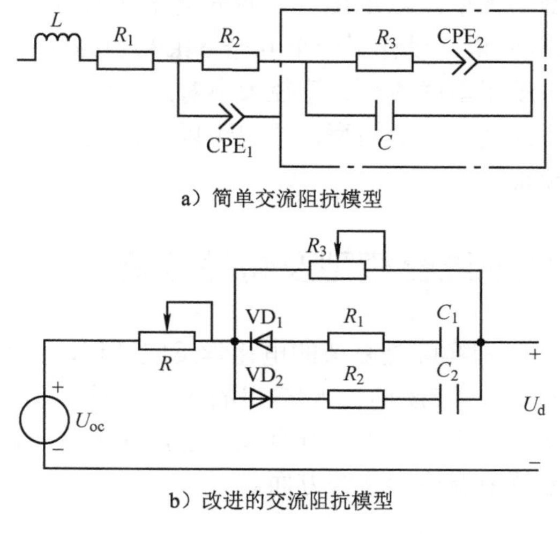

a）简单交流阻抗模型

b）改进的交流阻抗模型

图 3-12　交流阻抗模型

3.2.3　混合模型

建立一个全面的 VFB 模型需要考虑电化学反应、流体力学、电路控制和电解液温度变化等方面。

BLANC C[49]研究的 VFB 模型分为两个主要部分：电堆的电化学模型以及描述电解质液压回路并确定泵功率的机械模型。利用电化学模型在一系列充放电循环中确定了堆效率，并与实验数据进行了比较，研究了流速对离子浓度和泵损的影响。ONTIVEROS[50]基于化学反应的氧化还原液流电池的瞬态特性，以及化学反应速率受到限制通过连接的外部电路，建立了瞬态特性模型，并改进了 VFB 堆栈模型。分别考虑电阻的电压损失和寄生电流损失，该模型计算了电解质的平衡电压、叠加电压和 SOC。ZHANG Y[51]提出了一种用于系统级分析的 VFB 综合等效电路模型，采用最小二乘法辨识 VFB 的稳态特性和动态特性。同时还考虑了流电池的分流电流、离子扩散和抽运能耗等固有特性。该模型由一个开路电压源、两个寄生并联旁路电路、一阶电阻电容网络和一个液压回路模型组成。迟晓妮[52]根据钒电池基本原理和等效损耗建立了等效电路模型，根据机械损耗和钒电池结构参数建立钒电池流体力学模型，并将流体力学模型与等效电路模型结合。沈海峰[53]建立了 VFB 动态建模，包括三个子模型：电化学模型、机械模型和热力学模型，该模型反映了电化学反应、泵损以及电解液温度的变化。

大容量电池模型由多个 VFB 通过串并联方式满足功能需求。王亚光等[54]在戴维南等效电路的基础上，基于 100kW VFB 系统的多组数据，采用多元高次多项式拟合的方法得到电池内阻的解析式，再结合电压和 SOC 的方程式，构建了大容量液流电池系统的数学模型。KONIG S[55]研究电化学模型、流体力学模型、支路电路模型和 ESC 系统模型，设计了一个 6 个 54kW/216kW • h 电池模型串联构成的系统，通过仿真体现了串联数目、管径大小对系统效率的影响。肖亚宁[56]研究了电化学电池储能系统统一等效模型，提出可以通过直流侧统一等效模型的串并联来实现电池组的模拟。

3.3　全钒液流电池混合模型及特性分析

VFB 内部的工作过程实际是复杂的电化学反应过程，单纯的电路模型或者化学模型并不足以准确研究 VFB 的输入/输出的 $V–I$ 特性、动态响应特性和内部损耗特性。因此，当建立全钒液流电池混合模型时，应依次考虑电化学反应、流体力学、电路控制和电解液温度变化等方面。

3.3.1　全钒液流电池混合模型

本节考虑了循环泵电解液流量、电堆和储液罐的钒离子浓度对 VFB 的影响。将电化学模块和流体力学与等效损耗模型结合，从而构建了 VFB 混合模型，如图 3-13 所示。为了简化计算，作出以下规定：

1）温度是恒定的，为 298K（25℃）。

2）电解液体积在正电解液和负电解液中保持一致。

3）电解液在储槽和电堆内瞬间混合，并均匀分布。

4）产生氢的副反应可以忽略不计。

5）电堆中每片单体一致。

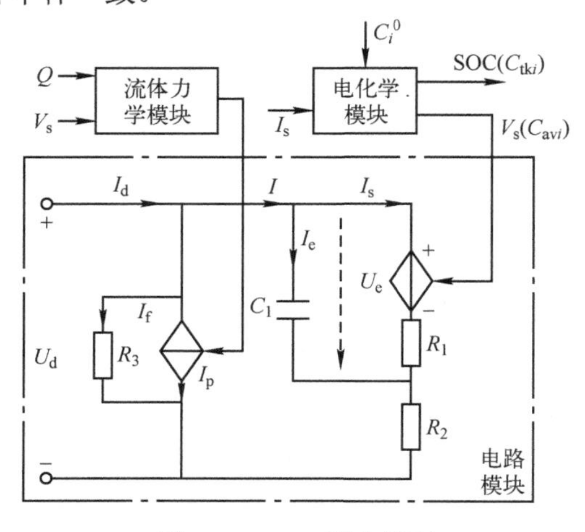

图 3-13　VFB 混合模型

图 3-13 中，Q 为电解液流进单体的流量（L/min），已知流进各单体流量相等；C_i^0 为各价钒离子初始浓度（mol/L）；SOC 表示 VFB 荷电状态，是充放电状态的重要参数，且 SOC 与当前存储在 VFB 中能量 E 成正比[57]。VFB 混合模型中，受控电压源 V_s 为堆栈电压（V），反映了电堆中内部真实的电量，在实际充放电过程中无法测量，其主要受钒离子浓度影响，该模型由子模块电化学模块计算得到。传统等效损耗电路模型的受控电流源 I_p 作为等效数据，该模型根据流体力学计算可变电流的数值，通过泵损电流建立与电路模型的联系，表征可变电流损耗，进而完善对 VFB 整体性能的研究。

由图 3-13 可知，该混合模型包括三个子模块：电路模块、电化学模块和流体力学模块。搭建 VFB 混合模型，分析钒离子浓度和电解液流量对运行特性的影响，验证该模型可动态反映电池的电化学特性和对外输出特性。下面逐一介绍每个子模块的构成。

3.3.1.1　全钒液流电池电路模块

VFB 电路模块如图 3-14 所示。

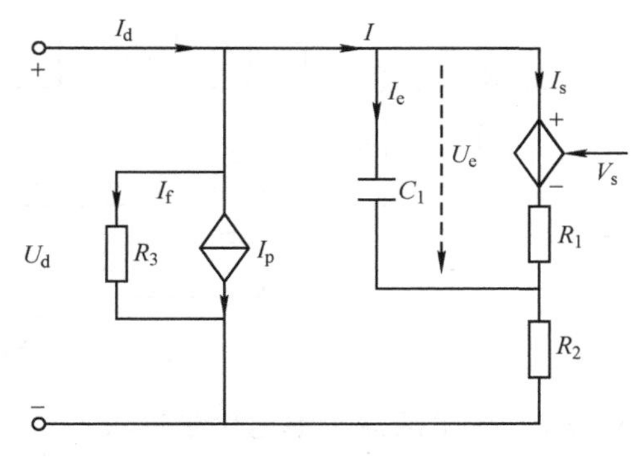

图 3-14　VFB 电路模块

图 3-14 中，U_d 为 VFB 的端电压（V）；I_d 为 VFB 的充放电电流（文中以充电方向为正，A）；V_s 为 VFB 的内核电压（即开路电压）；I_p 为泵损（A）；R_3 为寄生损耗（Ω）；反应内阻 R_1 为由反应动力学引起的损耗内阻（Ω）；欧姆内阻 R_2 为传质阻抗、隔膜阻抗、溶液阻抗、电极阻抗和双极板阻抗总和（Ω）；C_1 为电极电容（F），主要用来模拟电池的动态过程，与钒离子浓度相关。

VFB 电路模块中的参数可以采用等效的方法来确定内阻值[58]，即可以通过在最大充放电电流 I_{max} 下的内阻引起的功率损耗来估算。假设总功率损耗为堆栈功率 P_{stack} 的 $\xi\%$，反应内阻 R_1、欧姆内阻 R_2、寄生电阻 R_3 以及泵损引起的功率损耗分别占堆栈功率的 $\xi_1\%$、$\xi_2\%$、$\xi_3\%$ 和 $\xi_4\%$，即

$$\xi\% = \xi_1\% + \xi_2\% + \xi_3\% + \xi_4\% \tag{3-21}$$

电池在额定功率 P_{rating} 下的堆栈功率 P_{stack} 应为

$$P_{stack} = \frac{p_{rating}}{1-\xi\%} \tag{3-22}$$

电池各内阻计算公式为

$$R_1 = \frac{P_{stack}\xi_1\%}{{I_{max}}^2} \tag{3-23}$$

$$R_2=\frac{P_{\text{stack}}\xi_2\%}{I_{\max}{}^2}\tag{3-24}$$

$$R_3=\frac{U_{\min}{}^2}{P_{\mathrm{f}}}=\frac{U_{\min}{}^2}{\xi_3\%P_{\text{stack}}}\tag{3-25}$$

式中，$U_{\min}$ 为 VFB 最小端电压（V）。

单电池电容约为 6F，VFB 由 N_{cell} 片单电池串联，则 C_1 计算公式为

$$C_1=\frac{6}{N_{\text{cell}}}\tag{3-26}$$

电路模块结构框图如图 3-15 所示。

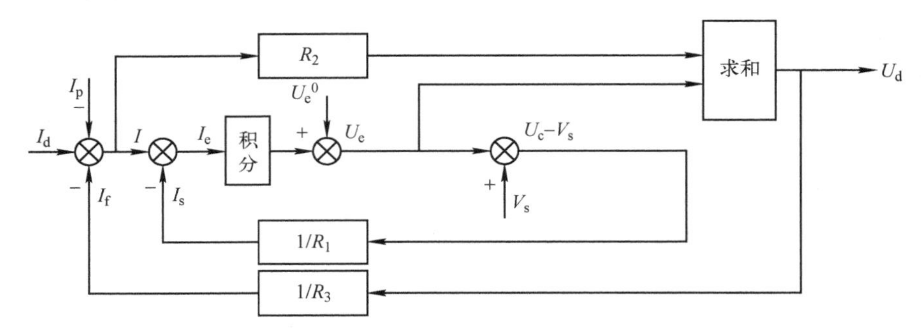

图 3-15 电路模块结构框图

3.3.1.2 全钒液流电池电化学模块

由 VFB 工作原理可知，钒电解液在电堆电极上发生充放电氧化还原反应，并且由于离子扩散作用，会产生自放电交叉反应，进而引起电堆单体内各价钒离子的浓度变化，储液罐内各价钒离子浓度随之变化。为了定量分析钒离子在膜中的迁移，采用菲克定律建立钒离子在膜中的质量平衡方程。根据质量守恒，储液罐和电堆单体中的四种不同价态钒离子浓度动态微分方程式如下。

在储液罐中

$$\begin{cases}\dfrac{V_{\text{tk}}}{2}\times\dfrac{\mathrm{d}C_{\text{tk}2}}{\mathrm{d}t}=N_{\text{cell}}Q\left(C_{\text{av}2}-C_{\text{tk}2}\right)\\[2mm]\dfrac{V_{\text{tk}}}{2}\times\dfrac{\mathrm{d}C_{\text{tk}3}}{\mathrm{d}t}=N_{\text{cell}}Q\left(C_{\text{av}3}-C_{\text{tk}3}\right)\\[2mm]\dfrac{V_{\text{tk}}}{2}\times\dfrac{\mathrm{d}C_{\text{tk}4}}{\mathrm{d}t}=N_{\text{cell}}Q\left(C_{\text{av}4}-C_{\text{tk}4}\right)\\[2mm]\dfrac{V_{\text{tk}}}{2}\times\dfrac{\mathrm{d}C_{\text{tk}5}}{\mathrm{d}t}=N_{\text{cell}}Q\left(C_{\text{av}5}-C_{\text{tk}5}\right)\end{cases}\tag{3-27}$$

在电堆单体中

$$\begin{cases}\dfrac{V_{av}}{2}\times\dfrac{dC_{av2}}{dt}=Q\left(C_{tk2}-C_{av2}\right)-k_2\dfrac{C_{av2}}{d}S-2k_5\dfrac{C_{av5}}{d}S-k_4\dfrac{C_{av4}}{d}S\pm\dfrac{I_s}{zF}\\ \dfrac{V_{av}}{2}\times\dfrac{dC_{av3}}{dt}=Q\left(C_{tk3}-C_{av3}\right)-k_3\dfrac{C_{av3}}{d}S+3k_5\dfrac{C_{av5}}{d}S+2k_4\dfrac{C_{av4}}{d}S\mp\dfrac{I_s}{zF}\\ \dfrac{V_{av}}{2}\times\dfrac{dC_{av4}}{dt}=Q\left(C_{tk4}-C_{av4}\right)-k_4\dfrac{C_{av4}}{d}S+3k_2\dfrac{C_{av2}}{d}S+2k_3\dfrac{C_{av3}}{d}S\mp\dfrac{I_s}{zF}\\ \dfrac{V_{av}}{2}\times\dfrac{dC_{av5}}{dt}=Q\left(C_{tk5}-C_{av5}\right)-k_5\dfrac{C_{av5}}{d}S-2k_2\dfrac{C_{av2}}{d}S-k_3\dfrac{C_{av3}}{d}S\pm\dfrac{I_s}{zF}\end{cases}\tag{3-28}$$

式中，V_{av} 为单体体积（L）；V_{tk} 为正负储液罐内电解液总体积（L），已知正负极体积保持一致；C_{avi} 和 C_{tki} （i=2,3,4,5）为单体和储液罐内的 i 价钒离子浓度（mol/L）；t 为时间（s）；k_i 为 i 价钒离子的透膜扩散系数（dm^2/s）；F 为法拉第常数（96485C/mol）；z 为电子转移系数；d 为离子膜厚度（dm）；S 为离子膜面积（dm^2）；I_s 为流经电堆的电流大小（A）；符号 ± 和 ∓，上面符号表示充电，下面符号表示放电，负号表示减小，正号表示增加。

另外，总电解液计算公式为

$$V_E=\frac{2E_N}{\eta_E c_V U_{eq}F\left(SOC_{high}-SOC_{low}\right)}\tag{3-29}$$

式中，E_N 为电池额定能量（kW • h）；U_{eq} 为平衡电动势（V）；F 为法拉第常数（96485C/mol）；c_V 为钒电解液浓度（mol/L）；SOC_{high}、SOC_{low} 分别为最高和最低 SOC 值。

根据电堆单体中的各价钒浓度 C_{avi}，通过 Nernst 方程得到每个单体的开路电池电压 U_{cell}，忽略不计氢离子的副反应，则

$$U_{cell}=U_{eq}+\frac{RT}{zF}\ln\left(\frac{C_{av2}C_{av5}}{C_{av3}C_{av4}}\right)\tag{3-30}$$

式中，R 为通用气体常数；T 表征温度对电池运行的影响；z 为每摩尔还原或氧化物质转移的当量数。

电堆中堆栈电压 V_s 主要由串联的单体数量 N_{cell} 和单体开路电压 U_{cell} 确定，已知电堆中每个单体一致，因此堆栈电压 V_s 为

$$V_s=N_{cell}U_{cell}=N_{cell}\left[U_{eq}+\frac{RT}{zF}\ln\left(\frac{C_{av2}C_{av5}}{C_{av3}C_{av4}}\right)\right]\tag{3-31}$$

在理论上，SOC 通过储液罐正负极中电解液的钒离子价态及浓度来计算，已知储液罐的正负极体积相同，由以下关系定义[59]

$$SOC=\frac{C_{tk2}}{C_{tk2}+C_{tk3}}=\frac{C_{tk5}}{C_{tk5}+C_{tk4}}=\frac{E}{E_N}\tag{3-32}$$

综上，可得出电化学模块框图如图 3-16 所示。

3.3.1.3　全钒液流电池流体力学模块

根据 VFB 基本结构，还需要考虑液流回路中的压力损耗，包括管道损耗和电堆损耗。在管道中，管道中的压力损耗可分为由于摩擦引起的沿程压力损耗 ΔP_{fri} 和与弯曲、阀门和其他配件相关的局部压力损耗 ΔP_{part}，管道中的总压力损耗 ΔP_{pipe} 计算公式为

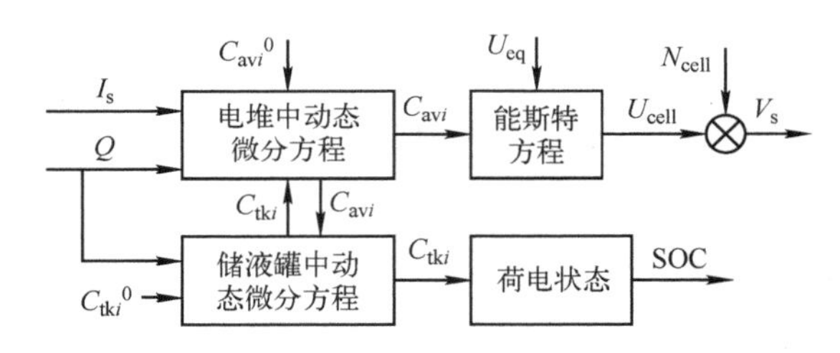

图 3-16　电化学模块框图

$$\Delta P_{\mathrm{pipe}} = \Delta P_{\mathrm{fri}} + \Delta P_{\mathrm{part}} \tag{3-33}$$

沿程压力损耗由流体动力学中最广泛使用的 Darcy-Weisbach 方程可得

$$\Delta P_{\mathrm{fri}} = f_{\mathrm{D}} \frac{L}{D} \frac{\rho Q_v{}^2}{2} \tag{3-34}$$

式中，f_{D} 为达西摩擦系数；L 为管道的长度（m）；D 为管道的水利直径（m）；ρ 为流体的密度（g/L）；Q_v 为管道电解液流动的平均速度（L/s）。

其中 f_{D} 可表示为

$$f_{\mathrm{D}} = \frac{64}{R_{\mathrm{e}}} \tag{3-35}$$

式中，R_{e} 为雷诺系数。

雷诺系数计算公式为

$$R_{\mathrm{e}} = \frac{\rho Q_v D}{\mu} \tag{3-36}$$

式中，μ 为流体的动力黏滞系数（Pa • s）。

水利直径 D 定义[60]为

$$D = 4 \times \frac{A}{L} \tag{3-37}$$

式中，A 为管道横截面积（m^2）；L 为管道长度（m）。

管道中的局部部件引起的压力损耗可表示为

$$\Delta P_{\mathrm{part}} = \Sigma f_{\mathrm{L}} \frac{\rho Q_v{}^2}{2} \tag{3-38}$$

式中，f_{L} 为局部损耗系数，在常见的 VFB 系统中，与管道中摩擦引起的沿程压力损耗相比，局部压力损耗微小可以忽略不计。管道中的体积流量 Q_v 与流速关系

如下，可以代入 Darcy-Weisbach 方程

$$Q_{\mathrm{v}}{}^{2}=\frac{\left(N_{\mathrm{cell}}Q\right)^{2}}{A^{2}} \tag{3-39}$$

在电堆中，由于电堆的结构非常复杂，其中的压力损耗包括流动框架和多孔电极的压力损耗，流动框架通常由支流管道和通道组成，假定电解液通过支流管道均匀地分布到每个单电池中，电解液在电堆内的流动形式是层流。流阻很难用解析的方法描述，此前已有文章利用有限元分析的方法得到单电池的流阻[61-62]，在此引用数据 R_{cell}，且电堆内的压力损耗与流量成正比，即

$$\Delta P_{\mathrm{stack}}=Q\frac{R_{\mathrm{cell}}}{0.7N_{\mathrm{cell}}} \tag{3-40}$$

则 VFB 系统的总压力损耗是如上所述的 VFB 系统的所有部件中的压力损耗的总和，ΔP_{pump} 为流速函数的总压力损耗，η_{p} 为取决于泵配置和操作条件的泵效率，总压力损耗 P_{pump} 为

$$P_{\mathrm{pump}}=\frac{\Delta P_{\mathrm{pump}}QN_{\mathrm{cell}}}{\eta_{\mathrm{p}}} \tag{3-41}$$

结合式（3-34）、式（3-40）及式（3-41），得出泵损电流 I_{p} 计算公式为

$$I_{\mathrm{p}}=2\times\frac{P_{\mathrm{pump}}}{V_{\mathrm{s}}}=2\frac{(2\mu\left(\frac{L}{A}\right)^{3}N_{\mathrm{cell}}+\frac{R_{\mathrm{cell}}}{0.7N_{\mathrm{cell}}})}{\eta_{\mathrm{P}}V_{\mathrm{s}}}\times Q^{2}\times N_{\mathrm{cell}} \tag{3-42}$$

综上，流体力学模块框图如图 3-17 所示。

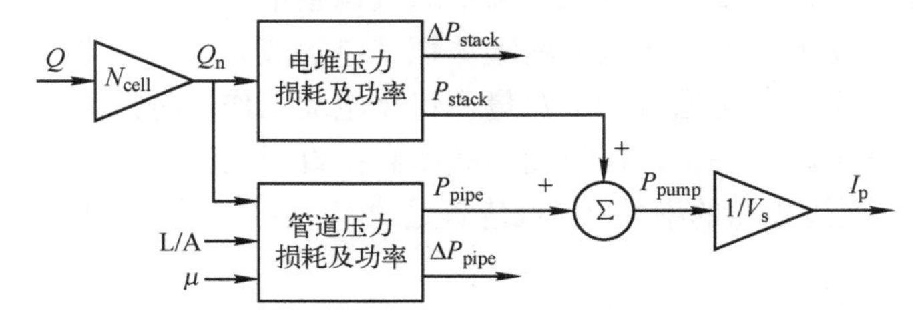

图 3-17　流体力学模块框图

在这里定义电池瞬时工作效率为

$$\eta=\frac{\left|P_{\mathrm{stack}}\right|}{\left|P_{\mathrm{stack}}\right|+P_{\mathrm{loss}}} \tag{3-43}$$

式中，P_{stack} 为电堆功率（W）；P_{loss} 为总功率损耗（W）。

3.3.1.4 建模实现过程

下面具体介绍 VFB 混合模型建模的实现过程，如图 3-18 所示。在 VFB 混合模型中，以充放电电流 I_d 作为输入，并确定电池其他特性参数，如电解液流量 Q 以及各价态离子的初始浓度 C_i^0；首先通过电化学反应的动态微分方程式，得出各价钒离子浓度实时浓度，其中储液罐中钒离子浓度 $C_{tk\,i}$ 计算出 SOC 值，电堆中钒离子浓度 $C_{av\,i}$ 通过 Nernst 方程得到单体开路电压 U_{cell}；已知各单体性质一致，根据单体数量计算堆栈电压 V_s；V_s 作为电路中的受控电压源。其次，流体力学模块中循环泵的流量结合 VFB 液压回路的基本特性，计算出流体力学中的电堆压力损耗ΔP_{stack} 以及管道压力损耗ΔP_{pipe}；然后得到总压力损耗ΔP_{pump}，根据流量和泵效率得到泵损功率 P_{pump}；再考虑由 VFB 系统反馈的堆栈电压得到泵损电流 I_p；将 I_p 作为电路中的受控可变电流源。最后，系统中的其他损耗为等效内阻，计算出等效电路中的各个参数值，结合受控电压源 V_s 和受控可变电流源 I_p，即可测量出 VFB 的等效工作端电压 U_d。

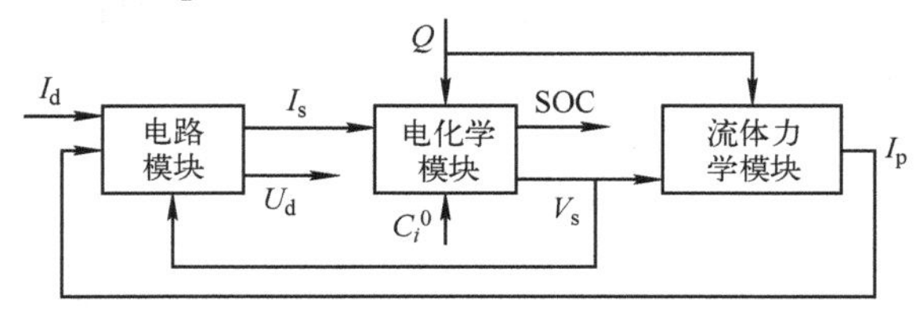

图 3-18　VFB 模块建模实现过程

该模型较传统的模型具有以下优点：考虑了电化学反应钒离子浓度变化，并区分储液罐和电堆中各价钒离子浓度，即根据电堆中钒离子浓度 $C_{s\,i}$ 计算出堆栈电压 V_s，又可实时跟踪储液罐中钒离子浓度 $C_{t\,i}$，根据 $C_{t\,i}$ 计算出理论 SOC 值；可适用于不同功率、不同容量型号电池，其中通过调整电堆单体的数量和单体反应面积来确定电堆的功率输出，通过储液罐体积（电解液）来确定电池容量；考虑了流体力学的动态影响，可通过调节流量，优化电池工作瞬时效率；该模型的内阻损耗由等效损耗电路来确定，计算简便效率高；直观反映电池工作特性，适用于电气领域仿真，通过电路的串并联，构建满足功率、容量等要求的大规模储能系统。

3.3.2 特性分析

在 MATLAB/Simulink 构建 VFB 模块模型，如图 3-19 所示，分析电池特性。选取 VFB 型号为 45kW/180kW • h 的基本参数，本节选用全氟离子交换膜来分离电堆中两种半电池溶液，相应的钒离子扩散系数选取温度在 298K 时的参数。此外，假设操作期间的平均电池电阻率为常数，即假定电池运行过程中电池内部电阻恒定。表 3-1 列出了 VFB 的规格和本模拟中使用的参数，表 3-2 列出 VFB 其他特性参数[63]。

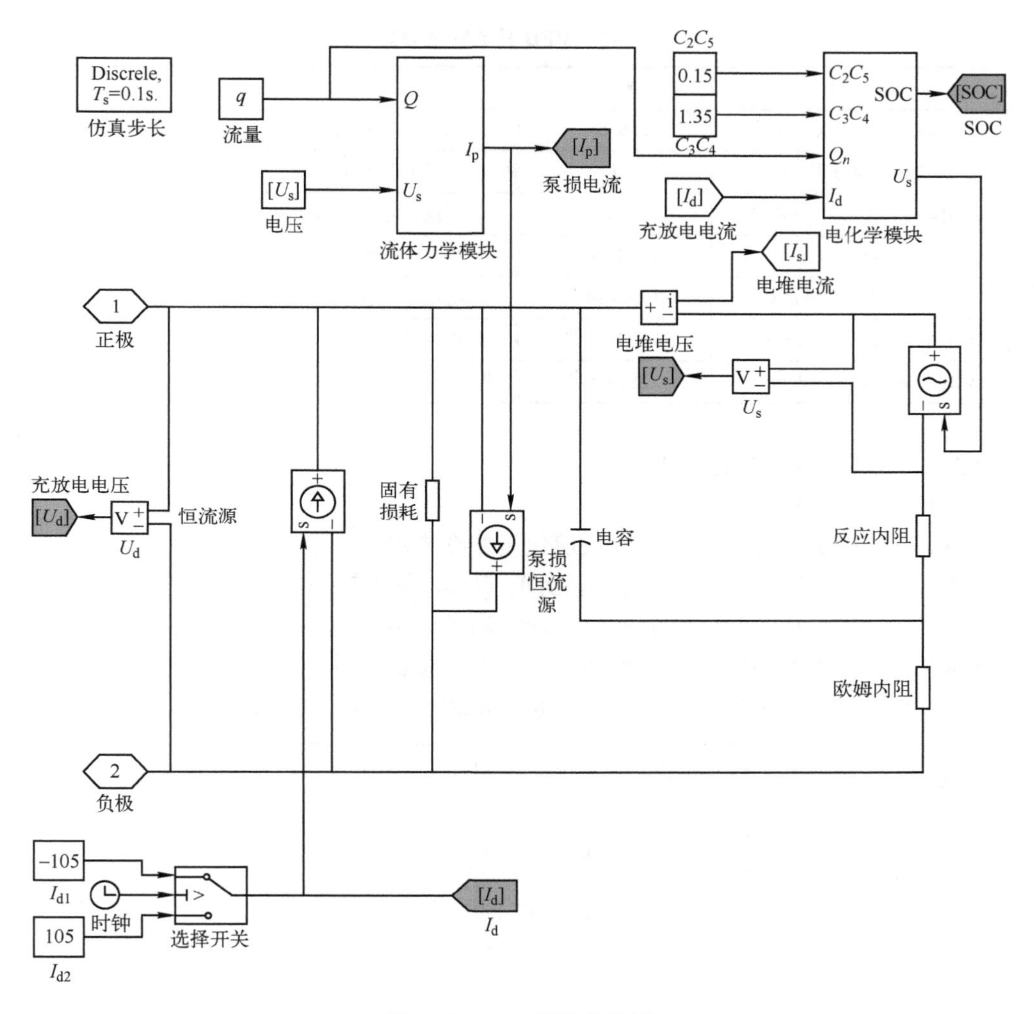

图 3-19　VFB 模块仿真图

表 3-1　45kW/180kW • h VFB 参数

参　数	取　值	参　数	取　值
额定功率 P_{rating}/kW	45	内部电阻 R_1/Ω	0.0396
额定时间 t/h	4	反应电阻 R_2/Ω	0.0264
额定能量 E_N/（kW • h）	180	固定电阻损耗 R_3/Ω	12.64
额定电压 U/V	144	动态响应 C_1/F	0.051
额定电流 I/A	345	单体体积 V_{av}/L	12.6
最小电压 U_{min}/V	120	储液罐总体积 V_{tk}/L	10874
最大电流 I_{max}/A	360	单体个数 N_{cell}	117

表 3-2 VFB 其他特性参数

参　数	取　值	参　数	取　值
法拉第常数 F/（C/mol）	96485	离子交换膜厚度 d/dm	2.54×10^{-3}
转移的电子数 z	1	平衡电动势 U_{eq}/V	1.259
钒电解液浓度 C_v/（mol/L）	1.5	额定能效 η_E（%）	72
V^{2+}扩散系数 k_2/（dm^2/s）	8.768×10^{-10}	电解质密度 ρ/（g/m^3）	1.354×10^{6}
V^{3+}扩散系数 k_3/（dm^2/s）	3.222×10^{-10}	电解质粘度 μ/（Pa•s）	4.928×10^{-3}
VO^{2+}扩散系数 k_4/（dm^2/s）	6.825×10^{-10}	循环泵的效率 η_p（%）	80
VO_2^+扩散系数 k_5/（dm^2/s）	5.897×10^{-10}	管道长度与横截面积之比，L/A	4600

3.3.2.1　钒离子浓度的特性影响

（1）开路状态

模拟 VFB 开路状态，自放电反应仅发生在电堆中，设置初始条件，假设电堆开始时充满电解液，不开启循环泵，此时 Q=0，储液罐不提供电堆电解液，储液罐内离子浓度不发生变化，电堆中初始钒离子浓度取值为：V^{2+} 和 VO_2^+ 浓度为 1.5mol/L，V^{3+} 和 VO^{2+} 浓度为 0mol/L。观察开路状态时，由自放电反应引起的电堆单体中四种价态钒离子浓度以及单体电压随时间变化，如图 3-20 所示。

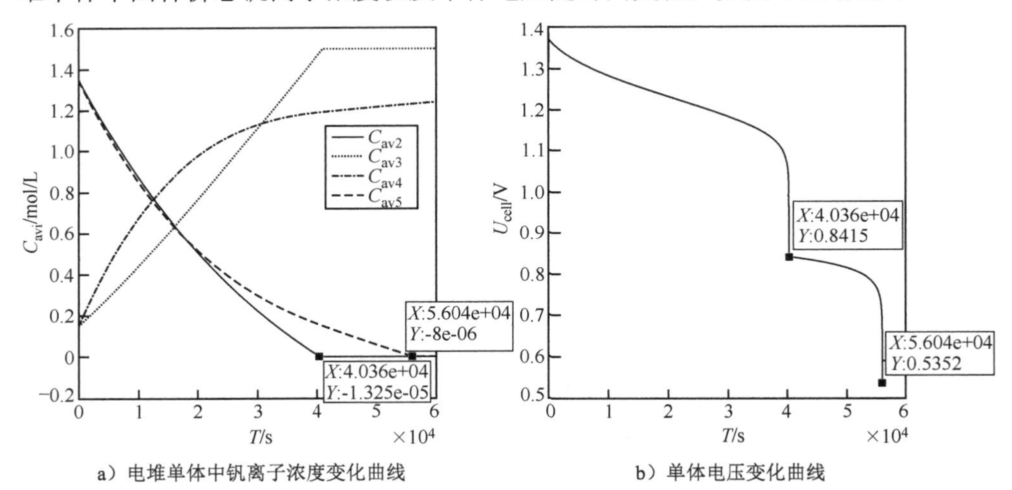

a）电堆单体中钒离子浓度变化曲线　　b）单体电压变化曲线

图 3-20　开路状态钒离子浓度特性曲线

由图 3-20a 可以看出，VFB 在处于开路状态下，电堆单体钒离子浓度随着时间变化，这是由于离子扩散作用发生自放电交叉反应。单体中正极的 VO_2^+减少、VO^{2+}增加，负极的 V^{2+}减少、V^{3+}增加，直至 V^{2+}约在 40360s 最先耗尽，此时单体中的钒离子中只存在 V^{3+}、VO^{2+}和 VO_2^+三种价态，发生的自放电反应只有式（2-5），

V^{3+}减小，VO^{2+}增加，VO_2^+减小，单体中正负极浓度差降低，VO^{2+}浓度变化越来越慢，直至负极的 VO_2^+约在 56040s 耗尽，自放电反应结束。由图 3-20b 可以看出，单体电压随时间变化有两段呈指数趋势下降的特性曲线。钒离子的浓度和组成成分直接影响单体电压。在自放电反应进行到 40360s 时 V^{2+}耗尽，故负极的 V^{2+}和 V^{3+}离子对消失，堆栈电压存在一定程度的电压跌落。在结束时 VO_2^+耗尽，使得正极的 VO_2^+和 VO^{2+}离子对消失，堆栈电压再次极速下降直至达到一个稳定数值。以上仿真表明，该模型能体现电化学自放电交叉反应。

（2）充放电状态

模拟 VFB 充电和放电状态，设置初始条件，给定恒定 315A 直流电流为激励进行充放电，电堆和储液罐中 V^{2+}、V^{3+}、VO^{2+}和 VO_2^+这四种价态的钒离子的初始浓度分别取值 0.15mol/L、1.35mol/L、1.35mol/L 和 0.15mol/L。同时开启循环泵，取电解液流量 Q=0.01L/s，电堆中进行反应，消耗钒离子，储液罐不断提供电堆电解液，故储液罐内钒离子浓度随之变化，观察电堆单体和储液罐中的各价钒离子浓度的变化曲线，如图 3-21 所示。

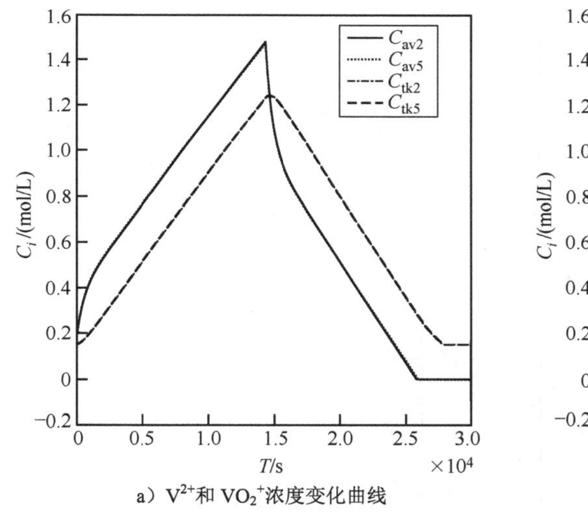

a）V^{2+}和 VO_2^+浓度变化曲线

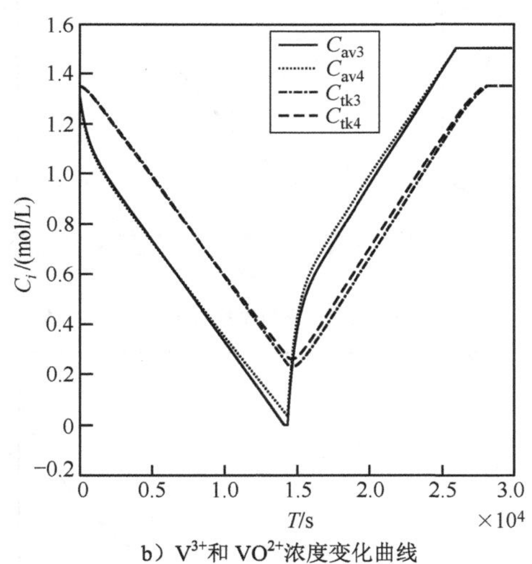

b）V^{3+}和 VO^{2+}浓度变化曲线

图 3-21　充放电时钒离子浓度特性曲线

从图 3-21 中可以看出，在充电过程中 $C_{av2} > C_{tk2}$ 且 $C_{av5} > C_{tk5}$，$C_{av3} < C_{tk3}$ 且 $C_{av4} < C_{tk4}$；而在放电过程中 $C_{av2} < C_{tk2}$ 且 $C_{av5} < C_{tk5}$，$C_{av3} > C_{tk3}$ 且 $C_{av4} > C_{tk4}$。这是因为在充电过程中，储液罐供给电堆钒离子，各价钒离子在电堆上发生电化学氧化还原反应，V^{3+}转化为V^{2+}，VO^{2+}转化为VO_2^+，所以电堆上的V^{3+}和VO^{2+}浓度减少，V^{2+}和VO_2^+浓度增大，因为时间差，使得同价位的V^{3+}和VO^{2+}离子在电堆内的浓度低于储液罐内的浓度，而V^{2+}和VO_2^+离子在电堆内的浓度高于储液罐内的浓度。在放电过程中，电堆中V^{2+}转化为V^{3+}，VO_2^+

转化为VO^{2+}，故产生相反的结果。以上仿真表明，该模型符合电化学氧化还原反应基本原理。

3.3.2.2 电解液流量的特性影响

已知在恒流条件下，只有一个控制变量电解液流量 Q，电堆功率和泵损功率受流量影响。在仿真模型中，分析流量 Q 对电池的特性影响。

如图 3-22a 所示，在电解液的流量范围内，泵损功率随着流量的增大而增大，导致在充放电过程中电池效率降低。但并不是流量越小越好，流量过小时，钒离子进行离子浓度决定着 SOC 值，电堆单体电压 U_{cell} 是关于 SOC 的函数，变化进而影响堆栈功率 P_{stack}。如图 3-22c 所示，随着流量增大，电池输入功率先减小后

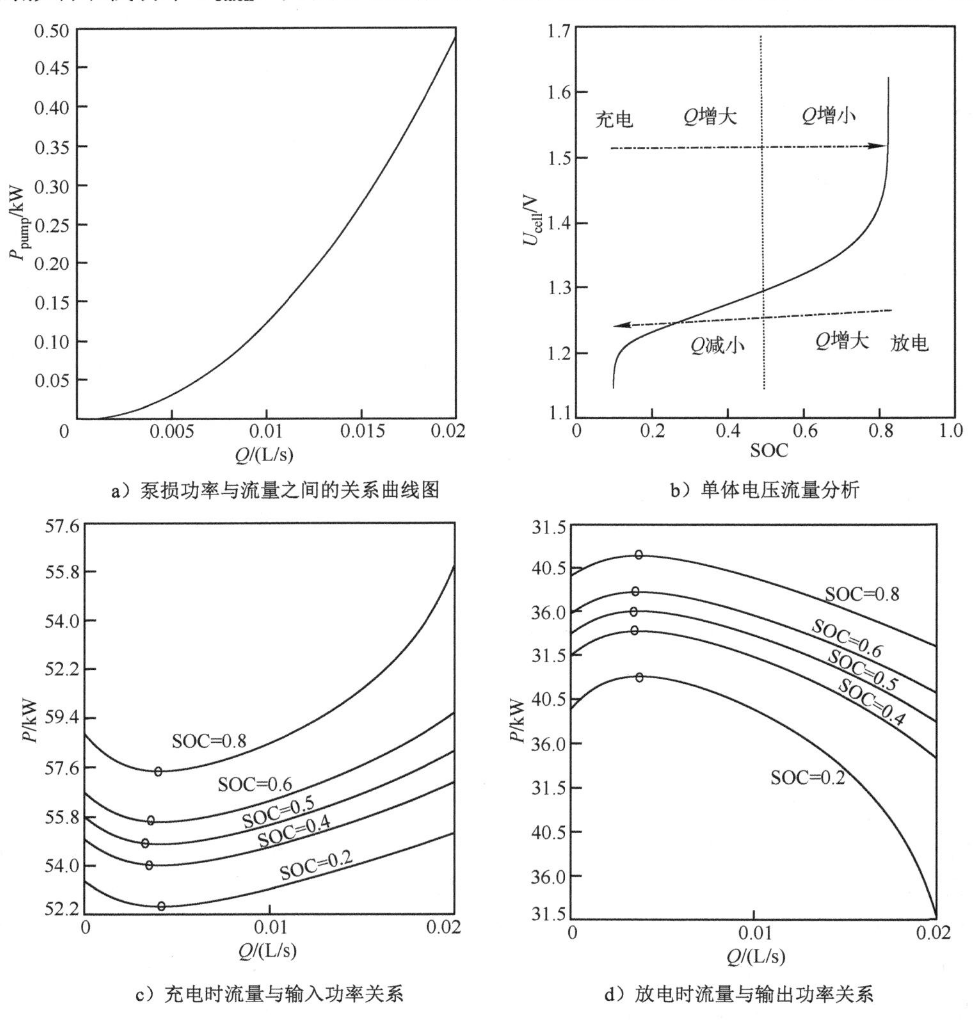

a）泵损功率与流量之间的关系曲线图

b）单体电压流量分析

c）充电时流量与输入功率关系

d）放电时流量与输出功率关系

图 3-22 电解液流量 Q 与 VFB 特性关系

增大，这是由于在相同的荷电状态下，流量过小，电化学反应所需要的电解液量不能得到满足，需要更多的输入功率提供电化学的反应，流量越大，泵损越大，输入功率也越大。在不同的荷电状态下，最优流量应使输入功率的比值最小。充电初期，SOC 最小时，最优流量为最大值，是因为单位时间内需要可供反应的活性物质增大，流量需求有所下降并维持稳定；在充电中期，约在 SOC=0.5 时，流量值最小，效率最高，但若流量过小，不足以支持电堆内电化学反应，系统停止工作；在充电末期需要在合适范围内加大流量完成充电。如图 3-22d 所示，在不同的荷电状态下，最优流量应使输出功率最大，从仿真运行的结果中可以看出，放电期间最优流量的趋势和充电期间相同。

故流速 Q 越大，泵损电流 I_p 越大，泵损功率 P_{pump} 也越大；但 I_p 越大，流经电堆的堆栈电流 I_s 越小，电堆中离子浓度变化率与流量 Q 和堆栈电流 I_s 相关，进而影响着电堆功率。所以在充放电过程中需要根据 SOC 值调节泵速，使得效率优化。

基于上述仿真可知，仿真结果与理论分析相符，该模型符合自放电反应和充放电氧化还原反应，能体现因电化学反应引起的钒离子浓度变化，进而验证了基于电化学模块用离子浓度计算 V_s，作为电路的受控电压源的方式是有效的。从电解液流量对 VFB 电堆功率和泵损的影响结果来看，符合 VFB 运行时的基本特征，故结合流体力学以 I_p 作为电路的受控电流源的方式是有效的，并且可以通过调控流量提高 VFB 模型瞬时工作效率。

3.4　全钒液流电池状态空间模型及灵敏度分析

3.4.1　全钒液流电池的状态空间模型

等效电路模型采用电阻、电容和受控源等电气元件描述 VFB 的电气特性，建模方法简单、参数容易辨识和适用性强，更适合电气相关领域的专家及研究学者使用，可将其用于 SOC 估计或实时控制中。由 3.2.2 节可知，图 3-6 所示的等效电路模型结构简单，能根据不同应用场景进行调整，本节在计算复杂度和精度之间进行了权衡，考虑采用等效损耗电路模型来表示 VFB 的电气特性，如图 3-23 所示。图 3-23 中，U_d 为 VFB 的端电压（V）；I_d 为 VFB 的充放电电流（文中以充电方向为正，A）；V_s 为 VFB 的内核电压（即开路电压，V）；I_p 为泵损电流（A），采用恒流源表示；R_3 为寄生损耗（Ω）；R_1、R_2 为包括反应动力等效的阻抗、传质阻抗、隔膜阻抗、溶液阻抗、电极阻抗和双极板阻抗等在内的所有电池内部阻抗（Ω）；C_1 为电极电容（F），主要用来模拟电池的动态过程。本节根据所选的等效电路模型建立其状态空间方程。状态空间方程由状态方程和输出方程组成。定义 VFB 等效电路模型中的电容电压 U_c 和 SOC 为状态变量，充放电电流 I_d 为输入变量，端电压 U_d 为输出变量。

图 3-23 中各参量之间关系为

$$\begin{cases} U_c = V_s + I_s R_1 \\ U_d = U_c + IR_2 \\ I_d = I_3 + I_p + I \\ I_3 = \dfrac{U_d}{R_3} \\ I = I_s + I_c \\ I_c = C_1 \dfrac{dU_c}{dt} \end{cases} \tag{3-44}$$

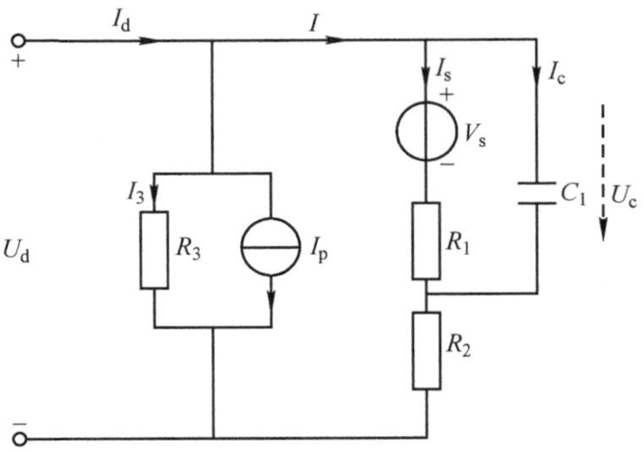

图 3-23　VFB 等效电路模型

电池 SOC 计算公式为

$$SOC = SOC_0 + \frac{1}{C_N}\int_0^t \eta I_d dt \tag{3-45}$$

式中，SOC_0 为电池初始电量；C_N 为电池额定容量（A • h）；η为库仑效率（$\eta \approx 1$）。

由 Nernst 方程知

$$E_{cell} = E^{\Theta} + \frac{RT}{F}\ln\left(\frac{C\left(VO_2^{\ +}\right)C\left(V^{2+}\right)C^2\left(H^+\right)}{C\left(VO^{2+}\right)C\left(V^{3+}\right)} \times \frac{\gamma\left(VO_2^{\ +}\right)\gamma\left(V^{2+}\right)\gamma^2\left(H^+\right)}{\gamma\left(V^{3+}\right)\gamma\left(VO^{2+}\right)}\right) \tag{3-46}$$

式中，E_{cell} 为单电池电动势（V）；E^{Θ} 为电池标准电极电动势，在钒离子浓度为 1M 时，E^{Θ} 取值为 1.26V，文献[64]测量了在不同电解液浓度下该值在 1.3～1.4V 之间变化，本书取 1.4V；R 为气体常数 8.314J/（K • mol）；T 为温度，通常取 298K（即 25℃）；F 为法拉第常数（96500C/mol）；$C\left(V^{2+}\right)$、$C\left(V^{3+}\right)$、$C\left(VO^{2+}\right)$和 $C\left(VO_2^{\ +}\right)$分别为 V^{2+}、V^{3+}、VO^{2+}和 $VO_2^{\ +}$的浓度（mol/L）；$C\left(H^+\right)$表示氢离子浓度（mol/L）；$\gamma\left(V^{2+}\right)$、$\gamma\left(V^{3+}\right)$、$\gamma\left(VO^{2+}\right)$、$\gamma\left(VO_2^{\ +}\right)$和$\gamma\left(H^+\right)$分别表示 V^{2+}、V^{3+}、VO^{2+}、$VO_2^{\ +}$和 H^+ 的离子活度，近似为 1。

在化学计量平衡时

$$SOC=\frac{C\left(V^{2+}\right)}{C\left(V^{2+}\right)+C\left(V^{3+}\right)}=\frac{C\left(VO_2^{\ +}\right)}{C\left(VO^{2+}\right)+C\left(VO_2^{\ +}\right)} \tag{3-47}$$

忽略氢离子浓度对电动势变化的影响，将式（3-47）代入式（3-46）得

$$E_{cell} = E^{\Theta} + \frac{2RT}{F}\ln\frac{SOC}{1-SOC} \tag{3-48}$$

VFB 由 N 个单电池串联而成，则

$$V_s = E_{cell}N \tag{3-49}$$

将式（3-48）代入式（3-49）得

$$V_s = \left(E^\Theta + \frac{2RT}{F}\ln\frac{SOC}{1-SOC}\right)\times N \tag{3-50}$$

由式（3-44）、式（3-45）和式（3-50）可得出 VFB 的状态空间模型为

状态方程

$$\begin{cases}\dfrac{dU_c}{dt} = -\dfrac{R_1+R_2+R_3}{R_1(R_2+R_3)C_1}\times U_c + \dfrac{R_3}{(R_2+R_3)C_1}\times(I_d - I_p) + \\ \qquad \dfrac{N}{R_1C_1}\times\left(E^\Theta + \dfrac{2RT}{F}\ln\dfrac{SOC}{1-SOC}\right) \\ \dfrac{dSOC}{dt} = \dfrac{1}{C_N}\times I_d\end{cases} \tag{3-51}$$

输出方程

$$U_d = \frac{R_3}{R_2+R_3}\times U_c + \frac{R_2R_3}{R_2+R_3}\times(I_d - I_p) \tag{3-52}$$

通过建立 VFB 的状态空间模型可用来估计 VFB 的 SOC。

3.4.2　全钒液流电池的灵敏度分析

灵敏度是指网络函数对网络元器件参数的敏感程度[65-66]，归一化灵敏度计算公式如下

$$S_x^T = \frac{x}{T}\frac{\partial T}{\partial x} \tag{3-53}$$

式中，T 为网络函数；x 为网络参数。

通过对 VFB 进行灵敏度分析，可以找到电池参数变化对电池特性的影响，明确影响运行特性的关键参数。若某个参数灵敏度低，说明该参数的变化对电池特性影响小，可以将其简化。

VFB 等效电路的运算电路如图 3-24 所示，用运算法分析该等效电路，电路中参数均为复变量 s 的函数。

由图 3-24 可知

$$\begin{cases} U_c(s)=V_s(s)+I_s(s)R_1 \\ U_d(s)=U_c(s)+I(s)R_2 \\ I_d(s)=I_3(s)+I_p(s)+I(s) \\ I_3(s)=\dfrac{U_d}{R_3} \\ I(s)=I_s(s)+I_c(s) \\ U_c(s)=sC_1I_c(s)+\dfrac{U_c(0)}{s} \end{cases} \tag{3-54}$$

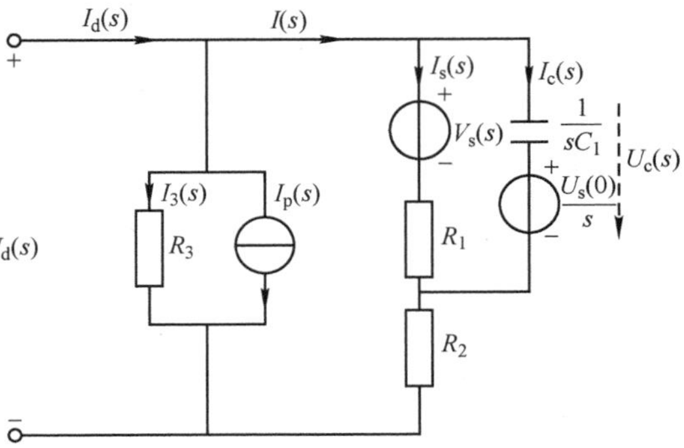

令$U_c(0)=0$，将式（3-54）进一步化简得出其戴维南等效电路，如图 3-25 所示。

图 3-24 VFB 等效电路的运算电路

其中

$$U_d(s)=E_{eq}(s)+I_{eq}Z_{eq}(s) \tag{3-55}$$

$$\begin{cases} E_{eq}(s)=K(s)V_s(s) \\ I_{eq}(s)=I_d(s)-I_p(s) \\ K(s)=\dfrac{k_2}{s+p_1} \\ Z_{eq}(s)=\dfrac{k_1(s+z_1)}{s+p_1} \\ k_1=\dfrac{R_2R_3}{R_2+R_3} \\ k_2=\dfrac{R_3}{R_1C_1(R_2+R_3)} \\ z_1=\dfrac{R_1+R_2}{R_1R_2C_1} \\ p_1=\dfrac{R_1+R_2+R_3}{R_1C_1(R_2+R_3)} \end{cases} \tag{3-56}$$

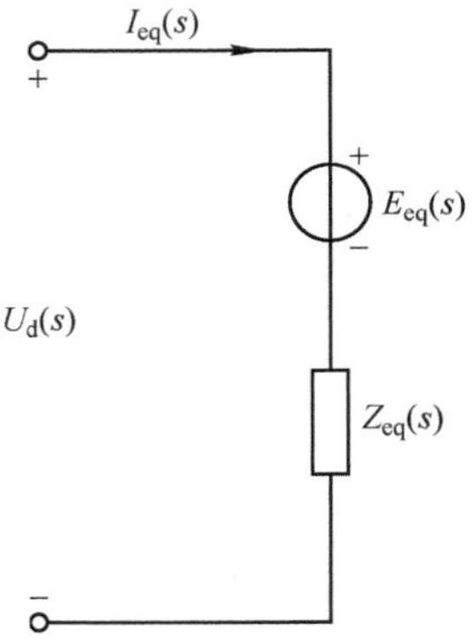

图 3-25 VFB 戴维南等效电路图

定义等效传递函数$G(s)$

$$G(s)=\frac{U_d(s)-E_{eq}(s)}{I_{eq}(s)}=Z_{eq}(s) \tag{3-57}$$

该等效传递函数其实为等效阻抗，若传递函数中的参数发生变化，则传递函数$G(s)$会随之改变，反映了频域特性也会跟着变化。接下来将根据传递函数$G(s)$计算频域灵敏度：灵敏度幅值和灵敏度相位是根据传递函数的灵敏度函数来计算的。

由式（3-53）和式（3-57）可推导出传递函数 $G(s)$ 对参数 R_1、R_2、R_3 和 C_1 的灵敏度解析表达式，具体如下

$$\begin{cases} S_{R_1}^{G}=\dfrac{R_1}{G}\dfrac{\partial G}{\partial R_1}=\dfrac{R_1R_3}{(R_1R_2C_1s+R_1+R_2)[R_1C_1(R_2+R_3)s+R_1+R_2+R_3]} \\ S_{R_2}^{G}=\dfrac{R_2}{G}\dfrac{\partial G}{\partial R_2}=\dfrac{R_2R_3(R_1C_1s+1)^2}{(R_1R_2C_1s+R_1+R_2)[R_1C_1(R_2+R_3)s+R_1+R_2+R_3]} \\ S_{R_3}^{G}=\dfrac{R_3}{G}\dfrac{\partial G}{\partial R_3}=\dfrac{R_1R_2C_1s+R_1+R_2}{R_1C_1(R_2+R_3)s+R_1+R_2+R_3} \\ S_{C_1}^{G}=\dfrac{C_1}{G}\dfrac{\partial G}{\partial C_1}=\dfrac{-R_1^2C_1s}{(R_1R_2C_1s+R_1+R_2)[R_1C_1(R_2+R_3)s+R_1+R_2+R_3]} \end{cases} \tag{3-58}$$

由式（3-58）可计算出各个灵敏度函数的幅值和相位，具体如下

$$\begin{cases} S_{R_1}^{G(w)}=\dfrac{R_1R_3}{r_1r_2} \\ S_{R_2}^{G(w)}=\dfrac{R_2R_3(R_1^2C_1^2w^2+1)}{r_1r_2} \\ S_{R_3}^{G(w)}=\dfrac{r_1}{r_2} \\ S_{C_1}^{G(w)}=\dfrac{R_1^2C_1w}{r_1r_2} \end{cases} \tag{3-59}$$

$$\begin{cases} S_{R_1}^{\varphi(w)}=-\theta_1-\theta_2 \\ S_{R_2}^{\varphi(w)}=2\arctan(R_1C_1w)-\theta_1-\theta_2 \\ S_{R_3}^{\varphi(w)}=\theta_1-\theta_2 \\ S_{C_1}^{\varphi(w)}=-\arctan(R_1^2C_1w)-\theta_1-\theta_2 \end{cases} \tag{3-60}$$

其中

$$\begin{cases} r_1=\sqrt{(R_1R_2C_1w)^2+(R_1+R_2)^2} \\ r_2=\sqrt{[R_1C_1(R_2+R_3)]^2+(R_1+R_2+R_3)^2} \\ \theta_1=\arctan\left(\dfrac{R_1R_2C_1w}{R_1+R_2}\right) \\ \theta_2=\arctan\left(\dfrac{R_1C_1(R_2+R_3)w}{R_1+R_2+R_3}\right) \end{cases} \tag{3-61}$$

令 R_1=0.045Ω，R_2=0.03Ω，R_3=13.889Ω，C_1=0.15F，可得 VFB 灵敏度幅值和

相位曲线如图 3-26 和图 3-27 所示。

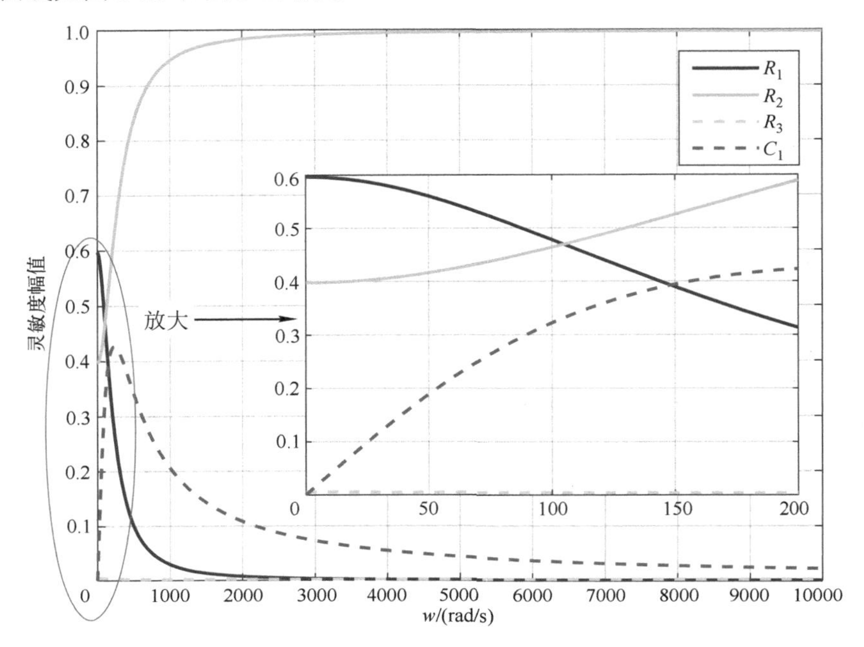

图 3-26　灵敏度幅值

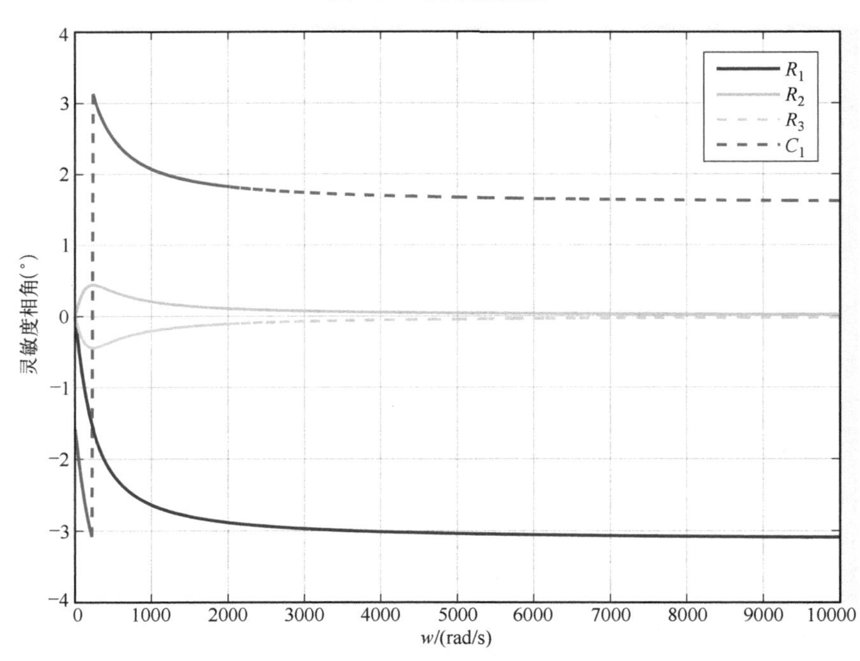

图 3-27　灵敏度相位

由图 3-26 可知，在低频段时传递函数 G 对参数 R_1、R_2、R_3 和 C_1 的灵敏度幅值排序为 $S_{R_1}^{G(w)} > S_{R_2}^{G(w)} > S_{R_3}^{G(w)} > S_{C_1}^{G(w)}$。

运用轨迹灵敏度方法，可以研究模型参数发生微小变化时系统动态轨迹的变化程度。接下来，将通过轨迹灵敏度分析方法[67]研究 VFB 等效电路模型参数变化对电池外特性的影响，找到影响电池外特性的主要参数。

通过有限差分法[68]计算端电压灵敏度，即

$$S_p = \frac{\dfrac{\left|U_{dp}(t) - U_{d0}(t)\right|}{U_{d0}(t)}}{\dfrac{\left|Z_p - Z_{p0}\right|}{Z_p}} \tag{3-62}$$

式中，下标 p 可以表示参数 R_1、R_2、R_3 和 C_1；U_{d0} 表示 VFB 参数为 Z_p 时的端电压（V）；U_{dp} 表示 VFB 内阻参数为 Z_p 时的端电压（V）；Z_{p0} 表示 VFB 参数为 R_1、R_2、R_3 和 C_1；Z_p 表示与 Z_{p0} 相对应的参数发生变化后的值。

端电压整体灵敏度为

$$\overline{S_p} = \frac{\sum_{j=1}^{N} S_p(j)}{N} \tag{3-63}$$

分别改变 R_1、R_2、R_3 和 C_1，依次令每个单一参数变化 10%，端电压轨迹灵敏度曲线如图 3-28a 所示；每个参数 R_1、R_2、R_3 和 C_1 在−90%～90%之间以 10%步长单独变化时，端电压整体灵敏度如图 3-28b 所示。

由图 3-28 可知，任一参数扰动都将不同程度地影响端电压响应，受影响程度与参数扰动大小有关，各参数影响端电压的灵敏度排序为 $R_1 > R_2 > R_3 > C_1$。

由于参数 R_1、R_2、R_3 和 C_1 的变化都会反映到 VFB 端电压变化上，则参数改变时的端电压与基准端电压的关系为

$$\begin{aligned} U_d = U_{d0} + \Delta U_d(\Delta R_1) + \Delta U_d(\Delta R_2) + \Delta U_d(\Delta R_3) + \\ \Delta U_d(\Delta C_1) + \Delta U_d(\Delta R_1, \Delta R_2, \Delta R_3, \Delta C_1) \end{aligned}$$

式中，$\Delta U_d(\Delta R_1)$ 表示只有参数 R_1 变化时的端电压与基准端电压之间的差值；$\Delta U_d(\Delta R_2)$ 表示只有参数 R_2 变化时的端电压与基准端电压之间的差值；$\Delta U_d(\Delta R_3)$ 表示只有参数 R_3 变化时的端电压与基准端电压之间的差值；$\Delta U_d(\Delta C_1)$ 表示只有参数 C_1 变化时的端电压与基准端电压之间的差值；$\Delta U_d(\Delta R_1, \Delta R_2, \Delta R_3, \Delta C_1)$ 表示参数 R_1、R_2、R_3 和 C_1 都改变时的端电压与基准端电压之间的差值。

接下来将通过改变参数观察其对端电压的影响。

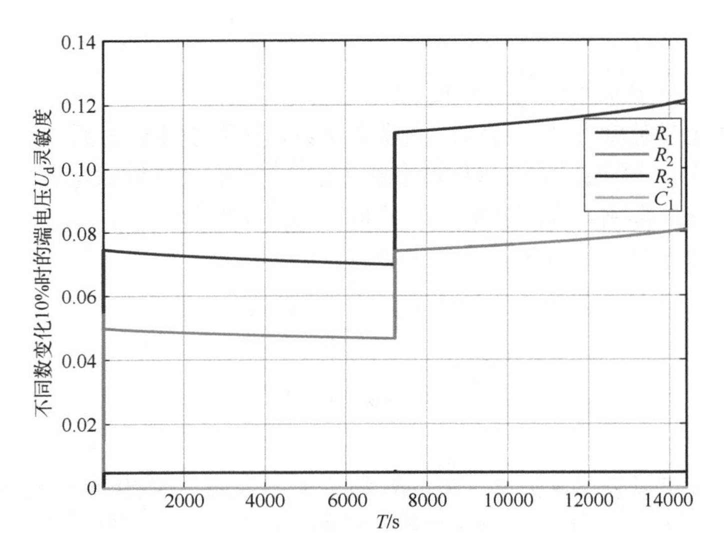

a）参数变化 10%时的端电压灵敏度

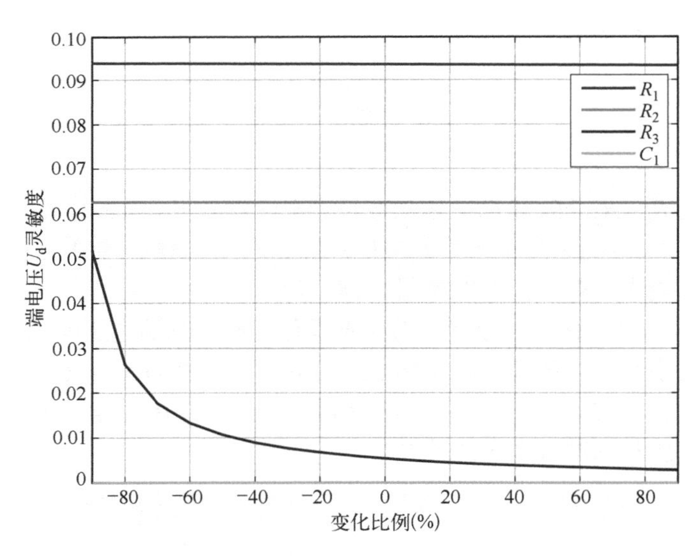

b）端电压整体灵敏度

图 3-28 端电压灵敏度

1）在相同充放电电流作用下，分别改变R_1、R_2、R_3和C_1，依次令每个单一参数在–20%～20%之间以 10%步长变化，观察 VFB 端电压 U_d及其相对误差曲线，如图 3-29～图 3-32 所示。

由图 3-29 可知，当 R_1 变化越大时，端电压响应曲线离基准值越远，相对误差越大，但其相对误差在 2.5%以内。

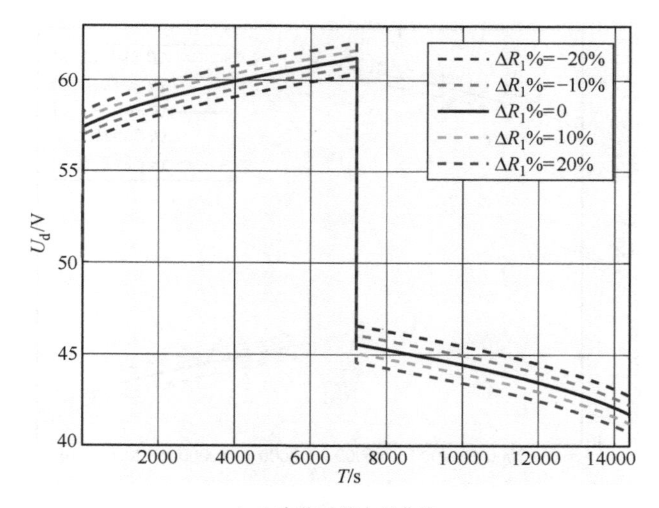

a）R_1 变化时端电压曲线

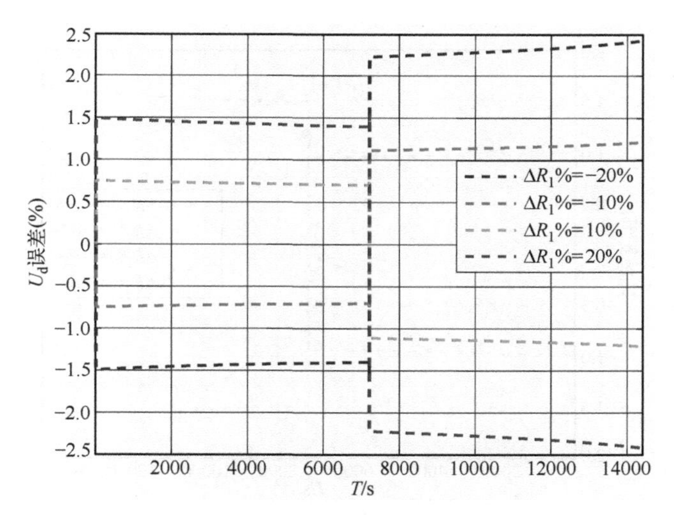

b）R_1 变化时端电压相对误差曲线

图 3-29　R_1 变化时的端电压及其相对误差曲线

由图 3-30 可知，当 R_2 变化越大时，端电压响应曲线离基准值越远，相对误差越大，但其相对误差在 2%以内。

由图 3-31 可知，R_3 变化对端电压的影响较小，其相对误差在 0.15%以内。

由图 3-32 可知，当 C_1 变化时，端电压稳态值几乎不变，但会影响动态效果。

综上所述，R_1 和 R_2 变化时端电压变化比较明显；R_3 改变时端电压变化很小，C_1 改变时端电压几乎不变，但对端电压的动态性能有影响。

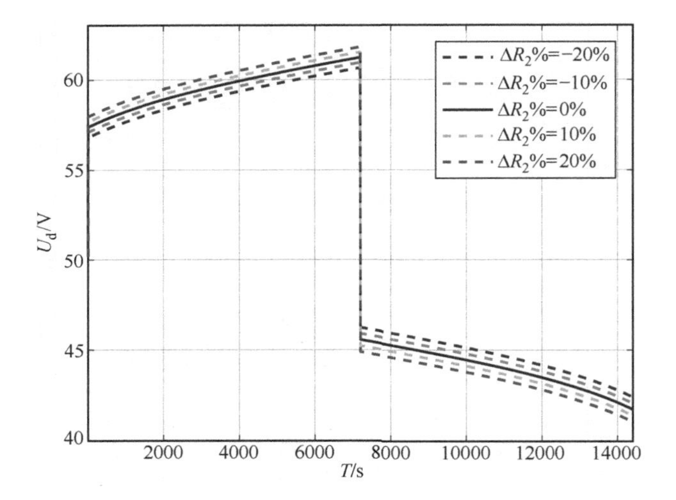

a）R_2变化时端电压曲线

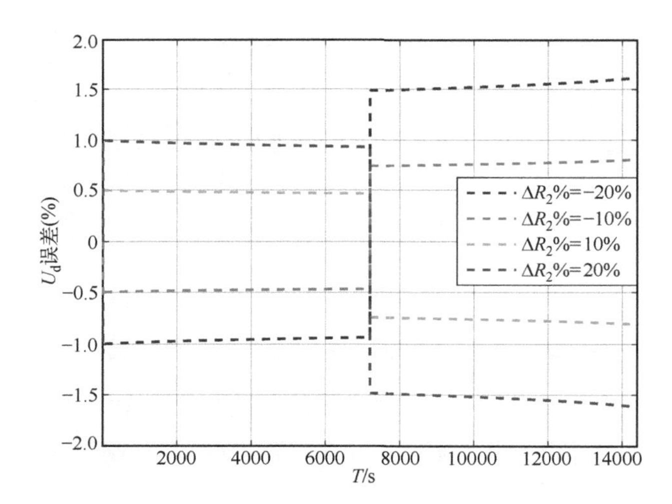

b）R_2变化时端电压相对误差曲线

图 3-30　R_2变化时的端电压及其相对误差曲线

2）在相同充放电电流作用下，令参数R_1、R_2、R_3和C_1同时在−20%～20%之间均以10%步长变化，观察VFB端电压U_d及其相对误差曲线，如图3-33所示。

由图3-33可知，当R_1、R_2、R_3和C_1均改变时，端电压变化明显。为了更直观地观察R_1、R_2、R_3和C_1变化对端电压的影响情况，将参数变化时的VFB端电压U_d与R_1、R_2、R_3和C_1不变时的端电压之间的相对误差以数字形式显示出来，见表3-3。

由表 3-3 可知，R_1、R_2、R_3 和 C_1 分别改变 20%时，端电压的相对误差 $\Delta U_d(\Delta R_1)\%$、$\Delta U_d(\Delta R_2)\%$、$\Delta U_d(\Delta R_3)\%$ 和 $\Delta U_d(\Delta C_1)\%$ 分别在 2.43%、1.62%、0.15%和 1.39%以内；若参数变化 10%，则端电压的相对误差 $\Delta U_d(\Delta R_1)\%$、$\Delta U_d(\Delta R_2)\%$、$\Delta U_d(\Delta R_3)\%$ 和 $\Delta U_d(\Delta C_1)\%$ 分别在 1.3%、0.81%、0.064%和 0.68%以内；当参数 R_1、R_2、R_3 和 C_1 均改变 20%、10%时，端电压的相对误差 $\Delta U_d(\Delta R_1, \Delta R_2, \Delta R_3, \Delta C_1)\%$ 分别在 3.94%、1.97%以内。

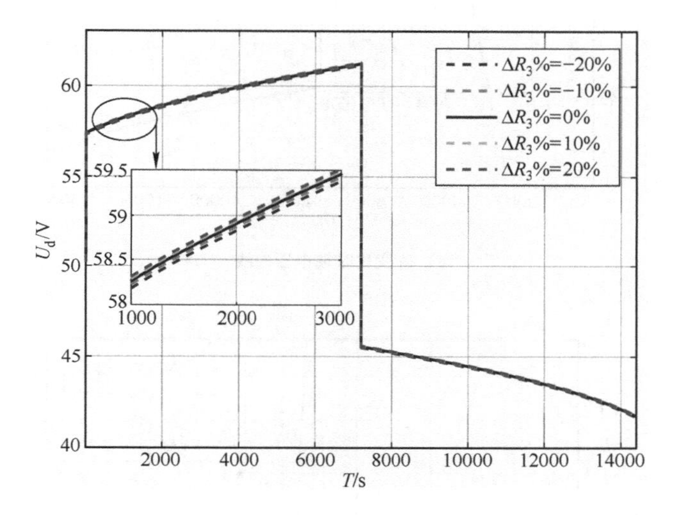

a）R_3 变化时端电压曲线

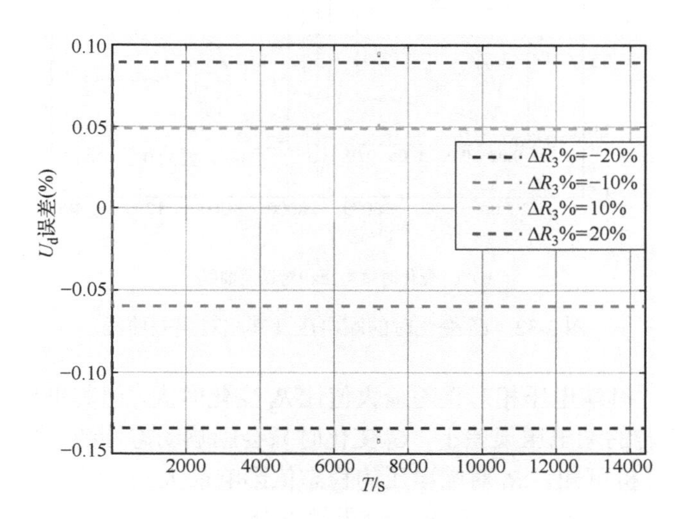

b）R_3 变化时端电压相对误差曲线

图 3-31　R_3 变化时的端电压及其相对误差曲线

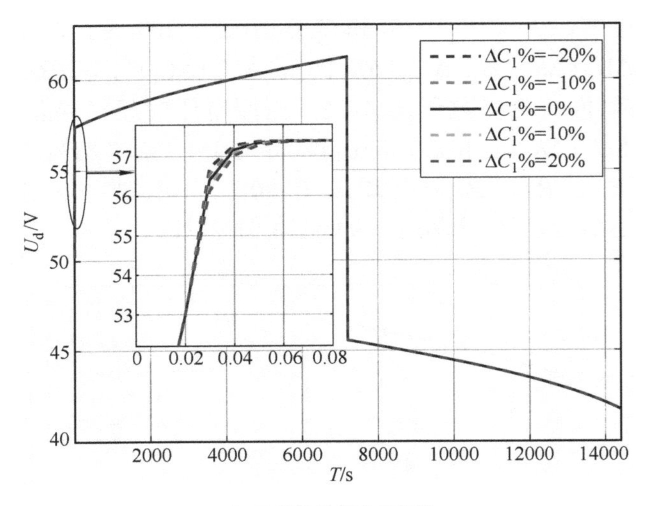

a）C_1变化时端电压曲线

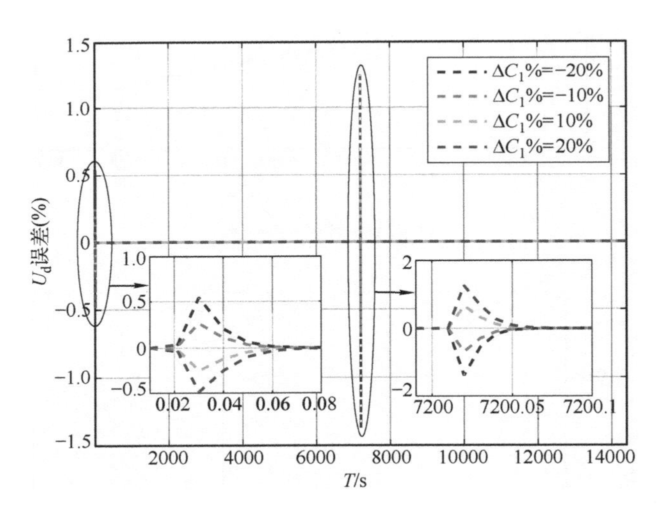

b）C_1变化时端电压相对误差曲线

图 3-32 C_1变化时的端电压及其相对误差曲线

虽然C_1变化时端电压相对误差最大值比R_3变化时大，但其平均值、均方根误差均比R_3变化时的端电压误差小，C_1变化时只会影响动态性能。根据参数改变时端电压的响应分析可知，R_1对端电压的稳态值影响最大。

综上所述，通过频域灵敏度和轨迹灵敏度分析可知，电池的内阻损耗（R_1、R_2）为影响运行特性的关键（主导）参数，极间电容和泵损电阻（C_1、R_3）的扰动对外特性影响可以忽略。但若分析 VFB 的暂态性能，则参数C_1不能被忽略。

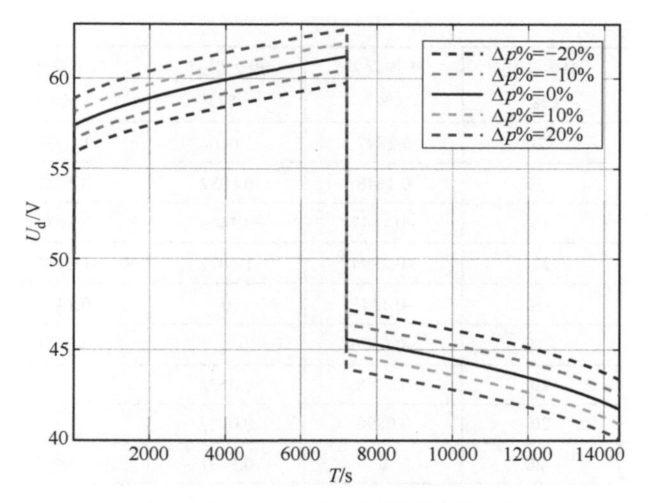

a）R_1、R_2、R_3和C_1均变化时的端电压曲线

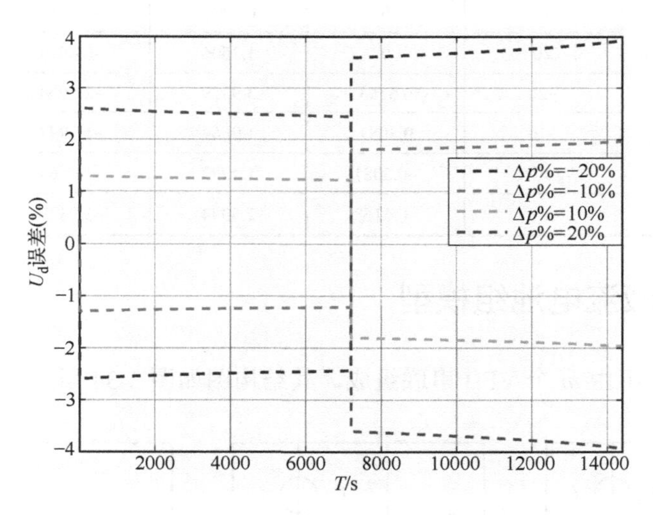

b）R_1、R_2、R_3和C_1均变化时的端电压相对误差曲线

图3-33　R_1、R_2、R_3和C_1均变化时的端电压及其相对误差曲线

表3-3　VFB端电压相对误差

参数	参数变化（%）	平均误差（%）	最大误差（%）	最小误差（%）	均方根误差（%）
R_1	−20	0.4345	2.4257	−1.5584	1.9230
	−10	0.2172	1.2125	−0.7789	0.9612
	10	−0.2170	0.7784	−1.2117	0.9606
	20	−0.4339	1.5564	−2.4226	1.9205

（续）

参数	参数变化（%）	平均误差（%）	最大误差（%）	最小误差（%）	均方根误差（%）
R_2	−20	0.2897	1.6168	−1.0887	1.2817
	−10	0.1448	0.8082	−0.5442	0.6407
	10	−0.1447	0.5440	−0.8079	0.6405
	20	−0.2894	1.0877	−1.6154	1.2806
R_3	−20	−0.1341	0	−0.1433	0.1341
	−10	−0.0596	0	−0.0637	0.0596
	10	0.0488	0.0522	0	0.0488
	20	0.0896	0.0957	0	0.0896
C_1	−20	0	0.5431	−1.3807	0.0013
	−10	0	0.2658	−0.6772	0.0007
	10	0	0.6436	−0.2516	0.0007
	20	0	1.2506	−0.4879	0.0013
R_1、R_2、R_3和C_1均变化时	−20	0.6163	3.9329	−2.5994	3.1803
	−10	0.3081	1.9664	−1.2997	1.5901
	10	−0.3081	1.2997	−1.9664	1.5901
	20	−0.6163	2.5994	−3.9329	3.1803

3.5 全钒液流电池组模型

VFB 电池组由 m 个 VFB 串联组成，其结构图如图 3-34 所示。

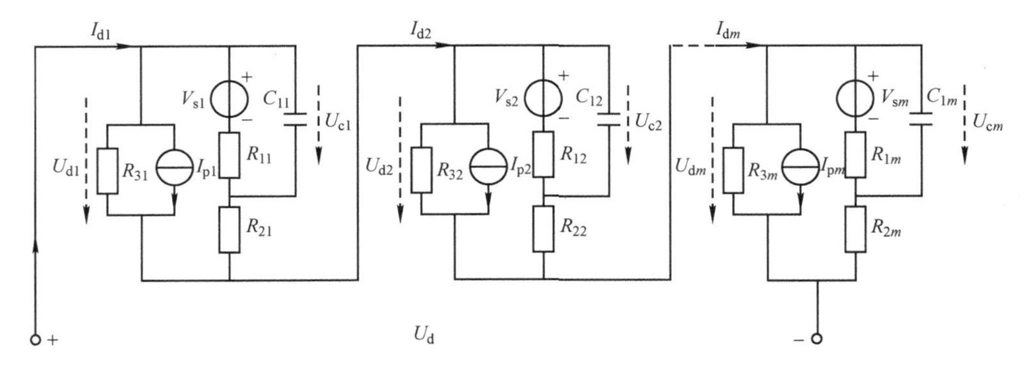

图 3-34 VFB 电池组结构图

由图 3-25 所示的单个 VFB 戴维南等效电路图及图 3-34 所示的 VFB 电池组结构图，对 VFB 电池组进行化简，得到 VFB 电池组等效运算电路如图 3-35 所示。

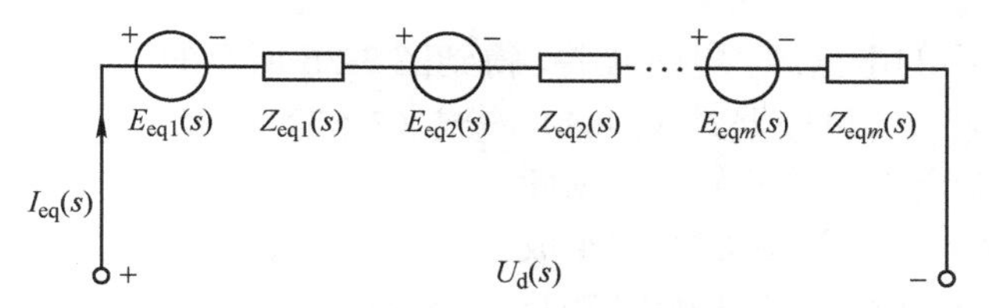

图 3-35　VFB 电池组等效运算电路

由图 3-35 串联电路可知，电流相等，总的电压等于每个 VFB 的端电压之和，等效阻抗等于各个阻抗之和，即

$$\begin{cases} U_d(s) = E_{eqs}(s) + I_{eq}(s)Z_{eqs}(s) \\ E_{eqs}(s) = E_{eq1}(s) + E_{eq2}(s) + \ldots + E_{eqm}(s) \\ Z_{eqs}(s) = Z_{eq1}(s) + Z_{eq2}(s) + \ldots + Z_{eqm}(s) \end{cases} \tag{3-64}$$

其中

$$\begin{cases} E_{eqi}(s) = \dfrac{k_{2i}}{s+p_1}V_{si}(s) \\ Z_{eqi}(s) = \dfrac{k_{1i}(s+z_{1i})}{s+p_{1i}} \\ k_{1i} = \dfrac{R_{2i}R_{3i}}{R_{2i}+R_{3i}} \\ k_{2i} = \dfrac{R_{3i}}{R_{1i}C_{1i}(R_{2i}+R_{3i})} \\ z_{1i} = \dfrac{R_{1i}+R_{2i}}{R_{1i}R_{2i}C_{1i}} \\ p_{1i} = \dfrac{R_{1i}+R_{2i}+R_{3i}}{R_{1i}C_{1i}(R_{2i}+R_{3i})} \end{cases} \tag{3-65}$$

将式（3-64）中的等效阻抗改写为另一种表达方式，具体如下

$$Z_{eqs}(s) = m\frac{k_{11}(s+z_{11})}{s+p_{11}} + \Delta Z_{eqs}(s) \tag{3-66}$$

其中等效阻抗增量 ΔZ_{eqs} 为

$$\begin{aligned} \Delta Z_{eqs}(s) &= \sum_{i=1}^{m}\frac{k_{1i}(s+z_{1i})}{s+p_{1i}} - m\frac{k_{11}(s+z_{11})}{s+p_{11}} \\ &= \sum_{i=2}^{m}\frac{k_{1i}(s+z_{1i})}{s+p_{1i}} - (m-1)\frac{k_{11}(s+z_{11})}{s+p_{11}} \\ &= \sum_{i=2}^{m}\left(\frac{k_{1i}(s+z_{1i})}{s+p_{1i}} - \frac{k_{11}(s+z_{11})}{s+p_{11}}\right) \end{aligned} \tag{3-67}$$

将图 3-35 中的电压源、电阻合并，得到图 3-36 所示的 VFB 电池组等效电路，图中 $E_{eqs}(s)$ 和 $Z_{eqs}(s)$ 可根据式（3-64）～式（3-67）计算。

若考虑单个电池参数差异性，则图 3-36 和式（3-64）～式（3-67）即组成了 VFB 电池组的戴维南等效电路模型。接下来将通过仿真分析单个电池参数变化对系统端电压的影响。由 3.4.2 节灵敏度分析可知，R_3、C_1 对端电压的影响较小，此处将只分析内阻 R_1、R_2 变化对电池组端电压的影响。

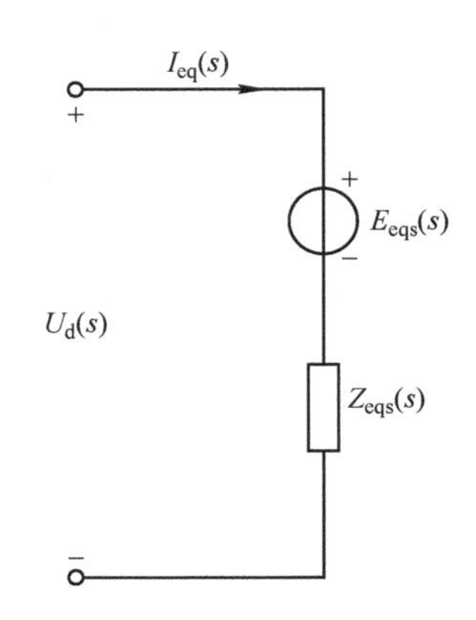

图 3-36　VFB 电池组戴维南等效电路图

令 m=10，即 VFB 电池组由 10 个 VFB 串联，通过恒流 105A 充放电，分析内阻 R_1、R_2 单独变化 10%及同时变化 10%对电池组端电压的影响。

1）令 10 个 VFB 中的 R_1 都增大或减小 10%，得到 VFB 电池组端电压曲线如图 3-37a 所示，R_1 变化时电池组端电压与 R_1 不变时电池组端电压相对误差曲线如图 3-37b 所示。由图 3-37 可知，当 R_1 变化 10%时，端电压误差在 1.5%以内。

2）令 10 个 VFB 中的 R_2 都增大或减小 10%，得到电池组端电压及相对误差曲线如图 3-38 所示。由图 3-38 可知，当 R_2 变化 10%时，端电压误差在 0.8%以内。

3）令 10 个 VFB 中的 R_1 和 R_2 都增大或减小 10%，得到电池组端电压及相对误差曲线如图 3-39 所示。当 R_1 和 R_2 都变化 10%时，端电压误差在 4.1%以内。

VFB 电池组中的每个 VFB 参数 R_1 和 R_2 变化对端电压的影响情况见表 3-4。

由图 3-37～图 3-39 及表 3-4 可知，当电池组中的每个 VFB 参数 R_1 和 R_2 同时发生改变时，若电池组的端电压相对误差在 4.1%以内，则可认为单个电池参数差异性对电池组的模型影响不大。

在实际应用中，电池电阻比较小，随着电池大批量生产，再加上智能制造及生产工艺的提高，各个电池的参数相差不大，而且在串联前单个 VFB 会经过筛选后再串联成电池组，可认为各个电池参数基本一致。另外，电池组使用时会加上均衡电路[69-72]，使得 VFB 的开路电压 V_s 趋于一致。因此，在建立电池组模型时可以忽略单个 VFB 的参数差异性，并忽略该等效阻抗增量 ΔZ_{eqs} 的影响，即

$$\begin{cases} R_{11} \approx R_{12} \approx \cdots \approx R_{1m} = R_1 \\ R_{21} \approx R_{22} \approx \cdots \approx R_{2m} = R_2 \\ R_{31} \approx R_{32} \approx \cdots \approx R_{3m} = R_3 \\ C_{11} \approx C_{12} \approx \cdots \approx C_{1m} = C_1 \end{cases} \tag{3-68}$$

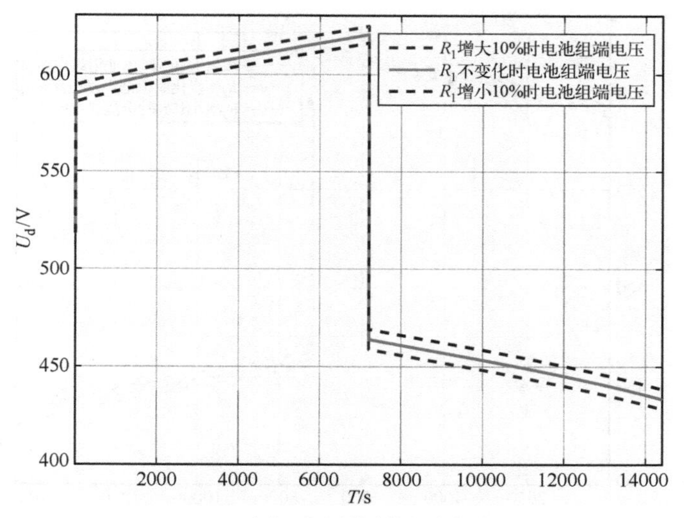

a）R_1 变化 10%时的电池组端电压

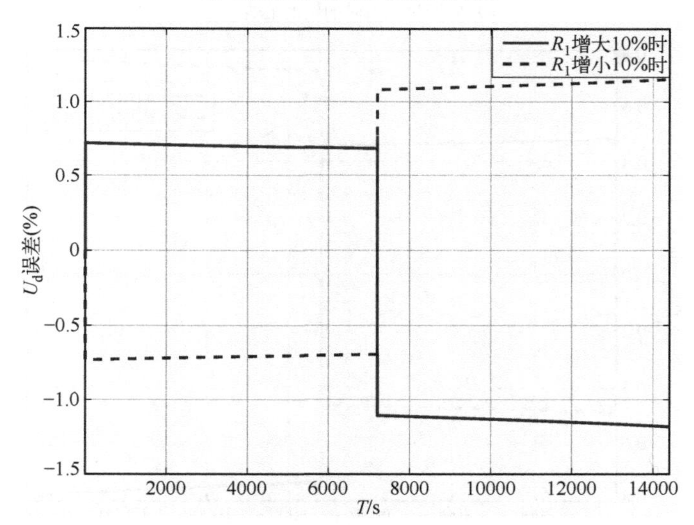

b）R_1 变化 10%时的电池组端电压相对误差曲线

图 3-37　R_1 变化 10%时的电池组端电压曲线

式（3-64）可以简化为

$$\begin{cases} U_{\mathrm{d}}(s)=E_{\mathrm{eqs}}(s)+I_{\mathrm{eq}}(s)Z_{\mathrm{eqs}}(s) \\ E_{\mathrm{eq}}(s)=\dfrac{mk_2}{s+p_1}V_{\mathrm{s1}}(s) \\ Z_{\mathrm{eq}}(s)=mZ_{\mathrm{eq1}}(s) \end{cases} \tag{3-69}$$

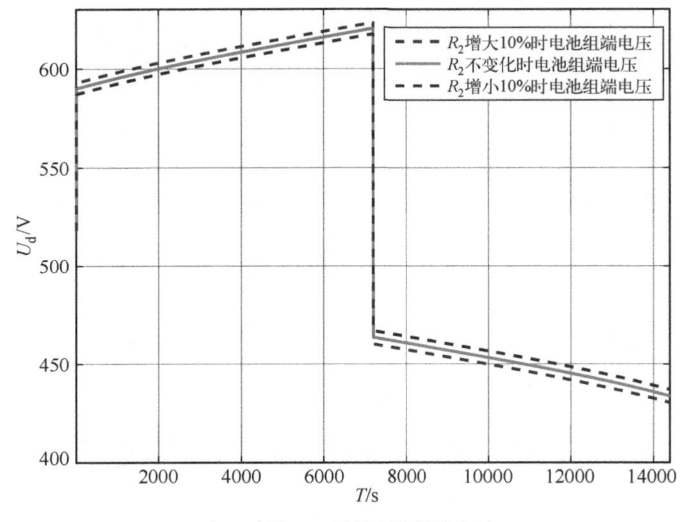

a）R_2 变化 10%时的电池组端电压

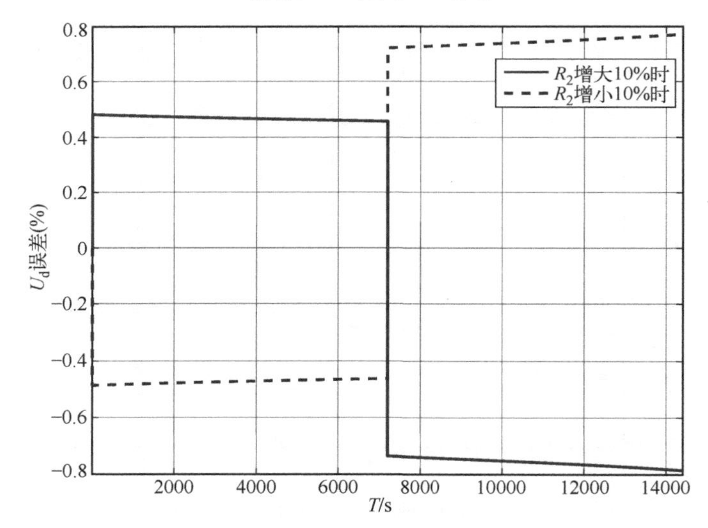

b）R_2 变化 10%时的电池组端电压相对误差曲线

图 3-38　R_2 变化 10%时的电池组端电压曲线

由此可得出，当忽略单个电池参数差异性时，VFB 电池组的戴维南等效电路模型由图 3-36 和式（3-68）、式（3-69）构成。

式（3-69）所表达的 VFB 电池组模型中的参数是基于单个 VFB 参数 R_1、R_2、R_3 和 C_1，由上面的分析可知，在实际应用中可认为每个 VFB 参数一致，则可将 VFB 电池组的模型参数采用 R_{rea}、R_{res}、R_f 和 C_e 表示，模型结构与单个 VFB 的结构相同，如图 3-40 所示。

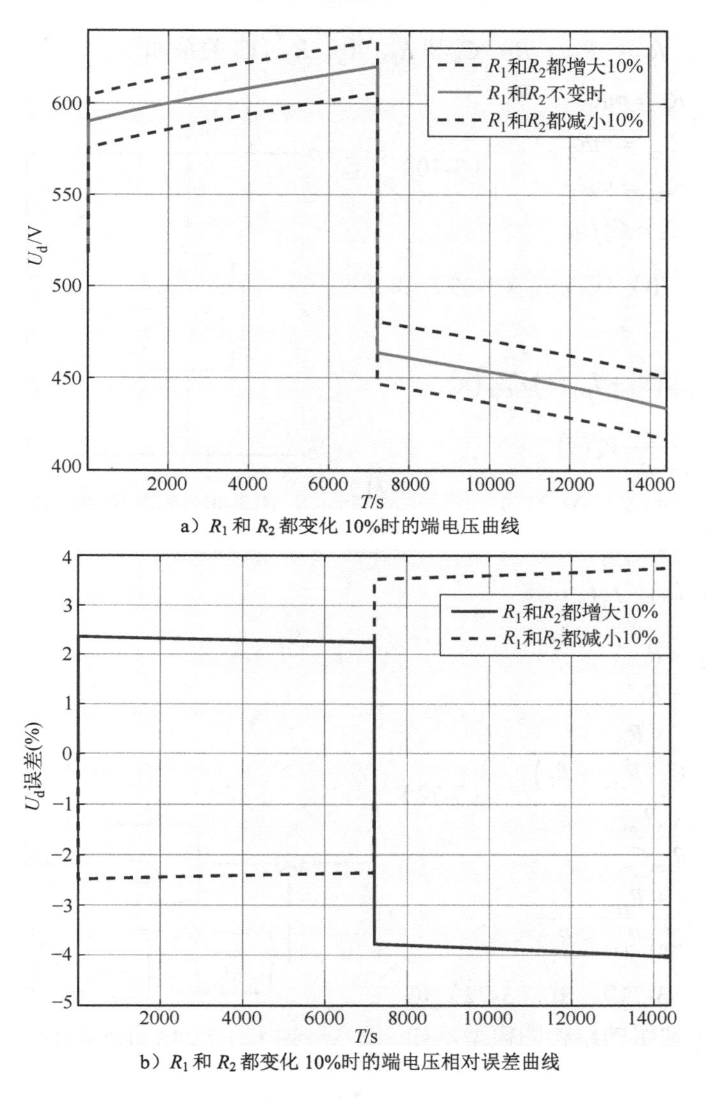

a）R_1 和 R_2 都变化 10%时的端电压曲线

b）R_1 和 R_2 都变化 10%时的端电压相对误差曲线

图 3-39　R_1 和 R_2 都变化 10%时的端电压及其相对误差曲线

表 3-4　VFB 电池组的端电压相对误差　　单位（%）

参数	参数变化	平均误差	最大误差	最小误差	均方根误差
R_1	−10	0.2019	1.1550	−0.7732	0.9356
	10	−0.2195	0.7610	−1.1816	0.9465
R_2	−10	0.1366	0.7729	−0.4867	0.9356
	10	−0.1444	0.4818	−0.7847	0.6297
R_1 和 R_2	−10	0.6064	3.7518	−2.4838	3.0803
	10	−0.8018	2.3613	−4.0471	3.2016

其中参数 R_{rea}、R_{res}、R_f、C_e 和 R_1、R_2、R_3、C_1 关系如下

$$\begin{cases} R_f = mR_1 \\ R_{rea} = mR_2 \\ R_{res} = mR_3 \\ C_e = C_1/m \end{cases} \tag{3-70}$$

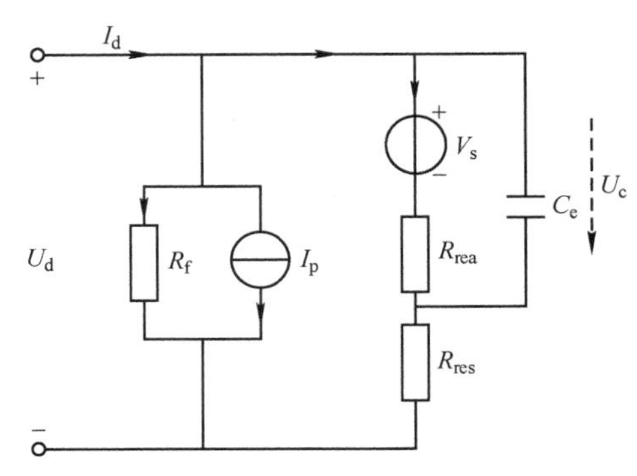

图 3-40　VFB 电池组等效电路模型

将式（3-70）代入式（3-69）和式（3-65）得到

$$\begin{cases} U_d(s) = E_{eqs}(s) + I_{eq}(s)Z_{eqs}(s) \\ E_{eqs}(s) = \dfrac{k_{s2}}{s+p_{s1}}V_s(s) \\ Z_{eqs}(s) = \dfrac{k_{s1}(s+z_{s1})}{s+p_{s1}} \\ I_{eq}(s) = I_d(s) - I_p(s) \end{cases} \tag{3-71}$$

$$\begin{cases} k_{s1} = \dfrac{R_{res} \times R_f}{R_{res} + R_f} \\ k_{s2} = \dfrac{R_f}{R_{rea}C_e(R_{res} + R_f)} \\ z_{s1} = \dfrac{R_{rea} + R_{res}}{R_{rea}R_{res}C_e} \\ p_{s1} = \dfrac{R_{rea} + R_{res} + R_f}{R_{rea}C_e(R_{res} + R_f)} \end{cases} \tag{3-72}$$

根据式（3-71）、式（3-72）可写出 VFB 电池组的结构图模型，如图 3-41 所示。

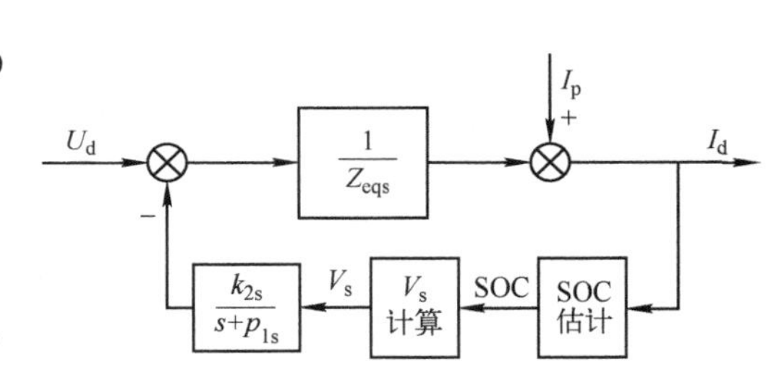

图 3-41　VFB 电池组结构图模型

由图 3-40 可推导出 VFB 电池组的状态空间方程模型为

状态方程

$$\begin{cases} \dfrac{dU_c}{dt} = -\dfrac{R_{rea} + R_{res} + R_f}{R_{rea}(R_{res} + R_f)C_e} \times U_c + \dfrac{R_f}{(R_{res} + R_f)C_e} \times (I_d - I_p) + \\ \qquad \dfrac{Nm}{R_{rea}C_e}\left(E^{\ominus} + \dfrac{2RT}{F}\ln\dfrac{SOC}{1-SOC}\right) \\ \dfrac{dSOC}{dt} = \dfrac{1}{C_N} \times I_d \end{cases} \tag{3-73}$$

输出方程

$$U_{\mathrm{d}} = \frac{R_{\mathrm{f}}}{R_{\mathrm{res}} + R_{\mathrm{f}}} U_{\mathrm{c}} + \frac{R_{\mathrm{res}} R_{\mathrm{f}}}{R_{\mathrm{res}} + R_{\mathrm{f}}} \left(I_{\mathrm{d}} - I_{\mathrm{p}} \right) \tag{3-74}$$

综上所述，当忽略单个 VFB 参数差异性时，可得出 VFB 电池组模型的三种表现形式，分别是等效电路（见图 3-40）、结构图（见图 3-41）以及状态空间方程式（3-73）、式（3-74）。

3.6　本章小结

1）归纳总结了国内外 VFB 常见的模型，并构建了 VFB 混合模型，该混合模型在等效损耗模型中考虑了电化学因素和流体力学因素，共包括三个子模块：电化学模块、流体力学模块及电路模块。最后通过仿真分析了钒离子浓度和电解液流量对运行特性的影响，并可通过调节泵速提高 VFB 模块的瞬时效率，验证了该模型可动态反映电池的电化学特性和对外输出特性。

2）建立了 VFB 状态空间模型，该模型以 VFB 的电容电压和 SOC 为状态变量，充放电电流为输入变量，端电压为输出变量，可用来估计 VFB 的 SOC。为第 4 章奠定了基础。

3）通过对 VFB 的数学模型进行频域灵敏度和轨迹灵敏度分析可知，电池的内阻损耗（R_1 和 R_2）为影响运行特性的关键参数，极间电容和泵损电阻（C_1 和 R_3）的扰动对外特性影响可以忽略。

4）建立了考虑单个 VFB 参数不一致时 VFB 电池组戴维南等效电路模型，并通过仿真分析得出：单个 VFB 参数变化对 VFB 电池组端电压的影响在 4.1%以内；在实际应用时会随着生产工艺提高、串联前的筛选以及均衡电路，可忽略参数不一致的影响，得出 VFB 电池组模型的三种表现形式，分别是等效电路模型（见图 3-40）、结构图（见图 3-41）以及状态空间方程式（3-73）和式（3-74）。

3.7　参考文献

[1] SKYLLAS-KAZACOS M, MENICTAS C. The vanadium redox battery for emergency back-up applications[A]. International Telecommunications Energy Conference[C]. Melbourne: IEEE, 1997. 463-471.

[2] LI M H. A study of output terminal voltage modeling for redox flow battery based on charge and discharge experiments[A]. Power Conversion Conference[C]. Nagoya: IEEE, 2007. 221-225.

[3] CHAHWAN J, ABBEY C, JOOS G. VFB modelling for the study of output terminal voltages,

internal losses and performance[A]. 2007 IEEE Canada Electrical Power Conference[C]. Montreal: IEEE, 2007. 387-392.

[4] 陈金庆, 朱顺泉, 王保国, 等. 全钒液流电池开路电压模型[J]. 化工学报, 2009, 60(1): 211-215.

[5] 周文源, 袁越, 傅质馨, 等. 全钒液流电池电化学建模与充放电分析[J]. 电源技术, 2013, 37(8): 1349-1353.

[6] TANG A, BAO J, SKYLLAS-KAZACOS M. Dynamic modelling of the effects of ion diffusion and side reactions on the capacity loss for vanadium redox flow battery [J]. Journal of Power Sources, 2011, 196(24): 10737-10747.

[7] TANG A, BAO J, SKYLLAS-KAZACOS M. Thermal modelling of battery configuration and self-discharge reactions in vanadium redox flow battery [J]. Journal of Power Sources, 2012, 216: 489-501.

[8] 李明华, 范永生, 王保国. 全钒液流电池充电/放电过程模型[J]. 化工学报, 2014, 65(1): 313-318.

[9] SHAH A A, WATT-SMITHM J, WALSHF C. A dynamic performance model for redox-flow batteries involving soluble species [J]. Electrochimica Acta, 2008, 53(27): 8087-8100.

[10] 周正, 殷聪, 房红琳. 全钒液流电池电化学极化理论研究[J]. 东方电气评论, 2014, 28(2): 1-7.

[11] 田野, 刘建国, 彭海泉, 等. 三维非恒温的钒电池流场模型[J]. 电源技术, 2012, 36(2): 201-203.

[12] TANG A, MCCANN J, BAO J, et al. Investigation of the effect of shunt current on battery efficiency and stack temperature in vanadium redox flow battery [J]. Journal of Power Sources, 2013, 242: 349-356.

[13] TANG A, BAO J, SKYLLAS-KAZACOS M. Studies on pressure losses and flow rate optimization in vanadium redox flow battery [J]. Journal of Power Sources, 2013, 248: 154-162.

[14] CHEN H, LI X, GAO H, et al. Numerical modelling and in-depth analysis of multi-stack vanadium flow battery module incorporating transport delay[J]. Applied Energy, 2019, 247, 13-23.

[15] CHEN H, WANG S, GAO H, et al. Analysis and optimization of module layout for multi-stack vanadium flow battery module[J]. Journal of Power Sources, 2019, 427, 154-164

[16] YU V, CHEN D. Dynamic model of a vanadium redox flow battery for system performance control [J]. Solar Energy Engineering, 2014, 136 (2): 021005.1-021005.7.

[17] XIONG B Y, ZHAO J Y, TSENG K J, et al. Thermal hydraulic behavior and efficiency analysis of an all-vanadium redox flow battery [J]. Journal of Power Sources, 2014, 242: 314-324.

[18] XIONG B Y, ZHAO J Y, SU Y X, et al. State of charge estimation of vanadium redox flow

battery based on sliding mode observer and dynamic model including capacity fading factor[J]. IEEE Transactions on Sustainable Energy, 2017, 8 (4): 1658-1667.

[19] ZHANG C, ZHAO T S, XU Q, et al. Effects of operating temperature on the performance of vanadium redox flow batteries [J]. Applied Energy, 2015, 15: 349-353.

[20] YAN Y, SKYLLAS-KAZACOS M, BAO J. Effects of battery design, environment temperature and electrolyte flowrate on thermal behavior of a vanadium redox flow battery in different applications [J]. Journal of Energy Storage, 2017, 11: 104-118.

[21] KONIG S, SURIYAH MR, LEIBFRIED T. Innovative model-based flow rate optimization for vanadium redox flow batteries [J]. Journal of Power Sources, 2016, 333: 134-144.

[22] KONIG S, SURIYAH MR, LEIBFRIED T. A plug flow reactor model of a vanadium redox flow battery considering the conductive current collectors [J]. Journal of Power Sources, 2017, 360: 221-231.

[23] MEREI G, ADLER S, MAGNOR D, et al. Multi-physics model for the aging prediction of a vanadium redox flow battery system [J]. Electrochimica Acta, 2015, 174: 945-954.

[24] BOETTCHER P, AGAR E, DENNISON C, et al. Modeling of ion crossover in vanadium redox flow batteries: a computationally-efficiency lumped parameter approach for extended cycling [J]. Journal of Electrochemical Society, 2016, 163(1): A5244-5252.

[25] LI YF, ZHANG X, BAO J, et al. Studies on optimal charging conditions for vanadium redox flow batteries [J]. Journal of Energy Storage, 2017, 11: 191-199.

[26] WANDSCHNEIDER FT, RÖHM S, FISCHER P, et al. A multi-stack simulation of shunt currents in vanadium redox flow batteries [J]. Journal of Power Sources, 2014, 261: 64-74.

[27] KONIG S, SURIYAH MR, LEIBFRIED T. Model based examination on influence of stack series connection and pipe diameters on efficiency of vanadium redox flow batteries under consideration of shunt currents [J]. Journal of Power Sources, 2015, 281: 272-84.

[28] YE Q, HU J, CHENG P, et al. Design trade-offs among shunt current, pumping loss and compactness in the piping system of a multi-stack vanadium flow battery [J]. Journal of Power Sources, 2105, 296: 352-364.

[29] TOMAZIC G, SKYLLAS-KAZACOS M. Redox flow batteries, in: P. Moseley, J. Garche (Eds.), electrochemical energy storage for renewable sources and grid balancing [M]. Elsevier, 2015, 309-336.

[30] 姚勇. 全钒液流电池仿真模型研究[J]. 云南电力技术, 2013, 41(2): 23-25.

[31] WEI Z, MENG S, TSENG K J, et al. An adaptive model for vanadium redox flow battery and its application for online peak power estimation [J]. Journal of Power Sources, 2017, 344: 195-207.

[32] 李蓓, 郭剑波, 陈继忠, 等. 液流储能电池系统支路电流的建模与仿真分析[J]. 中国电机

工程学报, 2011, 31(27): 1-7.

[33] MOHAMED M R, AHMAD H, SEMAN M N A, et al. Electrical circuit model of a vanadium redox flow battery using extended Kalman filter [J]. Journal of Power Sources, 2013, 239: 284-293.

[34] XIONG B, ZHAO J, WEI Z, et al. Extended Kalman filter method for state of charge estimation of vanadium redox flow battery using thermal-dependent electrical model[J]. Journal of Power Sources, 2014, 262: 50-61.

[35] 黄利娟. 全钒液流电池电堆建模及换热效率分析[D]. 杭州: 杭州电子科技大学, 2016.

[36] 吴秋轩, 黄利娟. 全钒液流电池热动力学建模及换热效率分析[J]. 电源技术, 2017, 41(5): 759-761, 776.

[37] CHAHWAN J, ABBEY C, JOOS G. VFB modelling for the study of output terminal voltages, internal losses and performance [C]. 2007 IEEE Canada Electrical Power Conference, Canada, IEEE, 2007: 387-392.

[38] 尹丽, 李欣然, 户龙辉, 等. 考虑离子扩散的全钒液流电池等效电路建模[J]. 电力系统及其自动化学报, 2015, 27(9): 36-41.

[39] 迟晓妮, 朱敏刚, 吴秋轩. 基于等效模型的全钒液流电池运行优化控制研究[J]. 储能科学与技术, 2018, 7(3): 530-538.

[40] 彭亚凯, 刘飞, 李爱魁, 等. 全钒液流电池电气模型建模与验证[J]. 水能源科学, 2012, 30(5): 188-190

[41] QIU X, NGUYEN T A, GUGGENBERGER J D, et al. A field validated model of a vanadium redox flow battery for microgrids [J]. IEEE Transactions on Smart Grid, 2014, 5(4): 1592-1601.

[42] QIU X, CROW M L, ELMORE A C. A balance-of-plant vanadium redox battery system model [J]. IEEE Transactions on Sustainable Energy, 2015, 6(2): 557-564.

[43] ZHANG Y, ZHAO J, WANG P. A comprehensive equivalent circuit model of all-vanadium redox flow battery for power system analysis [J]. Journal of Power Sources, 2015, 290: 14-24.

[44] XIONG B, ZHAO J, SU Y, et al. State of charge estimation of vanadium redox flow battery based on sliding mode observer and dynamic model including capacity fading factor [J]. IEEE Transactions on Sustainable Energy, 2017, 8(4): 1658-1667.

[45] 房鑫炎, 郁惟镛, 庄伟. 模糊神经网络在小电流接地系统选线中的应用[J]. 电网技术, 2002, 26(5): 15-19.

[46] 罗冬梅. 钒氧化还原液流电池研究[D]. 沈阳：东北大学, 2005.

[47] YANG Q, YAO H, LIN M. Study on electrolyte of vanadium redox battery [J]. Advances in Information Sciences & Service Sciences, 2013, 5(5): 906-913.

[48] 李国杰, 唐志伟, 聂宏展, 等. 钒液流储能电池建模及其平抑风电波动研究[J]. 电力系统保护与控制, 2010, 38(22): 115-119.

[49] BLANC C. Modeling of a vanadium redox flow battery electricity storage system [D]. Suisse: Verlag nicht ermittelbar, 2009.
[50] ONTIVEROS L J, MERCADO P E. Modeling of a vanadium redox flow battery for powersystem dynamic studies [J]. International Journal of Hydrogen Energy, 2014, 39(16): 8720-8727.
[51] ZHANG Y, ZHAO J Y, PENG WANG, et al. A comprehensive equivalent circuit model of all-vanadium redox flow battery for power system analysis [J]. Journal of Power Sources, 2015, 290: 14-24.
[52] 迟晓妮, 朱敏刚, 吴秋轩. 基于等效模型的全钒液流电池运行优化控制研究[J]. 储能科学与技术, 2018, 35(3): 171-179.
[53] 沈海峰, 朱新坚, 曹弘飞. 全钒液流电池动态建模[J]. 储能科学与技术, 2018, 7(1): 149-154.
[54] 王亚光, 王秋源, 陆继明. 大容量液流电池系统数学模型与仿真[J]. 电力自动化设备, 2015, 35(8): 72-78.
[55] KONIG S, SURIYAH M R, LEIBFRIED T. Model based examination on influence of stack series connection and pipe diameters on efficiency of vanadium redox flow batteries under consideration of shunt currents[J]. Journal of Power Sources, 2015, 281: 272-284.
[56] 肖亚宁. 电化学电池储能系统统一等效建模及其应用[D]. 长沙：湖南大学电气工程, 2016.
[57] KANG C, CHEN Q, HE G,et al. Optimal operating strategy and revenue estimates for the arbitrage of a vanadium redox flow battery considering dynamic efficiencies and capacity loss [J]. IET Generation, Transmission & Distribution, 2016, 10(5): 1278-1285.
[58] CHEN Z, DING M, SU J. Modeling and control for large capacity battery energy storage system[A]. International Conference on Electric Utility Deregulation & Restructuring & Power Technologies[C]. Weihai: IEEE, 2011. 1429-1436.
[59] TANG A, BAO J, SKYLLAS-KAZACOS M. Studies on pressure losses and flow rate optimization in vanadium redox flow battery [J]. Journal of Power Sources, 2014, 248: 154-162.
[60] 严敢, 吕玉祥, 马维青. 泵损对全钒液流电池性能和效率的影响分析[J]. 电源技术, 2015, 39(12): 2647-2649.
[61] 刘记. 全钒液流电池双极板流道的优化及流量控制研究[D]. 吉林：吉林大学机械科学与工程学院, 2011.
[62] BLANC C, RUFER A. Multiphysics and energetic modeling of a vanadium redox flow battery[A]. IEEE International Conference on Sustainable Energy Technologies[C]. Singapore: IEEE, 2008. 696-701.
[63] TANG A, MCCANN J, BAO J, et al. Investigation of the effect of shunt current on battery efficiency and stack temperature in vanadium redox flow battery [J]. Journal of Power Sources,

2013, 242(15): 349-356.

[64] SKYLLAS-KAZACOS M, KAZACOS M, JOY J, et al. State-of-Charge of RedoxCell: Patent Appl. No PCT/AU89/00252 [P]. June 1989.

[65] 汪蕙，汪志华. 电子电路的计算机辅助分析与设计方法[M]. 北京：清华大学出版社, 1997.

[66] 周庭阳，张红岩. 电网络理论[M]. 北京：机械工业出版社, 2008.

[67] 张娟. 铅酸电池储能系统建模与应用研究[D]. 长沙：湖南大学, 2013.

[68] 韩林山，李向阳，严大考. 浅析灵敏度分析的几种数学方法[J]. 中国水运，2008, 8(4): 177-178.

[69] 李鑫，陈星邑，郑涛，等. 串联全钒液流电池组均衡控制策略研究[J]. 合肥工业大学学报(自然科学版), 2016, 39(11): 1501-1504.

[70] 陈星邑，李鑫，郑涛，等. 基于超级电容的全钒液流电池组均衡方法[J]. 电源技术，2017, 41(3): 444-446.

[71] LI X, MO Y Q, DI N, et al. Equalization charge-discharge control strategy for series-connected vanadium redox flow batteries based on LC oscillation circuit[A]. 2018 IEEE 3th Advanced information Technology, Electronic and Automation Control Conference [C]. Chongqing: IEEE, 2018. 2018-2022.

[72] 李鑫，王宁，陈星邑，等. 大容量全钒液流电池均衡控制策略及仿真[J]. 电力电子技术，2016, 50(11): 53-56.

第 4 章　全钒液流电池的 SOC 估计

荷电状态（State of Charge，SOC），又称为剩余电量，代表的是电池剩余容量与其完全充电状态的容量的比值，无法直接测得。但其作为电池最基本的参数，准确估计全钒液流电池的 SOC 在制定电池控制策略、保护电池和延长电池工作寿命中以及提高经济效益有着关键的作用，是储能系统管理与调控的关键依据。因此，本书在介绍全钒液流电池的控制之前先介绍全钒液流电池 SOC 估计的方法，包括基于递推最小二乘算法（Recursive Least Square，RLS）和扩展卡尔曼滤波算法（Extended Kalman Filter，EKF）相结合的估计算法、基于改进扩展卡尔曼滤波算法（Improved Extended Kalman Filter，IEKF）的 SOC 估计算法和基于双卡尔曼滤波（Double Kalman Filter，DKF）的 SOC 估计方法，并进行实验验证。在此基础上，给出了 VFB 储能系统 SOC 的估计方案，为后续 VFB 储能系统的分层控制策略的实现提供了技术支撑。

4.1　SOC 估计概述

近年来，许多国内外学者一直致力于研究如何准确估计全钒液流电池 SOC 这一项具有挑战性的任务。文献[1-8]采用电导率测量和分光光度法[1-2]、光谱法[3-5]和电位滴定法[6-8]等方式测量不同价态钒离子的浓度，并应用公式来计算 VFB 的 SOC。但通过测量离子浓度的方式不太适合在线计算。目前，应用最多的 SOC 估计算法主要包括负载电压法、安时积分法、内阻法、卡尔曼滤波法和开路电压法等[9]。洪为臣[10]等人提出首先依据实验测量与理论计算估计出 VFB 的实际容量，然后根据 OCV–SOC 曲线或 SOC 的定义得到最终的估计结果；Wang Y 等人[11]给出了由数据驱动的神经网络模型，并使用基于概率的估计方法对 SOC 进行估计；Wei Z 等人[12]首先通过设置的一个单片电池测得电池 OCV，然后将 RLS 算法与 EKF 算法结合起来对电池 SOC 进行联合估计；Liu L[13]、范永生[14]和王红文[15]等人研究了用开路电压法来测定全钒液流电池的 SOC，该方法对操作要求不高，且实施起来较为简单。为了让电压保持稳定，必须将 VFB 静置足够长时间，但静置的时间无法确定且每次测量所需时间太长；Barote L[16]采用离散安时积分的方法估算电池 SOC，并在每一步的计算中对其进行更新，但其电池模型中的参数是根据电池的损耗进行计算的，不够精确，无法很好地反映电池工作状态；Xiong B[17]、韩永辉[18]和 Wang Y[19]等人利用卡尔曼滤波算法对 SOC 进行估计，但未考虑到电池在不同工作状态下模型参数会随之发生变动的情况；Parasuraman A[20]等人提出了对半电池 SOC 进行检测的方法，基于测量放置在半电池电解液中的两个惰性电极两端的开路电压来估计半电池 SOC，但这种方法可靠性较低；田波等人[21]采用电位滴定法，通过测量电解液不同钒离子的价态进行 SOC 估算，但由于该方法需要在运行过程中选取电堆样本进行分析实验，容易导致电解液氧化以及电堆容量损失，很难应用于在线监测运行状态中的电池 SOC[22]；Skyllas Kazacos[23]等人采用电导法监测电池 SOC，该方法给出了电导率与 SOC 的数学方程，并通过温度系数不断修正估计结果，但是由于影响电导率和 SOC 二者之间关系的因素较多，使得所建立的方程十分复杂，难以用于建模。因此，实际项目中很少使用电导率法监测电池 SOC；美国专利文献[24]给出了一种在电池工作过程中，通过在电解液循环流动回路中增加一个支路与一个辅助电池，并基于该辅助电池的 OCV 来估计电池 SOC 的方法，从而实现对全钒液流电池 SOC 的实时在线监测。但由于该方法要求有一块专门用于测定 SOC 的独立电池，使得材料成本比较高。综上所述，各种常用 SOC 估计算法优缺点见表 4-1。

表 4-1 常用 SOC 估计算法优缺点

名称	优点	缺点
化学测量法	准确性高	不能实时读取，操作难度大
安时积分法	简单，实用	测量电流出现偏差会导致误差累积；电池充放电效率需要通过大量实验测定；无法获得 SOC 初始值
开路电压法	充电初始以及结束阶段具有较好的估计效果	必须保持电池的电压稳定
内阻法	电池放电结束阶段估计效果较好	电阻值无法准确获得
神经网络法	较好地表征电池动态过程以及拥有一定的非线性特性	训练数据和方法的不同会导致估计精度有差别
卡尔曼滤波法	有一定的鲁棒性，在电流波动较大的情况下仍然具有一定的估计效果	算法较为复杂且对模型精度的依赖性较大

从表 4-1 可以看出，上述估计方法均存在一些条件或场景的限制。为了得到更加实用、简单、工程上容易实现且估计精度足以满足场景需求的 SOC 估计算法，在此本章提出了三种估计算法：基于递推最小二乘算法（Recursive Least Square，RLS）和扩展卡尔曼滤波算法（Extended Kalman Filter，EKF）相结合的估计算法、基于改进扩展卡尔曼滤波算法（Improved Extended Kalman Filter，IEKF）的 SOC 估计算法和基于双卡尔曼滤波算法（Double Kalman Filter，DKF）的 SOC 估计算法，并进行实验验证。

4.2　基于 RLS 和 EKF 算法的全钒液流电池 SOC 估计

4.2.1　RLS 和 EKF 算法

4.2.1.1　EKF 算法

扩展卡尔曼滤波算法是在卡尔曼滤波算法的基础上通过对非线性系统进行泰勒展开[25-28]，并用线性时变系统逼近非线性系统，可应用于非线性系统状态变量的估计。它是一种方差最小的无偏估计。

假设非线性系统的状态方程和输出方程分别如下

$$x(k+1)=f\left(x(k),u(k)\right)+w(k) \tag{4-1}$$

$$y(k)=g\left(x(k),u(k)\right)+v(k) \tag{4-2}$$

式中，$x(k)$ 为系统状态变量；$u(k)$ 为输入变量；$y(k)$ 为输出变量；$f\left(x(k),u(k)\right)$ 为状态转移函数；$g\left(x(k),u(k)\right)$ 为非线性系统的测量函数；$w(k)$ 和 $v(k)$ 分别表示过程噪声和测量噪声，其协方差分别为 Q 和 R。

EKF 估计和预测过程见表 4-2，其中 $\boldsymbol{P}$ 为误差协方差矩阵。

表 4-2　EKF 算法

初始化 $x(0\|0)=x_0, P(0\|0)=p_0$	（4-3）
状态估计值更新 $x(k\|k-1)=f\left(x(k-1\|k-1),u(k-1)\right)$	（4-4）
状态转移矩阵和观测矩阵 $\boldsymbol{A}(k)=\left.\dfrac{\partial f(x,u)}{\partial x}\right\|_{x=x(k\|k-1)}$，$\boldsymbol{C}(k)=\left.\dfrac{\partial g(x,u)}{\partial x}\right\|_{x=x(k\|k-1)}$	（4-5）
误差协方差更新 $P(k\|k-1)=A(k)P(k-1\|k-1)A(k)^{\mathrm{T}}+Q$	（4-6）
卡尔曼增益更新 $K(k)=P(k\|k-1)C(k)^{\mathrm{T}}\left[C(k)P(k\|k-1)C(k)^{\mathrm{T}}+R\right]^{-1}$	（4-7）
通过实测量值对状态估计值更新 $x(k\|k)=x(k\|k-1)+K(k)\left[y(k)-g\left(x(k\|k-1,u(k))\right)\right]$	（4-8）
通过实际值对误差协方差更新 $P(k\|k)=\left[I-K(k)C(k)\right]P(k\|k-1)$	（4-9）

令 $\lambda=\dfrac{R_1+R_2+R_3}{R_1(R_2+R_3)C_1}$，对等效损耗电路图（如图 3-23 所示）进行推导变换可得到

$$\begin{cases} U_{\mathrm{c}}(s)=\dfrac{1}{s+\lambda}\left\{\dfrac{R_3}{(R_2+R_3)C_1}\times\left[I_{\mathrm{d}}(s)-I_{\mathrm{p}}(s)\right]+\dfrac{1}{R_1C_1}V_{\mathrm{s}}(s)\right\} \\ \mathrm{SOC}(s)=\dfrac{1}{C_{\mathrm{N}}}I_{\mathrm{d}}(s) \end{cases} \tag{4-10}$$

$$U_{\mathrm{d}}(s)=\frac{R_3}{R_2+R_3}U_{\mathrm{c}}(s)+\frac{R_2R_3}{R_2+R_3}\left[I_{\mathrm{d}}(s)-I_{\mathrm{p}}(s)\right] \tag{4-11}$$

将式（4-10）和式（4-11）经过 Z 变换，可得出 VFB 的离散方程

$$\begin{cases}U_{\mathrm{c}}(k)=e^{-\lambda\times T_{\mathrm{s}}}U_{\mathrm{c}}(k-1)-\\ \quad\dfrac{1}{\lambda}\left(e^{-\lambda T_{\mathrm{s}}}-1\right)\times\dfrac{N}{R_1C_1}\times\left(E^{\Theta}+\dfrac{2RT}{F}\ln\dfrac{\mathrm{SOC}(k-1)}{1-\mathrm{SOC}(k-1)}\right)+\\ \quad\dfrac{1}{\lambda}\left(e^{-\lambda T_{\mathrm{s}}}-1\right)\times\dfrac{R_3}{(R_2+R_3)C_1}\times\left[I_{\mathrm{d}}(k-1)-I_{\mathrm{p}}(k-1)\right]\\ \mathrm{SOC}(k)=\mathrm{SOC}(k-1)+\dfrac{1}{C_{\mathrm{N}}}I_{\mathrm{d}}(k-1)T_{\mathrm{s}}\end{cases} \tag{4-12}$$

$$U_{\mathrm{d}}(k)=\frac{R_3}{R_2+R_3}U_{\mathrm{c}}(k)+\frac{R_2R_3}{R_2+R_3}\left[I_{\mathrm{d}}(k)-I_{\mathrm{p}}(k)\right] \tag{4-13}$$

式中，T_{s} 为采样周期（s）。

由式（4-12）和式（4-13）组成了 VFB 的卡尔曼数学模型，该模型为非线性，由式（4-5）、式（4-12）及式（4-13）得出非线性系统的状态转移矩阵和观测矩阵为

$$\boldsymbol{A}(k)=\begin{bmatrix}e^{-\lambda T_{\mathrm{s}}} & \dfrac{1}{\lambda}\left(1-e^{-\lambda T_{\mathrm{s}}}\right)\dfrac{2NRT}{R_1C_1F}\dfrac{1}{\mathrm{SOC}(k-1)\left[1-\mathrm{SOC}(k-1)\right]}\\ 0 & 1\end{bmatrix} \tag{4-14}$$

$$\boldsymbol{C}(k)=\begin{bmatrix}\dfrac{R_3}{R_2+R_3} & 0\end{bmatrix}$$

通过式（4-3）、式（4-4）、式（4-14）和式（4-6）～式（4-9）把协方差不断递归，即可估算出最优的状态变量 U_{c} 和 SOC。但是，电池的参数 R_1、R_2、R_3 和 C_1 不是能直接测量的量，其值会随电池状态变化而变化，因此需要采用系统参数辨识的方法计算这些参数。

4.2.1.2 RLS 算法

递推最小二乘算法是在上次估计值的基础上加上修正项。

将式（4-10）代入式（4-11），得到

$$\begin{aligned}U_{\mathrm{d}}(s)=&\frac{R_3}{R_2+R_3}\times\left(\frac{R_3}{(R_2+R_3)C_1}\times\frac{1}{s+\lambda}+R_2\right)\left[I_{\mathrm{d}}(s)-I_{\mathrm{p}}(s)\right]+\\&\frac{R_3}{(R_2+R_3)R_1C_1}\times\frac{1}{s+\lambda}V_{\mathrm{s}}(s)\end{aligned} \tag{4-15}$$

通过 Z 变换，式（4-15）可得到 VFB 模型差分方程为

$$U_{\mathrm{d}}(k)=aU_{\mathrm{d}}(k-1)+bV_{\mathrm{s}}(k)+c\left[I_{\mathrm{d}}(k)-I_{\mathrm{p}}(k)\right]+d\left[I_{\mathrm{d}}(k-1)-I_{\mathrm{p}}(k-1)\right] \tag{4-16}$$

令 $k=1,2,\cdots,m$，式（4-16）的矩阵形式为

$$\boldsymbol{Y}_{\mathrm{m}}=\boldsymbol{H}_{\mathrm{m}}\theta \tag{4-17}$$

其中

$$\boldsymbol{Y}_m=\begin{bmatrix} y(1)\\ y(2)\\ \vdots\\ y(m)\end{bmatrix}=\begin{bmatrix} h(1)\theta\\ h(2)\theta\\ \vdots\\ h(m)\theta\end{bmatrix}$$
$$\boldsymbol{H}_m=\begin{bmatrix} h(1)\\ h(2)\\ \vdots\\ h(m)\end{bmatrix}=\begin{bmatrix} U_{\mathrm{d}}(0) & V_{\mathrm{s}}(1) & I_{\mathrm{d}}(1)-I_{\mathrm{p}}(1) & I_{\mathrm{d}}(0)-I_{\mathrm{p}}(0)\\ U_{\mathrm{d}}(1) & V_{\mathrm{s}}(2) & I_{\mathrm{d}}(2)-I_{\mathrm{p}}(2) & I_{\mathrm{d}}(1)-I_{\mathrm{p}}(1)\\ \vdots & \vdots & \vdots & \vdots\\ U_{\mathrm{d}}(m-1) & V_{\mathrm{s}}(m) & I_{\mathrm{d}}(m)-I_{\mathrm{p}}(m) & I_{\mathrm{d}}(m-1)-I_{\mathrm{p}}(m-1)\end{bmatrix} \tag{4-18}$$

待辨识参数

$$\boldsymbol{\theta}=[a,b,c,d]^{\mathrm{T}} \tag{4-19}$$

其中的系数 a、b、c、d 可描述为

$$\begin{cases} a=e^{-\lambda T_{\mathrm{s}}}\\ b=\dfrac{R_3}{R_1+R_2+R_3}\left(1-e^{-\lambda T_{\mathrm{s}}}\right)\\ c=\dfrac{R_2R_3}{R_2+R_3}\\ d=\dfrac{R_1{R_3}^2}{(R_1+R_2+R_3)(R_2+R_3)}-\dfrac{(R_1+R_2)R_3}{R_1+R_2+R_3}e^{-\lambda T_{\mathrm{s}}} \end{cases} \tag{4-20}$$

通过式（4-17）～式（4-19）并采用 RLS 算法辨识参数向量 $\boldsymbol{\theta}$，再通过式（4-20）反推出 VFB 模型中的参数 R_1、R_2、R_3 和 C_1。

RLS 辨识流程图如图 4-1 所示。

4.2.1.3　RLS 和 EKF 算法

由式（4-12）和式（4-13）可知，采用 EKF 算法估计 VFB 的 SOC 时，需要知道 VFB 的模型参数 R_1、R_2、R_3 和 C_1，但这四个模型参数无法通过传感器直接测量，且随着温度、电池充放电状态而不断发生变化，需通过辨识获得。由式（4-16）～式（4-20）可知，采用 RLS 算法辨识模型参数时，需要知道 VFB 的内核电压 V_{s}，该电压需根据 EKF 算法来获得。因此，采用基于 RLS 和 EKF 的 SOC

估算方法可结合 RLS 和 EKF 的特点，能够实现电池参数发生变化时仍能准确估计电池的 SOC。该算法结构如图 4-2 所示。

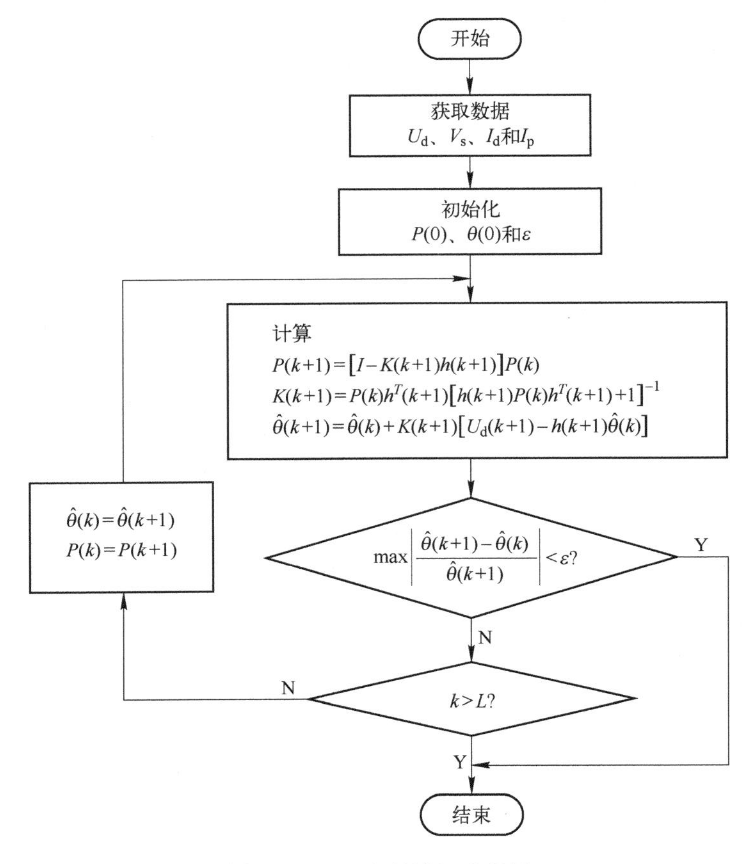

图 4-1 RLS 参数辨识流程图

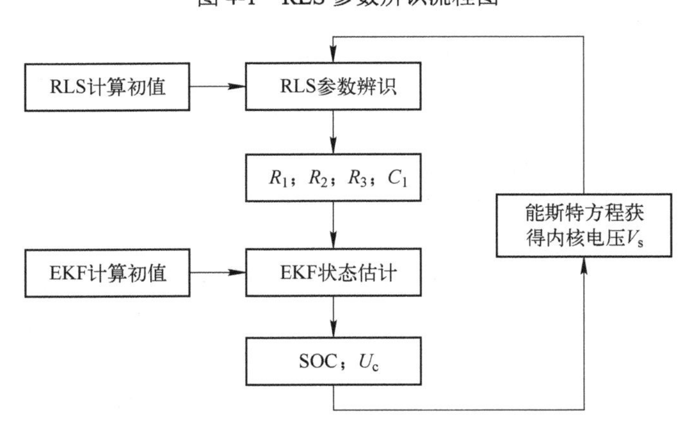

图 4-2 基于 RLS 和 EKF 估算 SOC 的结构图

为了更好地描述 SOC 估计的准确性，定义了 4 个误差指标进行衡量，主要包括平均误差（Average Error，AE）、最大误差（Maximum Error，MAXE）、最小误差（Minimum Error，MINE）和均方根误差（Root-Mean-Square Error，RMSE），如式（4-21）～式（4-24）所示。

$$E_{\mathrm{ME}} = \frac{1}{L}\sum_{k=1}^{L} e(k) \tag{4-21}$$

$$E_{\mathrm{MAXE}} = \max\{e(1), e(2), \cdots, e(L)\} \tag{4-22}$$

$$E_{\mathrm{MINE}} = \min\{e(1), e(2), \cdots, e(L)\} \tag{4-23}$$

$$E_{\mathrm{RMSE}} = \sqrt{\frac{1}{L}\sum_{k=1}^{L} \left|e(k)\right|^2} \tag{4-24}$$

式中，$e(k)$ 为第 k 时刻的 SOC 误差；L 为整个估计过程中的数据长度。

4.2.2　RLS 和 EKF 算法估计 SOC 的实验验证

为了验证基于 RLS 和 EKF 的 SOC 估算策略的有效性，本节选取 5kW/30kW • h VFB 为对象，通过串口与 VFB 的电池管理系统（BMS）通信，获得实际的电池充放电数据。实验时采取恒功率放电和恒流恒压两阶段充电这两种工况进行模型的在线辨识和 SOC 估计。

实验设备：5kW/30kW • h VFB、充电机、BMS、计算机和 USB 转 RS 485 模块各一个。其中充电机给电池充电；BMS 负责电池运行状态的监控，采集电池的充放电电流、端电压、温度和流量等，并控制循环泵的起停；5kW/30kW • h VFB 的参数见表 4-3。

表 4-3　5kW/30kW • h VFB 参数

序号	主要性能	指标值	主要性能	指标值
1	额定电压/V	DC 48	额定电流/A	105
2	额定功率/kW	5	额定时间/h	6
3	额定能量/（kW • h）	30	额定容量/（A • h）	630
4	充电限压/V	DC 60	放电限压/V	DC 40
5	电堆质量/kg	130	电堆尺寸/cm×cm×cm	63×75×35
6	电池质量/t	2.4	电池尺寸/m×m×m	2.0×1.2×2.0
7	电解液质量/t	2.0	电解液量/m^3	1.5
8	电解液/MV	1.5（Ⅳ/Ⅲ）	工作温度/℃	−30～60

实验装置及各个部件连接图如图 4-3 所示。

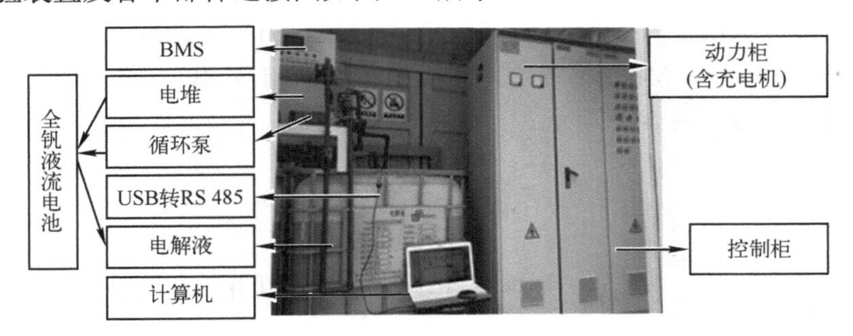

图 4-3　5kW/30kW • h VFB 实验平台

实验时的参数见表 4-4。

表 4-4　参数表

参数名称	初始值
初始 SOC	0.89
初始开路电压/V	53.7
采样周期/s	1
观测噪声 R	1
噪声协方差 Q	[0.5 0; 0 0.5]
协方差矩阵初值 P_0	[1 0;0 1]
辨识参数初始值	[0.00001 0.00001 0.00001 0.00001]
RLS 初始状态 P	幅值为 10^6 的 4×4 单位阵

1．恒功率放电时 SOC 估计验证

采用 5kW 恒功率放电，放电时 VFB 的端电压、放电电流和 SOC 曲线如图 4-4 所示。

利用该数据采用上述 RLS–EKF 算法辨识 VFB 模型参数，同时估计 VFB 的 SOC。辨识的参数 a、b、c 和 d 以及模型参数 R_1、R_2、R_3 和 C_1 分别如图 4-5 和图 4-6 所示。从图 4-6 中可以看出，模型参数 R_1、R_2、R_3 和 C_1 分别为 0.045Ω、0.03Ω、13.889Ω和 0.15F。

辨识的 VFB 端电压即模型端电压，其与实际电池端电压曲线及其相对误差如图 4-7 所示。

实际端电压和模型端电压之间的误差平均值、最大值、最小值和均方根见表 4-5。由此可知，采用 RLS–EKF 算法能够准确辨识出 VFB 的模型参数，模型误差在 0.5%以内。

采用 RLS–EKF 算法估计的 SOC 值及 SOC 估计误差如图 4-8 所示。

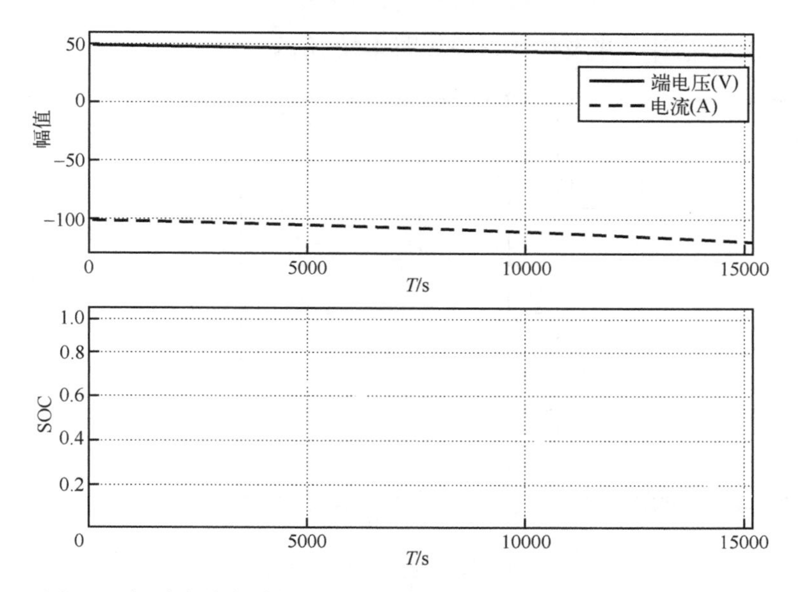

图 4-4　恒功率放电时的 5kW/30kW • h VFB 电压、电流及 SOC 曲线

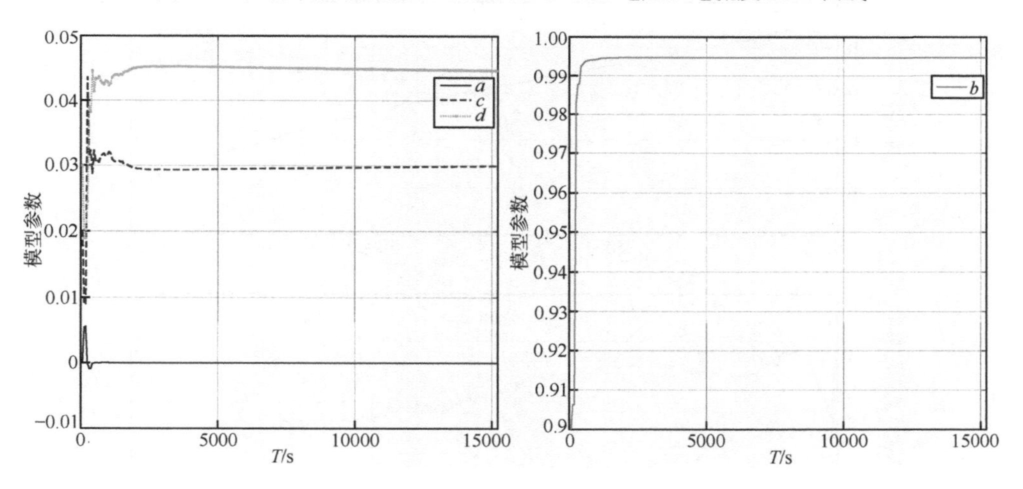

图 4-5　辨识出的参数 *a*、*b*、*c*、*d*

从图 4-8 中可以看出，在 *t*=180s 时 SOC 误差为 0.0186，为恒功率放电过程中最大误差。

综上所述，在恒功率放电工况下，采用 RLS–EKF 能够实现 SOC 的准确估计，SOC 误差在 2%以内，且估计的模型准确。

2．两阶段充电时 SOC 估计验证

充电时 SOC 初始值为 0.1。首先以 105A 恒流充电，端电压达到 60V（*t*=12120s，即 3.37h）后切换为恒压充电。充电时 VFB 的端电压、放电电流和 SOC 曲线如图

4-9 所示。SOC 估计结果及估计误差如图 4-10 所示。

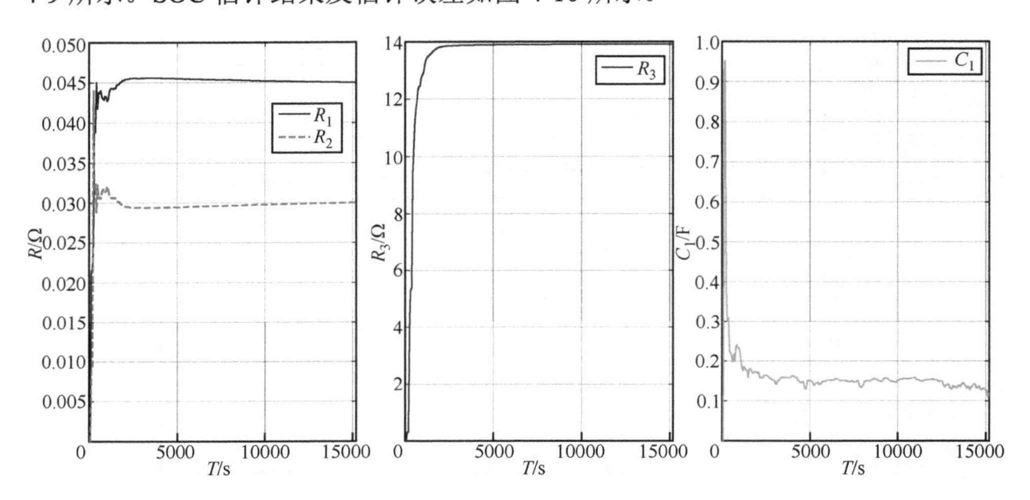

图 4-6 辨识出的 VFB 模型参数

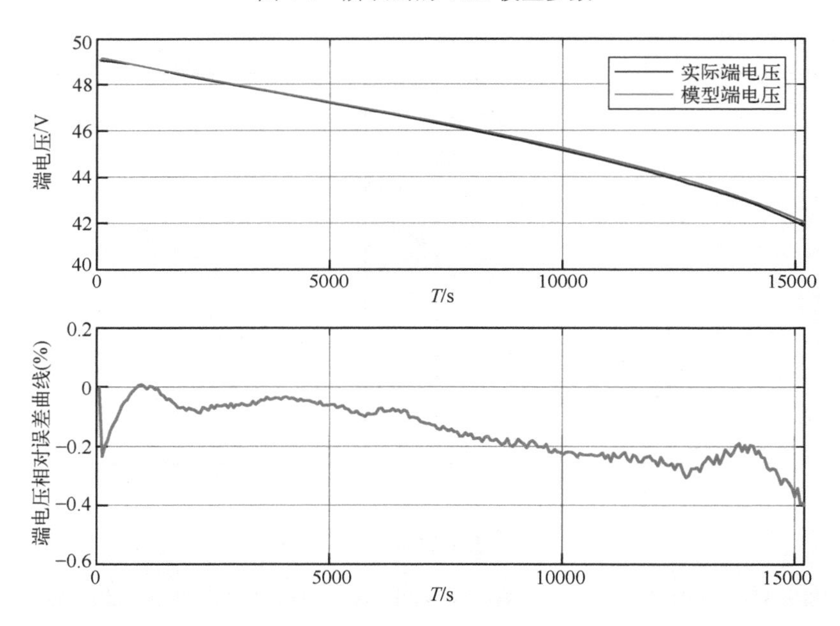

图 4-7 模型端电压与实际端电压曲线

表 4-5 模型误差

平均误差	最大误差	最小误差	均方根误差
−0.068V	0.004V	−0.1654V	0.0782V
−0.151 %	0.0081 %	−0.3943%	0.1763%

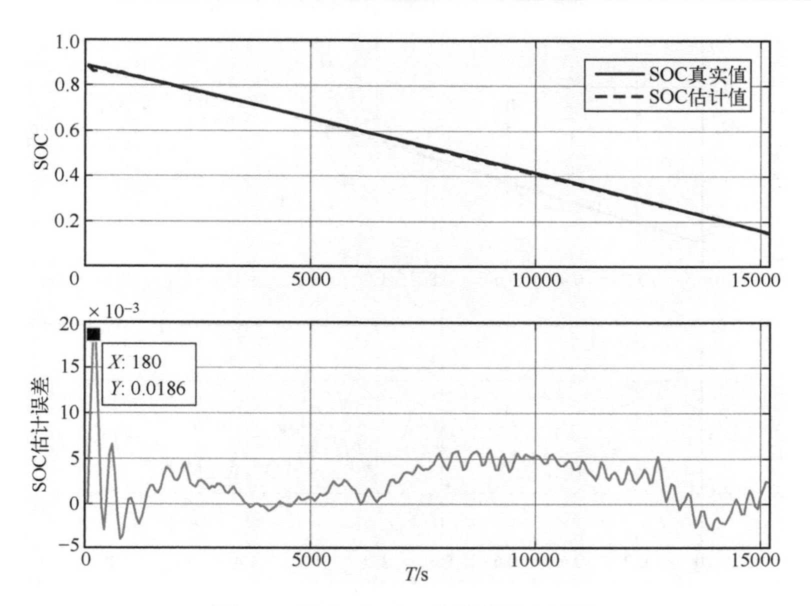

图 4-8　放电时 SOC 估计结果和误差

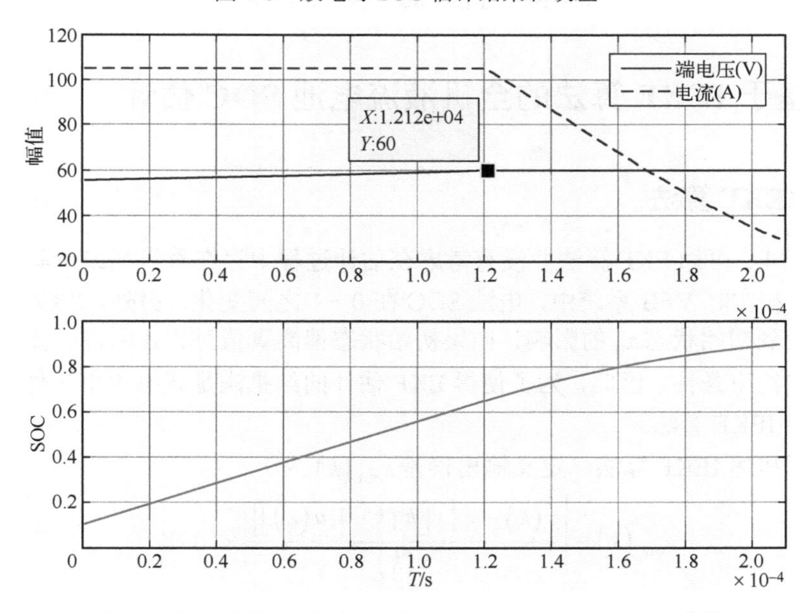

图 4-9　充电时的 5kW/30kW • h VFB 电压、电流及 SOC 曲线

从图 4-10 中可以看出，充电时 SOC 估计误差在 0.01 以内。

综上所述，通过恒功率放电、恒流恒压两阶段充电这两种工况验证了 RLS–EKF 算法，表明该算法可实现 VFB 模型的参数辨识，且能实现电池 SOC 的准确估计，SOC 误差在 2%以内。

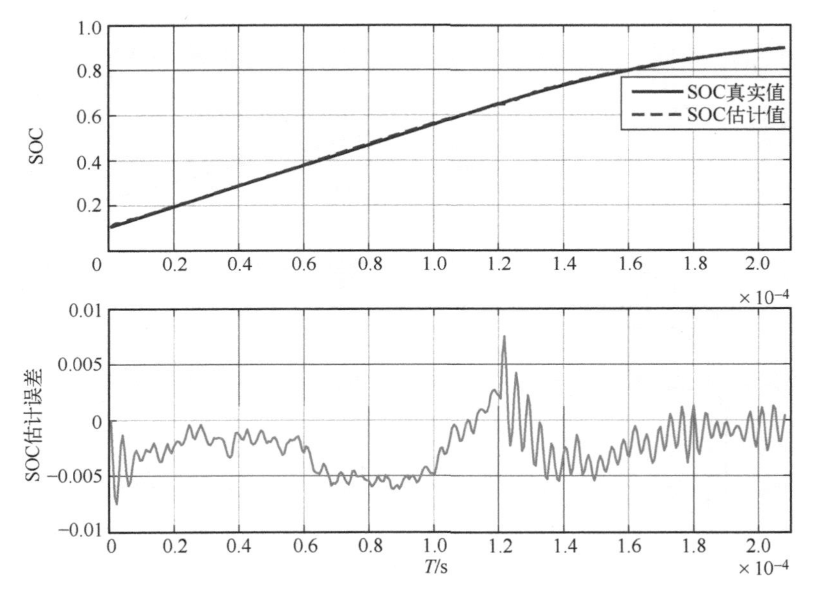

图 4-10 充电时 SOC 估计结果和误差

4.3 基于 IEKF 算法的全钒液流电池 SOC 估计

4.3.1 IEKF 算法

从表 4-2 可知 EKF 算法并没有考虑在估计过程中存在着等式或不等式状态约束条件。在实际 VFB 系统中，电池 SOC 在 0～1 之间变化。另外，EKF 的估计结果也会受到初始状态 x_0 的影响，如果初始状态偏离真值过大，则可能会导致估计结果超出约束条件。因此，为了使得 EKF 估计的结果满足状态约束条件，本节提出了一种 IEKF 算法。

为了描述 IEKF 算法，定义输出误差 $e_{out}(k)$ 为

$$e_{out}(k)=\left|\frac{y(k)-g\{x[k|k-1,u(k)]\}}{y(k)}\right|\times 100\% \tag{4-25}$$

如果输出误差 $e_{out}(k)$ 过大说明估计的状态不准，需要加强实际测量值对状态估计值 $x(k|k)$ 的修正；反之则减弱实际测量值对状态估计值的修正。

在式（4-8）中引入增益因子 $\alpha(k)$，用来改变状态估计结果和测量值的权重，新的状态估计值更新方程为

$$x(k|k)=x(k|k-1)+\alpha(k)K(k)\Big(y(k)-g\{x[k|k-1,u(k)]\}\Big) \tag{4-26}$$

如果增益因子大，表明估计器相信测量值即测量值的权重大，反之则相信模型估计的结果。如果采用式（4-8）计算出的状态估计值超出了上限和下限的范围，则需要将增益因子减小，接近于零，这样更新后的状态估计值就不会违反约束条件。

由此可知，增益因子与输出误差及状态变量的上下界有关。故将其定义为输出误差、状态变量上下界相关的函数，即

$$\alpha(k)=h\left(e_{\text{out}}(k),\, x_{\min},\, x_{\max}\right) \tag{4-27}$$

式中，$x_{\max}$、$x_{\min}$ 分别为状态变量的上下界。

增益因子 $\alpha(k)$ 大时，实际测量值对状态估计结果的影响大，能够弥补模型不准确导致 SOC 估计不准；当增益因子 $\alpha(k)$ 小时，SOC 估计结果依赖模型观测值，能够解决测量噪声带来的问题。通过式（4-26）计算出的状态估计更新值若超出上下边界，则进一步减小增益因子，取新的增益因子代入式（4-26），进行第二次状态更新，这样通过增益因子的调整，可实现状态的准确估计，且状态不会超出上下界。

式（4-3）～式（4-7）、式（4-27）、式（4-26）和式（4-9）即为 IEKF 算法的步骤，具体用于 VFB SOC 估计时的实现，见表 4-6。

表 4-6　IEKF 算法的实现

步骤	式号
初始化 $x(0\|0)=x_0, P(0\|0)=p_0, Q=Q_0, R=R_0$	（4-28）
For k=1, 2 … 循环	
状态估计值更新 $x(k\|k-1)=f\left(x(k-1\|k-1),u(k-1)\right)$ $\begin{cases} U_{\text{c}}(k\|k-1)=e^{-\lambda T_{\text{s}}}U_{\text{c}}(k-1)-\dfrac{1}{\lambda}\left(e^{-\lambda T_{\text{s}}}-1\right)\dfrac{N}{R_1\times C_1}\left(E^{\Theta}+\dfrac{2RT}{F}\ln\dfrac{\text{SOC}(k-1\|k-1)}{1-\text{SOC}(k-1\|k-1)}\right)+ \\ \qquad \dfrac{1}{\lambda}\left(e^{-\lambda T_{\text{s}}}-1\right)\dfrac{R_3}{(R_2+R_3)\times C_1}\left[I_{\text{d}}(k-1)-I_{\text{p}}(k-1)\right] \\ \text{SOC}(k\|k-1)=\text{SOC}(k-1\|k-1)+\dfrac{1}{C_{\text{N}}}I_{\text{d}}(k-1)T_{\text{s}} \end{cases}$	（4-29）
状态转移矩阵和观测矩阵 $\boldsymbol{A}(k)=\left.\dfrac{\partial f(x,u)}{\partial x}\right\|_{x=x(k\|k-1)}=\begin{bmatrix} e^{-\lambda T_{\text{s}}} & \dfrac{1}{\lambda}\left(1-e^{-\lambda T_{\text{s}}}\right)\times\dfrac{2NRT}{R_1C_1F}\times\dfrac{1}{\text{SOC}(k\|k-1)\times\left[1-\text{SOC}(k\|k-1)\right]} \\ 0 & 1 \end{bmatrix}$ $\boldsymbol{C}=\begin{bmatrix}\dfrac{R_3}{R_2+R_3} & 0\end{bmatrix}$	（4-30）
误差协方差更新 $P(k\|k-1)=A(k)P(k-1\|k-1)A(k)^{\text{T}}+Q$	（4-31）
卡尔曼增益更新 $K(k)=P(k\|k-1)C^{\text{T}}\left[CP(k\|k-1)C^{\text{T}}+R\right]^{-1}$	（4-32）

（续）

输出误差更新 $e_{out}(k)=\left\|\frac{y(k)-g(x(k\|k-1,u(k)))}{y(k)}\right\|\times 100\%$ $=\left\|\frac{y(k)-\left[\frac{R_3}{R_2+R_3}U_c(k\|k-1)+\frac{R_2R_3}{R_2+R_3}\left[I_d(k)-I_p(k)\right]\right]}{y(k)}\right\|\times 100\%$	（4-33）
通过实测量值对状态估计值更新（1） $x(k\|k)=x(k\|k-1)+\alpha(k)K(k)\left[y(k)-g(x(k\|k-1,u(k)))\right]$ $\alpha(k)=\begin{cases}\alpha_{max} & e_{out}(k)\geqslant e_{max}\\ \alpha_{min} & e_{out}(k)\leqslant e_{min}\\ \alpha_{mid} & e_{min}<e_{out}(k)<e_{max}\end{cases}$	（4-34）
通过实测量值对状态估计值更新（2） if $x(k\|k)<x_{min}$ or $x(k\|k)>x_{max}$ $\alpha(k)=\alpha_{limit}$ $x(k\|k)=x(k\|k-1)+\alpha(k)K(k)\left[y(k)-g(x(k\|k-1,u(k)))\right]$ end	（4-35）
通过实际值对误差协方差更新 $P(k\|k)=\left[I-K(k)C\right]P(k\|k-1)$	（4-36）
循环结束	

4.3.2 IEKF 算法估计 SOC 的实验验证

采用 IEKF 估计 VBR SOC 的实验平台仍采用图 4-3 所示的装置。IEKF 参数为$SOC_{max}=0.9$，$SOC_{min}=0.1$，$e_{max}=15\%$，$e_{min}=5\%$，$\alpha_{max}=1.5$，$\alpha_{mid}=1$，$\alpha_{min}=0.1$，$\alpha_{limit}=0.05$。

使用额定功率 5kW 对电池进行恒功率放电，通过 IEKF 和 EKF 算法对 VFB SOC 进行估计。初始 SOC 值设置为 0.79，而实际初始 SOC 值为 0.89。SOC 估计结果和误差如图 4-11 所示。

从图 4-11 可知，采用 EKF 估计 SOC 时，在初始阶段（0～1000s） SOC 抖动，且在 t=300s 时估计的 SOC 为 0.9473，大于 SOC 最大值 0.9；而采用 IEKF 估计的 SOC 在整个放电过程中都不会越界。采用 EKF 和 IEKF 估计 SOC 的性能对比见表 4-7。

从表 4-7 可知，在 SOC 初始值与实际值有偏差时，采用 IEKF 估计 SOC 的均方根误差比采用 EKF 时小，最小误差比采用 EKF 时小，最大误差相近，等于初始 SOC 误差，平均误差比采用 EKF 时大。这是因为采用 EKF 估计的 SOC 值会来回振荡再收敛至实际值，误差有正有负会抵消一部分导致其平均值小。另外，采用 IEKF 估计 SOC 时，经过 480s 调整后快速收敛到 SOC 真实值，SOC 估计误差为 0.2%；而采用 EKF 估计 SOC 时，需要经过 1740s 调整后收敛到 SOC 真实值，SOC 估计误差为 0.27%。由此可知采用 IEKF 估计 SOC 时收敛速度、精度均优于 EKF 算法。

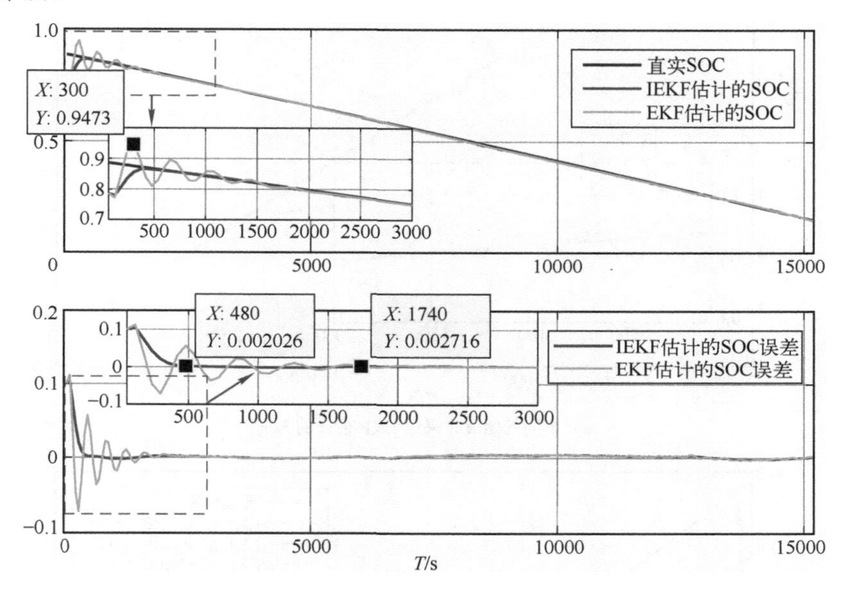

图 4-11　采用 EKF 和 IEKF 两种方法估计的 SOC 结果和误差

表 4-7　EKF 和 IEKF 估计 SOC 时的性能对比

算法	平均误差（%）	最大误差（%）	最小误差（%）	均方根误差（%）	收敛时间/s
EKF	0.2556	11.1655	1.2916	−7.1931	1740
IEKF	0.3102	10.4639	1.0811	−0.2722	480

4.3.3　IEKF 算法估计 SOC 的收敛性及鲁棒性分析

本节针对放电和充电过程中设置不同初始 SOC 值，观察 IEKF 算法的收敛性与鲁棒性，并与 EKF 算法进行比较。

（1）恒功率放电时

在以额定功率 5kW 放电时，将算法中初始 SOC 值分别设置为 0.79、0.69 和 0.59，而实际初始 SOC 值为 0.89。采用 IEKF 算法估计 SOC 的结果和估计误差如图 4-12 和图 4-13 所示。

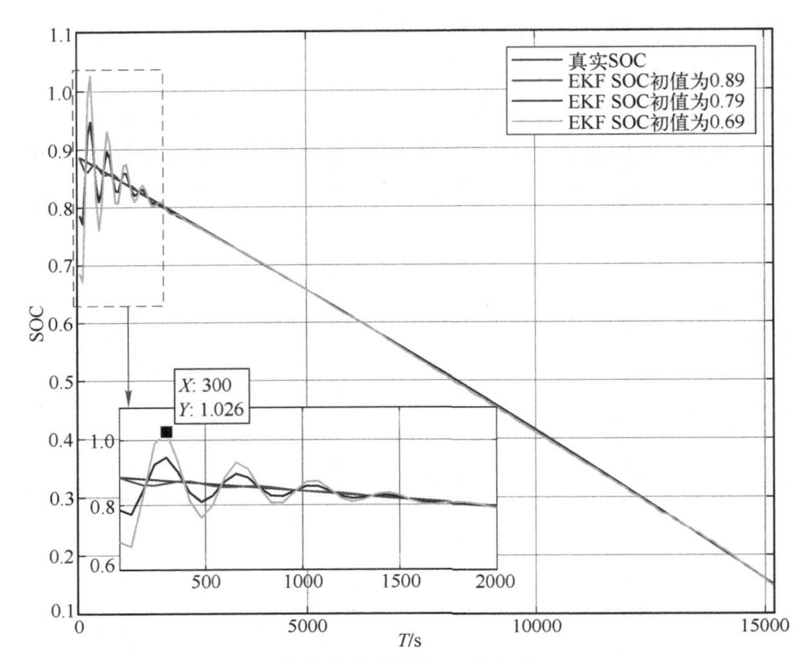

a）不同初始值时采用 EKF 估计的 SOC

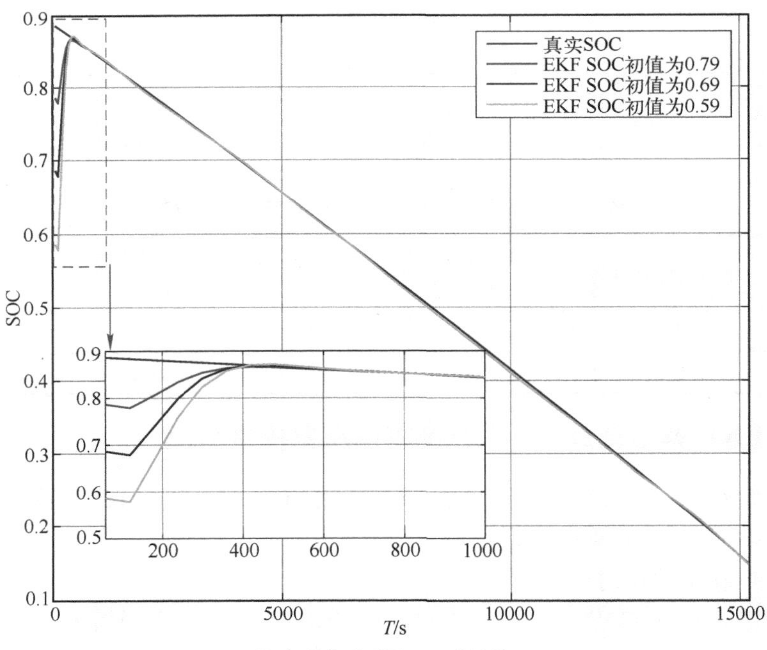

b）不同初始值时采用 EKF 估计的 SOC

图 4-12 放电时不同 SOC 初始值下的 SOC 估计结果

从图 4-12 可知，采用 EKF 估计 SOC 时，在初始阶段（0～2000s）SOC 抖动，且当 SOC 初始值为 0.69 时，估计的 SOC 在 t=300s 时达到 1.026，大于 SOC 最大值 0.9；而采用 IEKF 估计 SOC 时，在不同 SOC 初始值时算法经过短暂调整后能收敛于实际值，且在整个放电过程中都不会越界。

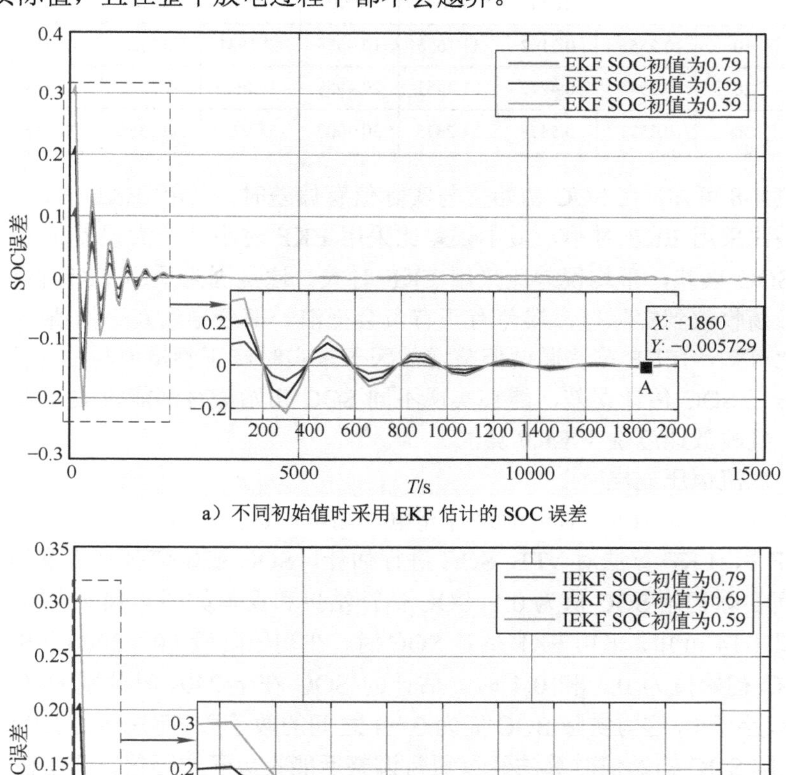

a）不同初始值时采用 EKF 估计的 SOC 误差

b）不同初始值时采用 IEKF 估计的 SOC 误差

图 4-13　放电时不同 SOC 初始值下的 SOC 估计误差曲线

由图 4-13 可知，采用 EKF 估计 VFB SOC 在 $t_A=1860$s 时误差为 0.0057，而采用 IEKF 估计的 SOC 在 $t_B=540$s 时收敛到 0.0033，表明 IEKF 比 EKF 具有更快的收敛速度。EKF 和 IEKF 算法在不同 SOC 初始值情况时估计 SOC 的误差对比见表 4-8。

表 4-8 EKF、IEKF 算法对比（$SOC_0=0.79$，0.69，0.59）

SOC_0	初始误差（%）	平均误差（%）		最大误差（%）		最小误差（%）		均方根误差（%）	
		EKF	IEKF	EKF	IEKF	EKF	IEKF	EKF	IEKF
0.79	10	0.2556	0.3102	11.1655	10.4639	−7.1931	−0.2722	1.2916	1.0811
0.69	20	0.2945	0.4242	21.2451	20.4958	−15.0625	−0.2722	2.4778	2.0461
0.59	30	0.3371	0.5458	31.2575	30.5007	−21.9730	−0.4356	3.5746	3.0433

从表 4-8 可知，在 SOC 初始值与实际值有偏差时，采用 IEKF 估计 SOC 的均方根误差比采用 EKF 时小，最小误差比采用 EKF 时小，最大误差相近，且约等于初始 SOC 误差，平均误差比采用 EKF 时大。这是因为采用 EKF 估计的 SOC 会来回振荡收敛到实际值，误差有正有负会抵消一部分导致其平均值小。

由此可知，IEKF 算法通过调整增益因子来实时修正测量值与估计值的权重，并实时修正 SOC 估计误差，能够实现不同 SOC 初始值时都能收敛到实际值，鲁棒性好，且收敛速度快于 EKF 算法。

（2）恒流恒压充电时

使用额定电流 105A 对电池进行充电，端电压达到 60V 时改为恒压充电。分别采 EKF 和 IEKF 算法对 VFB SOC 进行估计。SOC 初始值分别设置为 0.2、0.3 和 0.4，而实际初始 SOC 值为 0.1。SOC 估计结果和误差如图 4-14 和图 4-15 所示。

从图 4-14 可知，采用 EKF 估计 SOC 时，在初始阶段（0～2000s）SOC 抖动，且当 SOC 初始值为 0.3 和 0.4 时，估计的 SOC 在 t=240s 时分别为−0.02272 和−0.09608，小于 0，这与实际 SOC 值为 0～1 之间的数矛盾。而采用 IEKF 估计 SOC 时，在不同 SOC 初始值时算法经过短暂调整后能收敛于实际值，且在整个放电过程中都不会出现负值。

由图 4-15 可知，采用 EKF 估计 VFB 的 SOC 在 $t_A=1680$s 时误差收敛到 0.006，而采用 IEKF 估计的 SOC 在 $t_B=360$s 时收敛到 0.0048，表明 IEKF 比 EKF 具有更快的收敛速度。EKF 和 IEKF 算法在不同 SOC 初始值时估计 SOC 的误差见表 4-9。

表 4-9 EKF、IEKF 算法对比（$SOC_0=0.2$，0.3，0.4）

SOC_0	初始误差（%）	平均误差（%）		最大误差（%）		最小误差（%）		均方根误差（%）	
		EKF	IEKF	EKF	IEKF	EKF	IEKF	EKF	IEKF
0.2	−10%	−0.2789	−0.2827	6.2896	0.4097	−10	−10	0.8800	0.6413
0.3	−20%	−0.2846	−0.3223	13.5833	0.4097	−20	−20	1.6890	1.1557
0.4	−30%	−0.2907	−0.3627	20.9194	0.4097	−30	−30	2.4979	1.7012

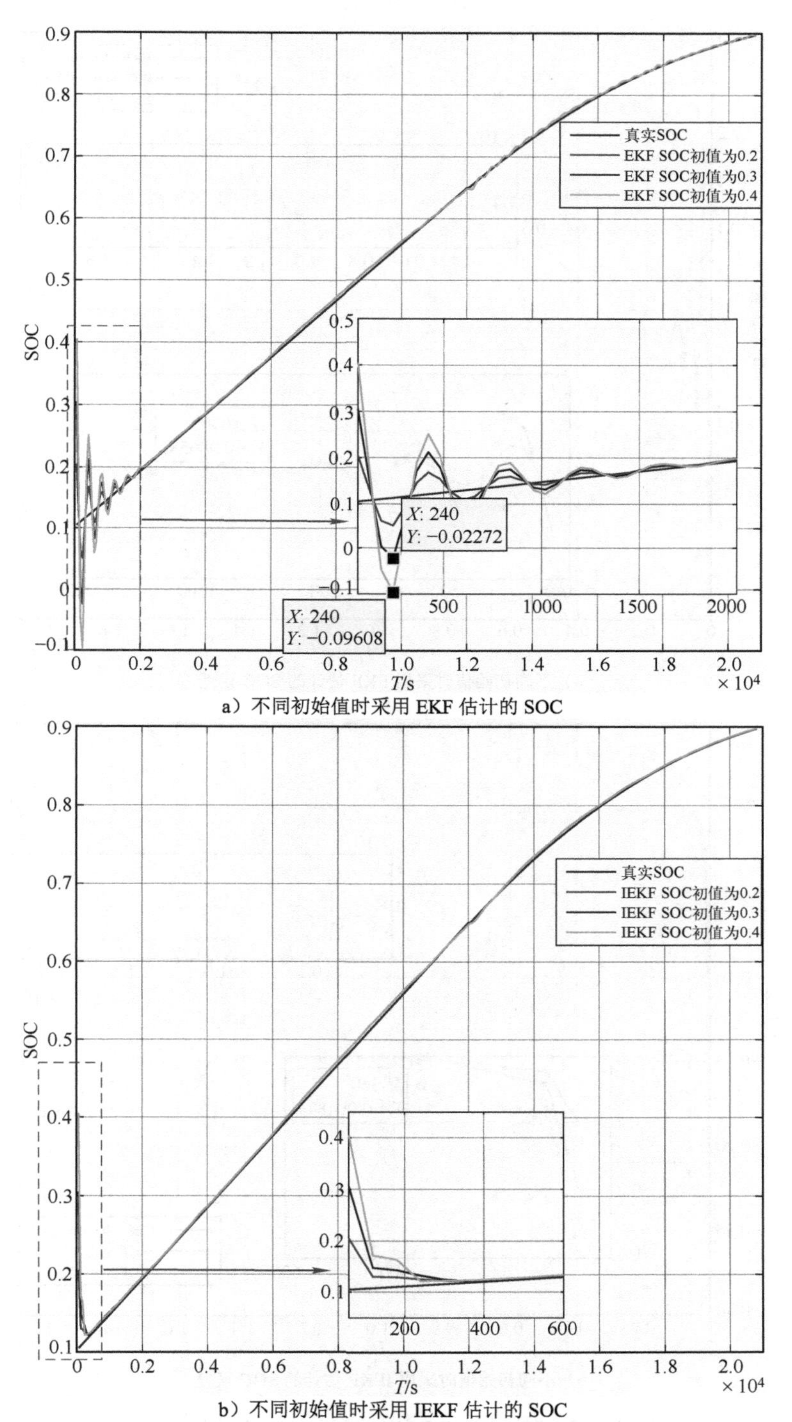

a）不同初始值时采用 EKF 估计的 SOC

b）不同初始值时采用 IEKF 估计的 SOC

图 4-14　充电时不同 SOC 初始值下的 SOC 估计结果

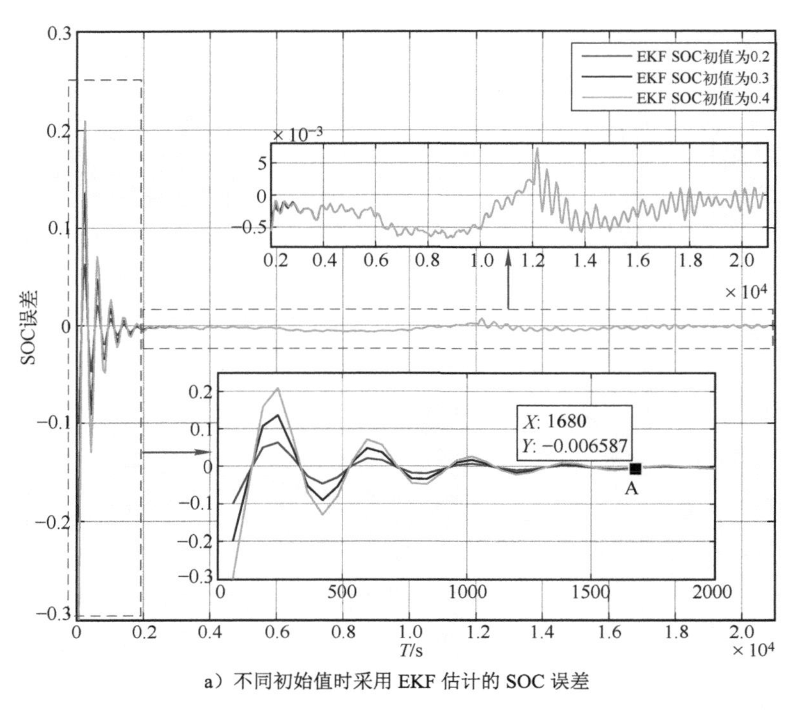

a）不同初始值时采用 EKF 估计的 SOC 误差

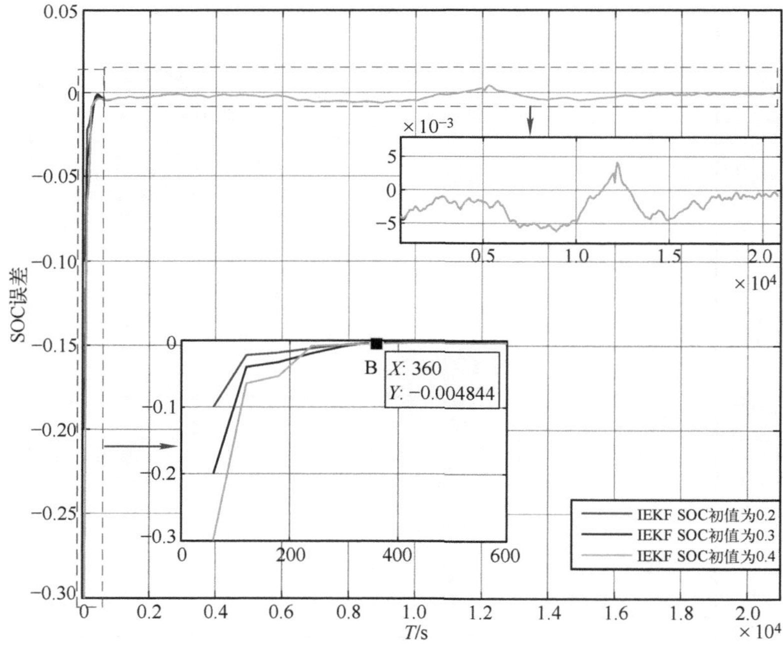

b）不同初始值时采用 IEKF 估计的 SOC 误差

图 4-15　充电时不同 SOC 初始值下的 SOC 估计误差曲线

从表 4-9 可知，采用 IEKF 估计 SOC 的均方根误差比采用 EKF 时小，最大误差比采用 EKF 时小，最小误差相同，且等于初始 SOC 误差，而平均误差比采用 EKF 时大。这是因为采用 EKF 估计的 SOC 会来回振荡收敛至实际值，误差有正有负会抵消一部分导致其平均值小。

由此可知，充电时，在不同 SOC 初始值情况下，采用 IEKF 算法估计的 SOC 都能收敛到真实值，鲁棒性好，且收敛速度快于 EKF 算法。

4.4　基于双卡尔曼滤波算法的全钒液流电池 SOC 估计

安时积分法作为一种开环估计方法，在短时间内能够较好地跟踪电池 SOC 的变化，但由于没有校正反馈功能，误差会随着时间的累积变得越来越大且自身不能够获得电池 SOC 初始值，而 SOC 初始值对其估计结果影响很大。扩展卡尔曼滤波算法作为一种滤波算法，能够在一定程度上降低系统误差与测量误差，能够较好地通过电池电压修正估计的 SOC，但其估计精度十分依赖电池模型，当电池模型参数精度较高时，估计结果较为精确且很快就能够收敛，但是当模型参数精度不高时，估计精度会变得很差。为解决上述问题，本节在两种算法的基础上再次构建一个卡尔曼滤波，对两种算法的估计结果进行卡尔曼融合，从而获得更加稳定、准确的估计值。

4.4.1　双卡尔曼滤波算法

双卡尔曼滤波算法（Double Kalman Filter，DKF）的思想就是通过构建一个二级卡尔曼来滤除系统输出噪声和模型内部噪声。首先通过 EKF 算法，结合电池模型利用电压来校正电池 SOC，接着将得到的 EKF_SOC 作为第二层 KF 算法的输入，校正安时积分算出的 AH_SOC。在二级卡尔曼滤波过程中，将安时积分法容易受电流测量精度、电池容量等因素导致的误差当作模型的内部噪声，EKF 算法造成的误差当作系统的输出噪声。其算法原理图如图 4-16 所示。

从图 4-16 能够看出，双卡尔曼滤波算法估算过程在某种程度上可以表示为对 AH_SOC 与 EKF_SOC 的卡尔曼加权处理。在进行二级卡尔曼融合时，建立的线性系统状态与观测方程如下

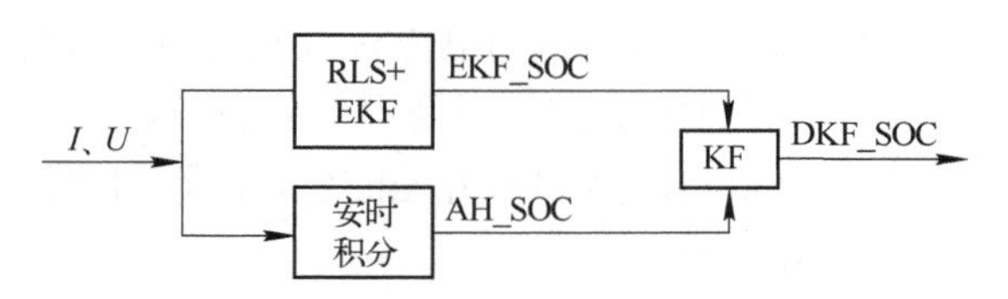

图 4-16　双卡尔曼滤波算法原理图

$$X(k+1)=AX(k)+BI(k)+W(k) \tag{4-37}$$

$$Y(k+1)=x(k+1)+V(k+1) \tag{4-38}$$

第二层滤波的主要步骤如下。

1）给定滤波初值 $X(0)=E[X(0)]$， $P_0=\mathrm{var}[X(0)]$。

2）得到当前状态一步预测值

$$\hat{X}(k+1|k)=A\hat{X}(k|k)+BI(k)+W(k) \tag{4-39}$$

3）得到当前时刻的一步预测协方差阵

$$P(k+1|k)=P(k|k)+Q \tag{4-40}$$

4）得到当前时刻的卡尔曼滤波增益

$$K(k+1)=P(k+1|k)[P(k+1|k)+R]^{-1} \tag{4-41}$$

5）状态与协方差更新

$$\hat{X}(k+1|k+1)=\hat{X}(k+1|k)+K(k+1)[\mathrm{EKFSOC}(k+1)-Y(k+1)] \tag{4-42}$$

$$P(k+1|k+1)=[I-K(k+1)]P(k+1|k) \tag{4-43}$$

式中，A=1，B=1；$X(k)$表示 k 时刻的 SOC 状态值；$Y(k)$表示 k 时刻的系统观测值；$I(k)$表示当前时刻系统输入电流；$W(k)$表示模型内部噪声；$V(k)$表示系统输出噪声。EKFSOC(k)表示 EKF 算法得到的 SOC 估计值。

由于融合过程仅有一个电流外部输入，因此，系统输出噪声可由 EKF 算法的后验估计协方差得到，模型内部噪声则由电流测量误差引入。

综上所述，双卡尔曼滤波算法的主要步骤如下。

1）以通过电池 OCV–SOC 曲线获取的 SOC 初始值作为输入状态量，电池等效电路模型的电压方程为输出方程，定义电池状态方程和输出方程并设定初始协方差矩阵以及初始状态估计值。

2）计算状态转移与观测矩阵以及当前时刻的协方差和状态预测值。

3）得到当前时刻的卡尔曼增益矩阵。

4）利用测量得到的输出以及状态方程计算出的输出来修正先验估计值，从而推出当前时刻的协方差以及更新状态值。

5）更新状态量和协方差的值，得到利用扩展卡尔曼滤波算法估算的当前时刻的电池 SOC 值。

6）以扩展卡尔曼滤波算法估算的电池 SOC 为输入状态量，安时积分法为输出方程，定义电池状态和输出方程并设定初始协方差矩阵。

7）得到当前时刻协方差矩阵以及状态量的一步预测值。

8）得到当前时刻的卡尔曼增益矩阵。

9）状态与协方差更新。

10）更新状态量和协方差的值，得到基于双卡尔曼滤波算法估算当前时刻的电池 SOC 值，返回步骤 1）重新迭代，利用双卡尔曼滤波算法进行下一时刻的 SOC 值估算。

其程序流程图如图 4-17 所示。

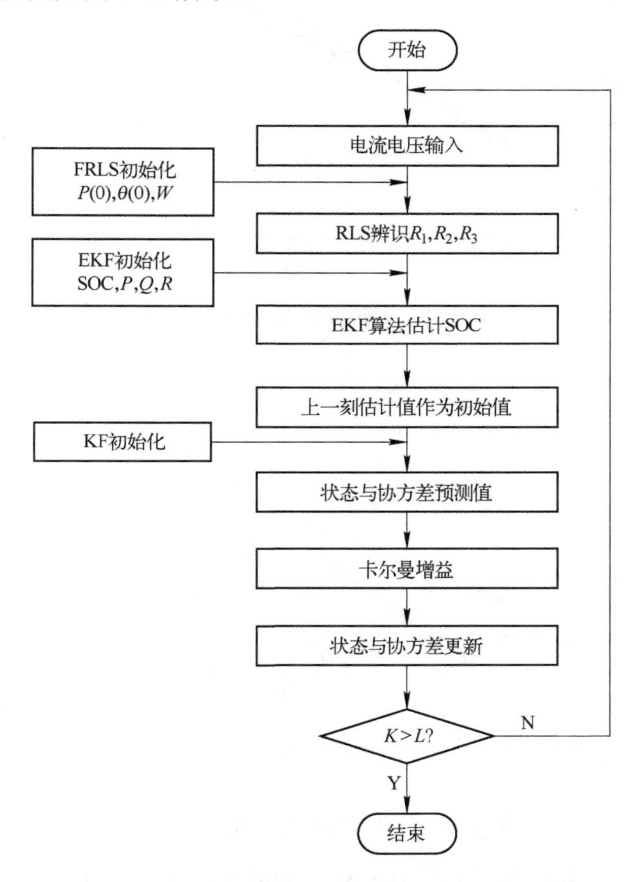

图 4-17　基于电池模型的 DKF 算法 SOC 估计流程图

4.4.2　双卡尔曼滤波算法估计 SOC 的验证

在对算法原理、算法步骤进行推导分析后，接下来将采用 DKF 算法对全钒液流电池 SOC 进行估计，同时对比分析 EKF 与安时积分算法估计结果。第一层 EKF 算法参数设计不变，第二层卡尔曼滤波算法中模型内部噪声 R 取值为 0.001，系统输出噪声 Q 由 EKF 算法的后验估计协方差得到。

同样选取恒流恒压充电过程中 SOC 在 0.1～0.9 范围内的数据进行估计，估计结果及误差如图 4-18、图 4-19 所示。

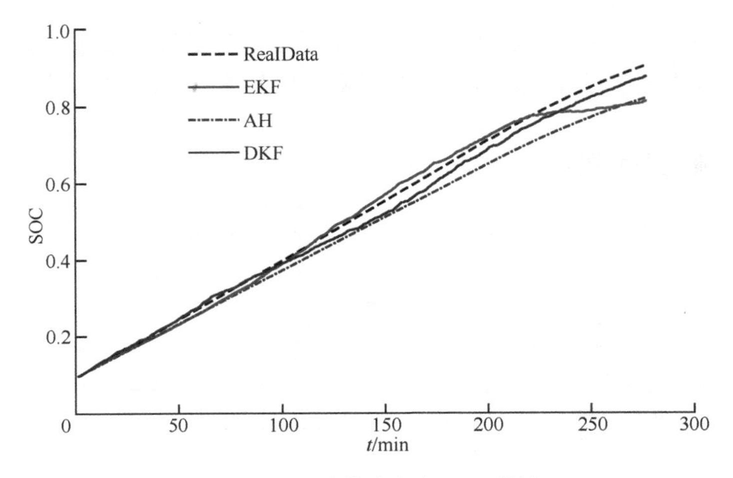

图 4-18　三种算法充电 SOC 估计

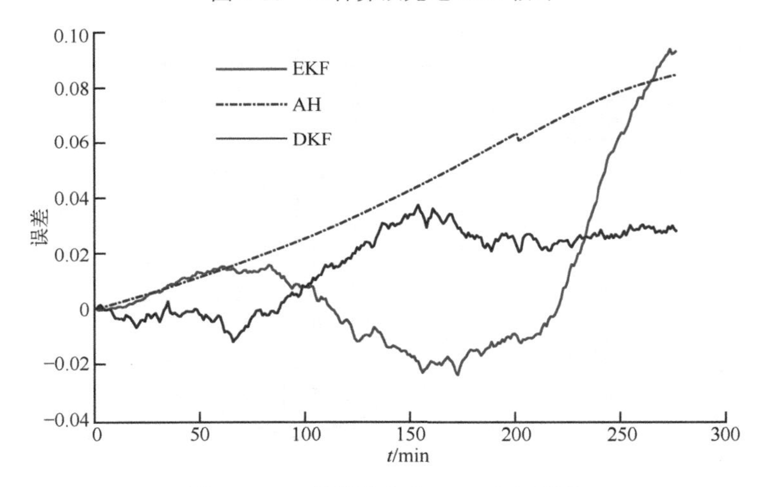

图 4-19　三种算法充电 SOC 估计误差

同样选取恒功率放电至电压为 42V 之间的数据进行估计，其估计结果及误差曲线如图 4-20、图 4-21 所示。

从图 4-21 能够看出，依据给定的算法参数，充电过程中，安时积分法的误差会随着时间慢慢累积，最终达到 9%左右；EKF 算法在模型较为精确时估计效果较好，但当模型精度不高时，误差会呈直线上升。而 DKF 算法通过卡尔曼滤波对 EKF 与安时积分估计结果进行加权处理，能够滤除二者的误差，较好地跟踪 SOC 变化。即便是后期模型不准时，也能将误差维持在 3%左右，且趋向收敛。放电过程中，由于电流变化较为平缓，安时积分法误差增长较为缓慢，最终维持在 4%左右；EKF 算法受放电后期电池模型的影响，误差会逐渐增大，且趋向发散；但 DKF 算法亦始终能够较好地跟踪 SOC 的变化，估计过程较为稳定，误差始终控制在 2%以内且趋向收敛。离线实验表明，DKF 算法不仅对电流精度要求不高，同时也避免了对模型的过度依赖，且收敛速度更快，能有效降低估计误差。

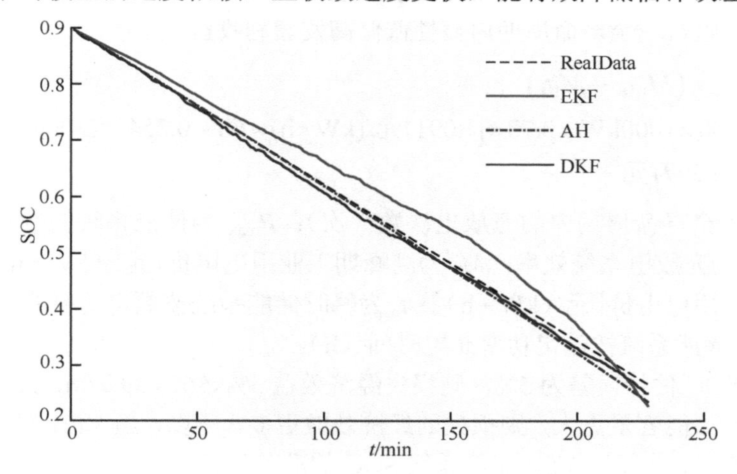

图 4-20　三种算法放电 SOC 估计

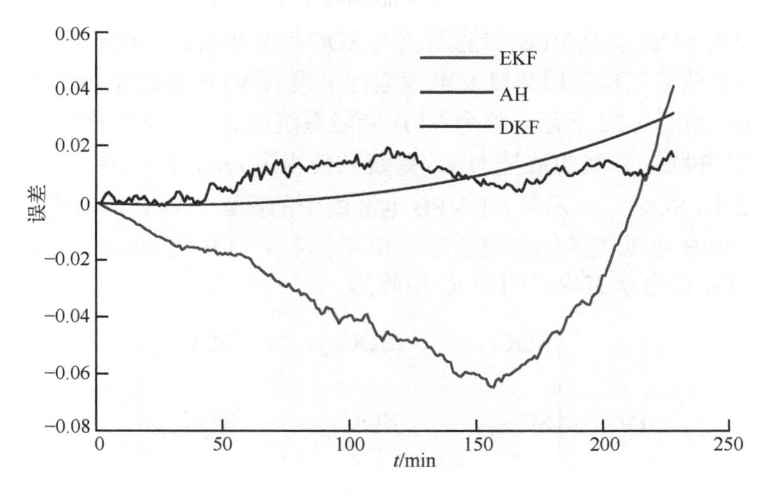

图 4-21　三种算法放电 SOC 估计误差

4.5　全钒液流电池储能系统的 SOC 估计方案

VFB 储能系统是由多个VFB 串并联再加上功率变换器构成的，该系统并不会单独使用，而是会与风力、光伏、电网或负荷等产生能量交换。随着大规模 VFB 储能系统得以示范、推广和应用，实现电池储能系统 SOC 的准确估计并监控其状态已不再仅仅是为了保护电池，而是为了更好地管理、调控储能系统，提高其商业价值。下面以 1MW/6h VFB 储能系统为例计算 SOC 估计不准造成的经济损失。

算例：某地区峰时电价为1.0911元/(kW·h)，谷时电价为0.36347元/(kW·h)；储能电站在用电高峰时期，利用存储的电能为负荷供电。实现“低价储电，高价卖电”经济收益。全寿命周期内显性低储高发套利收益S_1为

$$\begin{aligned}S_1 &= nP_{\max}\eta\left(M_{\rm h}t_{\rm h} - M_{\rm l}t_{\rm l}\right)\\ &= 20000\times1000\text{kW}\times0.78\times\left[1.0911\text{元/(kW·h)}\times6\text{h}-0.3547\text{元/(kW·h)}\times8\text{h}\right]\\ &= 5676.59\text{万元}\end{aligned}$$

式中，n 为全寿命周期内的充放电次数（次）；$P_{\max}$ 为储能系统的额定输出功率（kW）；η 为充放电系统效率；$M_{\rm h}$ 为高峰期工业用电电价[元/（kW·h）]；$M_{\rm l}$ 为低谷期工业用电电价[元/（kW·h）]；$t_{\rm h}$ 为峰时储能系统按额定功率放电时间（h）；$t_{\rm l}$ 为低谷时储能系统按额定功率充电时间（h）。

如果 SOC 估计误差为 5%，则损失经济效益 5%×5676.59 万元=283.83 万元。如果配置的储能容量更大，则损失的经济效益更多。所以，当 VFB 朝着商业化运营方向发展时，兆瓦级 VFB 储能系统 SOC 的准确估计是决定 VFB 储能电站商业化运营价值的关键因素之一。这就要求能够实时且准确地估计每个 VFB 的 SOC、VFB 电池组的 SOC 以及 VFB 储能系统的 SOC，使其满足工程应用。

为此，本节从工程应用角度及电池运行机理对 VFB 储能系统的 SOC 采用分层估计方法，如图 4-22 所示。整个 VFB 储能系统由 m 个 VFB 形成电池组，然后通过 DC/DC 并联，并联的数量为 n，系统共使用了 $m\times n$ 个 VFB。

图4-22中，$\text{SOC}_{j,k}$ 表示第j个VFB电池组中的第k个VFB的荷电状态；$\text{SOC}_{\text{S}j}$ 表示第 j 个 VFB 电池组的的荷电状态；SOC_{P} 表示 VFB 储能系统的荷电状态。

每个 VFB 荷电状态构成的 SOC 矩阵为

$$\text{SOC}_{\text{B}} = \begin{pmatrix} \text{SOC}_{1,1} & \cdots & \text{SOC}_{1,k} & \cdots & \text{SOC}_{1,m} \\ \vdots & \ddots & \vdots & \ddots & \vdots \\ \text{SOC}_{j,1} & \cdots & \text{SOC}_{j,k} & \cdots & \text{SOC}_{j,m} \\ \vdots & \ddots & \vdots & \ddots & \vdots \\ \text{SOC}_{n,1} & \cdots & \text{SOC}_{n,k} & \cdots & \text{SOC}_{n,m} \end{pmatrix} \tag{4-44}$$

由于每个 VFB 的参数不同，导致串联电池组存在“木桶短板效应”，充放电时会因其中性能最差的 VFB 最先达到截止电压而停止，从而导致某些电池充不满电或者放不完电，故 VFB 电池组的性能取决于性能最差的电池。因此 VFB 电池组的 SOC 取决于性能最差的 VFB 的荷电状态。当对 VFB 电池组放电时，电量最低的电池会先放完，故将串联的各个电池 SOC 最小值作为串联电池组 SOC，即第 j 个 VFB 电池组的$\text{SOC}_{\text{S}j}=\min\left\{\text{SOC}_{j,k}\right\}$。故放电时 VFB 电池组荷电状态构成的 SOC 矩阵为

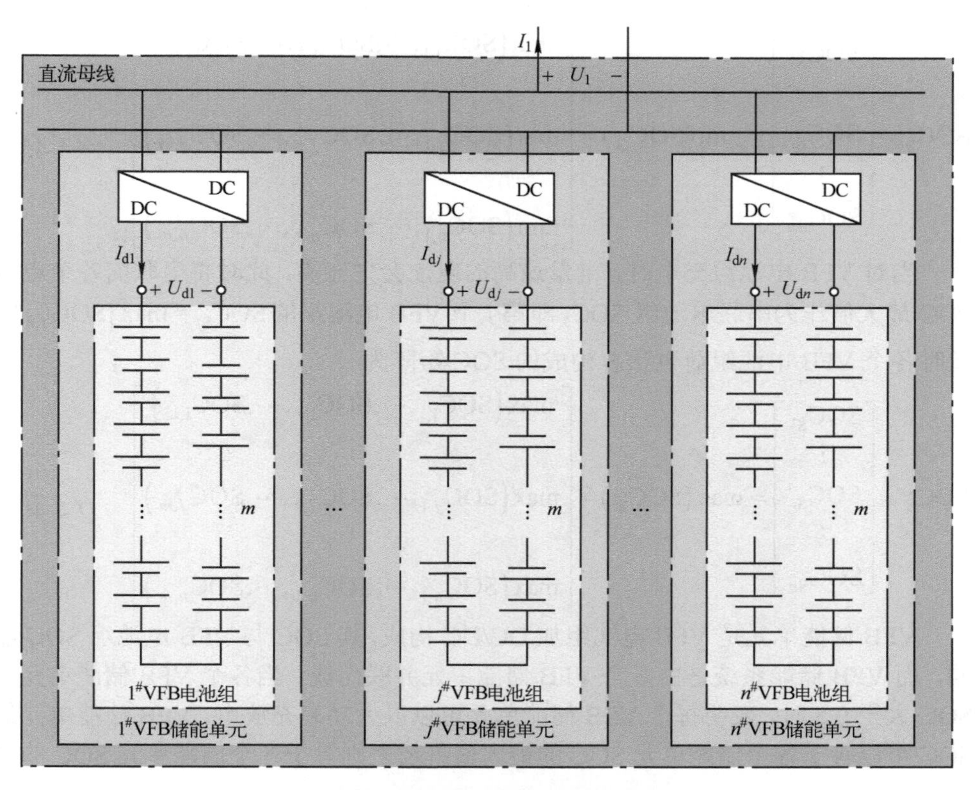

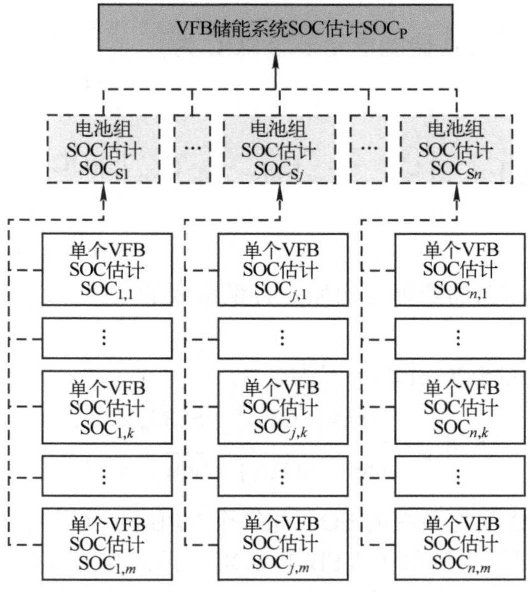

图 4-22　VFB 储能系统的 SOC 估计方案

$$\mathrm{SOC_S}=\begin{bmatrix}\mathrm{SOC_{S1}}\\ \vdots \\ \mathrm{SOC_{S\mathit{j}}}\\ \vdots \\ \mathrm{SOC_{S\mathit{n}}}\end{bmatrix}=\min\left(\mathrm{SOC_B}\right)=\begin{bmatrix}\min\left(\mathrm{SOC}_{1,1},\cdots,\mathrm{SOC}_{1,k},\cdots,\mathrm{SOC}_{1,m}\right)\\ \vdots \\ \min\left(\mathrm{SOC}_{j,1},\cdots,\mathrm{SOC}_{j,k},\cdots,\mathrm{SOC}_{j,m}\right)\\ \vdots \\ \min\left(\mathrm{SOC}_{n,1},\cdots,\mathrm{SOC}_{n,k},\cdots,\mathrm{SOC}_{n,m}\right)\end{bmatrix} \tag{4-45}$$

当对 VFB 电池组充电时，电量最高的电池会先充满，此时将串联的各个电池 SOC 最大值作为串联电池组 SOC，即第 j 个 VFB 电池组的 $\mathrm{SOC_{S\mathit{j}}}=\max\left\{\mathrm{SOC}_{j,k}\right\}$。此时各个 VFB 电池组荷电状态构成的 SOC 矩阵为

$$\mathrm{SOC_S}=\begin{bmatrix}\mathrm{SOC_{S1}}\\ \vdots \\ \mathrm{SOC_{S\mathit{j}}}\\ \vdots \\ \mathrm{SOC_{S\mathit{n}}}\end{bmatrix}=\max\left(\mathrm{SOC_B}\right)=\begin{bmatrix}\max\left(\mathrm{SOC}_{1,1},\cdots,\mathrm{SOC}_{1,k},\cdots,\mathrm{SOC}_{1,m}\right)\\ \vdots \\ \max\left(\mathrm{SOC}_{j,1},\cdots,\mathrm{SOC}_{j,k},\cdots,\mathrm{SOC}_{j,m}\right)\\ \vdots \\ \max\left(\mathrm{SOC}_{n,1},\cdots,\mathrm{SOC}_{n,k},\cdots,\mathrm{SOC}_{n,m}\right)\end{bmatrix} \tag{4-46}$$

VFB 储能单元是 VFB 电池组加 DC/DC 构成，其 SOC 与 VFB 电池组 SOC 相同。而 VFB 储能系统是由多个 VFB 储能单元并联而成，当各个 VFB 储能单元的 SOC 大于 0.5 时，表明每个 VFB 储能单元可以以大功率充放电，VFB 储能单元的 SOC 可以等于各个储能单元 SOC 的最大值；反之则等于各个储能单元 SOC 的最小值。

定义 n 个并联的 VFB 储能单元平均 SOC 为

$$\overline{\mathrm{SOC_p}}=C_N\mathrm{SOC_S}\Big/\sum_{j=1}^{n}C_{\mathrm{N}j}=\begin{bmatrix}C_{\mathrm{N1}} & \cdots & C_{\mathrm{N}j} & \cdots & C_{\mathrm{N}n}\end{bmatrix}\begin{bmatrix}\mathrm{SOC_{S1}}\\ \vdots \\ \mathrm{SOC_{S\mathit{j}}}\\ \vdots \\ \mathrm{SOC_{S\mathit{n}}}\end{bmatrix}\Bigg/\sum_{j=1}^{n}C_{\mathrm{N}j} \tag{4-47}$$

式中，C_{N} 为每个 VFB 储能单元的额定容量组成的矩阵；$C_{\mathrm{N}j}$ 为第 j 个 VFB 储能单元的额定容量。

VFB 储能系统的 SOC 计算公式为

$$\mathrm{SOC_p}=\begin{cases}\max\left(\mathrm{SOC_S}\right) & \overline{\mathrm{SOC_p}}\geqslant 0.5\\ \min\left(\mathrm{SOC_S}\right) & \overline{\mathrm{SOC_p}}<0.5\end{cases} \tag{4-48}$$

综上所述，VFB 储能系统的 SOC 与每个 VFB 的 SOC 相关，通过 4.1 节、4.2 节和 4.3 节的方法可以得到每个 VFB 的 SOC，再根据式（4-45）～式（5-48）得到 VFB 储能系统的 SOC。

算例：VFB 储能系统由 5 个 VFB 电池单元并联构成，每个 VFB 电池组由 5

个相同容量的 VFB 串联，假设每个 VFB 荷电状态构成的 SOC 矩阵为

$$\mathrm{SOC_B}=\begin{pmatrix}0.58 & 0.56 & 0.55 & 0.55 & 0.57\\ 0.45 & 0.47 & 0.48 & 0.47 & 0.45\\ 0.4 & 0.6 & 0.5 & 0.54 & 0.55\\ 0.7 & 0.75 & 0.72 & 0.8 & 0.76\\ 0.63 & 0.5 & 0.56 & 0.56 & 0.6\end{pmatrix}$$

1）若该 VFB 储能系统放电，则先根据式（4-45）计算出各个 VFB 电池组荷电状态构成的 SOC 矩阵 $\mathrm{SOC_S}=\begin{pmatrix}0.55\\0.45\\0.4\\0.7\\0.5\end{pmatrix}$；根据式（4-47）计算出并联储能单元的 SOC 平均值 $\overline{\mathrm{SOC_p}}=\dfrac{0.55+0.45+0.4+0.7+0.5}{5}=0.52$；根据式（4-48）可知，该平均值大于 0.5，VFB 储能系统的 SOC 等于 0.7。

2）若该 VFB 储能系统充电，则先根据式（4-46）计算出各个 VFB 电池组荷电状态构成的 SOC 矩阵 $\mathrm{SOC_S}=\begin{pmatrix}0.58\\0.48\\0.6\\0.8\\0.63\end{pmatrix}$；根据式（4-47）计算出并联储能单元的 SOC 平均值 $\overline{\mathrm{SOC_p}}=\dfrac{0.58+0.48+0.6+0.8+0.63}{5}=0.618$；根据式（4-48）可知，该平均值大于 0.5，则 VFB 储能系统的 SOC 等于 0.7。

4.6　本章小结

1）针对单个 VFB 提出了三种 SOC 估计算法：①提出一种基于 RLS-EKF 的 SOC 估计方法，该方法通过 RLS 算法辨识所建立的 VFB 数学模型参数，再通过 EKF 算法估计 VFB 的 SOC，将二者结合能够实现 VFB SOC 的准确估计，误差在 2%以内；②提出一种基于改进扩展卡尔曼滤波算法（IEKF）的 SOC 估计方法，该算法考虑了 SOC 有上下限值的约束，而且在不同 SOC 初始值可以快速收敛到实际值，能够实现 SOC 初始值不确定时 SOC 的准确估计，通过实验验证了在不同 SOC 初始值时，IEKF 算法相比 EKF 算法具有更好的精度、快速性和鲁棒性；③给出一种 DKF（双卡尔曼滤波）算法的 SOC 估计方法，该算法使用两级卡尔

曼滤波将 EKF 和安时积分法结合起来，避免了 EKF 算法对模型的过度依赖，且收敛速度更快，能有效降低估计误差。

2）给出了 VFB 储能系统 SOC 的估计方案，指出 VFB 储能系统的 SOC 与每个 VFB 的 SOC 相关，提出了 VFB 储能系统 SOC 的分布式计算方法。考虑大容量 VFB 储能系统的结构及单个 VFB SOC 的准确估计，给出了 VFB 储能系统 SOC 与 VFB 电池组 SOC 及 VFB SOC 之间的关系，通过对每个 VFB 的 SOC 的准确估计，可以得到 VFB 储能系统的 SOC。

4.7 参考文献

[1] SKYLLAS-KAZACOS M, KAZACOS M. State of charge monitoring methods for vanadium redox flow battery control [J]. Journal of Power Sources, 2011, 196(20): 8822-8827.

[2] 陈富于, 陈晖侯, 绍宇, 等. 钒电池电解液中不同价态钒的分光光度分析[J]. 光谱学与光谱分析, 2011, 31(10): 2839-2842.

[3] PETCHSINGH C, QUILL N, JOYCE J T, et al., Spectroscopic measurement of state of charge in vanadium flow batteries with an analytical model of VIV-VV absorbance [J]. Journal of the Electrochemical Society, 2016, 163(1): A5068-A5083.

[4] LIU L, XI J, WU Z, et al. State of charge monitoring for vanadium redox flow batteries by the transmission spectra of V(IV)/V(V) electrolytes[J]. Journal of Applied Electrochemistry, 2012, 42 (12): 1025-1031.

[5] LIU L, XI J, WU Z, et al. Online spectroscopic study on the positive and the negative electrolytes in vanadium redox flow batteries [J]. Journal of Spectroscopy, 2012, 2013: 1-8.

[6] 田波, 严川伟, 屈庆, 等. 钒电池电解液的电位滴定分析[J]. 电池, 2003, 33(4): 26-263.

[7] 刘素琴, 桑玉, 李林德, 等. 电位滴定法测定钒电池电解液中不同价态钒[J]. 理化检验-化学分册, 2007, 43(12): 1078-1080.

[8] 方磊, 常芳, 李晓兵, 等. VFB 电解液的高锰酸钾电位滴定分析[J]. 电池, 2012, 42(1): 54-57.

[9] 王熙俊. 全钒液流电池荷电状态在线监测系统研制及应用研究[D]. 北京: 华北电力大学, 2016.

[10] 洪为臣, 李冰洋, 王保国. 液流电池理论与技术——荷电状态的表征[J]. 储能科学与技术, 2015, 4(5): 493-497.

[11] WANG Y J, YANG D, ZHANG X, et al. Probability based remaining capacity estimation using data-driven and neural network model [J]. Journal of Power Sources, 2016, 315: 199-208.

[12] WEI Z B, TSENG K J, WAI N, et al. Adaptive estimation of state of charge and capacity with online identified battery model for vanadium redox flow battery[J]. Journal of Power Sources, 2016, 332: 389-398.

[13] LIU L, XI J Y, ZHANG W G, et al. State of charge monitoring for vanadium redox flow batteries by the transmission spectra of V(IV)/V(V) electrolytes[J]. Journal of Applied Electrochemistry, 2012, 42(12): 1025-1031.

[14] 范永生，陈晓，徐冬清，等. 全钒液流电池荷电状态检测方法研究[J]. 华南师范大学学报(自然科学版), 2009: 112-114.

[15] 王文红，王新东. 全钒液流电池荷电状态的分析与监测[J]. 浙江工业大学学报, 2006, 34(2): 119-122.

[16] BAROTE L, MARINESCU C. A new control method for VFB SOC estimation in stand-alone wind energy systems[C]. International Conference on Clean Electrical Power. 2009: 253-257.

[17] XIONG B, ZHAO J Y, WEI Z B, et al. Extended Kalman filter method for state of charge estimation ofvanadium redox flow battery using thermal-dependent electrical model [J]. Journal of Power Sources, 2014, 262(262): 50-61.

[18] 韩永辉，张旭. 基于卡尔曼滤波算法的钒液流电池 SOC 状态估计[C]. 上海：智能化电站技术发展研讨暨电站自动化 2013 年会论文集, 2013, 79-83.

[19] WANG Y, ZHANG C, CHEN Z. A method for state-of-charge estimation of Li-ion batteries based on multi-model switching strategy[J]. Energy Procedia, 2015, 75: 2635-2640.

[20] PARASURAMANA A, LIMA M T, MENICTAS C, et al. Review of material research and development for vanadium redox flow battery applications [J]. Electrochimica Acta, 2013, 101: 27-40.

[21] 田波，严川伟，屈庆，等. 钒电池电解液的电位滴定分析[J]. 电池, 2003, 33(4): 261-263.

[22] 王熙俊，张胜寒，张秀丽，等. 全钒液流电池 SOC 监测方法综述[J]. 华北电力技术, 2015(3): 66-70.

[23] SKYLLAS-KAZACOS M, KAZACOS M. State of chargemonitoring methods for vanadiumredox flow battery control [J]. Journal of Power Sources, 2001, 196: 8822-8827.

[24] KUMAMOTO T, TOKUDA N. Method for operating flow battery and redox flow battery cell stack: US, 20050164075A1[P]. 2005-7-28.

[25] HAYKIN S. Kalman filtering and neural networks [M]. New York: John Wiley & Sons, 2001.

[26] DAN S. Nonlinear Kalman filtering [M]. In: Dan S. Optimal State Estimation: Kalman, H∞, and Nonlinear Approaches, John Wiley & Sons, 2006: 393-431.

[27] PLETT G L. Extended Kalman filtering for battery management systems of LiPB-based HEV battery packs: Part 3. State and parameter estimation [J]. Journal of Power Sources, 2004, 134(2): 277-292.

[28] CHEN Z, FU Y, MI C C. State of charge estimation of lithium-ion batteries in electric drive vehicles using extended Kalman filtering [J]. IEEE Transactions on Vehicular Technology, 2013, 62(3): 1020-1030.

第 5 章　全钒液流电池的直流侧接口及控制

全钒液流电池可以与可再生能源配合使用，能够使可再生能源发电在时间、强度等方面与电网需求相匹配，减少可再生能源发电的随机性，减小直流微电网的电压波动，提高配套设备利用率，解决可再生能源大规模应用对电网的冲击和接纳问题，促进电网和可再生能源发电的协调运行，缓解弃光、弃风难题，从而解决电力系统供需矛盾[1-2]。全钒液流电池通过 DC/DC 接至直流母线，也可通过 PCS 接至交流母线，其中接至直流母线的图如图 5-1 所示。

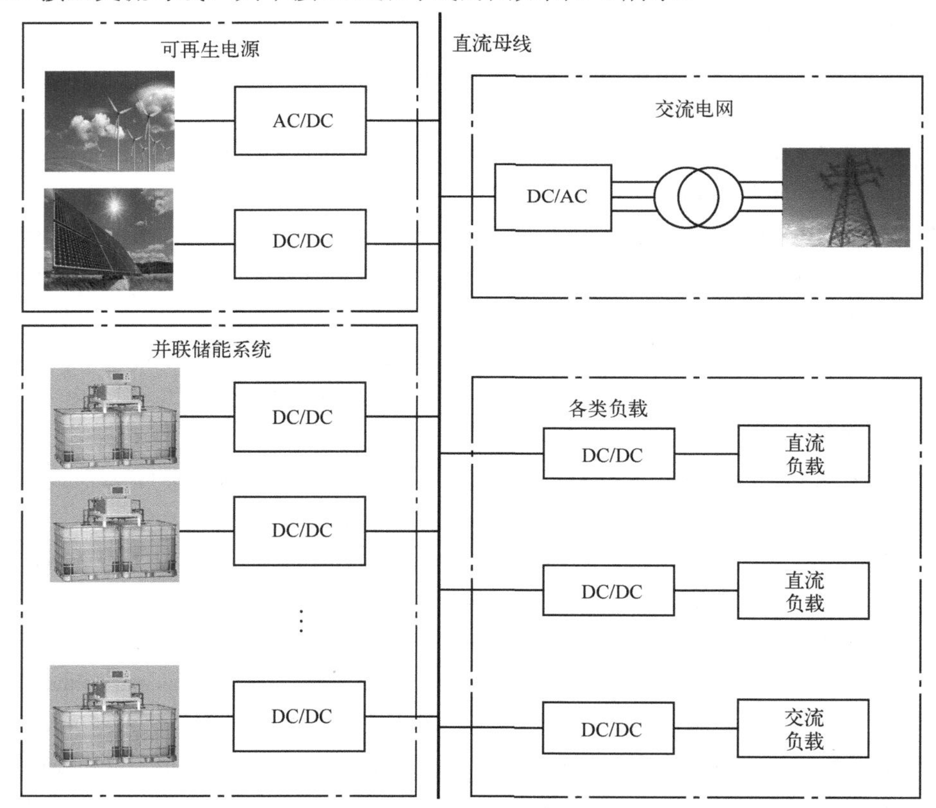

图 5-1　全钒液流电池通过 DC/DC 接至直流母线

从图 5-1 中可以看出，双向直流变换器（Bidirectional DC/DC Converter，BDC）能够控制能量的传输方向和大小，是全钒液流电池与直流母线连接的重要接口[3-5]。控制 BDC 的运行实现全钒液流电池的充放电控制，是解决储能系统与直流微电网之间电压匹配问题、功率变换问题的重要手段。当多组电池通过相应的 BDC 连接后再并联连接到直流母线上，控制每个 BDC 可实现对每个电池的独立控制和热插拔，从而灵活配置储能系统的容量，同时避免电池之间出现回流；由于在投切电池的过程中，仅控制 BDC 的能量传输，并没有改变系统的拓扑结构，从而保证系统的快速响应。为此，本章主要阐述了全钒液流的直流侧接口与控制，交流侧接口及控制在第 6 章中进行阐述。

5.1 双向 DC/DC 变换器的分类与拓扑

双向直流变换器（BDC）是能够实现能量双向传递的直流变换器，结构上，BDC 由两个单向直流变换器组合而成，可共用一个主电路，即在可控开关管上反并联一个二极管。BDC 的结构种类非常多，进行不同的组合后可形成新的结构。按输入输出间有无隔离分类，双向直流变换器可划分为带隔离型 BDC 和不带隔离型 BDC。本章主要对几种常见的隔离型及非隔离型 BDC 进行介绍分析。

5.1.1 非隔离型双向直流变换器

非隔离的双向直流变换器中，按开关管数目又可分为单管、双管和桥式变换器。6 种单向直流变换器 Buck、Boost、Buck/Boost、Cuk、Sepic 和 Zeta 对应组合成 4 种双向直流变换器。即：Buck 电路与 Boost 电路组合成双向 Buck–Boost 变换器；Buck/Boost 的可控开关管/二极管上添加二极管/可控开关管后对应变换成双向 Buck/Boost 变换器；Cuk 变换器对应构成双向 Cuk 直流变换器；Sepic 与 Zeta 变换器组合成桥式双向直流变换器。下面对双向 Buck–Boost（Bi Buck–Boost）、双向 Buck/Boost（Bi Buck/Boost）、双向 Cuk（Bi Cuk）和桥式变换器等几种常用的 BDC，介绍其拓扑结构、工作原理及适用的场合。

1. 双向 Buck–Boost 变换器

（1）拓扑结构

双向 Buck–Boost 变换器拓扑结构如图 5-2 所示。

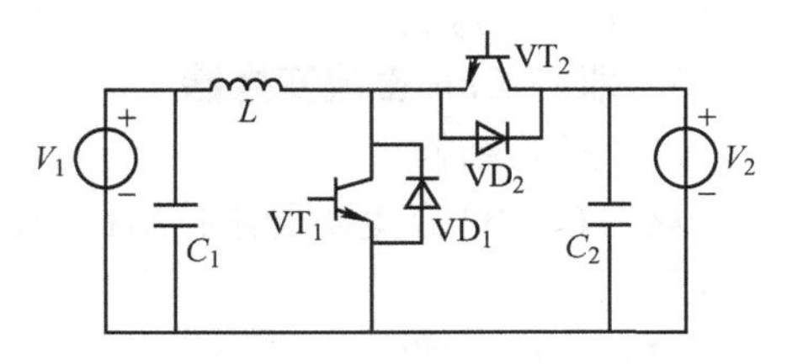

图 5-2 双向 Buck–Boost 变换器拓扑结构

（2）工作原理

Bi Buck–Boost 电路两端电源极性一致，均为上正下负。电路可作为 Buck 降压电路，也可作为 Boost 升压电路，但在 Buck 和 Boost 电路中，V_1 侧均为高压侧，V_2 侧均为低压侧。

作为降压电路时，开关管 VT_2 始终截止，开关管 VT_1 周期性通断，VT_1 导通时，V_1、VT_1、L 和 V_2 构成回路，电流上升，电感储能，能量由 V_1 侧流向 V_2 侧，

VT_1截止时，电感电流的方向不能发生突变，故 L、V_2和 VD_2构成续流回路，电流下降，电感能量向 V_2侧转移。输入输出电压关系为$V_2 = DV_1$，其中 D 为开关管 VT_1的占空比。

作为升压电路时，开关管 VT_1始终截止，开关管 VT_2周期性通断。VT_2导通时，V_2、L 和 VT_2构成回路，V_2侧电源向电感提供能量，电流上升，电感储能。VT_2关断时，V_2、L、VD_1和 V_1构成回路，电流下降，电感释能，V_2侧电源与电感一起向 V_1侧负载提供能量。输入输出电压关系为$V_1 = V_2 / D'$，其中 D' 是开关管 VT_2的占空比。

2．双向 Buck/Boost 变换器

（1）拓扑结构

双向 Buck/Boost 变换器拓扑结构如图 5-3 所示。

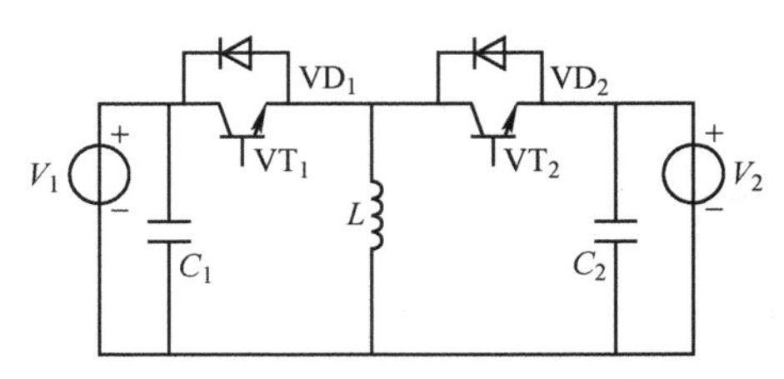

图 5-3　双向 Buck/Boost 变换器拓扑结构

（2）工作原理

Bi Buck/Boost 电路[6]相当于两个 Buck/Boost 电路，即由 V_1侧向 V_2侧是一个 Buck/Boost 电路，由 V_2侧向 V_1侧亦是一个 Buck/Boost 电路。

开关管 VT_1与 VT_2控制能量的流动方向，当开关管 VT_1导通时，电路中的能量由 V_1侧向 V_2侧传递；反之，则能量由 V_2侧向 V_1侧传递。

开关管 VT_1接通时，V_1、VT_1和 L 构成回路，电路电流上升，V_1侧电源向电感提供能量，电感储能；开关管 VT_1断开时，L、V_2和 VD_2构成回路，电流下降，电感能量向 V_2侧负载转移。输入输出电压关系为$V_2 = V_1D_1 / (1-D_1)$，其中 D_1为开关管 VT_1的占空比。

开关管 VT_2接通时，V_1、L 和 VT_2构成回路，电感电流上升，V_2侧电源向电感提供能量，电感储存能量；开关管 VT_2断开时，L、VD_1和 V_1构成回路，电流下降，电感能量向 V_1侧负载转移。输入输出电压关系为$V_1 = V_2D_2 / (1-D_2)$，其中 D_2为开关管 VT_2的占空比。

3．双向 Cuk 直流变换器

（1）拓扑结构

双向 Cuk 直流变换器拓扑结构如图 5-4 所示。

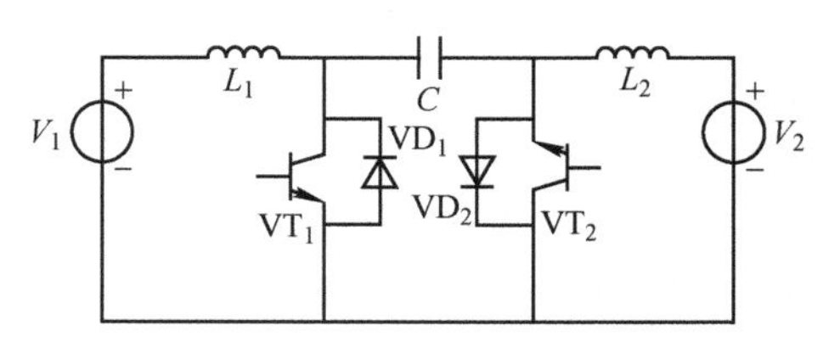

图 5-4　双向 Cuk 直流变换器拓扑结构

（2）工作原理

双向 Cuk 直流变换器中，能量由 V_1侧向 V_2侧传递时，开关管 VT_2始终截止，开关管 VT_1周期性通断。VT_1导通时，V_1、L_1和 VT_1构成回路，V_1侧电源向 L_1提供能量，电感储能，电流上升。VT_1关断时，V_1、L_1、C 和 VD_2构成回路，V_1

侧电源与电感一起向电容 C 充电，电容极性左正右负。再切换到 VT_1 导通时，V_1、L_1 和 VT_1 构成的回路中，除 V_1 正极流出的电流流经 VT_1 外，电容 C 的放电电流也流经 VT_1。故在 VT_1 导通时，V_1、L_1 和 VT_1 与 L_2、C、VT_1 和 V_2 分别构成回路，V_1 侧电源向 L_1 充电的同时，电容 C 也在向 L_2 和 V_2 侧负载放电。

同理，能量由 V_2 侧向 V_1 侧传递时，开关管 VT_1 始终截止，开关管 VT_2 周期性通断。VT_2 接通时，V_2、VT_2 和 L_2 构成回路，V_2 侧电源向漏感 L_2 充电，电流上升，漏感上电压极性左正右负，同时，C、L_1、V_1 和 VT_2 构成回路，电容 C 向电感 L_1 和电源 V_1 放电。VT_2 关断时，V_2、VD_1、C 和 L_2 构成回路，电感 L_2 与 V_1 侧电源一同向电容 C 充电。

在一个开关周期内，电感上能量遵循伏秒平衡原则，输入电压与输出电压的关系为 $V_2 / V_1 = D_1 / (1 - D_1)$，当能量由 V_1 侧向 V_2 侧传递时，D_1 为开关管 VT_1 的占空比；能量由 V_2 侧向 V_1 侧转移时，D_2 为开关管 VT_2 的占空比。

4．桥式双向直流变换器

（1）拓扑结构

桥式双向直流变换器拓扑结构如图 5-5 所示。

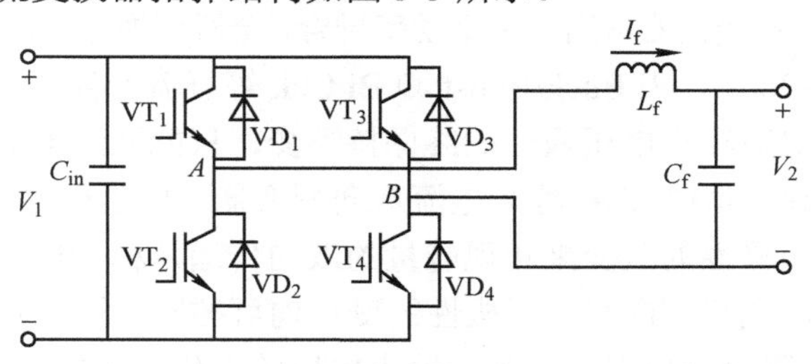

图 5-5　全桥式双向直流变换器拓扑结构

（2）工作原理

全桥式 BDC[6]可采用的控制算法有双极性控制和单极性控制。下面简单介绍单极性控制的基本原理。单极性控制时，V_1 侧为高压侧，V_2 侧为低压侧，当能量由高压侧向低压侧转移时，桥式变换器相当于 Buck 电路；反之，相当于 Boost 电路。

作 Buck 电路使用时，高压侧电源上正下负，开关管 VT_4 始终导通，VT_3 始终关断。一个周期内，VT_1 与 VT_2 通断触发信号进行轮流切换。VT_1 导通，占空比为 D，电流经 VT_1、电感、负载和 VT_4 回到高压侧电源的负极，电源放电，电流上升，电感储能，输出电压极性为上正下负，幅值 $L(\mathrm{d}i/\mathrm{d}t)\big|_{t=0}^{t=DT} = V_1 - V_2$；$VT_3$ 导通时，电感电流方向不变，电流经电感、负载、VT_4 和 VD_3 续流，电流下降，电感释放能量，输出电压极性为上正下负，幅值 $L(\mathrm{d}i/\mathrm{d}t)\big|_{t=DT}^{t=T} = V_2$。根据伏秒平衡原理，一个周期内，认为电感只作为能量转换的元件，即储存的能量等于释放

的能量，易求得$V_2 = DV_1$。

作为 Boost 电路时，低压侧电源下正上负，开关管 VT_3 始终导通，VT_4 始终关断。当 VT_1 导通时，电流由低压侧电源正极流出，经 VD_3、VT_1 和电感回到电源负极，电路中电流上升，电感储能，电压幅值为$-L(\mathrm{d}i/\mathrm{d}t)\big|_{t=0}^{t=DT} = -V_2$；$VT_3$ 导通时，电流经 VD_3、高压侧负载、VD_2 和电感回到电源负极，低压侧电源与电感一起为高压侧负载供电，即$V_1 = -L(\mathrm{d}i/\mathrm{d}t)\big|_{t=DT}^{t=T} - V_2$。根据伏秒平衡原理，可得$V_1 = V_2/(1-D)$。

5．非隔离型双向直流变换器特点

通过分析几种典型非隔离 BDC，不难看出，非隔离 BDC 具有以下特点：

1）通过对主电路中可控开关管的通断进行控制，可实现能量的正向或反向传递。

2）在开关电路中，功率的大小与开关管的数目基本成正比，单管变换器、双管变换器和全桥变换器功率依次增大。然而，在以上几种典型变换器主电路中，实际有 50%的开关管均用于控制能量流动方向，而参与能量传输的开关管利用率仅为 50%。因此双管变换器常用于中小功率场合，全桥变换器常用于中大功率场合。

3）Bi Buck–Boost、Bi Buck/Boost 和 Bi Cuk 等直流变换器，在进行能量的双向流动过程中，电路输出电压极性始终保持不变，只能通过电流方向的改变来实现能量的双向传递，此种 BDC 称为电流双向变换器。与之相对的是，电流方向保持不变，通过电压极性的改变来实现能量的双向传递，称为电压双向变换器。而在桥式变换器中，电流方向和电压极性的变化均可控制，因此具有更大灵活性。

4）电路中无隔离变压器，输入与输出电压的变化范围较小。

5.1.2 隔离型双向直流变换器

隔离型双向直流变换器中，按开关管数目也可分为单管、双管和桥式变换器。单管可组成正激式、反激式 BDC，双管可组成半桥式 BDC 和推挽式 BDC，四管则可组成双向桥式变换器。下面将对正激式、反激式、推挽式和移相全桥式等几种典型双向直流变换器进行介绍和分析。

1．正激式双向直流变换器

（1）拓扑结构

正激式双向直流变换器拓扑结构如图 5-6 所示。

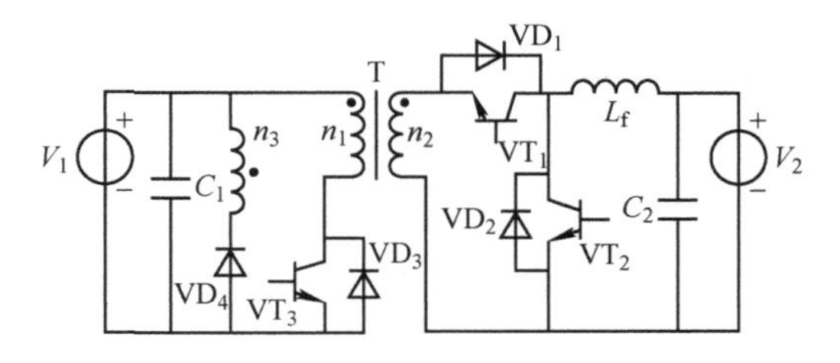

图 5-6 正激式双向直流变换器拓扑结构

（2）工作原理

正激式双向直流变换器[6]中，能量由 V_1 向 V_2 流动时，VT_1、VT_2 截止。VT_3 导通时，变压器 T 上电压极性为上正下负。二次侧二极管 VD_1 导通，VD_2 反向截止，n_2、VD_1、L_f 和 V_2 构成回路，变压器向 V_2 侧充电。VT_3 关断时，变压器上电压为 0，但电流不能突变，故二次侧 L_f、V_2 和 VD_2 构成续流回路，电流下降，电感向 V_2 放电。

能量由 V_2 向 V_1 流动时，VT_3 截止，VT_1 与 VT_2 轮流导通。VT_2 导通时，V_2、L_f 和 VT_2 构成回路，V_2 向 L_f 供电，电感储能；当 VT_2 截止、VT_1 导通时，V_2、L_f、VT_1 和 T 形成回路，V_2 侧电源与电感一起向变压器提供电压，变压器上电压极性为上正下负，一次侧 T、V_1 和 VD_3 形成回路，变压器将从 V_2 及电感 L_f 处获得的能量传递给 V_1。

2．反激式双向直流变换器

（1）拓扑结构

反激式双向直流变换器拓扑结构如图 5-7 所示。

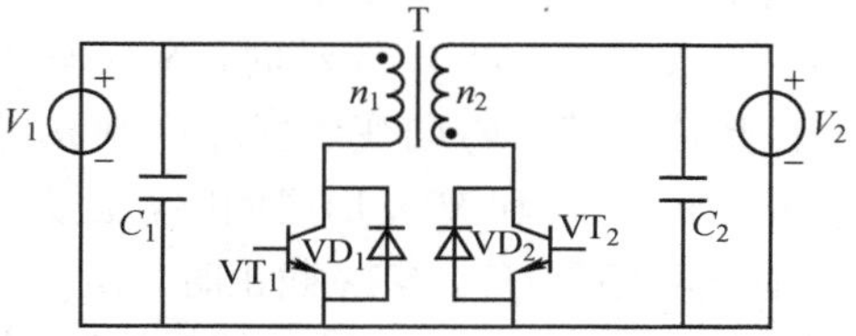

图 5-7　反激式双向直流变换器拓扑结构

（2）工作原理

反激式双向直流变换器[6]中，能量由 V_1 向 V_2 流动时，VT_2 始终截止，VT_1 周期性导通与关断。VT_1 导通时，V_1、变压器的一次线圈、VT_1 形成回路，电感电流上升，变压器同名端电压极性为负；VT_1 关断后，变压器一次侧相当于电感，同名端电压极性变正，变压器二次线圈、V_2 和 VD_2 形成回路，电感电流下降，变压器能量向 V_2 侧电源转移。输入输出电压关系为 $V_2 = V_1 D / [K(1-D)]$，其中 K 为变压器电压比，D_1 为开关管 VT_1 的占空比。

能量由 V_2 向 V_1 流动时，VT_1 始终截止，VT_2 周期性导通与关断。VT_2 导通时，V_2、变压器二侧线圈、VT_2 形成回路，电流上升，变压器同名端电压极性为正，变压器一次、二次线圈相当于电感，电感储能。VT_2 关断时，电流下降，电感阻止电流变化，电压极性改变，其同名端电压极性变为负，变压器一次侧、V_1 和 VD_1 形成回路，变压器一次线圈将储存的能量释放给 V_1 侧负载。输入输出电压关系为 $V_1 = KV_2D_2/(1-D_2)$，其中 K 为变压器电压比，D_2 为开关管 VT_2 的占空比。

3．双向推挽式直流变换器

（1）拓扑结构

双向推挽式直流变换器拓扑结构如图 5-8 所示。

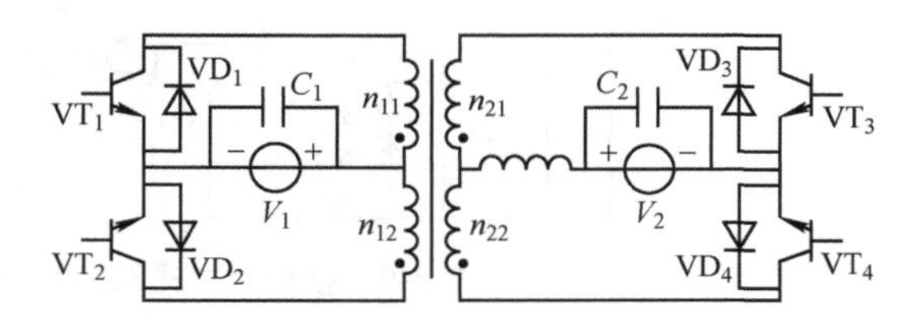

图 5-8　双向推挽式直流变换器拓扑结构

（2）工作原理

推挽式 BDC[6]中，能量由 V_1 向 V_2 流动时，VT_1 与 VT_2 轮流导通。

VT_1 导通时，V_1、n_{11}、VT_1 形成回路，V_1 向变压器一次线圈 n_{11} 提供能量，电流上升，变压器同名端为电压负极，n_{21}、L_f、V_2、VD_3 形成回路，回路中电流 i_{Lf}

上升，n_{21}将变压器一次线圈n_{11}获得的能量转移到L_f、V_2。VT_1截止时，n_{22}、L_f、V_2和VD_4形成回路，回路中电流i_{Lf}下降，n_{22}将变压器一次侧n_{11}获得的能量转移到L_f、V_2。

VT_2导通时，V_1、n_{12}、VT_2形成回路，V_1向变压器一次侧n_{12}提供能量，电流上升，变压器同名端为电压正极；n_{22}、L_f、V_2和VD_4形成回路，回路中电流i_{Lf}上升，n_{22}将变压器一次侧n_{12}获得的能量转移到L_f、V_2。VT_2截止时，n_{21}、L_f、V_2和VD_3形成回路，回路中电流i_{Lf}下降，n_{21}将变压器一次线圈n_{12}获得的能量转移到L_f、V_2。输入输出电压关系为：$V_2 = 2DV_1/K$，其中K为变压器电压比，D为VT_1或VT_2的占空比。

能量由V_2向V_1流动时，VT_3与VT_4轮流导通。VT_3导通时，V_2、L_f、n_{21}和VT_3形成回路，V_2向变压器二次侧n_{21}提供能量，电流上升，变压器同名端为电压负极，n_{11}、V_1和VD_1形成回路，回路中电流上升，n_{11}将变压器二次线圈n_{21}获得的能量转移到V_1。VT_3截止时，n_{12}、V_1和VD_2形成回路，回路中电流下降，n_{21}将变压器一次侧n_{22}获得的能量转移到V_1。

VT_4导通时，V_2、L_f、n_{22}和VT_4形成回路，V_2向变压器一次线圈n_{22}提供能量，电感电流上升，变压器同名端为电压正极；n_{12}、V_1和VD_2形成回路，回路中电流上升，n_{12}将变压器二次侧n_{22}获得的能量转移到V_1。VT_4截止时，n_{11}、V_2和VD_1形成回路，回路中电流下降，n_{11}将变压器一次线圈n_{21}获得的能量转移到V_1。输入输出电压关系为$V_1 = KV_2/(2D)$，其中K为变压器电压比，D为VT_1或VT_2的占空比。

4．移相全桥式双向直流变换器

（1）拓扑结构

移相全桥式双向直流变换器拓扑结构如图5-9所示。

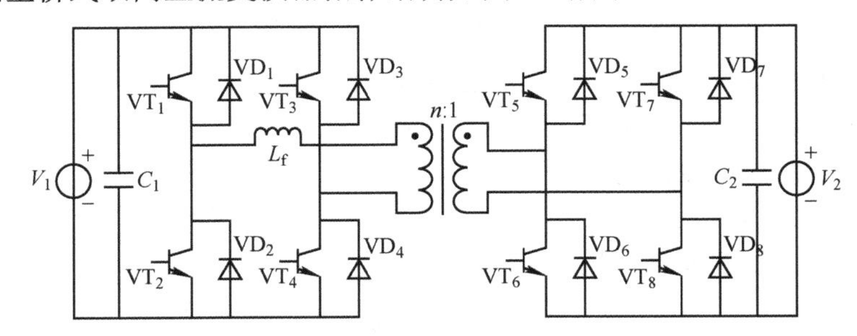

图5-9 移相全桥式双向直流变换器拓扑结构

（2）工作原理

移相全桥式双向直流变换器[6]中，假设VT_1～VT_4构成的H桥为超前桥，VT_5～VT_8组成的H桥为滞后桥，超前桥与滞后桥之间的移相角为α。超前桥中，VT_1、VT_4触发信号相同，VT_2、VT_3与VT_1、VT_4触发信号互补，滞后桥同理。

通过控制移相角 α 的大小，来控制开关管的导通状态，从而改变电路中电流、功率等的大小及方向。

如图 5-9 所示，可控开关管 VT_1～VT_8 上均并联有一个反向二极管。该电路控制方式灵活，除可控制超前桥与滞后桥之间的移相角外，H 桥内部的移相角，如 VT_1～VT_4 组成的 H 桥中，VT_1、VT_4 的触发信号之间设置一个相角。通常把该控制方式称为内移相。

5．隔离型双向直流变换器特点

通过对上述几种典型隔离型 BDC 的分析，不难看出，隔离型 BDC 具有以下特点：

1）通过对主电路中可控开关管的通断进行控制，能够实现能量双向传递。

2）带隔离变压器具有电气隔离，输入/输出电压变化范围较大，但电路结构复杂，电路元器件多，体积、成本增大。

3）移相全桥双向直流变换器控制方式灵活，容易实现零电压开关，为高频化、小型化和大功率传输提供了基础。

5.1.3　几种典型双向直流变换器的比较

几种常用双向直流变换器的比较见表 5-1。

表 5-1　几种常用双向直流变换器的比较

	类型	优点	缺点	应用场合	备注
非隔离型BDC	Bi Buck–Boost	结构简单，控制技术成熟，效率高；元器件少，成本低，电压应力小	不带隔离，电压变化范围小，功率小	中小功率场合	几种非隔离双向直流变换器电压极性有所不同，应根据使用场合选择
	Bi Buck/Boost	电压应力比 Bi Buck–Boost 大[7]，其余同上	同上	中小功率场合	
	Bi Cuk				
	桥式变换器	控制方式灵活，传输功率大	不带隔离，开关管多，成本高	中大功率场合	
隔离型BDC	正激式 BDC	带隔离，结构简单，元器件少，成本低	功率小，漏感引起关断电压尖峰	需隔离的小功率场合	带隔离，但隔离变压器引起的电压尖峰、应力等问题需要通过良好的控制方式，如 ZVS/ZCS 来解决
	反激式 BDC	同上	效率低，漏感引起关断电压尖峰[8-9]	需隔离的小功率场合	
	推挽式 BDC	结构简单，功率较反激式大	效率低，漏感引起关断电压尖峰	低压，中小功率场合	
	移相全桥 BDC	功率范围大；可实现热插拔；可实现 ZVS	8 个开关管，损耗大；存在功率回流，效率低	适用于中大功率场合	

大容量全钒液流电池储能系统是由多个电池串并联构成，其安装维护过程中单个电池的切换、投入/切除等问题要求电池的充放电接口必须具备隔离、可热插拔等功能。

5.2 Buck/Boost 变换器

5.2.1 Buck/Boost 变换器工作原理

Buck/Boost 双向直流变换器由 Boost 电路和 Buck 电路反并联而成，其拓扑结构如图 5-10 所示。

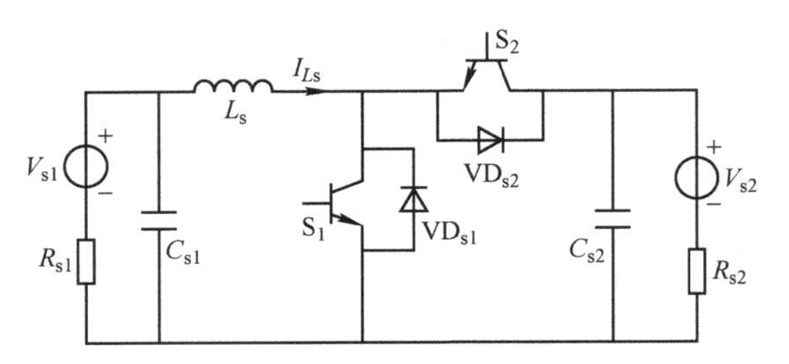

图 5-10 Buck/Boost 双向直流变换器拓扑结构

Buck/Boost 双向直流变换器通过控制两个开关管 S_1、S_2 的通断实现能量流动大小和方向的控制，两个开关管均采用 PWM 控制，根据开关管动作的数量可分为独立 PWM 方式和互补 PWM 方式两种类型。

独立 PWM 方式中，只有一个开关管动作，另一个开关管封锁，能量单向流动；而互补 PWM 方式中，同时控制两个开关管，能量双向流动，因此本节采用互补 PWM 控制方式。如图 5-11 所示，互补 PWM 方式中，S_1、S_2 互补动作。假设初始状态为 $t=0$ 状态，从图 5-11 中可以看出 Buck/Boost 变换器在工作过程中电感电流始终连续。

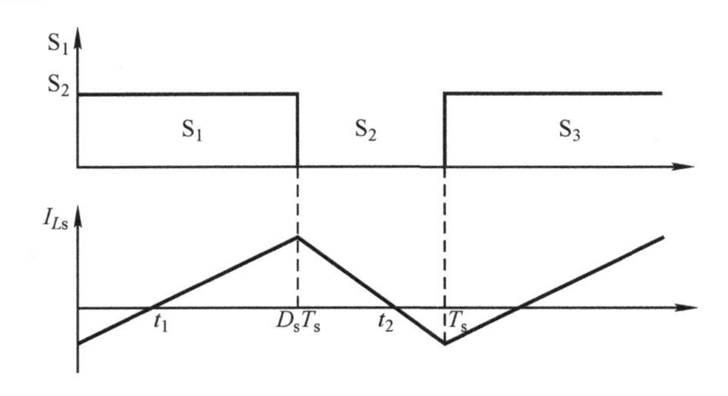

图 5-11 互补 PWM 方式下 Buck/Boost 变换器工作状态

令 S_1 的占空比为 D_s，则 S_2 的占空比 $D_p=1-D_s$，开关周期为 T_s，一个开关周期内 Buck/Boost 变换器存在四个工作模态，如图 5-12 所示，规定图 5-12 中箭头方向为电流正方向。

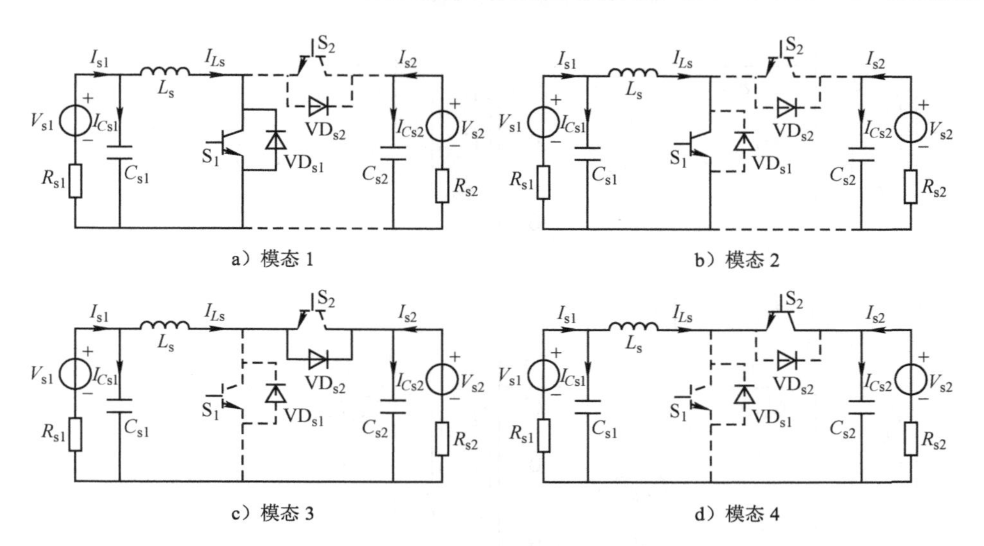

a）模态 1　　b）模态 2

c）模态 3　　d）模态 4

图 5-12　互补 PWM 方式各模态等效电路

当 $t\in[0,\ t_1]$ 时，如图 5-12a 所示，变换器工作在模态 1，此时 S_1 驱动、S_2 截止，能量从高压侧 V_{s2} 端传递到低压侧 V_{s1} 端（称为 Buck 状态），$I_{Ls}<0$，此时 D_{s1} 续流导通，S_1 虽然有驱动信号但并不开通。电感电流 I_{Ls} 反向减小，在 $t=t_1$ 时刻，I_{Ls} 反向减小到 0，此时 S_1 零电压开通。

当 $t\in[t_1,\ D_sT_s]$ 时，如图 5-12b 所示，变换器工作在模态 2，此时 S_1 导通、S_2 截止，能量从低压侧 V_{s1} 端传递到高压侧 V_{s2} 端（称为 Boost 状态），$I_{Ls}>0$，电感电流 I_{Ls} 正向线性增加，在 $t=D_sT_s$ 时刻，I_{Ls} 增大到最大值。

当 $t\in[D_sT_s,\ t_2]$ 时，如图 5-12c 所示，变换器工作在模态 3，此时 S_2 驱动、S_1 截止，能量从低压侧 V_{s1} 端传递到高压侧 V_{s2} 端，二极管 VD_{s2} 续流导通，$I_{Ls}>0$，电感电流 I_{Ls} 正向减小，在 $t=t_3$ 时刻，I_{Ls} 减小到 0，此时 S_2 零电压开通。

当 $t\in[t_2,\ T_s]$ 时，如图 5-12d 所示，变换器工作在模态 4，此时 S_2 导通、S_1 截止，能量从高压侧 V_{s2} 端传递到低压侧 V_{s1} 端，$I_{Ls}<0$，电感电流 I_{Ls} 反向线性增加，在 $t=T_s$ 时刻，I_{Ls} 增大到反向最大值。

可以看出互补 PWM 方式下，开关管可实现零电压开通，提高了变换器的工作效率，不存在电感电流断续的情况，拓宽了负载的变化范围。

5.2.2　Buck/Boost 变换器状态平均建模

取状态变量 $X_s=[V_{Cs1}\quad V_{Cs2}\quad I_{Ls}]^T$，输入变量 $U_s=[V_{s1}\quad V_{s2}]^T$，其中 V_{Cs1}、V_{Cs2} 为电容 C_{s1}、C_{s2} 上的电压（V），I_{Ls} 为通过电感 L_s 的电流（A）。对图 5-12 中的四个工作模态分别列出状态空间方程，如下所示。

模态 1（$t\in[0,\ t_1]$）

$$\begin{pmatrix} \dot{V}_{Cs1} \\ \dot{V}_{Cs2} \\ \dot{I}_{Ls} \end{pmatrix} = \begin{pmatrix} -\dfrac{1}{C_{s1}R_{s1}} & 0 & -\dfrac{1}{C_{s1}} \\ 0 & -\dfrac{1}{C_{s2}R_{s2}} & 0 \\ \dfrac{1}{L_s} & 0 & 0 \end{pmatrix} \begin{pmatrix} V_{Cs1} \\ V_{Cs2} \\ I_{Ls} \end{pmatrix} + \begin{pmatrix} \dfrac{1}{C_{s1}R_{s1}} & 0 \\ 0 & \dfrac{1}{C_{s2}R_{s2}} \\ 0 & 0 \end{pmatrix} \begin{pmatrix} V_{s1} \\ V_{s2} \end{pmatrix} \tag{5-1}$$

模态 2（$t \in [t_1, D_sT_s]$）

$$\begin{pmatrix} \dot{V}_{Cs1} \\ \dot{V}_{Cs2} \\ \dot{I}_{Ls} \end{pmatrix} = \begin{pmatrix} -\dfrac{1}{C_{s1}R_{s1}} & 0 & -\dfrac{1}{C_{s1}} \\ 0 & -\dfrac{1}{C_{s2}R_{s2}} & 0 \\ \dfrac{1}{L_s} & 0 & 0 \end{pmatrix} \begin{pmatrix} V_{Cs1} \\ V_{Cs2} \\ I_{Ls} \end{pmatrix} + \begin{pmatrix} \dfrac{1}{C_{s1}R_{s1}} & 0 \\ 0 & \dfrac{1}{C_{s2}R_{s2}} \\ 0 & 0 \end{pmatrix} \begin{pmatrix} V_{s1} \\ V_{s2} \end{pmatrix} \tag{5-2}$$

模态 3（$t \in [D_sT_s, t_2]$）

$$\begin{pmatrix} \dot{V}_{Cs1} \\ \dot{V}_{Cs2} \\ \dot{I}_{Ls} \end{pmatrix} = \begin{pmatrix} -\dfrac{1}{C_{s1}R_{s1}} & 0 & -\dfrac{1}{C_{s1}} \\ 0 & -\dfrac{1}{C_{s2}R_{s2}} & \dfrac{1}{C_{s2}} \\ \dfrac{1}{L_s} & -\dfrac{1}{L_s} & 0 \end{pmatrix} \begin{pmatrix} V_{Cs1} \\ V_{Cs2} \\ I_{Ls} \end{pmatrix} + \begin{pmatrix} \dfrac{1}{C_{s1}R_{s1}} & 0 \\ 0 & \dfrac{1}{C_{s2}R_{s2}} \\ 0 & 0 \end{pmatrix} \begin{pmatrix} V_{s1} \\ V_{s2} \end{pmatrix} \tag{5-3}$$

模态 4（$t \in [t_2, T]$）

$$\begin{pmatrix} \dot{V}_{Cs1} \\ \dot{V}_{Cs2} \\ \dot{I}_{Ls} \end{pmatrix} = \begin{pmatrix} -\dfrac{1}{C_{s1}R_{s1}} & 0 & -\dfrac{1}{C_{s1}} \\ 0 & -\dfrac{1}{C_{s2}R_{s2}} & \dfrac{1}{C_{s2}} \\ \dfrac{1}{L_s} & -\dfrac{1}{L_s} & 0 \end{pmatrix} \begin{pmatrix} V_{Cs1} \\ V_{Cs2} \\ I_{Ls} \end{pmatrix} + \begin{pmatrix} \dfrac{1}{C_{s1}R_{s1}} & 0 \\ 0 & \dfrac{1}{C_{s2}R_{s2}} \\ 0 & 0 \end{pmatrix} \begin{pmatrix} V_{s1} \\ V_{s2} \end{pmatrix} \tag{5-4}$$

在一个开关周期内，对各模态进行平均，得到 Buck/Boost 双向直流变换器的状态空间平均模型为

$$\dot{X}_s = A_sX_s + B_sU_s \tag{5-5}$$

其中

$$A_s=\begin{bmatrix}-\frac{1}{C_{s1}R_{s1}} & 0 & -\frac{1}{C_{s1}}\\ 0 & -\frac{1}{C_{s2}R_{s2}} & \frac{1-D_s}{C_{s2}}\\ \frac{1}{L_s} & -\frac{1-D_s}{L_s} & 0\end{bmatrix},\quad B_s=\begin{bmatrix}\frac{1}{C_{s1}R_{s1}} & 0\\ 0 & \frac{1}{C_{s2}R_{s2}}\\ 0 & 0\end{bmatrix}$$

5.2.3 Buck/Boost 变换器静态工作点分析

令 $\dot{X}_s=0$，可以根据式（5-6）求得静态解

$$X_{s0}=-A_s^{-1}B_sU_s \tag{5-6}$$

令静态点 $X_{s0}=\left[V_{Cs1}\quad V_{Cs2}\quad I_{Ls}\right]^{T}$，因此 Buck/Boost 双向直流变换器静态工作点为

$$X_{s0}=\begin{bmatrix}\dfrac{(1-D_s)^2R_{s2}V_{s1}+(1-D_s)R_{s1}V_{s2}}{(1-D_s)^2R_{s2}+R_{s1}}\\ \dfrac{(1-D_s)R_{s2}V_{s1}+R_{s1}V_{s2}}{(1-D_s)^2R_{s2}+R_{s1}}\\ \dfrac{V_{s1}-(1-D_s)V_{s2}}{(1-D_s)^2R_{s2}+R_{s1}}\end{bmatrix} \tag{5-7}$$

（1）Boost 状态

当 $I_{Ls}>0$ 时，Buck/Boost 双向直流变换器处于 Boost 状态，能量从低压侧传输到高压侧，得到 Boost 状态下 Buck/Boost 双向直流变换器的工作条件为

$$D_s>1-\frac{V_{s1}}{V_{s2}} \tag{5-8}$$

取输入变量 $U_s=V_{Cs1}$，输出变量 $V_o=V_{Cs2}$，则稳态输出电压增益为

$$M=\frac{V_o}{U_s}=\frac{(1-D_s)R_{s2}V_{s1}+R_{s1}V_{s2}}{(1-D_s)^2R_{s2}V_{s1}+(1-D_s)R_{s1}V_{s2}} \tag{5-9}$$

（2）Buck 状态

当 $I_{Ls}<0$ 时，Buck/Boost 双向直流变换器处于 Buck 状态，能量从高压侧传输到低压侧，可以得到 Buck 状态下 Buck/Boost 双向直流变换器的工作条件为

$$D_s<1-\frac{V_{s1}}{V_{s2}} \tag{5-10}$$

取输入变量 $U_s=V_{Cs2}$，输出变量 $V_o=V_{Cs1}$，则稳态输出电压增益为

$$M=\frac{V_{\mathrm{o}}}{U_{\mathrm{s}}}=\frac{\left(1-D_{\mathrm{s}}\right)^{2}R_{\mathrm{s}2}V_{\mathrm{s}1}+\left(1-D_{\mathrm{s}}\right)R_{\mathrm{s}1}V_{\mathrm{s}2}}{\left(1-D_{\mathrm{s}}\right)R_{\mathrm{s}2}V_{\mathrm{s}1}+R_{\mathrm{s}1}V_{\mathrm{s}2}} \tag{5-11}$$

5.2.4 Buck/Boost 变换器小信号分析

在静态工作点$(X_{\mathrm{s}0}, U_{\mathrm{s}}, D_{\mathrm{s}})$附近引入低频小信号扰动$\hat{d}_{\mathrm{s}}$、$\hat{u}_{\mathrm{s}}$，忽略二阶及其以上的小信号扰动量，可得 Buck/Boost 变换器的小信号模型为

$$\dot{\hat{x}}_{\mathrm{s}}=\begin{pmatrix}-\frac{1}{C_{\mathrm{s}1}R_{\mathrm{s}1}} & 0 & -\frac{1}{C_{\mathrm{s}1}}\\ 0 & -\frac{1}{C_{\mathrm{s}2}R_{\mathrm{s}2}} & \frac{1-D_{\mathrm{s}}}{C_{\mathrm{s}2}}\\ \frac{1}{L_{\mathrm{s}}} & -\frac{1-D_{\mathrm{s}}}{L_{\mathrm{s}}} & 0\end{pmatrix}\hat{x}_{\mathrm{s}}+\begin{pmatrix}\frac{1}{C_{\mathrm{s}1}R_{\mathrm{s}1}} & 0\\ 0 & \frac{1}{C_{\mathrm{s}2}R_{\mathrm{s}2}}\\ 0 & 0\end{pmatrix}\hat{u}_{\mathrm{s}}+\begin{pmatrix}0\\ -\frac{I_{L\mathrm{s}}}{C_{\mathrm{s}2}}\\ \frac{V_{C\mathrm{s}2}}{L_{\mathrm{s}}}\end{pmatrix}\hat{d}_{\mathrm{s}} \tag{5-12}$$

其中，$\hat{x}_{\mathrm{s}}=\begin{bmatrix}\hat{v}_{C\mathrm{s}1} & \hat{v}_{C\mathrm{s}2} & \hat{i}_{L\mathrm{s}}\end{bmatrix}^{\mathrm{T}}$，$\hat{u}_{\mathrm{s}}=\begin{bmatrix}\hat{v}_{\mathrm{s}1} & \hat{v}_{\mathrm{s}2}\end{bmatrix}^{\mathrm{T}}$

状态变量X_{s}与输入变量U_{s}之间的传递函数为

$$\begin{aligned}G_{\mathrm{xu}}&=\frac{\hat{x}_{\mathrm{s}}(s)}{\hat{u}_{\mathrm{s}}(s)}=\left(sI-A_{\mathrm{s}}\right)^{-1}B_{\mathrm{s}}\\&=\begin{pmatrix}\frac{R_{\mathrm{s}2}L_{\mathrm{s}}C_{\mathrm{s}2}s^{2}+L_{\mathrm{s}}s+\left(1-D_{\mathrm{s}}\right)^{2}R_{\mathrm{s}2}}{P(s)} & \frac{R_{\mathrm{s}1}\left(1-D_{\mathrm{s}}\right)}{P(s)}\\ \frac{R_{\mathrm{s}2}\left(1-D_{\mathrm{s}}\right)}{P(s)} & \frac{R_{\mathrm{s}1}C_{\mathrm{s}1}L_{\mathrm{s}}s^{2}+L_{\mathrm{s}}s+R_{\mathrm{s}1}}{P(s)}\\ \frac{R_{\mathrm{s}2}C_{\mathrm{s}2}s+1}{P(s)} & \frac{\left(R_{\mathrm{s}1}C_{\mathrm{s}1}s+1\right)\left(D_{\mathrm{s}}-1\right)}{P(s)}\end{pmatrix}\end{aligned} \tag{5-13}$$

状态变量与控制变量D_{s}之间的传递函数为

$$\begin{aligned}G_{\mathrm{xd}}&=\frac{\hat{x}_{\mathrm{s}}(s)}{\hat{d}_{\mathrm{s}}(s)}=\left(sI-A_{\mathrm{s}}\right)^{-1}E_{\mathrm{s}}\\&=\begin{pmatrix}\frac{I_{\mathrm{Ls}}R_{\mathrm{s}1}R_{\mathrm{s}2}\left(D_{\mathrm{s}}-1\right)-R_{\mathrm{s}1}V_{C\mathrm{s}2}\left(R_{\mathrm{s}2}C_{\mathrm{s}2}s+1\right)}{P(s)}\\ \frac{-I_{L\mathrm{s}}R_{\mathrm{s}2}\left(R_{\mathrm{s}1}C_{\mathrm{s}1}L_{\mathrm{s}}s^{2}+L_{\mathrm{s}}s+R_{\mathrm{s}1}\right)+R_{\mathrm{s}2}V_{C\mathrm{s}2}\left(1-D_{\mathrm{s}}\right)\left(R_{\mathrm{s}1}C_{\mathrm{s}1}s+1\right)}{P(s)}\\ \frac{\left[V_{C\mathrm{s}2}\left(R_{\mathrm{s}2}C_{\mathrm{s}2}s+1\right)+I_{L\mathrm{s}}R_{\mathrm{s}2}\left(1-D_{\mathrm{s}}\right)\right]\left(R_{\mathrm{s}1}C_{\mathrm{s}1}s+1\right)}{P(s)}\end{pmatrix}\end{aligned} \tag{5-14}$$

其中

$$P(s)=L_sC_{s1}C_{s2}R_{s1}R_{s2}s^3+L_s\left(C_{s1}R_{s1}+C_{s2}R_{s2}\right)s^2+\left\{L_s+\left[C_{s2}+C_{s1}\left(1-D_s\right)^2\right]R_{s1}R_{s2}\right\}s+R_{s1}+\left(1-D_s\right)^2R_{s2}$$

5.2.5　模型验证

为了验证所建立的 Buck/Boost 数学模型的正确性，分别搭建 Buck/Boost 变换器电路仿真模型和数学模型，电路参数见表 5-2。在 Boost 状态和 Buck 状态下对比电路模型的输出与所建立的数学模型的输出。

表 5-2　Buck/Boost 变换器参数

参数名称	Boost 状态参数值	Buck 状态参数值
开关频率 f/kHz	10	10
电容 C_{s1}/μF	1000	1000
电容 C_{s2}/μF	1500	1500
电感 L_s/mH	2	2
低压侧电池电压 V_{s1}/V	48	—
低压侧电阻 R_{s1}/Ω	0.4	5
高压侧母线电压 V_{s2}/V	—	110
高压侧电阻 R_{s2}/Ω	10	0.1

（1）Boost 状态模型验证

Buck/Boost 变换器在 Boost 状态下运行，电路模型与数学模型的输出电压曲线如图 5-13 所示。从图 5-13 中可以看出所建立的数学模型虽然不能反映电路的开关纹波，但能够反映 Buck/Boost 变换器在 Boost 状态下的基本输出特性。

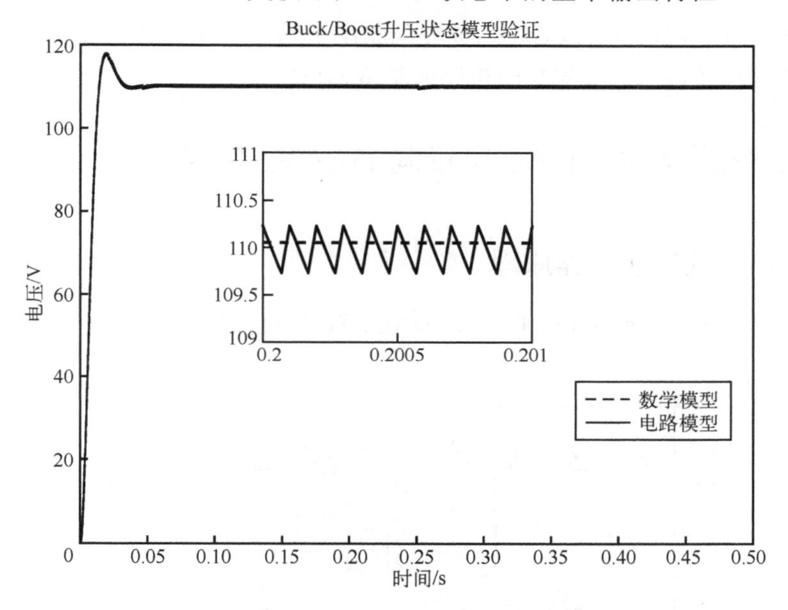

图 5-13　Boost 状态下 Buck/Boost 变换器模型验证

（2）Buck 状态模型验证

Buck/Boost 变换器在 Buck 状态下运行，电路模型与数学模型的输出电压曲线如图 5-14 所示。

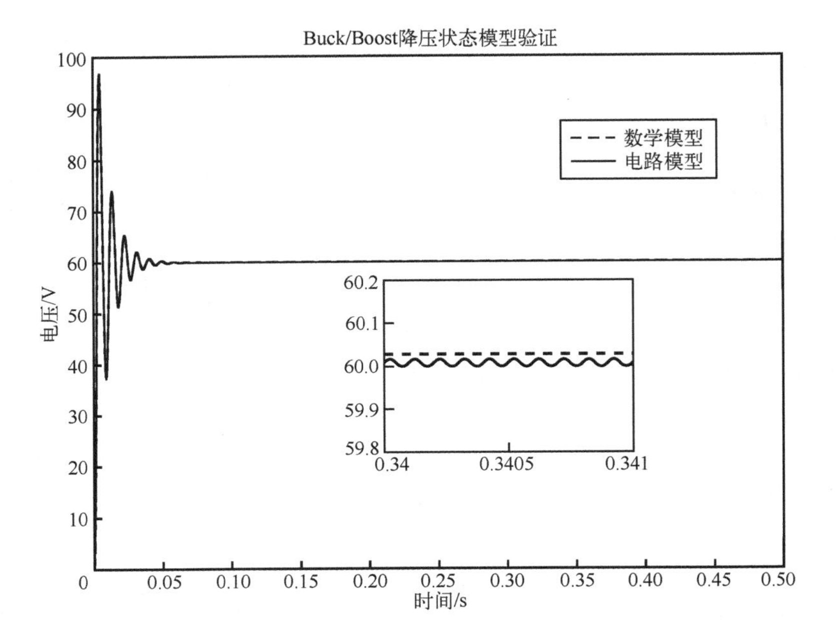

图 5-14 Buck 状态下 Buck/Boost 变换器模型验证

同样，从图 5-14 中可以看出所建立的状态平均模型并不能反映电路模型 Buck 状态下的输出纹波，但能够反映电路的基本输出特性。

5.3 双有源全桥（DAB）双向 DC/DC 变换器

5.3.1 DAB 变换器工作原理

双有源全桥（Dual Active Bridge，DAB）双向直流变换器的拓扑结构如图 5-15 所示。

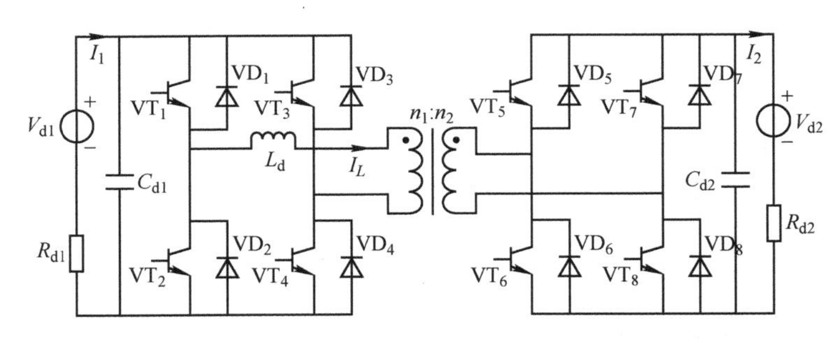

图 5-15 双有源全桥双向直流变换器拓扑结构

图 5-15 中，R_{d1}、R_{d2} 分别是输入侧、输出侧等效电阻（Ω）；V_{d1}、V_{d2} 分别

为输入、输出侧电源电压（V）；I_1、I_2 为低压侧端电流和高压侧端电流（A）；L_d 为外加电感（mH）；I_L 为通过电感 L_d 的电流（A）；C_{d1}、C_{d2} 为输入、输出电容（F）；变压器电压比 $K=n_1:n_2$；开关管开关周期为 T_d（s）；频率为 f（Hz）。

DAB 变换器采用单移相控制方法，每个桥臂上下开关管互补导通，左右桥臂对应的开关管驱动信号相位相差 180°，且变压器两侧桥臂对应开关管的驱动信号相差移相角 φ。当 $\varphi \in [0,\pi]$ 时，VT_1 的驱动信号超前 VT_5，能量从 V_{in1} 端向 V_{in2} 端流动，能量正向传输；当 $\varphi \in [-\pi,0]$ 时，即 VT_1 的驱动信号滞后 VT_5，能量从 V_{in2} 端向 V_{in1} 端流动，能量反向传输；当 $\varphi = 0$ 时，不进行能量传输。理想状态下，DAB 变换器的输入功率 P_1、输出功率 P_2 与移相角 φ 存在以下关系

$$P_1 = P_2 = \frac{KU_1U_2}{2fL\pi^2}\varphi\left(1-|\varphi|\right) \tag{5-15}$$

式中，U_1、U_2 为 DAB 变换器端电压（V）；L 为 DAB 等效漏感（mH）。

从式（5-15）可以看出，当 VT_1 超前 VT_5 时，移相角 $\varphi = \pi/2$ 的传输功率最大；当 VT_1 滞后 VT_5 时，移相角 $\varphi = -\pi/2$ 的传输功率最大。当 $\varphi \in \left[-\pi/2,\ \pi/2\right]$ 时，传输功率与移相角之间成单调递增关系，因此选择移相角在 $\left[-\pi/2,\ \pi/2\right]$ 区间内。

设 VT_1 的驱动信号超前 VT_5 移相角 φ，初始状态时 $t=0$，则 DAB 的工作状态波形如图 5-16 所示。图中，V_{ab}、V_{cd} 为变压器两端的端电压；I_L 为电感电流。定义移相比 $D=\varphi/\pi$，$T=T_d/2$，则移相时间 $\tau = \varphi T/(2\pi) = DT$。

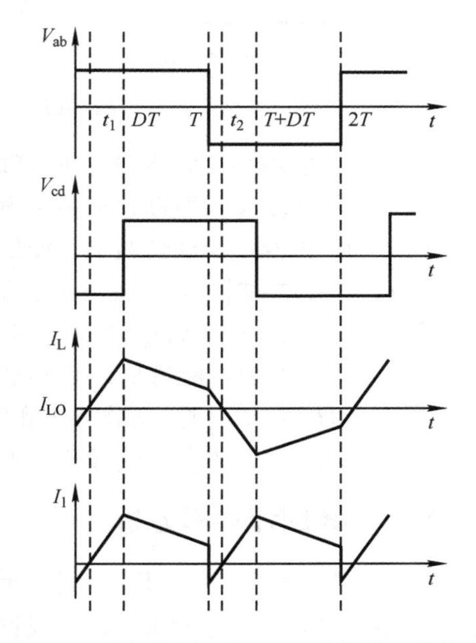

图 5-16　移相控制下的 DAB 变换器工作状态

从电感电流波形可以看出，一个开关周期内，电感电流对称，DAB 变换器的工作状态可分为四个模态。将变压器二次侧元件折算到一次侧，对 DAB 电路模型进行等效，可以得到如图 5-17 所示的 DAB 各模态等效电路。

等效电路参数为：$C_1 = C_{d1}$，$C_2 = C_{d2}/K^2$，$V_1 = V_{d1}$，$V_2 = K^2V_{d2}$，$R_1 = R_{d1}$，$R_2 = K^2R_{d2}$，$L = L_d + L_T$（L_T 为变压器等效漏感），R_L 为变压器等效内阻。

当 $t \in [0,\ DT]$ 时，由图 5-17a 可知，开关管 VT_2、VT_3 关断，在电感电流反向减小到 0 之前，二极管 VD_1、VD_4 续流，当电感电流反向降到 0 时，VT_1/VT_4、

VT_6/VT_7零电压开通，能量从V_2侧传递到V_1侧。

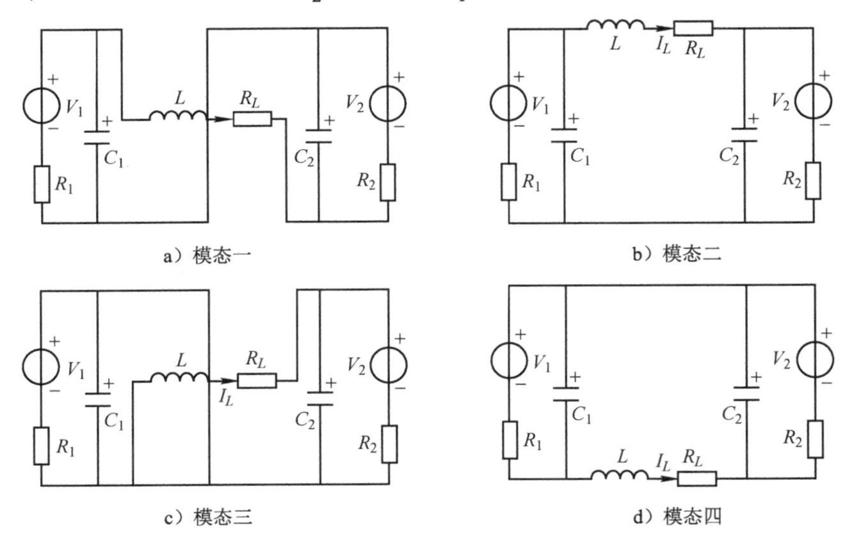

图 5-17　各模态等效电路

当$t \in [DT, T]$时，由图 5-17b 可知，VT_1、VT_4导通，电感电流为正，尽管$t = DT$时，VT_5、VT_8驱动，但由于电感电流不能突变，故二极管VD_5、VD_8继续续流导通，电感电流线性减小，能量仍从V_1侧向V_2侧传递。

当$t \in [T, DT+T]$时，如图 5-17c 所示，开关管VT_1、VT_4关断，在电感电流减小到 0 之前，二极管VD_2、VD_3续流，当电感电流降到 0 时，开关管VT_2/VT_3、VT_5/VT_8零电压开通，能量从V_2侧传递到V_1侧。

当$t \in [DT+T, 2T]$时，如图 5-17d 所示，开关管VT_2、VT_3导通，二极管VD_6、VD_7续流，电感电流为负，能量从V_1侧向V_2侧传递。

5.3.2 DAB 回流功率分析

从图 5-16 可以看出，在一个开关周期内，DAB 变换器在$[0, t_1]$和$[T, t_2]$时间段内传输功率为负，能量未经过负载直接回到电源端，这部分功率称为回流功率（也称功率环流、无功功率）。显然，回流功率越大，变换器工作效率越低。

设电感电流的初始值为$I_L(t_0)$，当能量正向传输时，根据电感电流的对称性可以求出

$$I_L(t_0) = -\frac{1}{4Lf}\left[U_1 + (2D-1)KU_2\right] \tag{5-16}$$

只考虑电感电流连续的状况，因此状态 1、状态 2 的电感电流I_L可表示为

$$I_L(t)=\begin{cases}\dfrac{U_1+KU_2}{L}t-\dfrac{U_1+KU_2(2D-1)}{4Lf} & t\in[0,DT)\\ \dfrac{U_1-KU_2}{L}(t-DT)+\dfrac{U_1(2D-1)+KU_2}{4Lf} & t\in[DT,T)\end{cases} \tag{5-17}$$

当电感电流 $I_L(t)=0$ 时，可以得到半个周期内回流功率时间

$$t_1=\frac{KU_2(2D-1)+U_1}{4f(U_1+KU_2)} \tag{5-18}$$

令电压调节比 $m=U_1/(KU_2)$，则回流功率 P_{cir} 为

$$P_{cir}=\frac{1}{T}\int_0^{t_1}U_1I_1(t)\mathrm{d}t=\frac{KU_1U_2\left[m+(2D-1)\right]^2}{16fL(m+1)} \tag{5-19}$$

回流功率比 M_{cir} 为

$$M_{cir}=\frac{P_{cir}}{P_1}=\frac{\left[m+(2D-1)\right]^2}{8D(1-D)(m+1)} \tag{5-20}$$

绘制不同电压调节比下回流功率比与移相比之间的关系曲线，如图 5-18 所示。

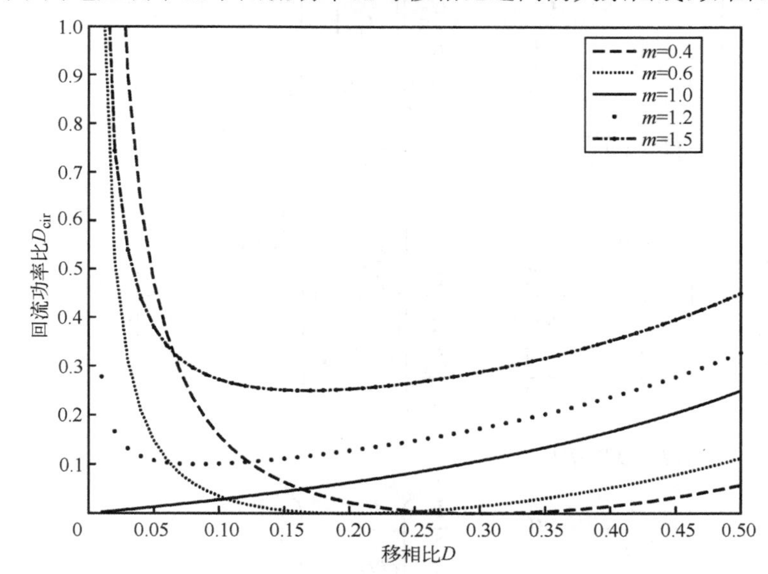

图 5-18　不同 m 下 M_{cir} 与 D 之间的关系

当 $m<1$ 时，DAB 变换器的回流功率比在 D 较小时能量几乎全部回流，效率极低。当 $m\geqslant1$ 时，DAB 变换器的回流功率比与电压调节比 m 有关；当 $m=1$ 时，DAB 回流功率比最低，且随着 m 的增大，回流功率比增加。这表明 DAB 两端电压匹配时，即 $U_1=KU_2$ 时，DAB 具有较高的工作效率；当 m 一定时，回流功率

比随 D 的增大而增大，因此虽然 DAB 在 $D=0.5$ 时传输功率最大，但工作效率并不高。

5.3.3 改进状态空间平均建模

状态空间平均法是基于线性纹波假设的，但由于 DAB 变换器中电感电流是交变的信号，因此状态空间平均法不再适用。NINOMIYA[10]和 WITULSKI[11]等学者提出了一种改进状态空间平均法，该方法是把状态变量按时间尺度分为快变量和慢变量，近似认为慢变量在一个开关周期内不变，用慢变量来表示快变量，再进行状态平均。本节中对 DAB 变换器采用该方法进行建模[12]。

取状态变量 $X_{\mathrm{d}}=\begin{bmatrix}U_{C1} & U_{C2} & I_L\end{bmatrix}^{\mathrm{T}}$，输入变量 $U_{\mathrm{d}}=\begin{bmatrix}V_1 & V_2\end{bmatrix}^{\mathrm{T}}$，对图 2.8 中的 DAB 变换器四个工作模态分别列出状态空间方程，如下所示。

模态 1（$t\in[0, DT]$）

$$\begin{pmatrix}\dot{U}_{C1}\\ \dot{U}_{C2}\\ \dot{I}_L\end{pmatrix}=\begin{pmatrix}-\dfrac{1}{C_1R_1} & 0 & -\dfrac{1}{C_1}\\ 0 & -\dfrac{1}{C_2R_2} & -\dfrac{1}{C_2}\\ \dfrac{1}{L} & \dfrac{1}{L} & -\dfrac{R_{\mathrm{L}}}{L}\end{pmatrix}\begin{pmatrix}U_{C1}\\ U_{C2}\\ I_L\end{pmatrix}+\begin{pmatrix}\dfrac{1}{C_1R_1} & 0\\ 0 & \dfrac{1}{C_2R_2}\\ 0 & 0\end{pmatrix}\begin{pmatrix}V_1\\ V_2\end{pmatrix} \tag{5-21}$$

模态 2（$t\in[DT, T]$）

$$\begin{pmatrix}\dot{U}_{C1}\\ \dot{U}_{C2}\\ \dot{I}_L\end{pmatrix}=\begin{pmatrix}-\dfrac{1}{C_1R_1} & 0 & -\dfrac{1}{C_1}\\ 0 & -\dfrac{1}{C_2R_2} & \dfrac{1}{C_2}\\ \dfrac{1}{L} & -\dfrac{1}{L} & -\dfrac{R_{\mathrm{L}}}{L}\end{pmatrix}\begin{pmatrix}U_{C1}\\ U_{C2}\\ I_L\end{pmatrix}+\begin{pmatrix}\dfrac{1}{C_1R_1} & 0\\ 0 & \dfrac{1}{C_2R_2}\\ 0 & 0\end{pmatrix}\begin{pmatrix}V_1\\ V_2\end{pmatrix} \tag{5-22}$$

模态 3（$t\in[T, DT+T]$）

$$\begin{pmatrix}\dot{U}_{C1}\\ \dot{U}_{C2}\\ \dot{I}_C\end{pmatrix}=\begin{pmatrix}-\dfrac{1}{C_1R_1} & 0 & \dfrac{1}{C_1}\\ 0 & -\dfrac{1}{C_2R_2} & \dfrac{1}{C_2}\\ -\dfrac{1}{L} & -\dfrac{1}{L} & -\dfrac{R_{\mathrm{L}}}{L}\end{pmatrix}\begin{pmatrix}U_{C1}\\ U_{C2}\\ I_L\end{pmatrix}+\begin{pmatrix}\dfrac{1}{C_1R_1} & 0\\ 0 & \dfrac{1}{C_2R_2}\\ 0 & 0\end{pmatrix}\begin{pmatrix}V_1\\ V_2\end{pmatrix} \tag{5-23}$$

模态 4（$t\in[DT+T, 2T]$）

$$\begin{pmatrix}\dot{U}_{C1}\\ \dot{U}_{C2}\\ \dot{I}_L\end{pmatrix}=\begin{pmatrix}-\dfrac{1}{C_1R_1} & 0 & \dfrac{1}{C_1}\\ 0 & -\dfrac{1}{C_2R_2} & -\dfrac{1}{C_2}\\ -\dfrac{1}{L} & \dfrac{1}{L} & -\dfrac{R_L}{L}\end{pmatrix}\begin{pmatrix}U_{C1}\\ U_{C2}\\ I_L\end{pmatrix}+\begin{pmatrix}\dfrac{1}{C_1R_1} & 0\\ 0 & \dfrac{1}{C_2R_2}\\ 0 & 0\end{pmatrix}\begin{pmatrix}V_1\\ V_2\end{pmatrix} \tag{5-24}$$

可以看出，当 $R_L \to 0$ 时，I_L 在 $[0,T]$ 与 $[T,\ 2T]$ 波形关于 $t=T$ 时刻中心对称，因此可以用模态 1、模态 2 表示 DAB 在一个周期内的工作状态。

由于开关周期很短，故一个开关周期内可认为电容电压保持不变，因此根据式（5-17）可知，状态 1、状态 2 的电感电流 I_L 可用电容电压表示为

$$I_L(t)=\begin{cases}\dfrac{U_{C1}+U_{C2}}{L}t-\dfrac{U_{C1}+U_{C2}(2D-1)}{4Lf} & t\in[0,DT)\\ \dfrac{U_{C1}-U_{C2}}{L}(t-DT)+\dfrac{U_{C1}(2D-1)+U_{C2}}{4Lf} & t\in[DT,T)\end{cases} \tag{5-25}$$

把电感电流的值代入模态 1、2 中，可得

$$\begin{cases}\dot{U}_{C1}=\dfrac{U_{C1}+(2D-1)U_{C2}}{4C_1Lf}-\dfrac{U_{C1}+U_{C2}}{LC_1}t-\dfrac{U_{C1}}{C_1R_1}+\dfrac{V_1}{C_1R_1}\\ \dot{U}_{C2}=\dfrac{U_{C1}+(2D-1)U_{C2}}{4C_2Lf}-\dfrac{U_{C1}+U_{C2}}{LC_2}t-\dfrac{U_{C1}}{C_2R_2}+\dfrac{V_2}{C_2R_2}\end{cases}\quad t\in[0,\ DT] \tag{5-26}$$

$$\begin{cases}\dot{U}_{C1}=-\dfrac{U_{C2}+(2D-1)U_{C1}}{4C_1Lf}-\dfrac{U_{C1}-U_{C2}}{LC_1}(t-DT)-\dfrac{U_{C1}}{C_1R_1}+\dfrac{V_1}{C_1R_1}\\ \dot{U}_{C2}=\dfrac{U_{C2}+(2D-1)U_{C1}}{4C_2Lf}+\dfrac{U_{C1}-U_{C2}}{LC_2}(t-DT)-\dfrac{U_{C1}}{C_2R_2}+\dfrac{V_2}{C_2R_2}\end{cases}\quad t\in[DT,\ T] \tag{5-27}$$

取 $X_{\mathrm{d}}=[U_{C1}\quad U_{C2}]^{\mathrm{T}}$，$U_{\mathrm{d}}=[V_1\quad V_2]^{\mathrm{T}}$，在 $[0,T]$ 内采用状态平均法，可得电感电流连续情况下的 DAB 模型为

$$\dot{X}_{\mathrm{d}}=A_{\mathrm{d}}X_{\mathrm{d}}+B_{\mathrm{d}}U_{\mathrm{d}} \tag{5-28}$$

其中

$$A_{\mathrm{d}}=\begin{pmatrix}-\dfrac{1}{C_1R_1} & \dfrac{D(|D|-1)}{2LfC_1}\\ \dfrac{D(1-|D|)}{2LfC_2} & -\dfrac{1}{C_2R_2}\end{pmatrix},\quad B_{\mathrm{d}}=\begin{pmatrix}\dfrac{1}{C_1R_1} & 0\\ 0 & \dfrac{1}{C_2R_2}\end{pmatrix}$$

5.3.4 DAB静态工作点分析

令 $\dot{X}_d=0$，可以求得稳态解为

$$X_{d0}=-A_d^{-1}B_dU_d \tag{5-29}$$

令稳态点 $X_{d0}=\begin{bmatrix}U_{c10} & U_{c20}\end{bmatrix}^T$，因此DAB双向直流变换器稳态工作点为

$$X_{d0}=\begin{bmatrix}\dfrac{2LfR_1V_2D_0\left(|D_0|-1\right)+4L^2f^2V_1}{R_1R_2D_0^{\ 2}\left(|D_0|-1\right)^2+4L^2f^2} \\ \dfrac{2LfR_2V_1D_0(1-|D_0|)+4L^2f^2V_2}{R_1R_2D_0^{\ 2}(|D_0|-1)^2+4L^2f^2}\end{bmatrix} \tag{5-30}$$

（1）能量正向传输

当移相比 $D\in[0,\ 0.5]$ 时，能量正向传输。取输入变量 $U_d=U_{C1}$，输出变量 $U_o=U_{C2}$，则稳态输出电压增益为

$$M=\frac{U_{C2}}{U_{C1}}=\frac{2LfR_2V_1D_0(1-|D_0|)+4L^2f^2V_2}{2LfR_1V_2D_0\left(|D_0|-1\right)+4L^2f^2V_1}=\frac{R_2V_1D_0(1-|D_0|)+2LfV_2}{R_1V_2D_0\left(|D_0|-1\right)+2LfV_1} \tag{5-31}$$

当 $V_2=0$ 时，稳态输出电压增益可化简为

$$M=\frac{U_{C2}}{U_{C1}}=\frac{R_2D_0(1-|D_0|)}{2Lf} \tag{5-32}$$

（2）能量反向传输

当移相比 $D\in[-0.5,\ 0]$ 时，能量反向传输。取输入变量 $U_d=U_{C2}$，输出变量 $U_o=U_{C1}$，则稳态输出电压增益为

$$M=\frac{U_{C1}}{U_{C2}}=\frac{2LfR_1V_2D_0\left(|D_0|-1\right)+4L^2f^2V_1}{2LfR_2V_1D_0(1-|D_0|)+4L^2f^2V_2}=\frac{R_1V_2D_0\left(|D_0|-1\right)+2LfV_1}{R_2V_1D_0(1-|D_0|)+2LfV_2} \tag{5-33}$$

当 $V_1=0$ 时，稳态输出电压增益可化简为

$$M=\frac{U_{C1}}{U_{C2}}=\frac{R_1D_0(|D_0|-1)}{2Lf} \tag{5-34}$$

5.3.5 DAB小信号分析

在静态工作点 (X_{d0},U_d,D_0) 附近引入低频小信号扰动 $\hat{d}$、$\hat{u}_d$，令 $\hat{x}_d=\begin{bmatrix}\hat{u}_{C1} & \hat{u}_{C2}\end{bmatrix}^T$，$\hat{u}_d=\begin{bmatrix}\hat{v}_1 & \hat{v}_2\end{bmatrix}^T$，忽略二阶及其以上的小信号扰动量，可得DAB变换器的小信号模型为

$$\dot{\hat{x}}_{\mathrm{d}}=\begin{pmatrix}-\dfrac{1}{C_1R_1} & \dfrac{D_0\left(\left|D_0\right|-1\right)}{2LfC_1}\\ \dfrac{D_0\left(1-\left|D_0\right|\right)}{2LfC_2} & -\dfrac{1}{C_2R_2}\end{pmatrix}\hat{x}_{\mathrm{d}}+\begin{pmatrix}\dfrac{2D_0-1}{2LfC_1}U_{\mathrm{c20}}\\ \dfrac{1-2D_0}{2LfC_2}U_{\mathrm{c10}}\end{pmatrix}\hat{d}+\begin{pmatrix}\dfrac{1}{C_1R_1} & 0\\ 0 & \dfrac{1}{C_2R_2}\end{pmatrix}\begin{pmatrix}\hat{v}_1\\ \hat{v}_2\end{pmatrix} \tag{5-35}$$

状态变量 $\hat{x}_{\mathrm{d}}$ 与控制变量 $\hat{u}_{\mathrm{d}}$ 之间的传递函数为

$$G_{\mathrm{xu}}=\frac{\hat{x}_{\mathrm{d}}(s)}{\hat{u}_{\mathrm{d}}(s)}=\begin{pmatrix}\dfrac{4L^2f^2\left(C_2R_2s+1\right)}{Q(s)} & \dfrac{-2R_1LfD_0\left(\left|D_0\right|-1\right)}{Q(s)}\\ \dfrac{-2R_2LfD_0\left(\left|D_0\right|-1\right)}{Q(s)} & \dfrac{4L^2f^2\left(C_1R_1s+1\right)}{Q(s)}\end{pmatrix} \tag{5-36}$$

状态变量 $\hat{x}_{\mathrm{d}}$ 与控制变量 $\hat{d}$ 之间的传递函数为

$$G_{\mathrm{xd}}=\frac{\hat{x}_{\mathrm{d}}(s)}{\hat{d}(s)}=\begin{pmatrix}\dfrac{R_1\left(2D_0-1\right)\left[R_2U_{\mathrm{c10}}D_0\left(1-\left|D_0\right|\right)+2LfU_{\mathrm{c20}}\left(C_2R_2s+1\right)\right]}{Q(s)}\\ \dfrac{R_2\left(1-2D_0\right)\left[R_1U_{\mathrm{c20}}D_0\left(1-\left|D_0\right|\right)+2LfU_{\mathrm{c10}}\left(C_1R_1s+1\right)\right]}{Q(s)}\end{pmatrix} \tag{5-37}$$

其中，$Q(s)=4L^2f^2K(C_1C_2R_1R_2s^2+(R_1C_1+R_2C_2)s+1)+KR_1R_2{D_0}^2(\left|D_0\right|-1)^2$。

5.3.6　模型验证

为了验证所建立的数学模型的正确性，搭建 DAB 变换器电路仿真模型和数学模型，分别在能量正向传输和反向传输的状态下对比电路模型的输出与所建立的数学模型的输出。仿真参数见表 5-3，假设变压器为理想变压器，忽略其内阻和漏感。

1．能量正向传输状态

将表 5-3 中的正向传输状态的仿真参数代入式（5-32）可知，DAB 升压运行的条件是 $D_0>0.118$。分别取 $D_0=0.1$ 和 $D_0=0.4$，则 DAB 数学模型输出与电路输出曲线如图 5-19a 和图 5-19b 所示。从图 5-19 中可以看出，所建立的数学模型能够较为准确地反映 DAB 变换器在能量正向传输时的输出特性。当 $D_0=0.1$ 时，稳态输出电压为 40.9V；当 $D_0=0.4$ 时，稳态输出电压为 100.1V，通过调节移相

比 D_0 的大小可以实现能量正向传输下的 DAB 升、降压变换。从图 5-19 中可以看出所建立的数学模型与电路模型之间的误差不超过 1%，因此该数学模型具有较高的精度。

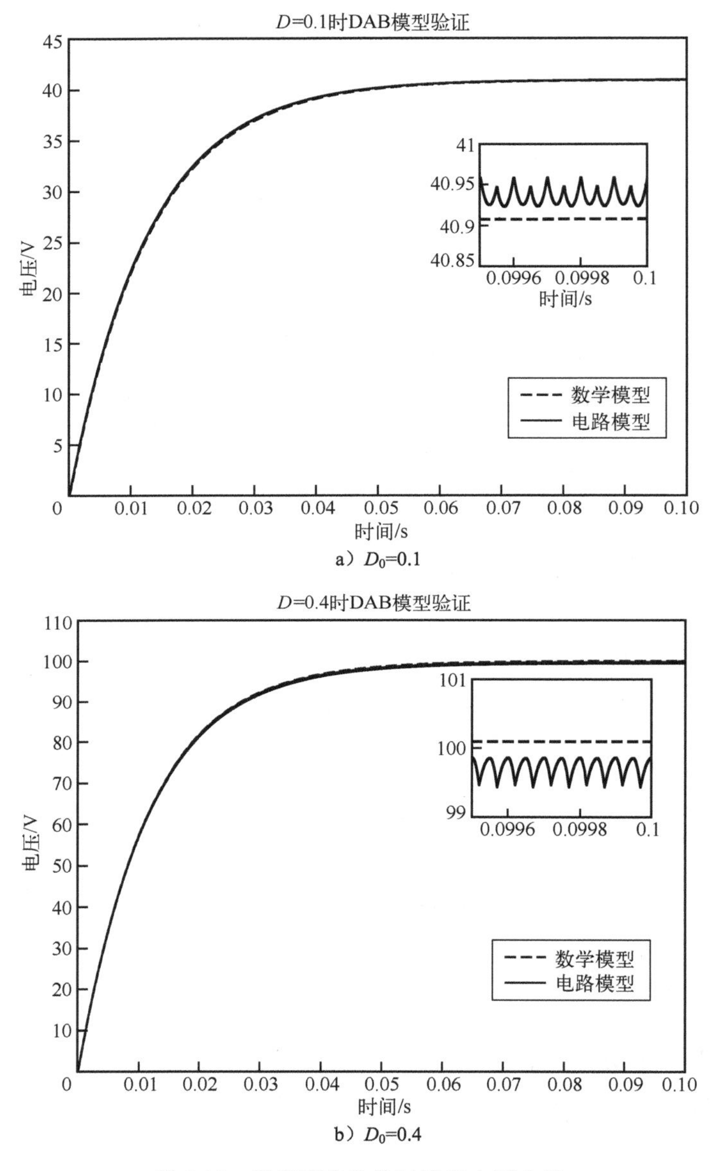

a）D_0=0.1

b）D_0=0.4

图 5-19　能量正向传输时输出电压曲线

当输入电压在 t=0.1s 增加 5V 时，模型输出与电路输出曲线如图 5-20 所示。从图 5-20 中可以看出该数学模型能反映输入电压变化时 DAB 变换器的输出特性。

表 5-3　DAB 变换器仿真参数

参数名称	正向传输参数值	反向传输参数值
开关频率 f/kHz	10	10
电容 C_{d1}/μF	1500	1500
电容 C_{d2}/μF	2600	2600
附加电感 L_d/μH	26	26
低压侧电池电压 V_{d1}/V	48	—
低压侧电阻 R_{d1}/Ω	0.1	2
高压侧母线电压 V_{d2}/V	—	110
高压侧电阻 R_{d2}/Ω	5	0.1

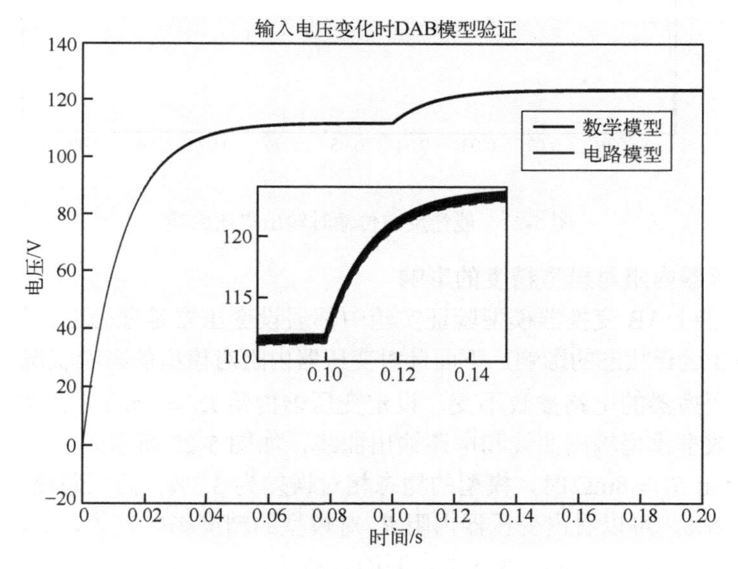

图 5-20　输入电压变化时的输出电压曲线

2．能量反向传输状态

将表 5-3 中的反向传输状态的仿真参数代入式（5-34）可知，DAB 稳态电压增益为

$$M=\frac{R_1D_0(|D_0|-1)}{2Lf}=\frac{-D_0{}^2-D_0}{0.26} \tag{5-38}$$

当 $D_0=-0.5$ 时，M 取得最大值 0.96，因此 DAB 变换器只能降压运行。

当 $D_0=-0.5$ 时，DAB 数学模型输出与电路输出曲线如图 5-21 所示，此时稳态输出电压为 101V。从图 5-21 中可以看出所建立的数学模型能够准确反映 DAB 变换器在能量反向传输时的输出特性。DAB 变换器能量反向传输时，输入电压的变化对输出电压的影响与图 5-21 类似，此处不再进行验证。

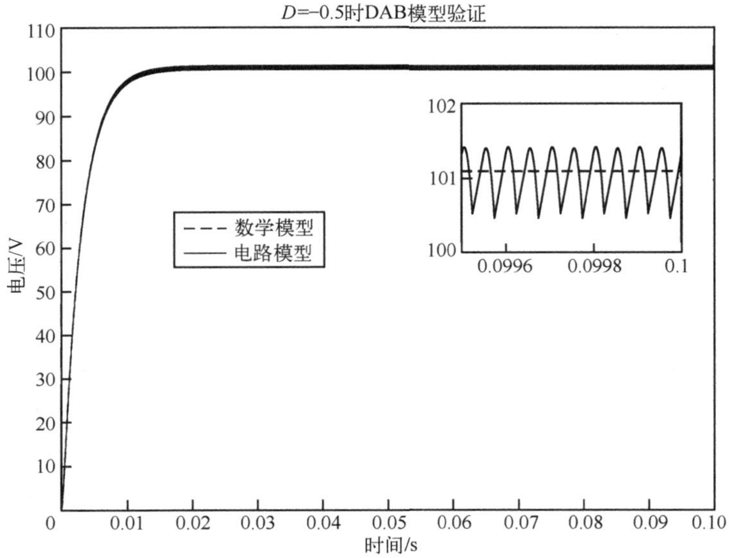

图 5-21 能量反向传输时输出电压曲线

3．变压器内阻对模型精度的影响

在以上的 DAB 变换器模型验证实验中都假设变压器是理想变压器，忽略了其内阻对 DAB 运行状态的影响，下面针对变压器内阻对模型的影响状况进行分析。

DAB 变换器的电路参数不变，设定变压器内阻 $R_L = 8\text{m}\Omega$，当 $D_0 = 0.4$ 时，对比 DAB 数学模型输出曲线和电路输出曲线，如图 5-22 所示。

可以看出 $R_L = 8\text{m}\Omega$ 时，模型的稳态相对误差为 3.3%；而在忽略 R_L 时，模型误差不到 0.5%，可以看出变压器内阻 R_L 对模型的精度影响较大。

为研究模型误差与变压器内阻之间的具体关系，在变压器内阻取不同值时，比较模型输出与电路输出之间的绝对误差，在图 5-23 中绘制变压器内阻与模型误差之间的关系曲线。

从图 5-23 中可以看出模型误差与变压器内阻呈线性关系，内阻越大，模型的绝对误差越大。本节为了便于计算，之后均认为变压器是理想变压器。

4．动态性能分析

从小信号模型可知，系统的扰动主要来自移相比、高压侧电源和低压侧电动势负载这三个方面，且这三种扰动互不干扰，因此可以单独分析其对系统的影响。设初始条件为 D=0.11，V_1=110V，V_2=40V，当进入稳态时加入以下扰动信号。

（1）移相比扰动

当 DAB 进入稳态后，给移相比 D 突加 $\hat{D} = 0.01$ 的小信号扰动，从图 5-24 中

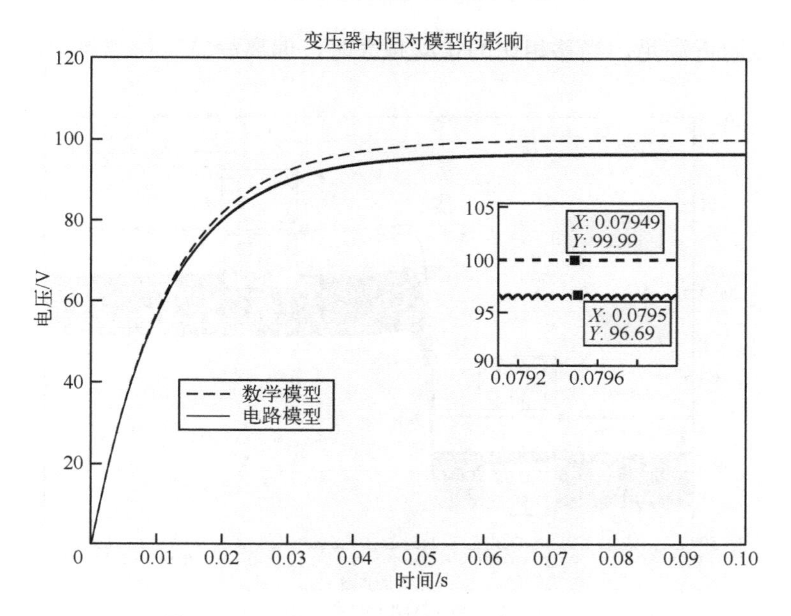

图 5-22　D_0=0.4，R_L=8mΩ时，输出电压曲线

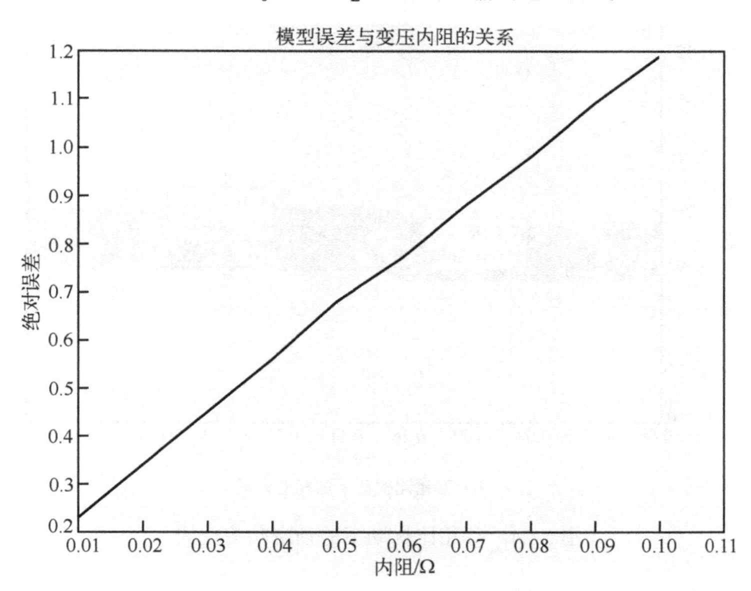

图 5-23　变压器内阻与模型误差的关系曲线

可以看出状态平均模型能够反映 DAB 电路在移相比扰动下的动态特性，在扰动前与 DAB 电路模型的绝对误差为 0.22，扰动后为 0.39，相对误差在扰动前为 0.37%，在扰动后为 0.65%，可以看出移相比的扰动会增大模型误差，这是因为移相比 D 对输出电压的作用是非线性的，通过小信号模型进行线性化后的关系仅在

静态工作点附近满足，当移相比的扰动越大时，偏离静态工作点越远，因而模型误差越大。

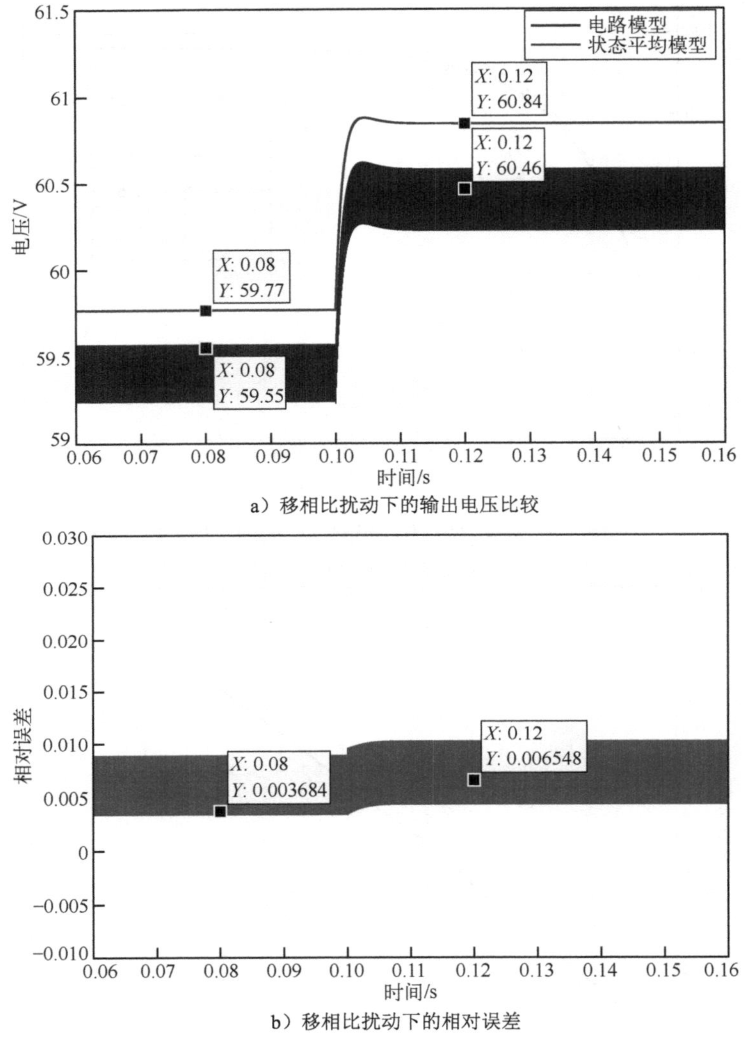

a）移相比扰动下的输出电压比较

b）移相比扰动下的相对误差

图 5-24　移相比扰动下的动态响应比较

（2）高压侧电源电压扰动

当 DAB 进入稳态后，给高压侧电源电压 V_1 突加 $\hat{V}_1 = 5\text{V}$ 的小信号扰动，从图 5-25 中可以看出状态平均模型能够反映 DAB 电路在高压侧电源电压扰动下的动态特性，在扰动前与 DAB 电路模型的绝对误差为 0.35，扰动后为 0.32，相对误差在扰动前为 0.66%，在扰动后为 0.61%，可以看出高压侧电源电压的扰动基本不改变模型误差。这是因为高压侧电源电压 V_1 对输出电压的作用是线性的，因此小信号模型不受静态工作点的影响，模型的精度不随 V_1 扰动的增加而增加。

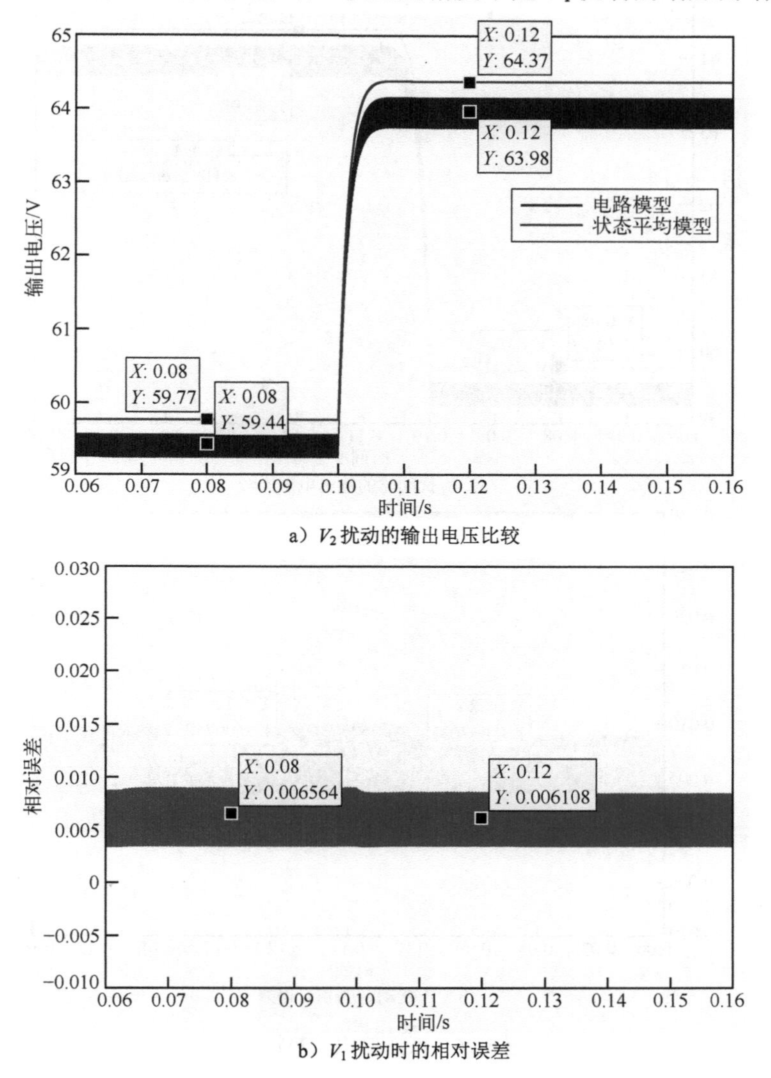

a）V_2 扰动的输出电压比较

b）V_1 扰动时的相对误差

图 5-25　高压侧电源电压扰动

（3）低压侧电动势扰动

当 DAB 进入稳态后，给低压侧电动势 V_2 突加 $\hat{V}_2=5\text{V}$ 的小信号扰动，从图 5-26 中可以看出状态平均模型能够反映 DAB 电路在低压侧电动势扰动下的动态特性，在扰动前与 DAB 电路模型的绝对误差为 0.33，扰动后为 0.39，相对误差在扰动前为 0.7%，在扰动后为 0.74%，可以看出低压侧电动势扰动与高压侧电压扰动一样，都是线性的，因此不改变模型误差。

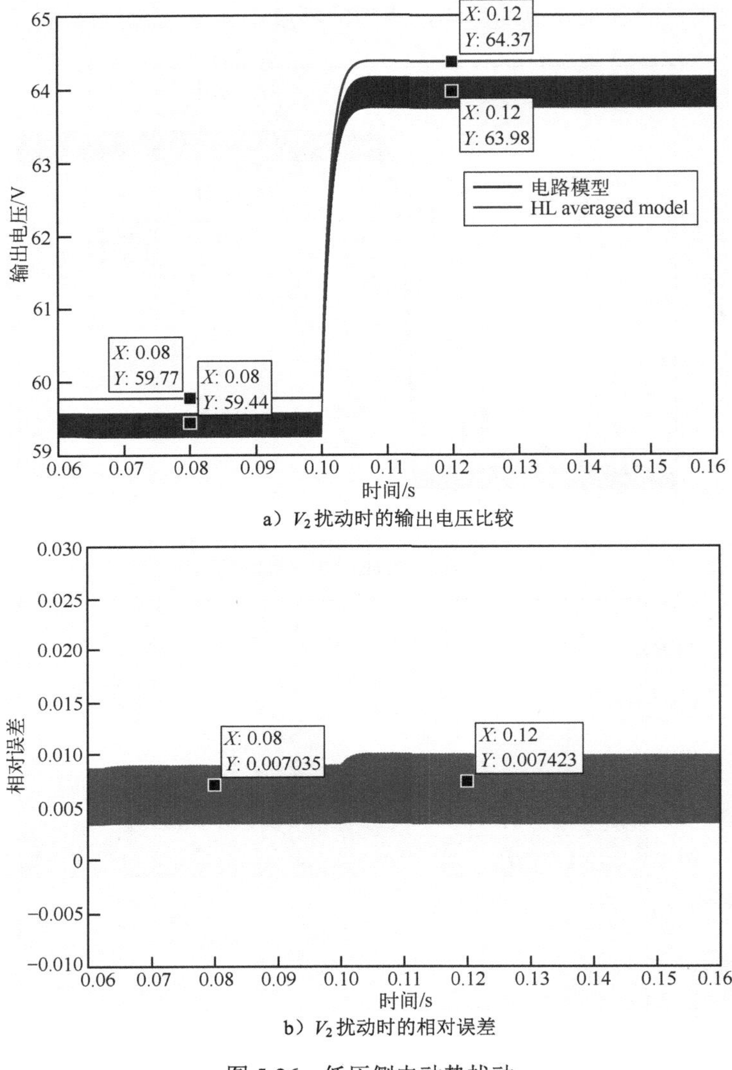

a）V_2扰动时的输出电压比较

b）V_2扰动时的相对误差

图 5-26 低压侧电动势扰动

5.4 多 DC/DC 并联运行控制

为了扩大储能系统的容量，将电池与双向 DC/DC 变换器组成的储能模块并联，构成并联系统。包含双向 DC/DC 变换器并联运行的储能系统的直流微电网如图 5-27 所示。由一个 VFB 和一个双向 DC/DC 变换器组成一个储能模块，将这些储能模块并联，连在直流母线上。其中，这些并联的储能模块中的 VFB 和双向 DC/DC 变换器理论上是完全相同的参数及状态。

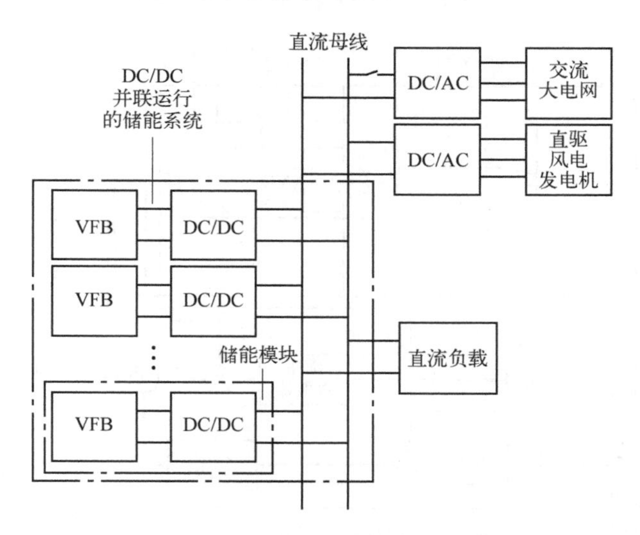

图 5-27　包含并联运行的 DC/DC 的直流微电网

本节构建的并联储能系统的控制目标是：同时改善动态性能与考虑输出线阻的影响，使并联储能系统模块之间的电流平均分配，即均流；保证并联储能系统直流母线侧电压稳定在理想值，即稳压。

5.4.1　多 DC/DC 并联运行的储能系统控制策略

5.4.1.1　传统的平均电流均流法

传统的平均电流均流法应用在双向 Buck/Boost 变换器并联系统，如图 5-28 所示。其给定电流基准为各个模块输出电流平均值 i_{oav}，通过输出电流 i_o 的误差信号来调整给定电压基准 U_{ref}，使每个模块工作点处的输出电压 U_o 与电流点重合，从而实现均流。图 5-28 中，$R_{line1}, R_{line2}, \cdots, R_{linen}$ 分别为第 1, 2,$\cdots$, n 个变换器输出线阻；R_{load} 为负载电阻。

传统的平均电流均流法可以精确地均流，但它存在两点缺陷：①这种控制本质上是电压型控制，只有当输出电压 U_o 变化后，电压环和均流环才进行调节，滞后较大，会导致动态响应较差；②考虑输出线阻时直流母线侧电压减小。

由 5.2 节推导的双向 Buck/Boost 变换器小信号模型结合图 5-28 可得

$$\begin{aligned} i_L &= \hat{i}_L + i_{L0} \\ &= G_{id}\hat{d} + \frac{V}{(1-D)^2 R} \end{aligned} \tag{5-39}$$

$$\begin{aligned} i_o &= \hat{i}_L(1-d) \\ &= i_L\left[1-\left(\hat{d}+D\right)\right] \end{aligned} \tag{5-40}$$

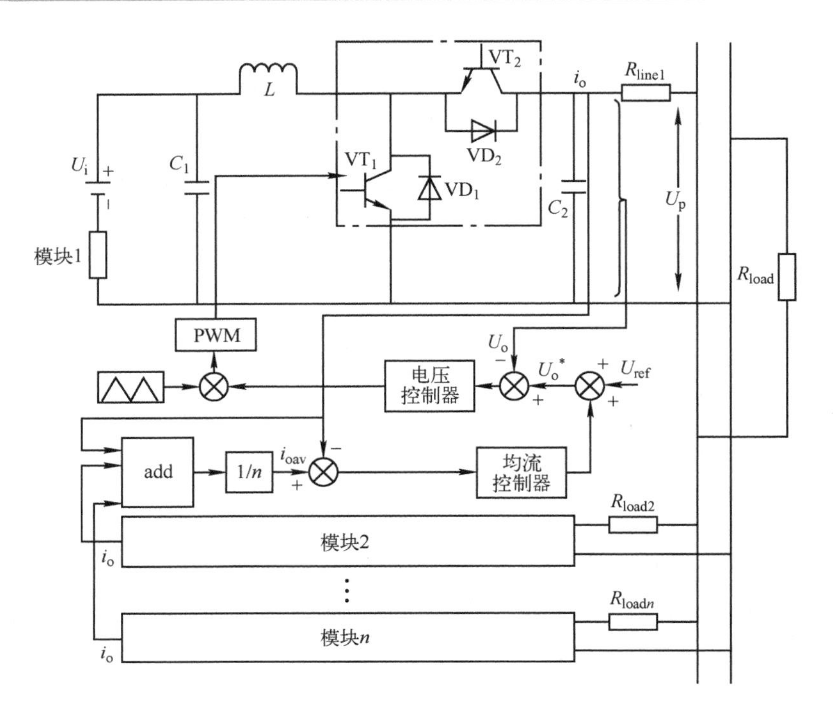

图 5-28 传统平均电流均流法应用在双向 Buck/Boost 变换器

由于 n 个模块分析同理，取模块 1 为代表，可知直流母线侧电压为

$$U_{\mathrm{p}} = U_{\mathrm{o1}} - i_{\mathrm{o1}} R_{\mathrm{line1}} \tag{5-41}$$

结合式（5-40）、式（5-41）得

$$U_{\mathrm{p}} = U_{\mathrm{o}} - \left(G_{\mathrm{id}} \hat{d} + \frac{V}{(1-D)^2 R} \right) \left(1 - \hat{d} - D \right) R_{\mathrm{line1}} \tag{5-42}$$

从负载的角度可得

$$U_{\mathrm{o1}} - i_{\mathrm{o1}} R_{\mathrm{line1}} \left(i_{\mathrm{o1}} + i_{\mathrm{o2}} + \cdots + i_{\mathrm{o}n} \right) R_{\mathrm{load}} \tag{5-43}$$

当均流时，每个模块输出电流都等于 n 个模块总电流的平均值，可得

$$i_{\mathrm{o1}} + i_{\mathrm{o2}} + \cdots + i_{\mathrm{o}n} = n i_{\mathrm{o1}} \tag{5-44}$$

则模块 1 输出电压为

$$U_{\mathrm{o1}} = (R_{\mathrm{line1}} + n R_{\mathrm{load}}) i_{\mathrm{o1}} \tag{5-45}$$

即此时模块 1 的输出等效电阻为

$$R = R_{\mathrm{line1}} + n R_{\mathrm{load}} \tag{5-46}$$

则可得直流母线侧电压为

$$U_{\mathrm{p}}=U_{\mathrm{o}}-\left(G_{\mathrm{id}}\hat{d}R_{\mathrm{line1}}+\frac{V}{(1-D)^2\left(1+n\dfrac{R_{\mathrm{load}}}{R_{\mathrm{line1}}}\right)}\right)\left(1-\hat{d}-D\right) \tag{5-47}$$

式中，U_{p}为直流母线侧电压（V）；U_{o}为变换器输出电压（V）；R_{line1}为变换器1输出线阻（Ω）；R_{load}为负载电阻（Ω）。

由式（5-47）可知，当U_{o}不变时，R_{line1}增大，电压降落增大，直流母线侧电压U_{p}减小；由式（5-39）、式（5-40）可知，当R_{line1}增大时，变换器输出等效电阻R增大，电感电流i_L与输出电流i_{o}随之减小，从控制系统的角度讲，即给定电流基准减小，从而导致调整后的电压基准U_{o}^*减小，最终使跟随U_{o}^*的实际输出电压U_{o}减小，再由式（5-47）可知，U_{p}减得更小。综上所述，当考虑输出线阻时，虽然依然能均流，但会导致直流母线侧电压低于理想值。

5.4.1.2 改进的平均电流均流法

为了改善传统的平均电流均流法的上述缺陷，本章提出了一种基于三环控制的改进平均电流均流法。其给定电流基准为理想总输出电流的平均值i_{o}^*，来自负载所需功率p^*，通过输出电流i_{o}的误差信号来调整给定电压基准U_{ref}，调整后的给定电压U_{o}^*与模块输出电压U_{o}产生电压误差信号，经过电压控制器后输出给定电感电流i_L^*给电流控制器来调节占空比d，而输出电流i_{o}会跟随给定电流信号，从而实现了各个模块的均流。其中，负载所需功率p^*即为模块理想的输出功率，它的给定来自上层能量管理系统。改进的平均电流均流法应用于Buck/Boost变换器的原理如图5-29所示。图5-29中，$R_{\mathrm{line1}},R_{\mathrm{line2}},\cdots,R_{\mathrm{line}n}$分别为第$1,2,\cdots,n$个变换器输出线阻；$R_{\mathrm{load}}$为负载电阻。

本节提出的改进的平均电流均流法不仅可以精确地均流，而且相比于传统的平均电流均流法有两个优点：①由于电流内环的加入，提高了系统的响应速度，动态响应较好；②用于调整电压基准的电流基准来自于理想的输出电流（即理想输出功率），在输出线阻发生变化时，可保证直流母线侧电压稳定在理想值。

由式（5-47）可知，当U_{o}不变时，R_{line1}增大，电压降落增大，直流母线侧电压U_{p}减小；由式（5-39）、式（5-40）可知，当R_{line1}增大时，虽然实际的输出电流i_{o}随之减小，但是由于给定电流i_{o}^*为理想的总输出电流平均值，并不会随输出线阻变化而变化。从控制系统的角度讲，输出电流即使会先减小，但在闭环的作用下其最终会达到给定值。

设图5-29中均流控制器为PI控制器，其传递函数为G_{cs}，则

$$U_{\mathrm{o}}^*=U_{\mathrm{ref}}+\left(i_{\mathrm{o}}^*-i_{\mathrm{o}}\right)G_{\mathrm{cs}} \tag{5-49}$$

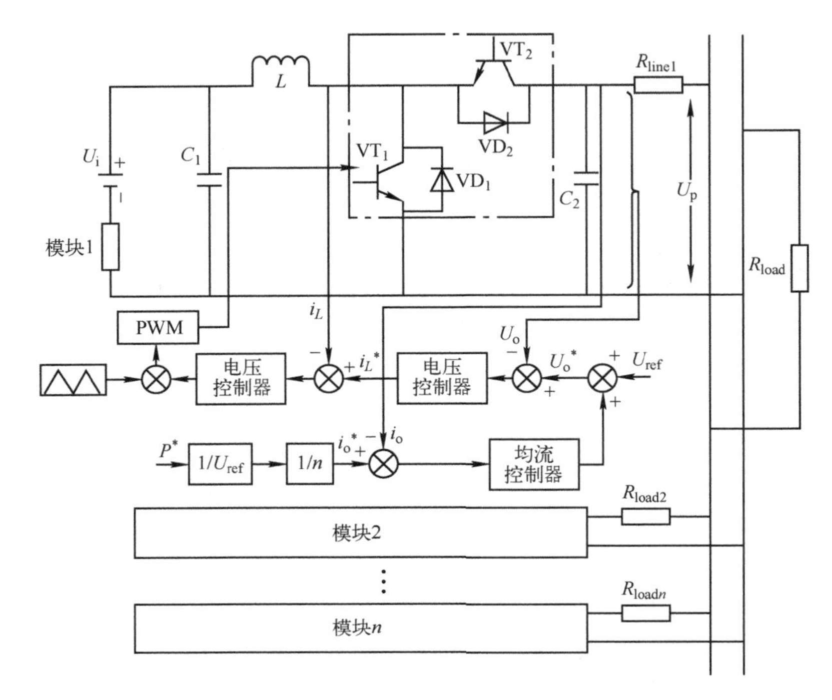

图 5-29 改进的平均电流均流法应用在双向 Buck/Boost 变换器

可以看出，U_o^* 在 U_{ref} 的基础上必增大，而当控制回路达到稳态，即输出电流达到给定值时，有

$$U_p = U_o^* - i_o^* R_{line1} \tag{5-50}$$

此时，只要给定电流 i_o^* 与所设计的控制器 G_{cs} 满足

$$\left(i_o^* - i_o\right) G_{cs} = i_o^* R_{line1} \tag{5-51}$$

代入式（5-49）就能得到

$$U_p = U_{ref} \tag{5-52}$$

由式（5-49）～式（5-52）可知，调整后的电压基准 U_o^*受给定电压基准 U_{ref} 和均流环的影响，给定电流 i_o^*通过抬高 U_{ref}，保证 U_p 增大的部分正好与式（5-48）中使 U_p 减小的部分抵消，最终使跟随 U_o^*的实际输出电压 U_o 经过输出线阻后，依然能够满足 U_p 为理想值 U_{ref}。

5.4.2 系统的稳定性分析

并联系统的稳定性是模块并联技术的一个重要方面，此节以三组等参数储能模块和负载组成的系统为例，对所提改进的平均电流均流法进行稳定性分析。由上文推导的双向 Buck/Boost 变换器小信号模型与改进的平均电流均流法原理，得到第 i 个模块用于稳定性分析的控制结构图，如图 5-30 所示。

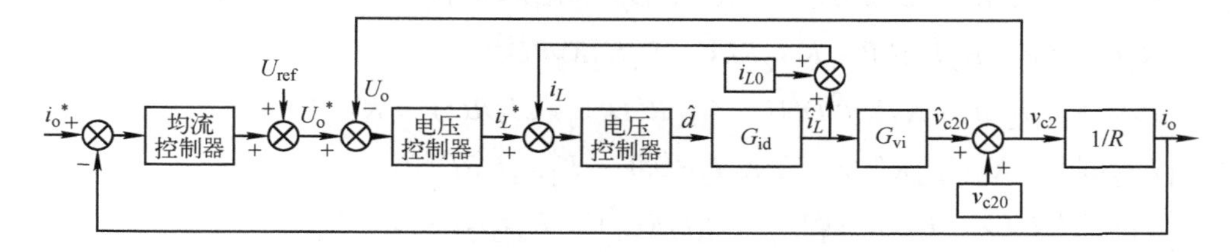

图 5-30　用于稳定性分析的控制结构图

设电压控制器为 G_{vc}，电流控制器为 G_{cc}，均流控制器为 G_{cs}，则系统的开环传递函数为

$$G_{op} = \frac{G_{vc}G_{cc}G_{cs}G_{id}G_{vi}}{G_{vc}G_{cc}G_{id}G_{vi}R + G_{cc}G_{id}R + R} \tag{5-53}$$

则系统的闭环特征方程为

$$G_{vc}G_{cc}G_{cs}G_{id}G_{vi} + G_{vc}G_{cc}G_{id}G_{vi}R + G_{cc}G_{id}R + R = 0 \tag{5-54}$$

将

$$G_{vc} = K_1 + I_1\frac{1}{s} \tag{5-55}$$

$$G_{cc} = K_2 + I_2\frac{1}{s} \tag{5-56}$$

$$G_{cs} = K_3 + I_3\frac{1}{s} \tag{5-57}$$

$$G_{id} = \frac{sC_2RV + 2V}{s^2C_2RL(1-D) + sL(1-D) + R(1-D)^3} \tag{5-58}$$

$$G_{vi} = \frac{-sL + R(1-D)^2}{sC_2R(1-D) + 2(1-D)} \tag{5-59}$$

代入式（5-54）中，得系统的闭环特征方程为

$$F_1s^5 + F_2s^4 + F_3s^3 + F_4s^2 + F_5s + F_6 = 0 \tag{5-60}$$

其中

$$
\begin{cases}
F_1 = -C_2R^2LD_1^2 \\
F_2 = -RLD_1^2 - K_2C_2R^2D_1V + K_1K_2RLV + K_1K_2K_3LV \\
F_3 = K_2K_3I_1LV - 2K_2RD_1V - I_2C_2R^2D_1V - K_1K_2R^2D_1^2V - R^2D_1^4 + K_1K_3I_2LV + \\
K_1K_2I_3LV + K_2I_1RLV + K_1I_2RLV - K_1K_2K_3RD_1^2V \\
F_4 = K_3I_1I_2LV - K_2I_1R^2D_1^2V - K_1I_2R^2D_1^2V - 2I_2RD_1V + K_2I_1I_3LV + K_1I_2I_3LV + \\
I_1I_2RLV - K_2K_3I_1RD_1^2V - K_1K_3I_2RD_1^2V - K_1K_2I_3RD_1^2V \\
F_5 = I_1I_2I_3LV - I_1I_2R^2D_1^2V - K_3I_1I_2RD_1^2V - K_2I_1I_3RD_1^2V - K_1I_2I_3RD_1^2V \\
F_6 = I_1I_2I_3RD_1^2V \\
D_1 = 1 - D
\end{cases}
$$

选定系统的控制器参数、变换器参数代入式（5-53），得系统开环传递函数为

$$
G_{\text{op}} = \frac{K^*\left(-4.222s^4 + 3.517\times10^4s^3 + 3.403\times10^7s^2 + 2.404\times10^7s + 7.671\times10^5\right)}{8.034s^5 + 3.214\times10^6s^4 + 5.406\times10^7s^3 + 1.775\times10^8s^2 + 5.886\times10^6s} \tag{5-61}
$$

由式（5-61）绘制系统的伯德图，如图 5-31 所示。

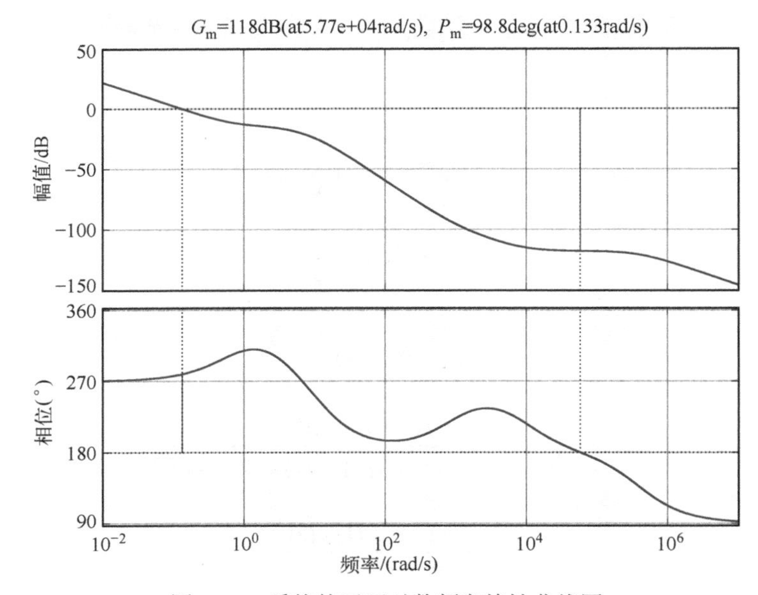

图 5-31　系统的开环对数频率特性曲线图

由图 5-31 可知，穿越频率 ω_g=57700rad/s，幅值裕度 h=118dB，开环截止频率 ω_c=0.133rad/s，相角裕度 γ =98.8°，故系统是稳定的。

5.4.2.1　系统开环增益对系统的稳定性影响分析

由系统开环传递函数绘制系统以开环增益 K^*为参变量的根轨迹，如图 5-32

所示。随着 K^* 从 0 增大到∞，根轨迹走向如箭头所示。

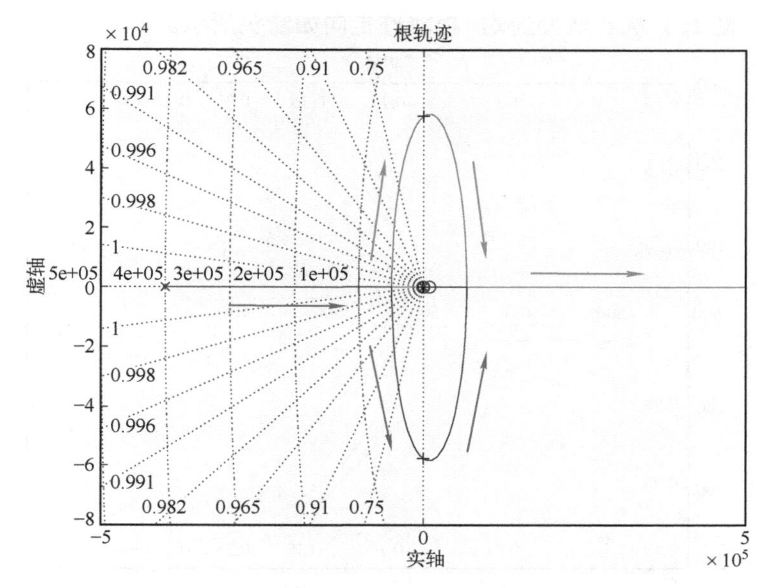

图 5-32　系统随开环增益 K^* 变化的根轨迹

计算根轨迹与虚轴的交点处的开环增益为：$K^* = 7.5959\times10^5$。

对应的闭环极点为：$p_1 = -47 + 57724i$；$p_2 = -47 - 57724i$；$p_3 = -965$；$p_4 = -1$；$p_5 = 0$。

系统原本的开环增益 $K^*=1$，此时系统是稳定的。而当开环增益 $K^* \in (0, 7.5959\times10^5)$ 时，系统都是稳定的；当开环增益 $K^* \in [7.5959\times10^5, \infty)$ 时，系统是不稳定的。

5.4.2.2　系统输入电压对系统的稳定性影响分析

根据系统闭环特征方程式（5-60）确定以输入电压 V 为参变量的等效开环传递函数，将式（5-60）变形为

$$\frac{V\left(H_1 s^4 + H_2 s^3 + H_3 s^2 + H_4 s + H_5\right)}{H_6 s^5 + H_7 s^4 + H_8 s^3} = -1 \tag{5-62}$$

式中，$H_i\,(i=1, 2, \cdots, 8)$ 为由系统参数 R、C_2、L、D、K_1、K_2、K_3、I_1、I_2 和 I_3 组合而成的多项式，这里不再赘述列出。

直接给出代入系统参数值到式（5-62）后的结果，得到等效传递函数为

$$G_V = \frac{V\left(8.034\times10^4 s^4 + 1.337\times10^6 s^3 + 5.288\times10^6 s^2 + 7.418\times10^5 s + 1.918\times10^4\right)}{9.789 s^5 + 80.97 s^4 + 7.454\times10^5 s^3} \tag{5-63}$$

由上述等效开环传递函数绘制系统以输入电压 V 为参变量的根轨迹，如图5-33 所示。随着 V 从 0 增大到∞，根轨迹走向如箭头所示。

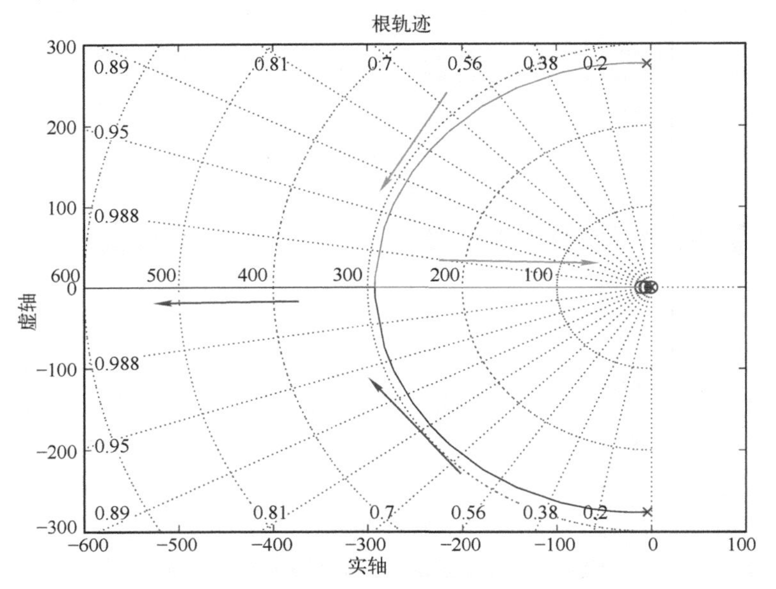

图 5-33　系统随输入电压 V 变化的根轨迹

将图 5-33 中虚线框的部分放大，得到根轨迹的局部放大图，如图 5-34 所示。箭头所指为 V 增大的根轨迹方向。

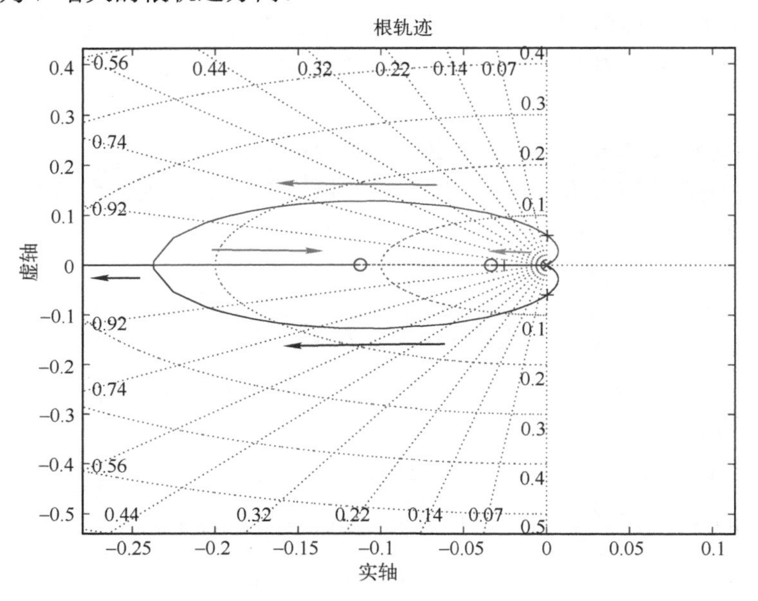

图 5-34　系统随输入电压 V 变化的根轨迹局部图

计算根轨迹与虚轴的交点处的输入电压为：$V=0.0035$。

对应的闭环极点为：$p_1=-18.51+276.18i$；$p_2=-18.51-276.18i$；$p_3=0.06i$；$p_4=-0.06i$；$p_5=-0.03$。

由上述可知，当输入电压 $V\in(0, 0.0035]$时，系统是不稳定的；当输入电压 $V\in(0.0035, \infty)$时，系统是稳定的。系统输入电压是由全钒液流电池提供的，电压范围为 40～60V，所以无论全钒液流电池的端电压如何变化，系统都是稳定的。

5.4.2.3　系统等效输出电阻对系统的稳定性影响分析

由第 5.4.1.1 节可知，第 i 个模块的输出等效电阻 R 为

$$R=R_{\text{line}i}+nR_{\text{load}} \tag{5-64}$$

可以看出，R 与第 i 个模块的输出线阻、整个系统的负载电阻以及模块串联个数有关。系统运行过程中，输出线阻可能随着导线的老化逐渐增大，负载电阻也可能自发变化或人为改变，模块串联个数也可能人为改变。此节分析的即为由上述因素影响的输出等效电阻变化对系统的稳定性影响。取 R 具有代表性的范围[1, 100]进行分析。

代入系统参数值，根据系统闭环特征方程式（5-64）确定输出等效电阻 R 与复数 s 的关系为

$$R^2 f_3^2(s)+2Rf_4(s)(f_1(s)+\varphi)+(f_1(s)+\varphi)^2=f_2(s) \tag{5-65}$$

式中　$f_1(s)=9.215\times10^{21}s^4+1.098\times10^{28}s^3+7.394\times10^{27}s^2+4.963\times10^{27}s$

$f_2(s)=5.785\times10^{42}s^9+2.318\times10^{48}s^8+2.228\times10^{51}s^7+1.205\times10^{56}s^6+1.625\times10^{56}s^5+1.637\times10^{56}s^4+7.69\times10^{55}s^3+2.697\times10^{55}s^2+1.572\times10^{54}s+2.508\times10^{52}$

$f_3(s)=1.07\times10^{20}s^5+4.28\times10^{25}s^4+1.226\times10^{25}s^3+2.34\times10^{27}s^2+7.84\times10^{25}s$

$\varphi=1.584\times10^{26}$

由式（5-65）可以看出，R 与 s 的关系是非线性的，故不利用传递函数绘制根轨迹。利用根轨迹的定义，针对每个具体的 R 绘制出闭环特征方程的根在 s 平面变化的轨迹。利用 MATLAB 计算可知 $s=F(R)$共有 5 个解，分别为 $s_1=F_1(R)$，$s_2=F_2(R)$，$s_3=F_3(R)$，$s_4=F_4(R)$，$s_5=F_5(R)$。当 R 由 1 变化到 100 时，绘制对应的 s_1～s_5 的点，并合并在一张图上，即得到以等效输出电阻 R 为参变量的部分根轨迹，如图 5-35 所示。图 5-35 中虚线箭头指向的是该处放大后的局部图。

由图 5-35 可以看出，有的根相距太远或太近，在一张图上不便查看。放大局部图 1 与局部图 2，分别如图 5-36 与图 5-37 所示。图 5-36 和图 5-37 中实线箭头的方向为 R 增大的方向。

由图 5-36 可看出，有一支根轨迹随着 R 增大逐渐远离 s 右半平面，是稳定的。为了进一步分析其余 4 支根轨迹，放大图 5-37 中靠近虚轴部分的根轨迹（即局部

图 3)，如图 5-38 所示。图 5-38 中实线箭头的方向为 R 增大的方向，虚线箭头指向的是该处放大后的局部图。

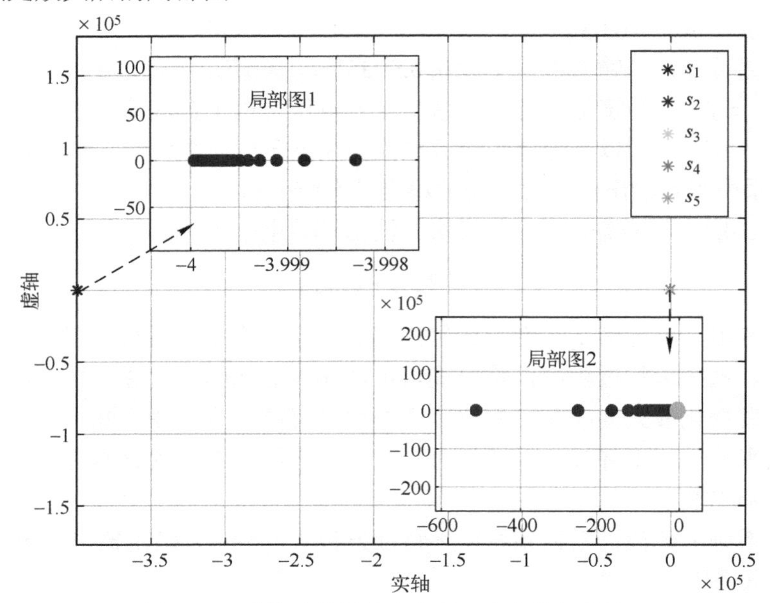

图 5-35 系统随等效输出电阻 R 变化的根轨迹

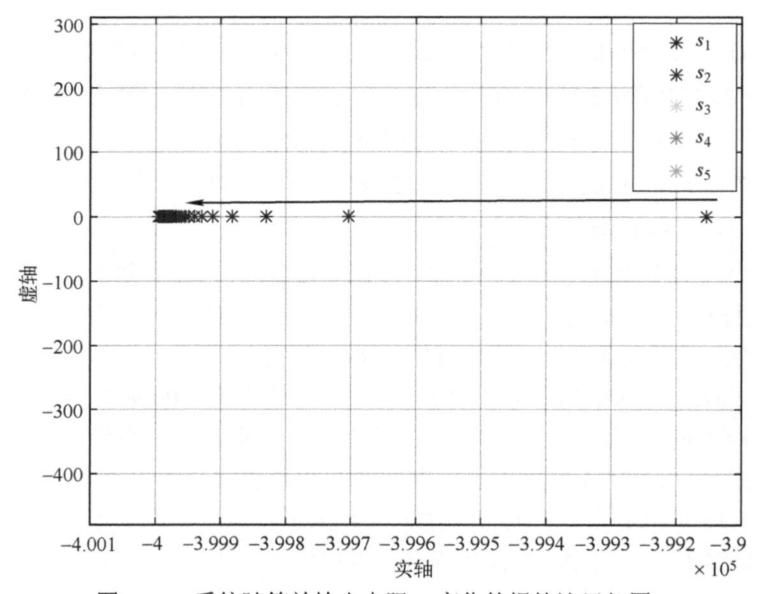

图 5-36 系统随等效输出电阻 R 变化的根轨迹局部图 1

为了判断系统是否存在正实部的根，进一步放大图 5-38 中靠近虚轴部分的根轨迹（即局部图 4)，如图 5-39 所示。图 5-39 中实线箭头的方向为 R 增大的方向，虚线箭头指向的是该处放大后的局部图。

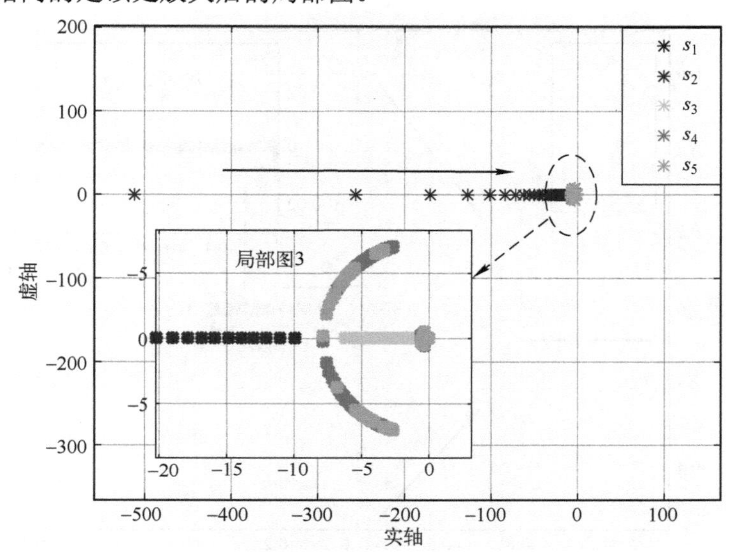

图 5-37　系统随等效输出电阻 R 变化的根轨迹局部图 2

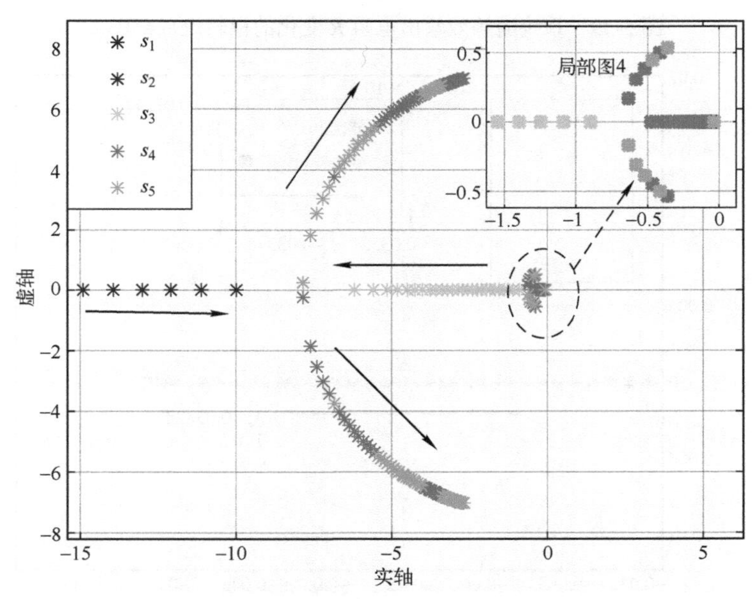

图 5-38　系统随等效输出电阻 R 变化的根轨迹局部图 3

由图 5-38 结合图 5-39 可知，系统所有的特征根都位于 s 左半平面，系统是稳定的。但由图 5-39 可看出，有一支根轨迹随着 R 增大，向 s 正半平面移动。为了判断其是否会随着 R 超过 100 逐渐增大后移动到 s 正半平面，放大局部图 5，如图 5-40 所示。图 5-40 中实线箭头的方向为 R 增大的方向，虚线箭头指向的是该处放大后的局部图。

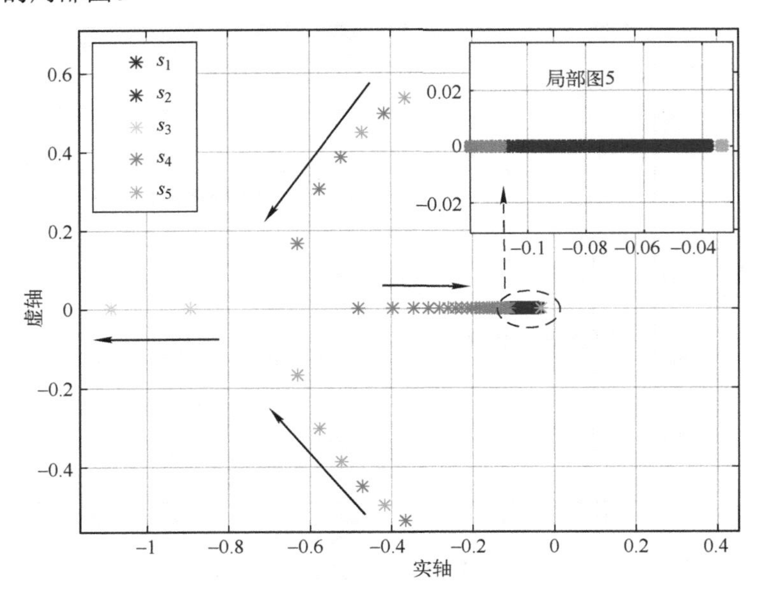

图 5-39 系统随等效输出电阻 R 变化的根轨迹局部图 4

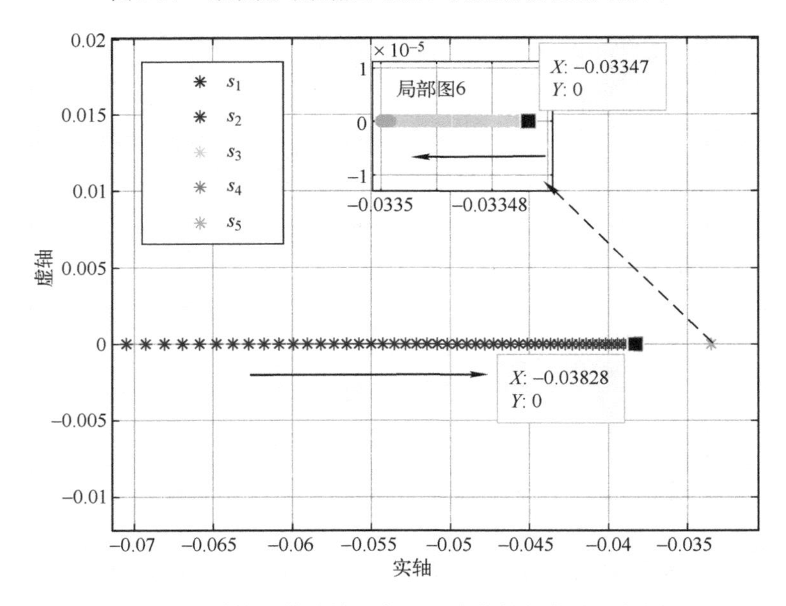

图 5-40 系统随等效输出电阻 R 变化的根轨迹局部图 5

由图 5-40 可看出，随着 R 增大，向 s 正半平面移动的根轨迹的终点为(−0.03828, 0)。而更靠近右半平面的根轨迹的起点为(−0.03347, 0)，随着 R 增大，特征根向 s 负半平面移动。

综上所述，在等效输出电阻 R 由 1 向 100 增大时，系统存在向 s 正半平面移动的特征根，但是特征根始终位于 s 负半平面，系统也始终是稳定的。

5.4.3　仿真验证与结果分析

为了验证本章所提出的改进的平均电流均流法的合理性、有效性以及优于传统的平均电流均流法，基于 MATLAB/Simulink 搭建如图 5-41 所示的并联运行储能系统仿真模型。该模型包含 3 个并联的储能模块，每个储能模块由 1 个 VFB、1 个双向 Buck/Boost 变换器以及控制回路组成。

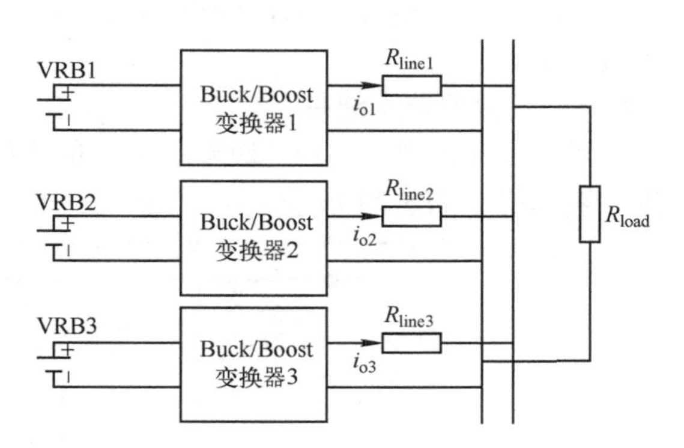

图 5-41　并联运行储能系统仿真示意图

针对上述并联运行储能系统，本章的仿真主要分为两部分：①采用本节提出的改进的平均电流均流法与不采用均流措施的系统进行对比，验证所提方法的合理性和有效性；②采用本节所提方法与传统的平均电流均流法进行对比，验证所提方法的动态响应能力与稳压性能优于传统方法。仿真参数见表 5-4。

表 5-4　并联储能系统仿真参数表

参数名称/单位	参数值	参数名称/单位	参数值
变换器额定功率/kW	6	C_1，C_2/μF	3900
变换器开关频率/kHz	10	L/mH	2
电池电压/V	40～60	R_{line1}/Ω	1
母线电压/V	200	R_{line2}/Ω	2
负载所需功率/kW	12	R_{line3}/Ω	3

并联系统均流性能的好坏可用均流误差来衡量，均流误差 CS_{error}% 不得超过 5%。CS_{error}% 定义为[13]

$$CS_{error}\% = \frac{\max[I_i - I_j]}{\sum_m^n I_m / n} \tag{5-66}$$

式中，n 为并联模块数量；I_m 为第 m 个模块的输出电流（A）；$\max[I_i - I_j]$为并联模块中输出电流的最大差值（A）。

由于工艺的限制以及误差的存在，即使实际系统中并联的模块一样，参数也会有差别，因此，本节将在 3 个储能模块完全相同、输出线阻不同的情况下以及

3 个储能模块电感不同、输出线阻不同的情况下对均流前的改进方法和传统方法进行仿真。设当 $L_1=L_2=L_3=2\text{mH}$，$R_{\text{line1}}=1\Omega$，$R_{\text{line2}}=2\Omega$，$R_{\text{line3}}=3\Omega$时，记为条件 1；当 $L_1=2\text{mH}$，$L_2=2.1\text{mH}$，$L_3=2.2\text{mH}$，$R_{\text{line1}}=1\Omega$，$R_{\text{line2}}=2\Omega$，$R_{\text{line3}}=3\Omega$时，记为条件 2。

5.4.3.1 均流前仿真结果

对于开环控制（记为“均流前 1”）的系统，在条件 1 下的电流、电压曲线分别如图 5-42、图 5-43 所示。

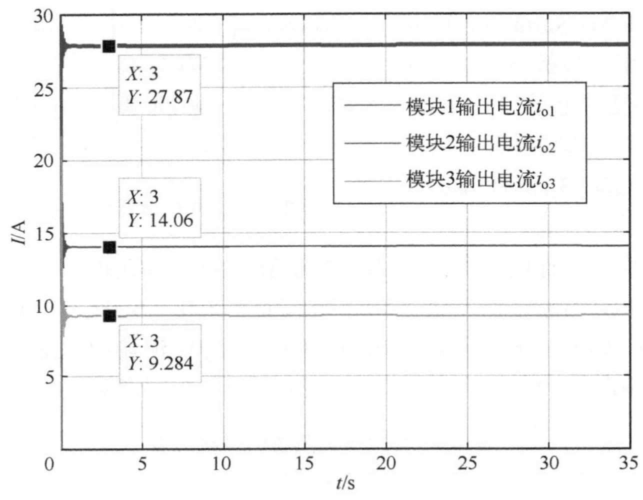

图 5-42 条件 1 下均流前 1 电流曲线

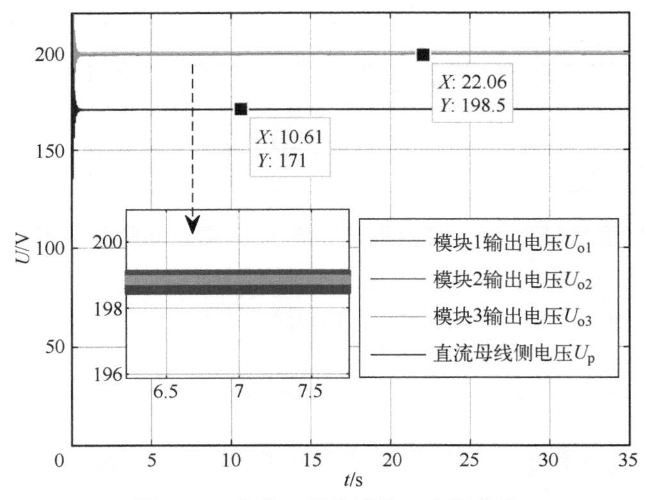

图 5-43 条件 1 下均流前 1 电压曲线

对于开环控制（记为“均流前 1”）的系统，在条件 2 下的电流、电压曲线分别如图 5-44、图 5-45 所示。

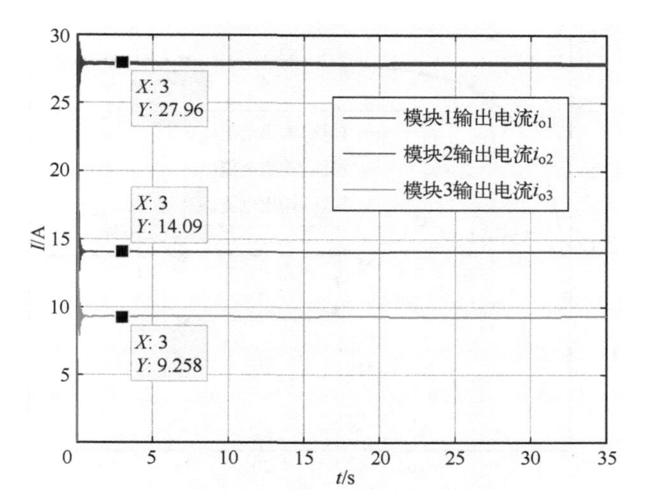

图 5-44　条件 2 下均流前 1 电流曲线

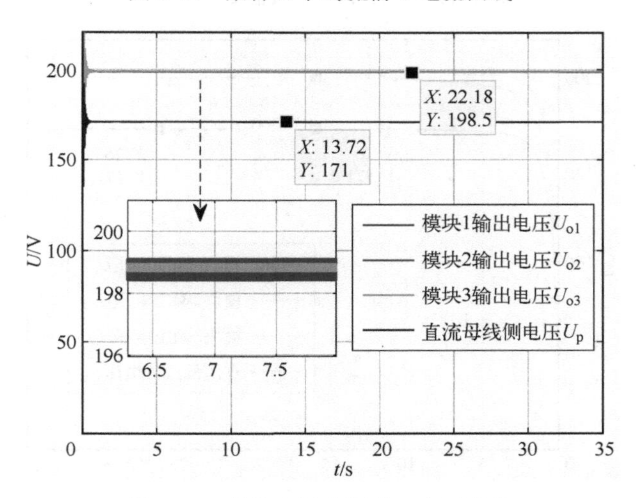

图 5-45　条件 2 下均流前 1 电压曲线

对于变换器进行了常规的闭环控制，但没有采取均流措施（记为“均流前 2”）的系统，在条件 1 下的电流、电压曲线分别如图 5-46、图 5-47 所示。

对于变换器进行了常规的闭环控制，但没有采取均流措施（记为“均流前 2”）的系统，在条件 2 下的电流、电压曲线分别如图 5-48、图 5-49 所示。

5.4.3.2　改进方法仿真结果

在条件 1 下，采用改进的平均电流均流法的系统电流、电压曲线分别如图 5-50、图 5-51 所示。

在条件 2 下，采用改进的平均电流均流法的系统电流、电压曲线分别如图 5-52、图 5-53 所示。

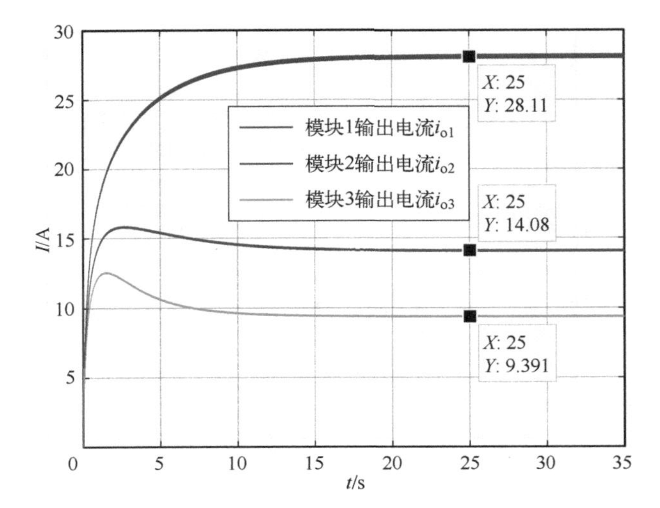

图 5-46 条件 1 下均流前 2 电流曲线

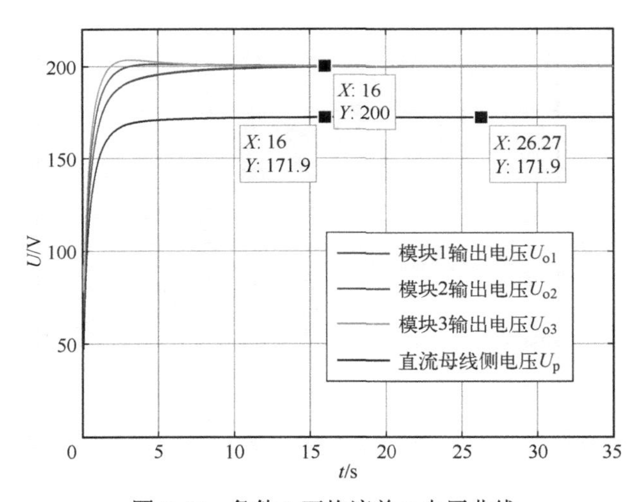

图 5-47 条件 1 下均流前 2 电压曲线

5.4.3.3 传统方法仿真结果

在条件 1 下，采用传统的平均电流均流法的系统电流、电压曲线分别如图 5-54、图 5-55 所示。

在条件 2 下，采用传统的平均电流均流法的系统电流、电压曲线分别如图 5-56、图 5-57 所示。

5.4.3.4 仿真结果对比分析

由图 5-42、图 5-44 可知，对于开环控制的 3 个储能模块并联组成的并联运行储能系统，输出线阻不同时，每个模块的输出电流差别很大；对比图 5-53 与图 5-57、图 5-45 与图 5-49 可知，加了常规闭环控制后的系统各个模块的输出电压能达到

200V；但是由图 5-46、图 5-56 可知，在原本的系统中仅加上常规的闭环控制而没有采取均流措施时，每个模块的输出电流差别依然很大。

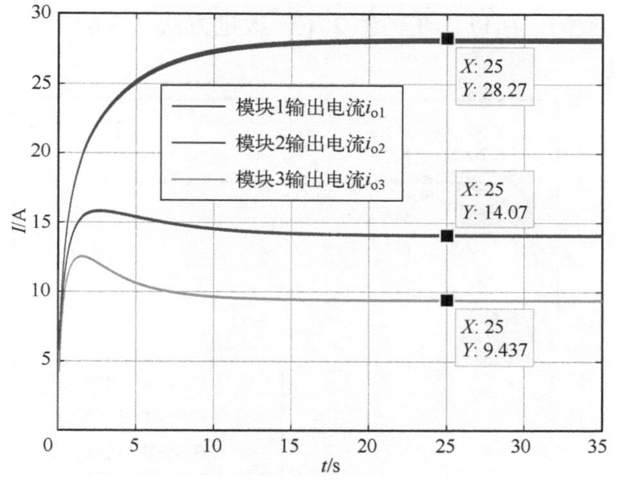

图 5-48　条件 2 下均流前 2 电流曲线

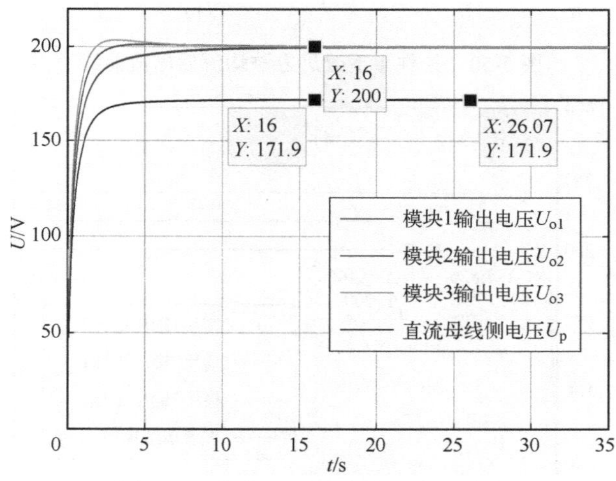

图 5-49　条件 2 下均流前 2 电压曲线

条件 1 下：由图 5-46 可知，在没有进行均流控制时，输出线阻小的模块的输出电流逐渐增大，输出线阻大的模块的输出电流逐渐减小，最后趋于稳定，系统在电流差异较大的情况下运行。由图 5-50 可知，在 3.6s 时，i_{o1}=20.22A，i_{o2}=20.1A，i_{o3}=19.25A，由式（5-27）计算得此时 $CS_{error}\%$=4.88%<5%，从图 5-50 中可看出曲线走向是趋于一致的。所以，在条件 1 下，改进方法从 3.6s 就已满足均流误差条件，实现了均流。

条件 2 下：由图 5-48 可知，在没有进行均流控制时，输出线阻小的模块的输出电流逐渐增大，输出线阻大的模块的输出电流逐渐减小，最后趋于稳定，系统在电流差异较大的情况下运行。由图 5-52 可知，在 3.6s 时，i_{o1}=20.23A，i_{o2}=20.07A，i_{o3}=19.26A，由式（5-27）计算得此时 CS_{error}%=4.88%<5%，从图 5-52 中可看出曲线走向是趋于一致的。所以，在条件 2 下，改进方法从 3.6s 就已满足均流误差条件，实现了均流。

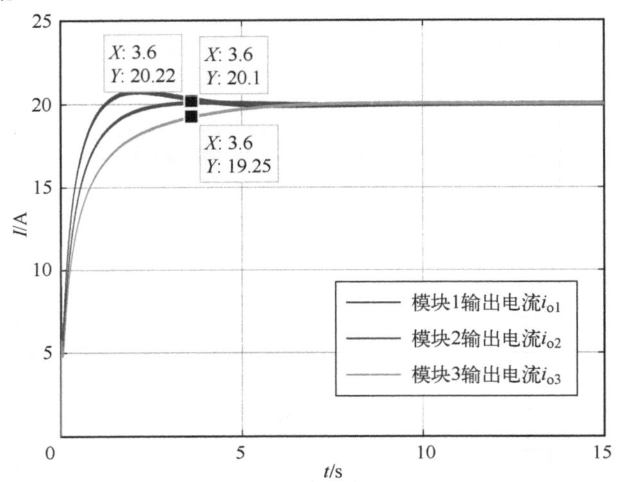

图 5-50 条件 1 下改进方法均流后电流曲线

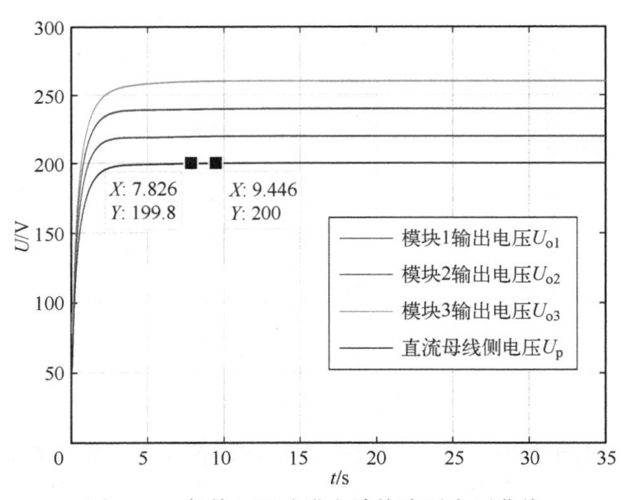

图 5-51 条件 1 下改进方法均流后电压曲线

从 VFB 的角度对比图 5-48 与图 5-52 可知：当没有进行均流控制时，3 个并联的储能模块达到稳态输出的功率分别为 P_1=5654W，P_2=2814W，P_3=1887.4W，此时模块 1 的 VFB 输出功率是模块 3 的 VFB 输出功率的近 3 倍，VFB 之间消耗的差异很大，会导致消耗大的 VFB 提前退出放电；经过均流控制后，P_1=4400W，P_2=4800W，P_3=5200W，各个模块的 VFB 输出功率差别不大，提高了系统的可靠性。

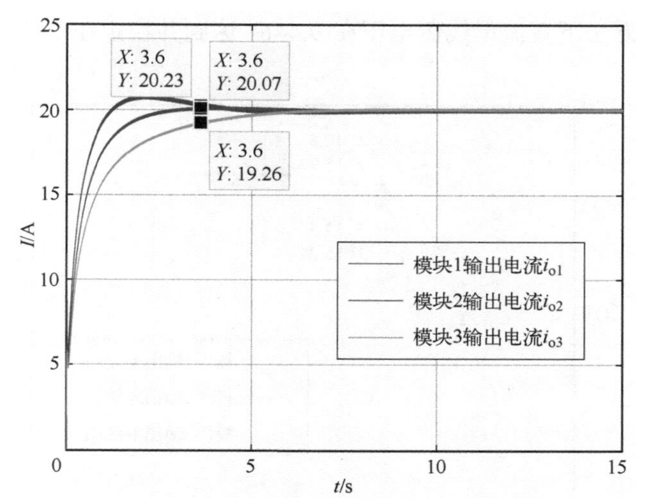

图 5-52　条件 2 下改进方法均流后电流曲线

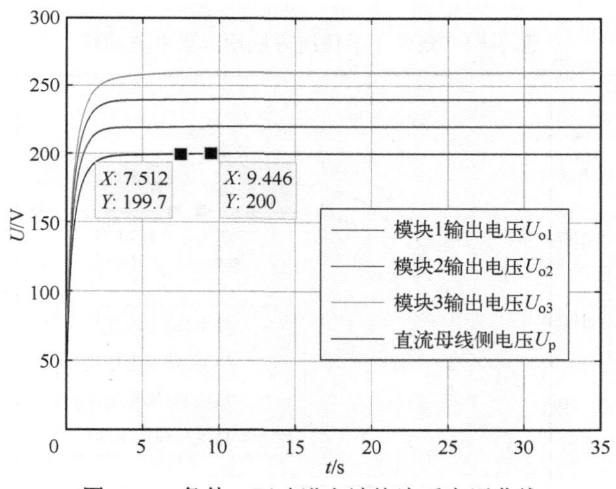

图 5-53　条件 2 下改进方法均流后电压曲线

上述对比表明，本章所提出的方法不仅适用于并联模块完全相同的情况，也适用于模块参数略有不同的情况，都能有效地实现均流，验证了所提出方法的合理性和有效性。

条件 1 下：由图 5-54 可知，在 12.5s 时，i_{o1}=15.99A，i_{o2}=15.7A，i_{o3}=15.24A，由式（5-27）计算得此时 CS_{error}%=4.79%<5%，虽然电流有波动，但还是趋于一致，所以，在条件 1 下，传统方法从 12.5s 就已满足均流误差条件，实现了均流；对比图 5-50 可知，在相同条件下，改进方法在 3.6s 实现了均流，比传统方法快 71.2%，且曲线显然要比传统方法平滑，动态响应优于传统方法。由图 5-55 对比图 5-51 可知，相同条件时，在传统方法下直流母线侧电压最终稳定在 166.6V，没有达到

200V；而改进方法下直流母线侧电压在 9.446s 达到并稳定在 200V，稳压性能优于传统方法。

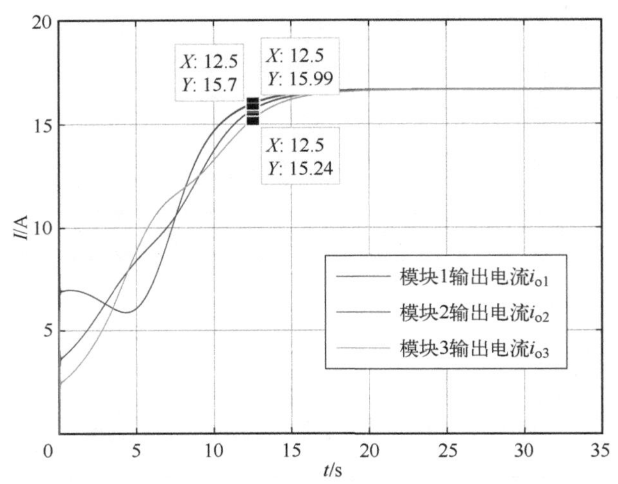

图 5-54　条件 1 下传统方法均流后电流曲线

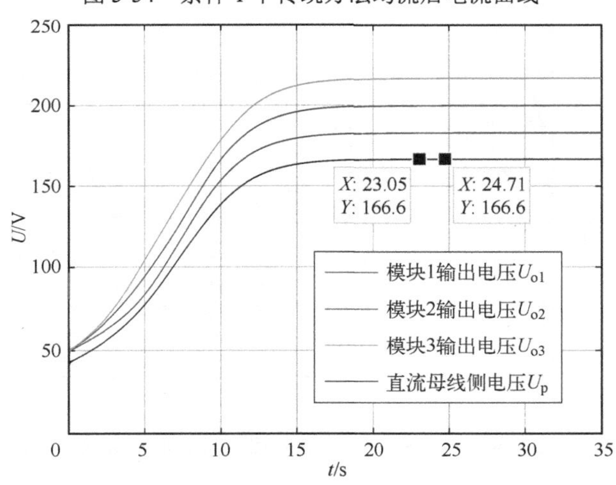

图 5-55　条件 1 下传统方法均流后电压曲线

条件 2 下：由图 5-56 可知，在 12.5s 时，i_{o1}=16.01A，i_{o2}=15.7A，i_{o3}=15.24A，由式（5-27）计算得此时 CS_{error}%=4.92%<5%，虽然电流有波动，但还是趋于一致，所以，在条件 2 下，传统方法从 12.5s 就已满足均流误差条件，实现了均流；对比图 5-52 可知，在相同条件下，改进方法在 3.6s 实现了均流，比传统方法快 71.2%，且曲线显然要比传统方法平滑，动态响应优于传统方法。由图 5-57 对比图 5-53 可知，相同条件时，在传统方法下直流母线侧电压最终稳定在 166.6V，没有达到 200V；而改进方法下直流母线侧电压在 9.446s 达到并稳定在 200V，稳压性能优于传统方法。

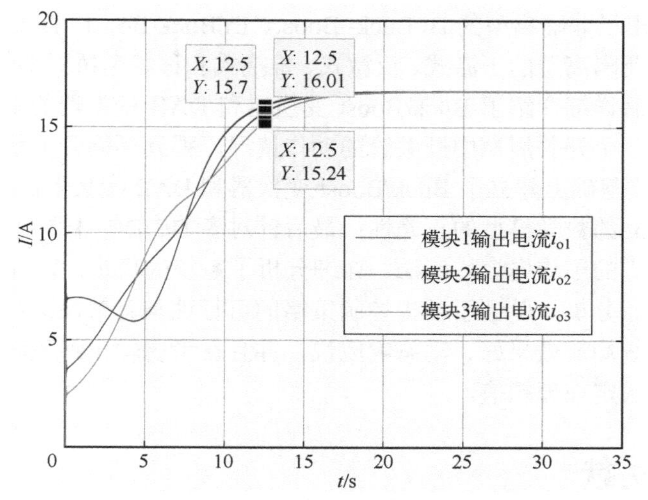

图 5-56　条件 2 下传统方法均流后电流曲线

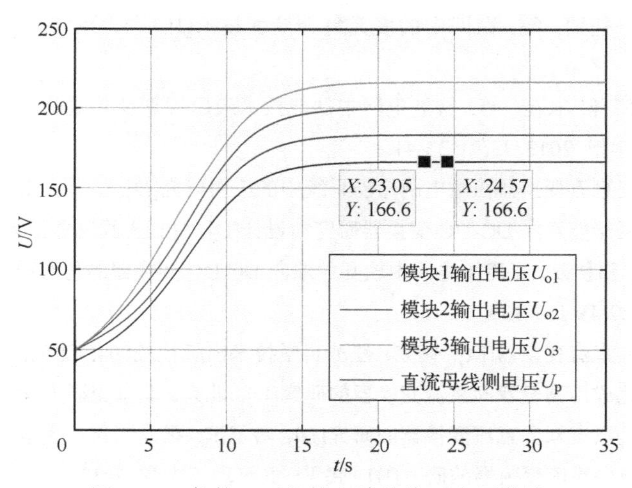

图 5-57　条件 2 下传统方法均流后电压曲线

上述对比表明，在并联模块完全相同的情况下，或是在并联模块参数略有不同的情况下，本节所提出的方法动态响应能力和稳压性能都优于传统方法。

综上所述，无论是在并联模块完全相同的情况下，还是并联模块参数略有不同的情况下，本章所提出的方法不仅能有效地实现均流，而且动态响应能力和稳压性能都优于传统方法。

5.5　本章小结

本章针对全钒液流电池直流侧接口进行了阐述，首先介绍了双向 DC/DC 变换器的分类，给出了非隔离型的 Bi Buck–Boost、Bi Buck/Boost、Bi Cuk 和桥式双向直流变换器以及隔离型的正激式、反激式、推挽式和移相全桥式 DC/DC 的工作原理及拓扑；然后详细介绍了 Buck/Boost 变换器和 DAB 变换器的基本工作原理，分析了它们在一个开关周期中开关管的动作情况，得到不同开关状态下变换器的等效电路。在此基础上建立了 Buck/Boost 变换器和 DAB 变换器的状态平均模型，并验证了所建立的数学模型的正确性；最后针对多 DC/DC 并联运行的 VFB 储能系统提出了改进的平均电流均流法，详细分析了系统的稳定性，并在 Simulink 上进行了仿真对比分析，验证了所提控制策略的可行性与有效性。结果表明，该控制方法下，系统均流效果好、动态响应快，并且在考虑输出线阻时，仍可保证直流母线侧电压稳定在理想值。

5.6 参考文献

[1] 陈伟，石晶，任丽，等. 微网中的多元复合储能技术[J]. 电力系统自动化，2010，34(1): 112-115.

[2] 王承民，孙伟卿，衣涛，等. 智能电网中储能技术应用规划及其效益评估方法综述[J]. 中国电机工程学报, 2013, 33(7): 33-41.

[3] 化泽强. 双向直流变换器在微电网储能系统中的应用研究[D]. 太原：太原理工大学, 2013.

[4] 刘真. 微电网储能双向 DC-DC 变换器研究与设计[D]. 武汉：武汉理工大学, 2014.

[5] 唐虎，张婷，郭秋云. 直流微电网中软开关双向 DC/DC 变换器的仿真研究[J]. 工业控制计算机, 2016, 29(4): 137-139.

[6] 严仰光. 双向直流变换器[M]. 南京：江苏科学技术出版社, 2004: 42-52.

[7] 李岩. 电池化成用高变双向直流变换器的研究[D]. 北京：北京交通大学, 2012.

[8] 李文鹤. 电动汽车双向直流变换器的研究[D]. 哈尔滨：黑龙江科技大学, 2013.

[9] 陈搏. 6kW 双向直流变换器的研发[D]. 武汉：武汉理工大学. 2012.

[10] NINOMIYA T, NAKAHARA M, HIGASHI T, et al. A unified analysis of resonant converters [J]. IEEE Transactions on Power Electronics, 2002, 6(2): 260-270.

[11] WITULSKI A, ERICKSON R. Extension of state-space averaging to resonant switches and beyond [J]. IEEE Transactions on Power Electronics, 1990, 5(1): 98-109.

[12] LI X, ZHANG W W, CHEN W, et al. Dual active bridge bidirectional DC-DC converter modeling for battery energy storage system[A]. Proceedings of the 37th Chinese Control Conference[C]. Wuhan: IEEE, 2018. 1740-1745.

[13] YOUICHI ITO, YANG Z Q, HIROFMI AKAGI. DC micro-grid based distribution power generation system[A]. the 4 th International Power Electronics and Motion Control Conference [C]. Xi’an: IEEE, 2004. 1740-1745.

第 6 章　全钒液流电池的交流侧接口及控制

正如第 5 章所述，VFB 电池组除了通过 DC/DC 接至直流母线侧外，也可以通过储能变流器（Power Conversion System，PCS）在交流侧并联，如图 6-1 所示。图 6-1 中可控制电池的充电和放电过程，并进行交直流的变换，在无电网情况下可以直接为交流负荷供电。本章主要阐述 PCS 的模型与控制及多 PCS 并联运行控制。

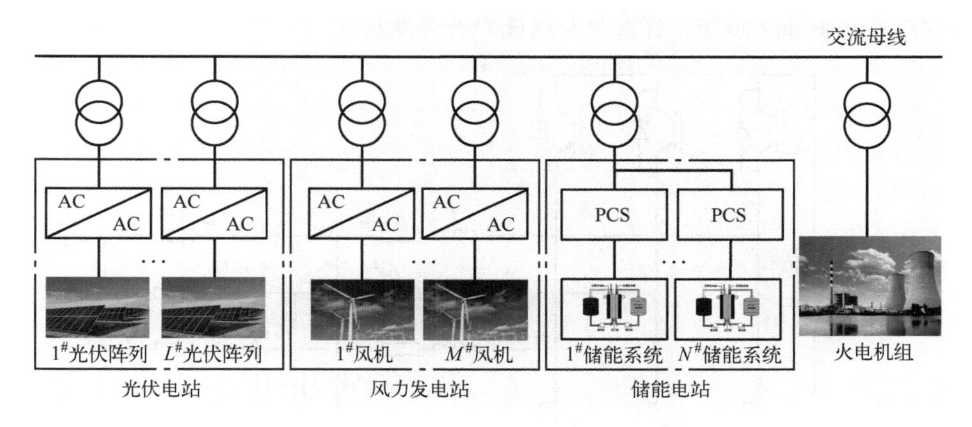

图 6-1　全钒液流电池通过 PCS 接至交流母线侧

6.1　储能变流器（PCS）

单个全钒液流电池的电压和容量不满足大规模储能系统应用要求，需要将其集成实现储能电池的模块化。与之相配合的储能变流器需要满足能量双向流动、低谐波、高功率因数及转换效率等性能，而且要能适应全钒液流电池的充放电要求。PCS 担任电网和电池之间的能量交换任务，是二者的接口，也是储能系统的核心部分。根据是否与大电网连接，PCS 的控制策略可分为两种：定功率控制和定电压/频率控制。定功率控制模式下，PCS 按给定功率进行输出；定电压/频率控制模式下，PCS 根据反馈电压调节交流侧电压，保证电压幅值和频率的稳定[1-5]。

本节主要针对 PCS 在离网条件下所采用的定电压/频率控制策略进行研究，从 PCS 的拓扑结构入手建立其数学模型，并制定相应的控制策略。根据控制器选择的不同，本节分别介绍了基于 PI 控制器以及准 PR 控制器的控制策略，画出了详细的控制框图。最后基于 MATLAB 仿真模型，制定了两种不同运行工况，针对这两种工况对不同控制器条件下 PCS 的外输出特性进行对比分析，并得出相应的结论，为工程实践提供了相应的理论支撑和指导经验。

6.1.1 PCS 拓扑结构

离网模式下 PCS 的典型拓扑结构如图 6-2 所示，此时储能系统要为负载提供电压频率稳定的交流电能。直流侧 u_{dc} 由电池串并联构成，通过三相逆变桥得到 PCS 侧三相交流电源 u_a、u_b 和 u_c，经 LC 滤波器后得到负载侧三相交流电源 u_{oa}、u_{ob} 和 u_{oc}，从而为负载提供交流电流 i_{oa}、i_{ob} 和 i_{oc}。图 6-2 中，i_a、i_b 和 i_c 为滤波电感上的电流；i_{Ca}、i_{Cb} 和 i_{Cc} 为滤波电容上的电流；R 为滤波电感的寄生电阻，其中负载可包括阻性、感性、容性及非线性等各类型负载。

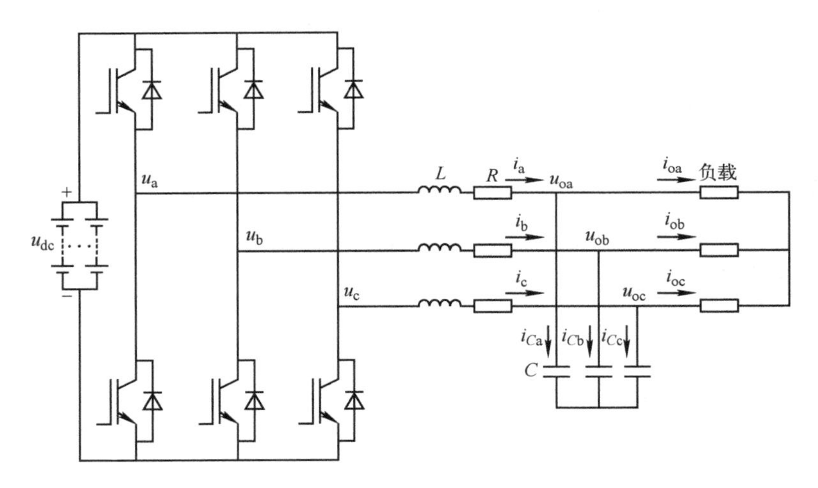

图 6-2 离网模式下储能 PCS 拓扑结构

6.1.2 PCS 的数学模型

基于图 6-2 的拓扑结构，根据基尔霍夫电压电流定律，可以列出各三相交流量之间的数学关系，具体如下[6]

$$\begin{cases} u_a = Ri_a + L\dfrac{di_a}{dt} + u_{oa} \\ u_b = Ri_b + L\dfrac{di_b}{dt} + u_{ob} \\ u_c = Ri_c + L\dfrac{di_c}{dt} + u_{oc} \end{cases} \tag{6-1}$$

$$
\begin{cases}
i_{\mathrm{a}} = C\dfrac{\mathrm{d}u_{\mathrm{oa}}}{\mathrm{d}t} + i_{\mathrm{oa}} \\
i_{\mathrm{b}} = C\dfrac{\mathrm{d}u_{\mathrm{ob}}}{\mathrm{d}t} + i_{\mathrm{ob}} \\
i_{\mathrm{c}} = C\dfrac{\mathrm{d}u_{\mathrm{oc}}}{\mathrm{d}t} + i_{\mathrm{oc}}
\end{cases}
\tag{6-2}
$$

根据式（6-1）、式（6-2）可以得到 PCS 在离网模式下各正弦量间的动态结构图，如图 6-3 所示。

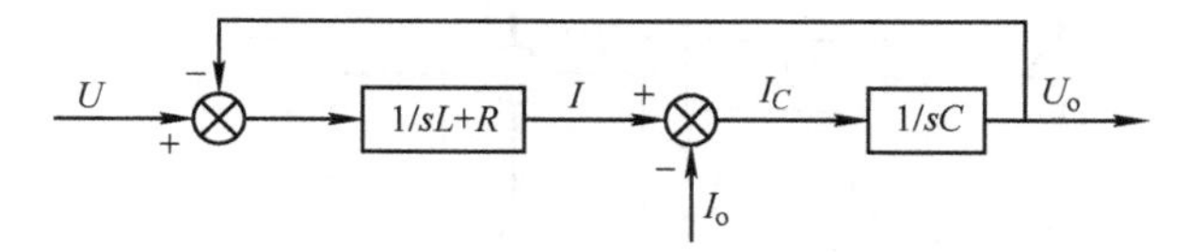

图 6-3　正弦量动态结构图

由图 6-3 可以看出，PCS 侧输出电压 U 与负载侧电压 U_{o} 作差后，经滤波电感及其寄生电阻的传递函数后得到滤波电感上的电流 I，将 I 与负载电流 I_{o} 作差后便得到滤波电容上的电流 I_C，后经过滤波电容的传递函数即可得到负载电压 U_{o}。由图 6-3 可以对离网模式下 PCS 的控制系统进行设计，根据被控量所处坐标系的不同，控制策略既可以在同步旋转坐标系（即 dq 轴）下设计，也可以直接在三相交流坐标系下设计，下面分别分析这两种控制方式。

6.1.3　PCS 的双闭环控制策略

6.1.3.1　基于 PI 控制器的双闭环控制策略

在旋转坐标系下控制量都为直流量，其拉氏变换为 $1/s$，因此可以通过 PI 控制器来实现无静差控制。通过 dq 坐标变换将式（6-1）、式（6-2）由三相交流量变为旋转坐标系下的直流量，其关系式为[7]

$$
\begin{cases}
u_d = Ri_d + L\dfrac{\mathrm{d}i_d}{\mathrm{d}t} - \omega Li_q + u_{\mathrm{o}d} \\
u_q = Ri_q + L\dfrac{\mathrm{d}i_q}{\mathrm{d}t} + \omega Li_d + u_{\mathrm{o}q} \\
i_d = C\dfrac{\mathrm{d}u_{\mathrm{o}d}}{\mathrm{d}t} - \omega Cu_{\mathrm{o}q} + i_{\mathrm{o}d} \\
i_q = C\dfrac{\mathrm{d}u_{\mathrm{o}q}}{\mathrm{d}t} + \omega Cu_{\mathrm{o}d} + i_{\mathrm{o}q}
\end{cases}
\tag{6-3}
$$

电压外环与电流内环分别经 PI 控制后可得

$$\begin{cases} U_d = k_{\mathrm{up}}(i_d^* - i_d) + k_{\mathrm{ui}}\int(i_d^* - i_d)\mathrm{d}t - \omega L i_q + u_{\mathrm{od}} \\ U_q = k_{\mathrm{up}}(i_q^* - i_q) + k_{\mathrm{ui}}\int(i_q^* - i_q)\mathrm{d}t + \omega L i_d + u_{\mathrm{oq}} \\ i_d = i_{\mathrm{od}} + k_{\mathrm{ip}}(v_d^* - v_d) + k_{\mathrm{ii}}\int(v_d^* - v_d)\mathrm{d}t - \omega C v_{\mathrm{oq}} \\ i_q = i_{\mathrm{oq}} + k_{\mathrm{ip}}(v_q^* - v_q) + k_{\mathrm{ii}}\int(v_q^* - v_q)\mathrm{d}t + \omega C v_{\mathrm{od}} \end{cases} \tag{6-4}$$

由式（6-4）可以画出 dq 坐标系下的动态结构示意图，如图 6-4 所示。

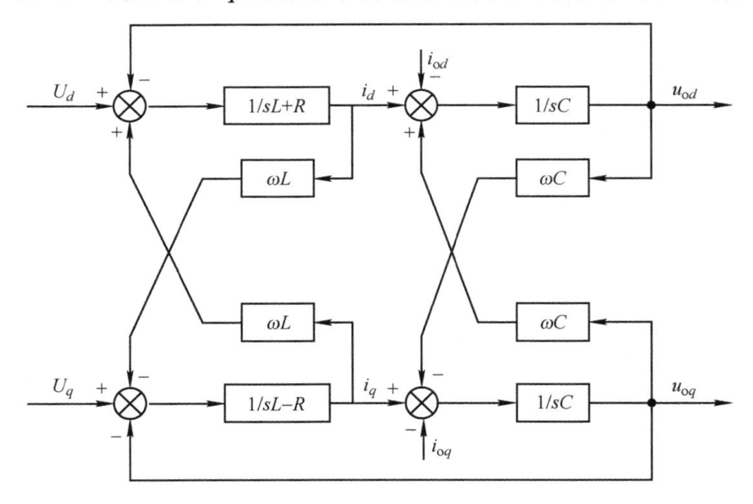

图 6-4　dq 坐标系下动态示意图

由图 6-4 可以看出，d 轴存在 $\omega L i_q$、$\omega C u_{oq}$ 的 q 轴耦合分量；而 q 轴存在 $\omega L i_d$、$\omega C u_{od}$ 的 d 轴耦合分量，因此在进行 PI 控制的同时也需要进行解耦控制。基于 PI 控制器的双闭环控制框图如图 6-5 所示。

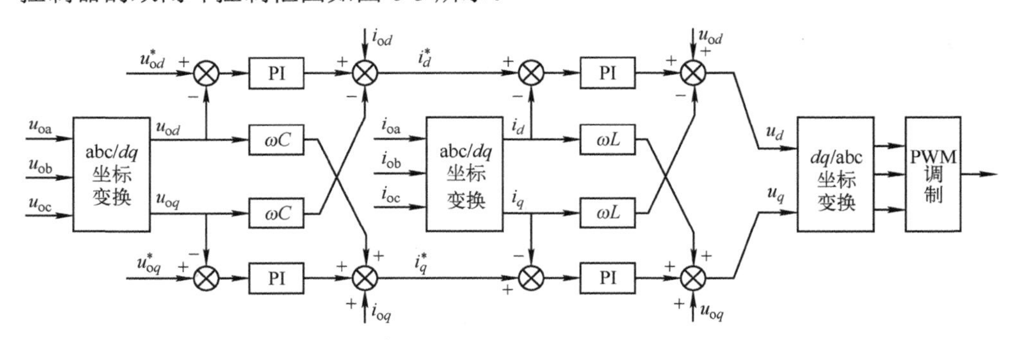

图 6-5　基于 PI 控制器的双闭环控制框图

图 6-5 中，采样负载侧三相电压 u_{oa}、u_{ob} 和 u_{oc} 经坐标变换后得到 dq 轴分量 u_{od}、u_{oq}，将其分别与 dq 轴电压给定值 u_{od}^*、u_{oq}^* 作差后经 PI 控制和解耦控制，得

到 dq 坐标系下的电流给定值 i_d^*、i_q^*。采样 PCS 侧输出电流 i_a、i_b 和 i_c 经坐标变换后得到 dq 轴分量 i_d、i_q，再分别与 i_d^*、i_q^* 作差经 PI 控制和解耦控制后得到负载侧电压 dq 轴分量 u_d、u_q，后经坐标反变换和 PWM 调制得到 PCS 各桥臂开关信号，最终实现 PCS 的定电压/频率控制。

电流内环 PI 参数的设计依据是：保证电流内环闭环传递函数在低频处有较大的增益，实现对参考值的跟踪。在高频处有较高的衰减，可以抑制高次谐波，同时兼顾系统的稳定性，使系统具有足够的相位裕度。外环 PI 的设计依据是：把电流内环闭环作为被控对象，可将其等效成一个比例系数，其值等于内环闭环传递函数幅频特性上 50Hz 频率所对应的增益，设计过程中首先要确定系统的穿越频率，穿越频率越高，则控制器的比例增益越大，可以使系统的动态响应越快、稳态误差减小，从而增加控制精度，不过会使系统的稳定性下降。根据经验，一般把被控系统的穿越频率设置在开关频率的 1/5 处。然后确定 PI 控制器的零点，零点频率越高，系统的低频增益越大，但是相角裕度变小，使系统趋向于不稳定。一般 PI 控制器的零点设置在系统穿越频率的 1/10 左右。综上所述，PI 参数计算的一般过程如下：

1）求出被控对象的传递函数 $G(s)$。

2）确定补偿后系统的穿越频率，即 $f_c=f_k/5$，其中 f_k 为开关频率。

3）确定 PI 控制器的零点频率

$$f_0=\frac{k_i}{2\pi k_p}=\frac{1}{10}f_c \tag{6-5}$$

4）在穿越频率处开环增益为 1，即

$$\left|\frac{k_p s+k_i}{s}\cdot G(s)\right|_{s=j2\pi f_c}=1 \tag{6-6}$$

5）联立式（6-5）、式（6-6），求解出 k_p 和 k_i 的值。

6.1.3.2　基于准 PR 控制器的双闭环控制策略

在三相静止坐标系下，控制量为正弦量，其拉式变换为 $\omega_0^2/(s^2+\omega_0^2)$ 或 $s/(s^2+\omega_0^2)$，因此采用 PR 控制可以实现无静差跟踪控制。另外与 PI 控制器相比，PR 控制器可对正弦量实现无静差控制[8]，理想 PR 控制器的传递函数为

$$G(s)=k_p+k_r s/(s^2+\omega_0^2) \tag{6-7}$$

式中，k_p 为比例系数；k_r 为谐振系数；ω_0 为谐振频率。

PR 控制器在基频处增益无穷大，可完全消除稳态误差，但在实际系统应用中，PR 控制器的实现存在两个主要问题：①由于模拟系统元器件参数精度和数字系统精度的限制，PR 控制器不易实现；②PR 控制器在非基频处增益非常小，当电网

频率产生偏移时，就无法有效抑制电网产生的谐波。因此，本节采用了一种更易于实现的准 PR 控制器，既可以保持 PR 控制器的高增益，同时还可以有效减小频率偏移对 PCS 输出电流的影响，其传递函数为[9]

$$G_{PR}(s)=k_p+2k_r\omega_r s/(s^2+2\omega_r s+\omega^2) \tag{6-8}$$

根据式（6-5）、式（6-6）得到 PR 控制器与准 PR 控制器的伯德图，如图 6-6 所示。

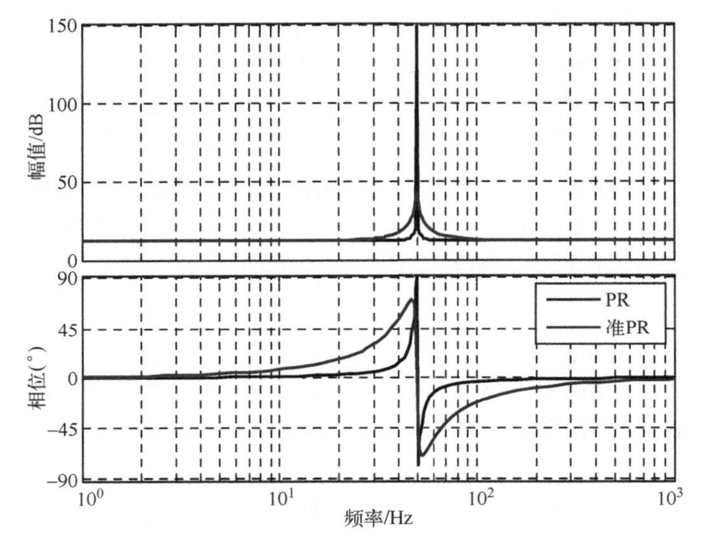

图 6-6 伯德图

从图 6-6 中可以看出，准 PR 控制器在基波频率处保持较高的增益，因此基本可以实现零稳态误差，同时具有很好的稳态裕度和暂态性能，减小频率偏移的影响。

在电压外环采用准 PR 控制改善 PCS 电压跟踪性能的同时，电流内环则采用电容电流比例控制器来提高系统响应速度和抗干扰能力。由此可以得到基于准 PR 控制的双闭环控制策略框图，如图 6-7 所示。

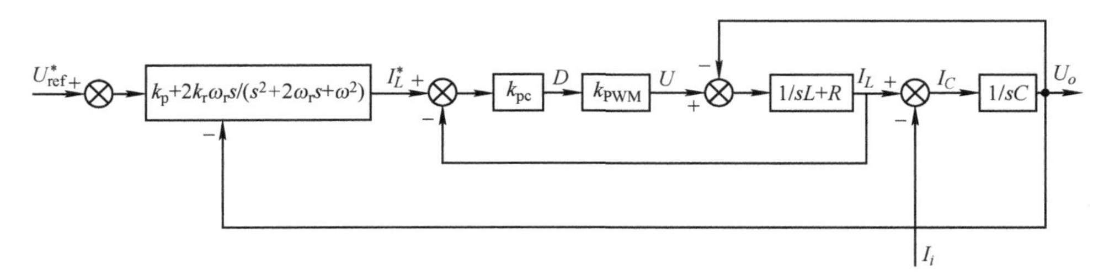

图 6-7 基于准 PR 控制的双闭环控制框图

图 6-7 中，k_{pc} 为电流环比例系数；k_{PWM} 为 PCS 增益。控制流程为：对负载侧电压 U_o 进行采样，并与电压参考值 U^*_{ref} 作差，经准 PR 控制器得到电感电流参考给定值 I^*_L；将电感电流参考给定值与实际值作差，经内环比例控制得到调制信号 D，经过 PWM 调制得到开关信号，实现对 PCS 的双闭环控制。

基于图 6-7 对准 PR 控制器参数进行设计分析，列出电流内环的闭环传递函数为

$$G_{IC}(s)=\frac{k_{pc}Ck_{PWM}s}{LCs^2+k_{pc}Ck_{PWM}s+1} \tag{6-9}$$

由式（6-9）可以得到电流内环的阻尼系数为

$$\xi=\frac{k_{pc}k_{PWM}}{2}\sqrt{\frac{C}{L}} \tag{6-10}$$

理论上，k_{pc} 并不会影响系统的稳定性，但 k_{pc} 越大，阻尼系数越大，从而会降低系统的响应速度。为了兼顾系统的响应速度和阻尼效果，工程上一般取 ξ=0.707，由此可以算出电流内环比例系数 k_{pc} 的值。

根据图 6-7 列出电压外环的传递函数为

$$\begin{aligned}U_o(s)=&\frac{k_3s^2+2(k_2+k_3)\omega_r s+k_3\omega^2}{LCs^4+L_3(s)s^3+L_2(s)s^2+L_1(s)s+k_3\omega^2}U_{ref}(s)-\\&\frac{Ls^2+(R+2L\omega_r)s^2+(2R\omega_r+L\omega^2)s+R\omega^2}{LCs^4+L_3(s)s^3+L_2(s)s^2+L_1(s)s+k_3\omega^2}I_i(s)\end{aligned} \tag{6-11}$$

其中

$$\begin{cases}k_1=k_{pc}k_{PWM};k_2=k_1k_r;k_3=k_1k_p\\L_1(s)=(k_1+R)\omega^2C+2(k_2+k_3)\omega_r\\L_2(s)=2(k_1+R)\omega_rC+L\omega^2C+k_3\\L_3(s)=(k_1+R+2L\omega_r)C\end{cases} \tag{6-12}$$

由此得到电压外环的闭环传递函数为

$$G_{UC}(s)=\frac{k_3s^2+2(k_2+k_3)\omega_r s+k_3\omega^2}{LCs^4+L_3(s)s^3+L_2(s)s^2+L_1(s)s+k_3\omega^2} \tag{6-13}$$

根据劳斯稳定判据，系统稳定的充分必要条件为劳斯表第一列各项值为正，由此可得

$$\begin{cases} a_4 = LC > 0 \\ a_3 = L_3(s) > 0 \\ a_2 = \dfrac{L_2(s)L_3(s) - LCL_1(s)}{L_3(s)} > 0 \\ a_1 = L_1(s) - \dfrac{k_3\omega^2 L_3(s)^2}{L_2(s)L_3(s) - LCL_1(s)} > 0 \\ a_0 = k_3\omega^2 > 0 \end{cases} \tag{6-14}$$

由于系统参数都为正值，即 a_4、a_3 和 a_0 均满足条件，因此只需要满足 $a_2>0$、$a_1>0$ 即可，从而求解出准 PR 控制器中控制参数 k_p、k_r 的取值范围。基于该取值范围并通过反复的试验，可以对 k_p、k_r 值进行合理的选取。

6.1.4 仿真分析

6.1.4.1 仿真条件

基于图 6-2 所示的 PCS 拓扑结构，分别在两种工况下进行仿真验证：工况 1 为初始时刻带 50kW 负载，在 0.1s 后变为 100kW 负载；工况 2 为初始时刻带 50kW 负载，在 0.1s 时刻突然接入不控整流非线性负载。仿真中相关参数见表 6-1。

表 6-1 仿真参数

参数	数值	参数	数值
直流电压/V	800	k_{ui}	0.1
开关频率/kHz	4	k_{ip}	10
额定交流电压/V	400	k_{ii}	50
PCS 功率等级/kW	250	k_{pc}	1/50
L/mH	1	ω	100π
R/Ω	0.01	k_p	4
C/F	39.58×10^{-6}	k_r	120
k_{up}	1	ω_r	3.2

6.1.4.2 仿真结果

工况 1 条件下，基于 PI 控制器以及基于准 PR 控制器的仿真结果分别如图 6-8、图 6-9 所示。

从图 6-8、图 6-9 可以看出，在工况 1 的条件下，不论 PI 控制还是 PR 控制，负载侧的电压幅值都维持在 311V，频率为 50Hz；随着负载由 50kW 变为 100kW，PCS 的输出电流幅值也由 107A 变为 214A；负载侧电压的谐波畸变率分别为 0.89%

和 1.02%，差别不大。

在工况 2 的条件下，随着非线性负载的引入，仿真结果会出现较大的区别。仿真波形分别如图 6-10 和图 6-11 所示。

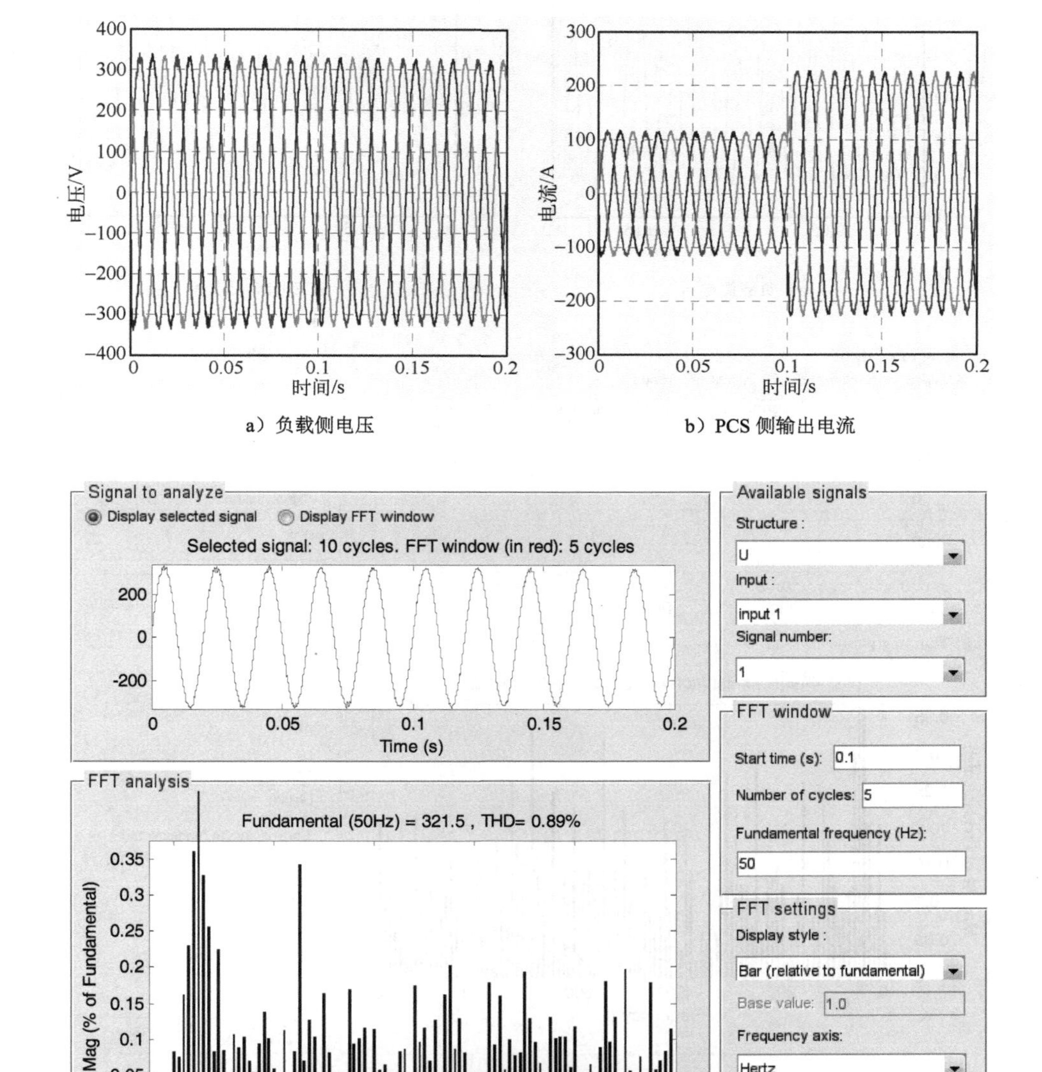

a）负载侧电压　　b）PCS 侧输出电流

c）负载侧电压谐波分析

图 6-8　PI 控制器工况 1 条件下仿真结果

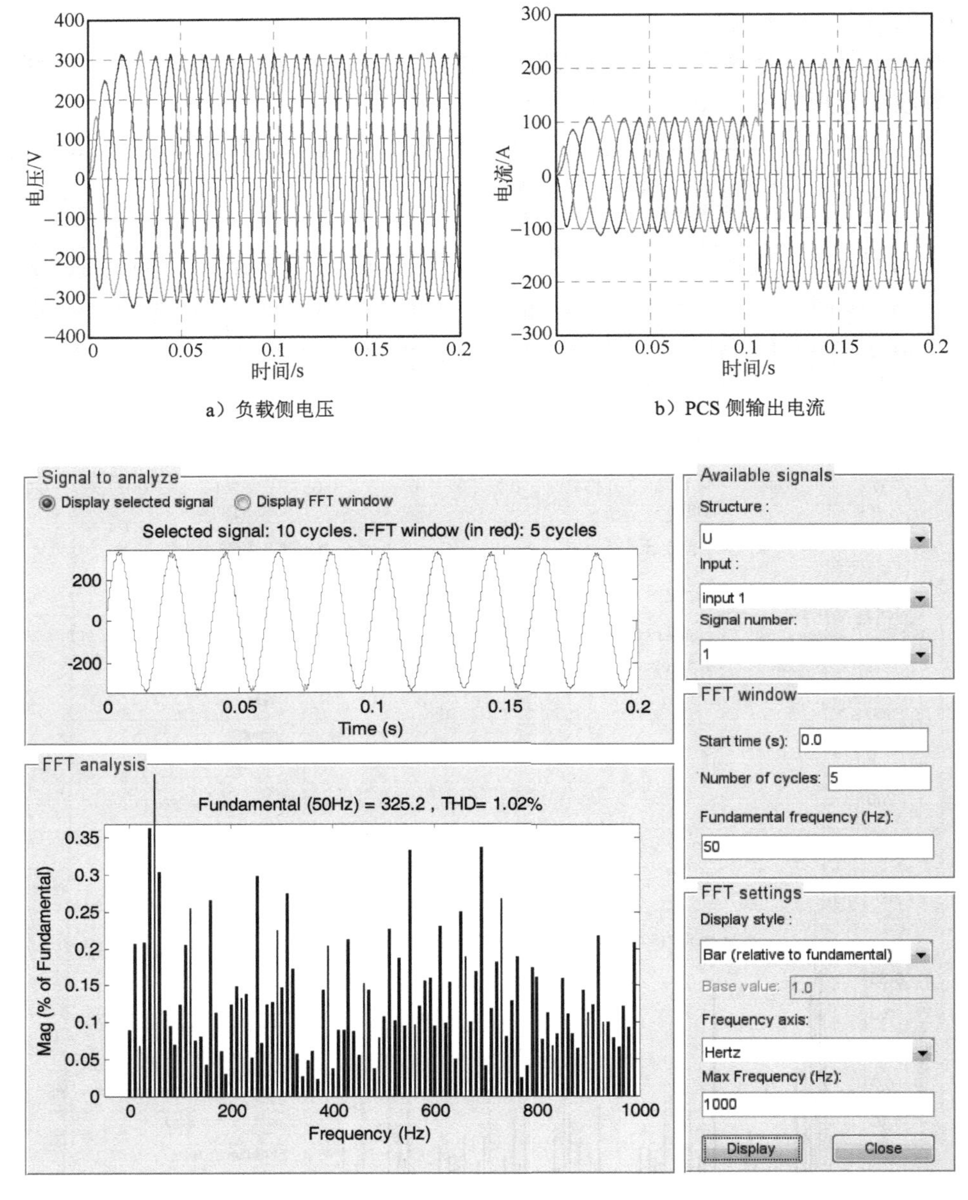

a）负载侧电压　　b）PCS 侧输出电流

c）负载侧电压谐波分析

图 6-9　PR 控制器工况 1 条件下仿真结果

从图 6-10 和图 6-11 中可以看出，0.1s 之前，由于负载只是 50kW 纯阻性负载，负载侧电压和 PCS 输出电流波形都比较稳定。在 0.1s 切入非线性负载后，不论 PI 控制还是 PR 控制，PCS 输出电流都会发生较大的波动，同时由于非线性负载谐波电流的引入，使得电流波形发生较大的畸变。从负载侧的电压波形谐波畸变率来看，PR 控制的电压谐波畸变率只有 2.86%，明显优于 PI 控制条件下的 6.36%。

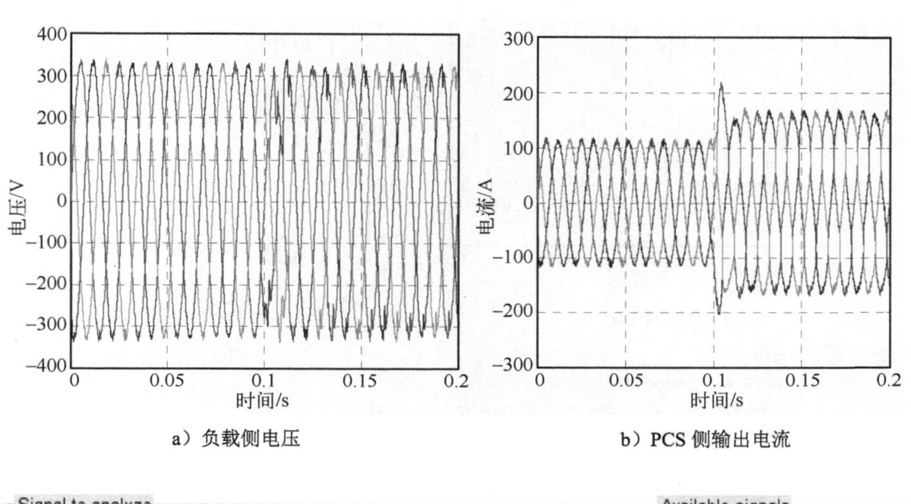

a）负载侧电压　　b）PCS 侧输出电流

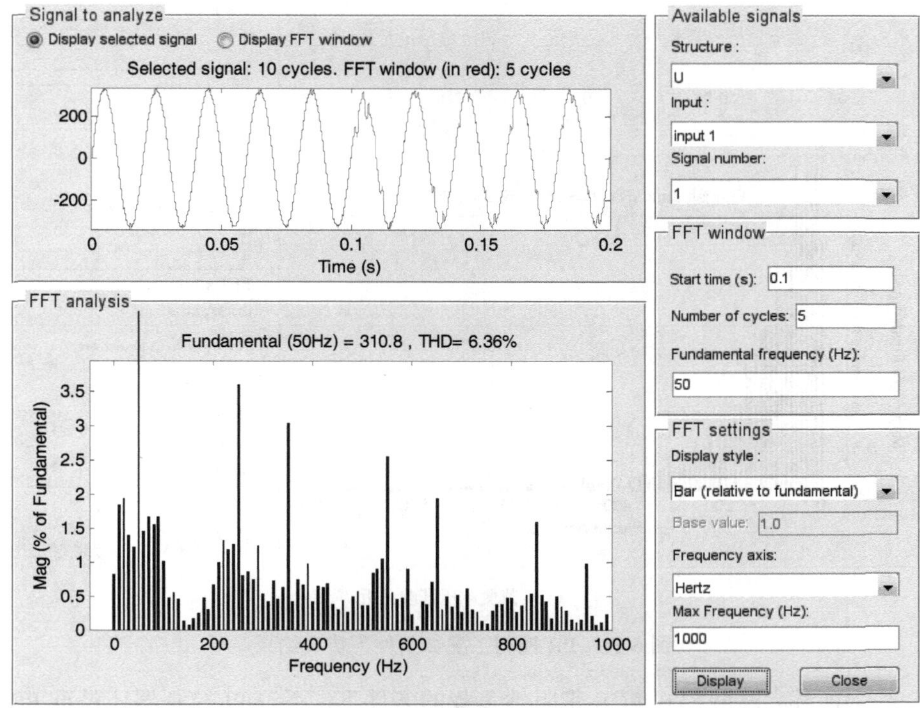

c）负载侧电压谐波分析

图 6-10　PI 控制工况 2 条件下仿真结果

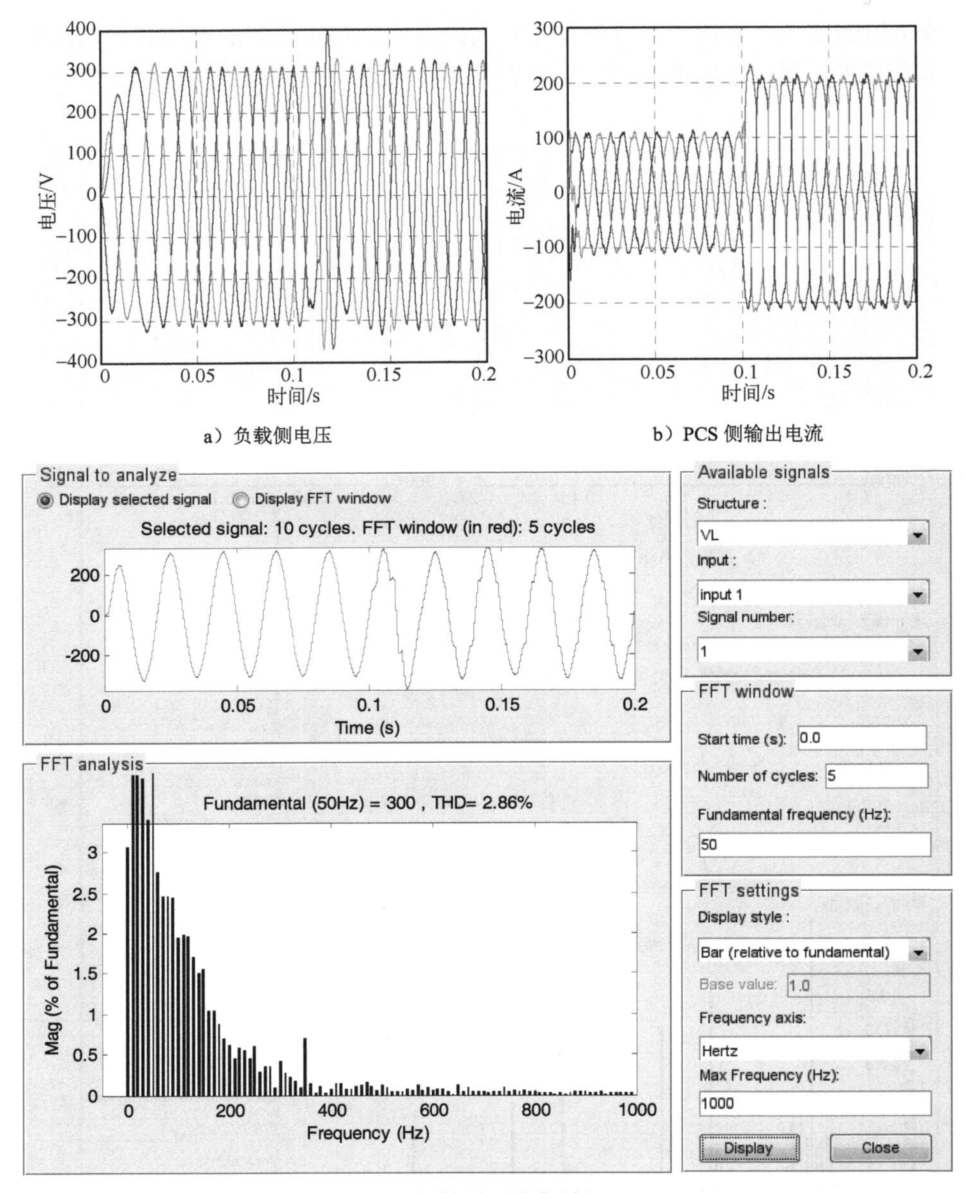

a）负载侧电压　　b）PCS 侧输出电流

c）负载侧电压谐波分析

图 6-11　PR 控制工况 2 条件下仿真结果

综上所述，离网模式 PCS 带阻性负载的条件下，不论 PI 控制器还是准 PR 控制器，PCS 的外输出特性效果差别不大；非线性负载条件下，准 PR 控制的外输出特性效果明显优于 PI 控制器，其输出电压的谐波畸变率仍保持在标准允许范围之内；典型算例的仿真结果为实际工程应用提供了一定的理论基础，为制造厂家在离网模式下 PCS 控制器的选择提供了相关的仿真验证。

6.2　多 PCS 并联运行控制

多台 PCS 并联后，各台 PCS 间、PCS 与电网之间相互耦合，构成了复杂的阻抗网络结构，因此并联系统的稳定性受到多方面因素的交互影响。本节将对 PCS 并联系统的失稳机理展开深入研究，并分析多 PCS 并联后系统谐振尖峰的抑制原理，由此得到抑制谐振的解决方案，提出基于数字低通滤波器的有源阻尼控制策略。

6.2.1　PCS 并联系统失稳机理分析

6.2.1.1　单台 PCS 谐振特性分析

单台 PCS 并网运行的简化示意图如图 6-12 所示。

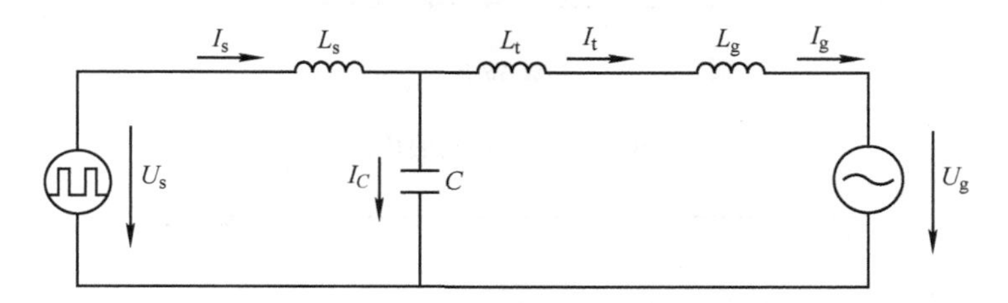

图 6-12　单台 PCS 并网运行简化示意图

由图 6-12 可以推导出并网电流 I_g 与 PCS 输出电压 U_s 之间的传递函数为

$$P_{sch}=\sum_{i=1}^{N}P_iG_{LCL}(s)=\frac{i_g}{U_s}=\frac{1}{s^3CL_s(L_t+L_g)+s(L_s+L_t+L_g)} \tag{6-15}$$

基于式（6-15）画出其伯德图如图 6-13 所示，从图 6-13 中可以看出该传递函数在频率 ω_n 处存在一个谐振尖峰，如果 PCS 的并网电流中存在该频率处的谐波，则系统易发生谐振，引发系统失稳。其中

$$\omega_n=\frac{1}{2\pi}\sqrt{\frac{L_s+(L_t+L_g)}{L_s(L_t+L_g)C}} \tag{6-16}$$

另外，由于 PCS 与电网间存在连接线路，考虑到线路阻抗因素，重新画出 $G_{LCL}(s)$ 的幅频特性曲线，如图 6-14 所示。

由图 6-14 可以看出，随着线路感抗值的增大，谐振尖峰会向低频侧移动，使 PCS 低频谐波更易发生谐振，导致系统失稳。因此线路阻抗也是阻尼策略中必须要考虑的一个因素。

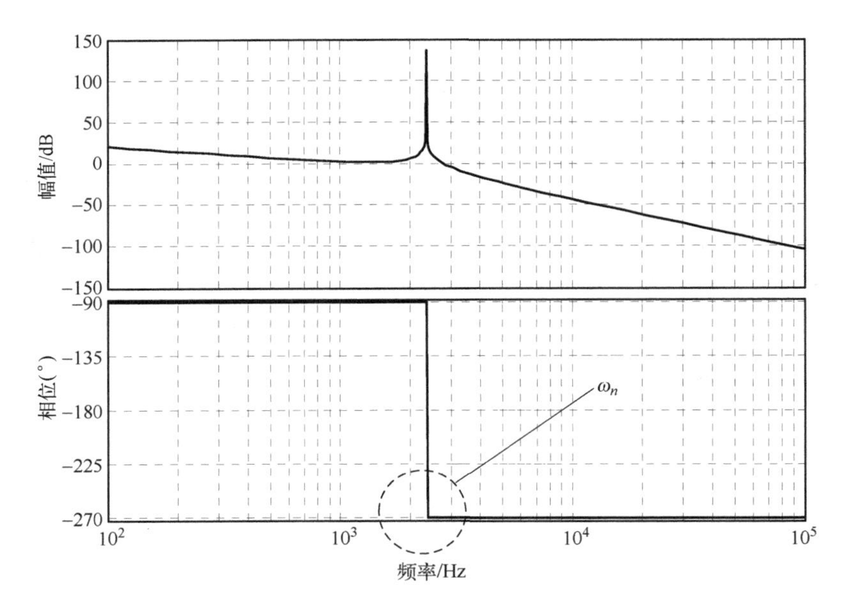

图 6-13　$G_{\mathrm{LCL}}(s)$伯德图

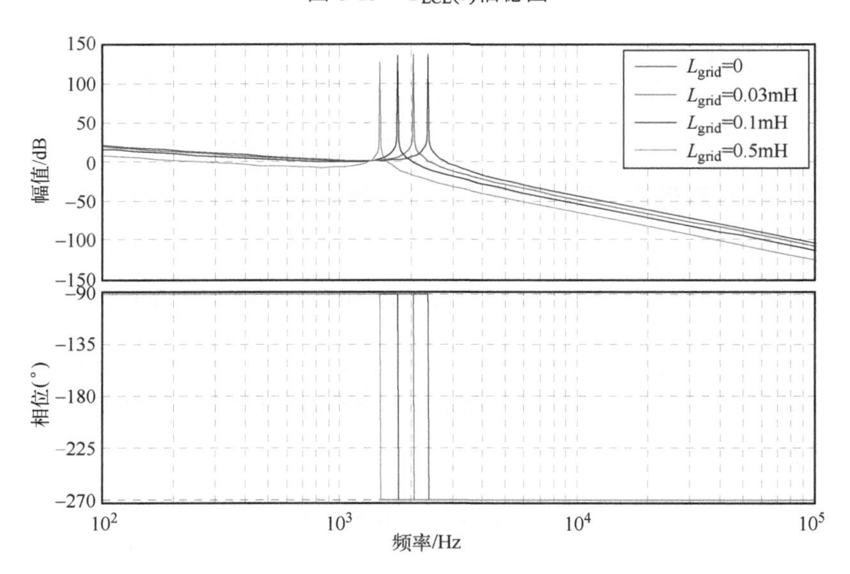

图 6-14　$G_{\mathrm{LCL}}(s)$随线路阻抗变化的伯德图

考虑电流内环 PI 控制器，得到电流环的闭环传递函数为

$$G_{\mathrm{c}}(s)=\frac{k_{\mathrm{p}}(k_{\mathrm{i}}+s)}{s^5L_{\mathrm{s}}(L_{\mathrm{t}}+L_{\mathrm{g}})C+s^2(L_{\mathrm{s}}+L_{\mathrm{t}}+L_{\mathrm{g}})+sk_{\mathrm{p}}+k_{\mathrm{p}}k_{\mathrm{i}}} \tag{6-17}$$

将式（6-17）转换为 Z 域形式，并画出其零极点分布图，如图 6-15 所示。

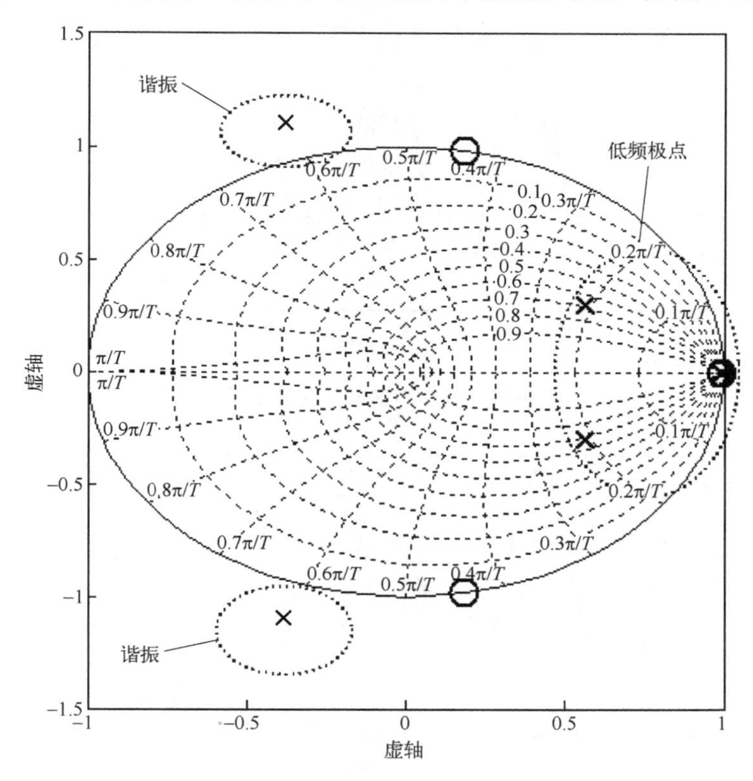

图 6-15　$G_c(s)$零极点分布图

由图 6-15 可知，系统在单位圆外存在两个高频极点，使系统不稳定，该谐振极点是由 LCL 的固有谐振尖峰造成的，需要采用相应的阻尼策略抑制尖峰才能保证系统的稳定运行。

基于上述理论分析搭建了单台 PCS 的并网运行仿真模型，具体仿真参数见表 6-2。

图 6-16 为单台 PCS 的并网电流及电网电压波形。从图 6-16 中可以看出，由于在 1125Hz 处存在谐振尖峰，因此并网电流 I_g 中的 22 次谐波会发生谐振，导致并网电流波形发生畸变，使系统稳定性降低。

针对单机谐振问题，由于只存在一个谐振尖峰且在滤波器参数固定的情况下便可求出谐振频率，因此采取相应的阻尼策略抑制

表 6-2　仿真参数

参数名称	取值
功率等级/kW	250
PCS 侧电感 L_s/mH	0.1
滤波电容 C/μF	600
电网侧电感 L_t/mH	0.05
线路感抗 L_g/mH	0.03
直流侧电压/V	760
开关频率/kHz	3

谐振尖峰便可得到很好的电流输出波形，如图 6-17 所示。

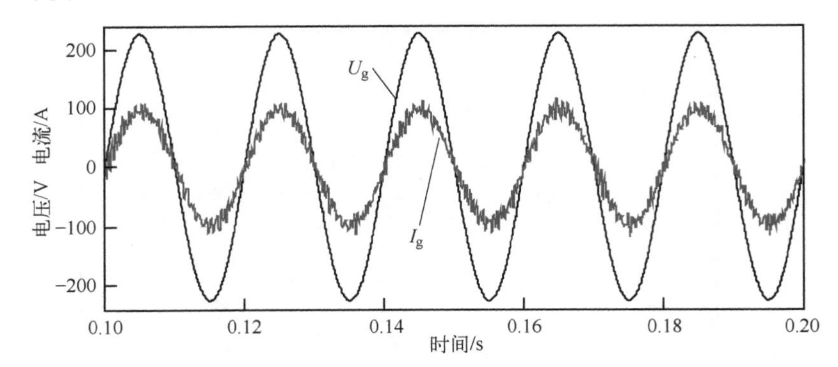

图 6-16 单台 PCS 输出电流波形图

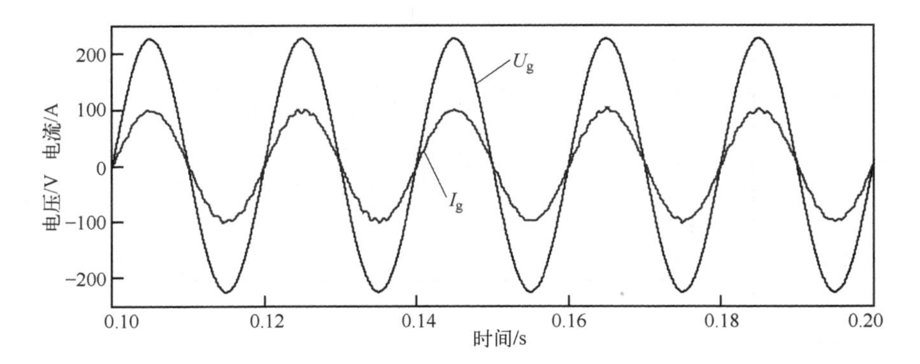

图 6-17 基于阻尼策略的单台 PCS 输出电流波形图

PCS 多机并联后，考虑到线路阻抗的影响，多台 PCS 与电网之间构成了复杂的阻抗网络，因此每台 PCS 的输出电流不仅受到自身输出电压的影响，而且还会与其他 PCS 的输出电压及电网电压产生耦合效应并交互影响，从而导致系统的谐振特性变得更加复杂。若将基于单台 PCS 设计的阻尼策略继续应用在多机并联系统内，该控制策略极可能因系统谐振特性的变化而无法对谐振尖峰进行较好的抑制，从而导致系统谐振失稳，无法正常运行。因此需要对多台 PCS 并联系统的谐振特性进行深入的分析，在下一节中会基于叠加定理对其作详细说明。

6.2.1.2 多台 PCS 并联谐振特性分析

并网条件下，PCS 并联系统的典型拓扑结构如图 6-18 所示。全钒液流电池通过各自 PCS 及滤波器与电网相连，其中 L_{si}、L_{ti}、C_i（i=1, 2, ⋯, n，以下相同）构成了 LCL 滤波器；I_{si}、I_{ti} 分别为 PCS 侧电流及网侧电流；U_{si} 为 PCS 侧输出电压；U_g 为电网电压；L_g 为电网等效电感；I_g 为并网电流。

为了便于数学分析，基于图 6-18 作如下假设

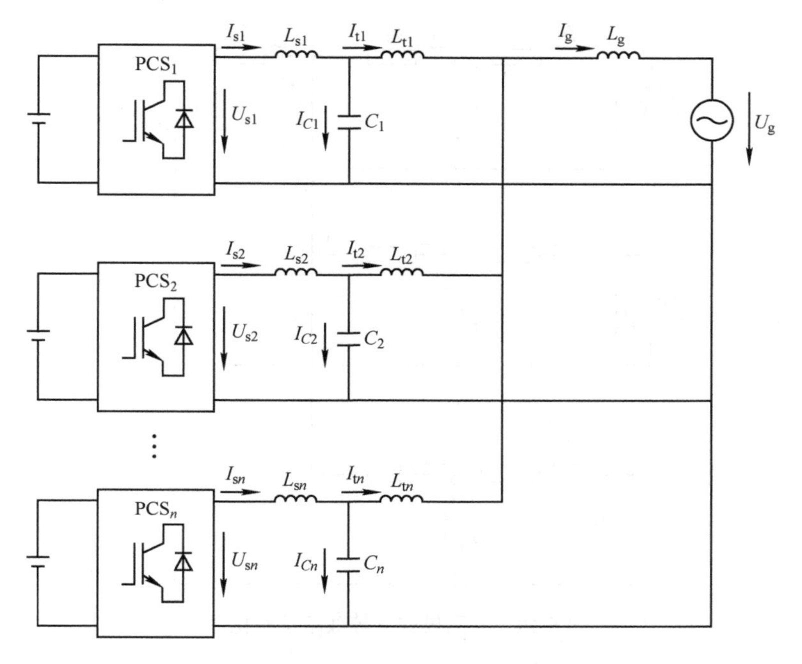

图 6-18　并网条件下多 PCS 并联拓扑结构

$$\begin{cases} L_{s1} = L_{s2} = \cdots = L_{sn} = L_s \\ L_{t1} = L_{t2} = \cdots = L_{tn} = L_t \\ C_1 = C_2 = \cdots = C_n = C \end{cases} \tag{6-18}$$

由此可以得到并网条件下 n 台 PCS 并联的等效阻抗模型，如图 6-19 所示。其中

$$\begin{cases} Z_s = sL_s \\ Z_t = sL_t \\ Z_c = 1/(sC) \end{cases} \tag{6-19}$$

根据图 6-19 得到各台 PCS 网侧电流与 PCS 侧电压及电网电压之间的关系为

$$\begin{pmatrix} I_{t1} \\ I_{t2} \\ \vdots \\ I_{tn} \end{pmatrix} = \begin{pmatrix} A_{11} & A_{12} & \cdots & A_{1n} \\ A_{21} & A_{22} & \cdots & A_{2n} \\ \vdots & \vdots & A_{ij} & \vdots \\ A_{n1} & A_{n2} & \cdots & A_{nn} \end{pmatrix} \begin{pmatrix} U_{s1} \\ U_{s2} \\ \vdots \\ U_{sn} \end{pmatrix} - \begin{pmatrix} B_1 \\ B_2 \\ \vdots \\ B_n \end{pmatrix} U_g \tag{6-20}$$

式中，A_{ij} 为 PCS 侧输出电压 U_{si} 单独作用产生电流 I_{tj} 的等效导纳参数；B_i 为 U_g 单独作用产生电流 I_{tj} 的等效导纳参数。

A_{ij} 与 B_i 的值完全取决于系统的阻抗网络。

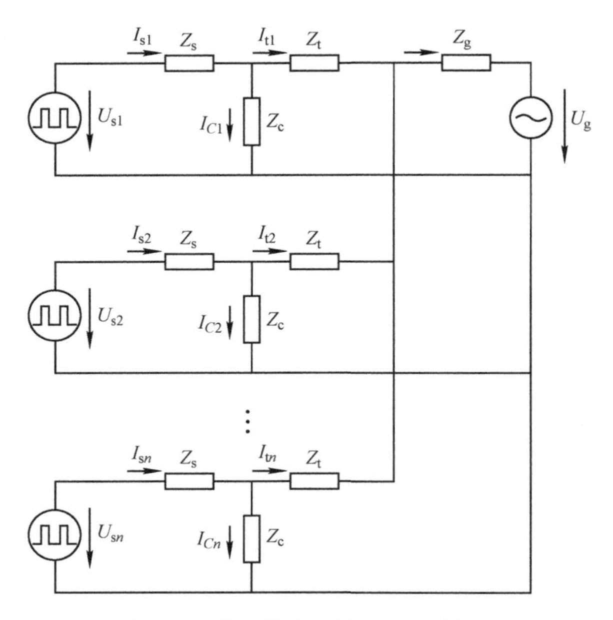

图 6-19　并网模式下等效阻抗结构图

在求解 A_{ij} 的过程中可以将 U_g 等效为短路，由此可分别得到：当 $i=j$ 时，电压激励 U_{sj} 单独作用产生电流 I_{ti} 的等效电路，如图 6-20a 所示；当 $i \neq j$ 时，电压激励 U_{sj} 单独作用产生电流 I_{ti} 的等效电路，如图 6-20b 所示。

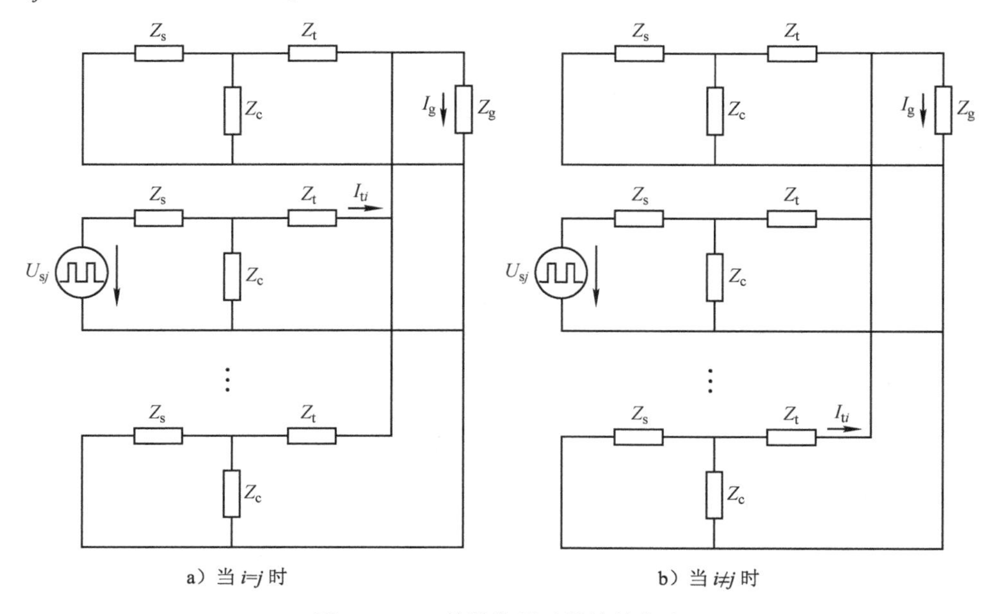

图 6-20　U_{sj} 单独作用时的等效电路

由图 6-20 可知，等效导纳参数 A_{ij} 的数学表达式分别为

$$A_{ij(i=j)} = \frac{Z_c}{\left(Z_c + \frac{Z_s//Z_c + Z_t}{n-1}//Z_g\right)\left[\left(\frac{Z_s//Z_c + Z_t}{n-1}//Z_g + Z_t\right)//Z_c + Z_s\right]} \tag{6-21}$$

$$\begin{cases} A_{ij(i\neq j)} = -\frac{(Z_g//m//n)k}{(k+Z_s)(Z_t + Z_g//m//n)} \\ m = \frac{Z_s//Z_c + Z_t}{n-2} \\ n = Z_s//Z_c + Z_t \\ k = (Z_g//m//n + Z_t)//Z_c \end{cases} \tag{6-22}$$

在求解 B_i 的过程中可以将各 PCS 侧输出电压 U_{si} 等效为短路，由此得到 U_g 单独作用产生电流 I_{ti} 的等效电路，如图 6-21 所示。

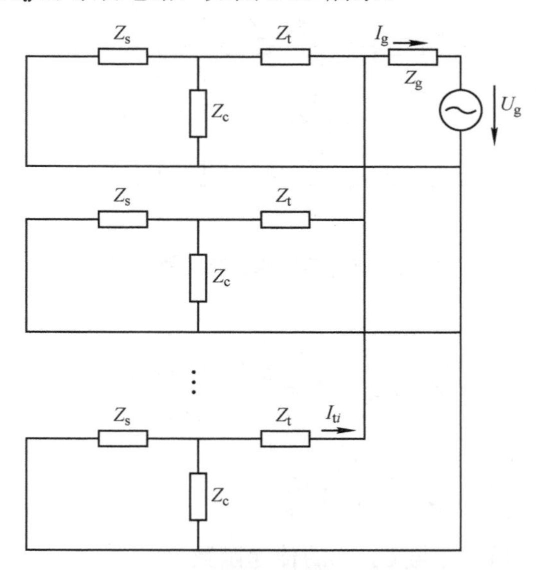

图 6-21　U_g 单独作用时的等效电路

由图 6-21 可知，等效导纳参数 B_i 的数学表达式为

$$B_i = \frac{1}{nZ_g + (Z_s//Z_c + Z_t)} \tag{6-23}$$

另外由于各 *LCL* 滤波器参数一致，因此可得 $B_1=B_2=\cdots=B_n$。

由上述建模分析可知，PCS 并联系统在并网运行条件下，系统的等效导纳参数完全取决于系统的 *LCL* 滤波器参数以及线路等效阻抗参数。故在系统元器件参

数以及线路参数明确的前提下，等效导纳矩阵 A_{ij} 及 B_i 中各元素均可由等效阻抗 Z_s、Z_c、Z_t 及 Z_g 表示，则并网电流 I_g 由基尔霍夫电流定律可得

$$I_{\mathrm{g}}=\sum_{i=1}^{n} I_{\mathrm{t}i} \tag{6-24}$$

由此可得到并网时多 PCS 并联运行的数学模型。下面将根据叠加原理分析多台 PCS 并联运行时的谐振特性。

根据图 6-18 所示，并网条件下 PCS 并联系统中包含三个激励源，分别是 U_{s1}、U_{s2}～U_{sn} 和 U_g，三个激励源单独作用第一台 PCS 时对应的网侧响应电流分别为 I_{g1}、I_{g2}、I_{g3}，由叠加定理可得：$I_{t1}=I_{g1}+I_{g2}+I_{g3}$。因此可以分别分析各响应电流与各激励源之间的传递函数对系统的稳定性。

U_{s1} 单独激励时，根据戴维南定理可将 U_{s2}～U_{sn} 及 U_g 等效为短路，因此图 6-18 可简化为如图 6-22 所示。

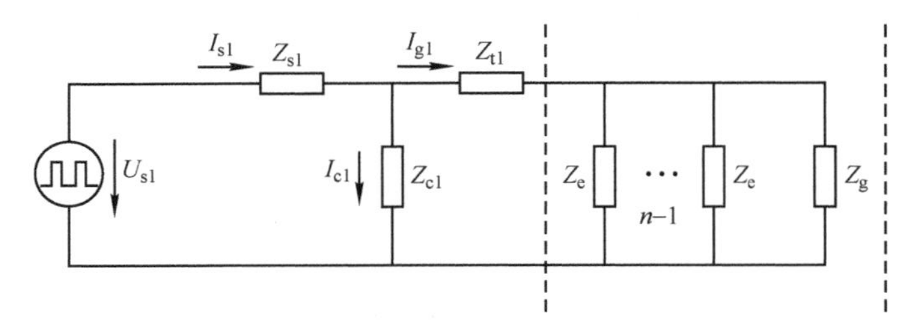

图 6-22 U_{s1} 单独激励时等效结构图

图 6-22 中

$$\begin{cases} Z_{\mathrm{e}}=Z_{\mathrm{s}}//Z_{\mathrm{c}}+Z_{\mathrm{t}}=\dfrac{L_{\mathrm{s}}L_{\mathrm{t}}Cs^3+(L_{\mathrm{s}}+L_{\mathrm{t}})s}{L_{\mathrm{s}}Cs^2+1} \\ Z_{\mathrm{eg}}=\dfrac{Z_{\mathrm{e}}Z_{\mathrm{g}}}{Z_{\mathrm{e}}+(n-1)Z_{\mathrm{g}}} \end{cases} \tag{6-25}$$

根据图 6-22 可得到 I_{g1} 与 U_{s1} 间的传递函数为

$$G_1(s)=\frac{I_{\mathrm{g1}}}{U_{\mathrm{s1}}}=\frac{1}{L_{\mathrm{s}}L_{\mathrm{t}}Cs^3+L_{\mathrm{s}}CZ_{\mathrm{eg}}s^2+(L_{\mathrm{s}}+L_{\mathrm{t}})s+Z_{\mathrm{eg}}} \tag{6-26}$$

基于表 6-2 中的参数及式（6-26），画出 $G_1(s)$的频率特性曲线如图 6-23 所示。

由图 6-23 可以看出，U_{s1} 单独激励条件下，系统存在三个谐振尖峰：包括在 ω_0 处的 LCL 滤波器固有谐振尖峰，该频率处的谐振尖峰不会随 PCS 台数的增加发生偏移；还有在 ω_1^+ 处的正谐振尖峰及在 ω_1^- 处的负谐振尖峰，该两个频率处的谐振尖峰随着 PCS 台数的增加会向低频处移动。谐振频率的计算公式为

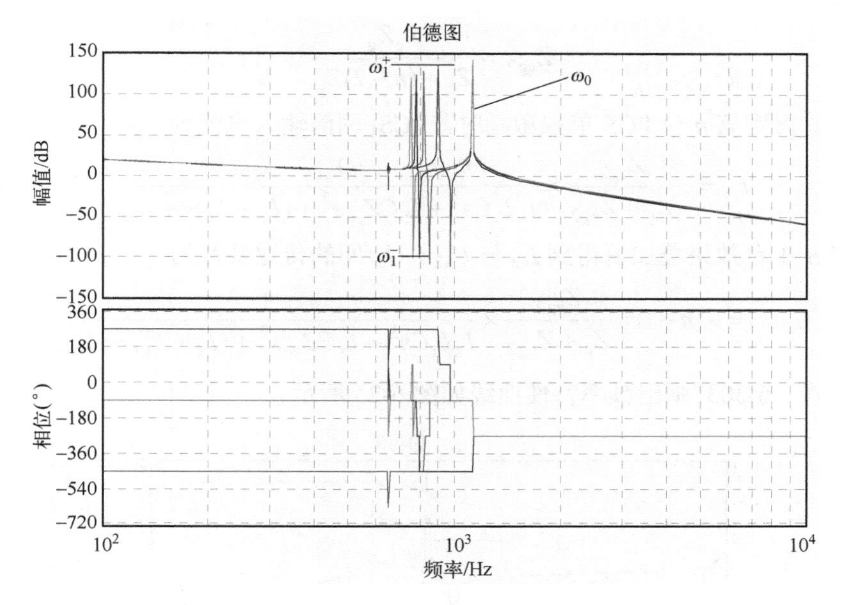

图 6-23 $G_1(s)$幅频特性曲线

$$\begin{cases} \omega_0 = \dfrac{1}{2\pi}\sqrt{\dfrac{L_s + L_t}{L_s L_t C}} \\ \omega_1^+ = \dfrac{1}{2\pi}\dfrac{\sqrt{L_s L_t C(L_s + L_t) + nL_s L_g C(L_s + 2L_t + nL_g)}}{L_s L_t C + nL_s L_g C} \\ \omega_1^- = \dfrac{1}{2\pi}\sqrt{\dfrac{L_s + L_t + (n-1)L_g}{L_s C(L_t + (n-1)L_g)}} \end{cases} \tag{6-27}$$

在 U_{s2}～U_{sn} 单独作为激励源时，由于其等效电路结构一致，因此可将其等效为对第 n 台 PCS 单独激励效果的 n–1 次叠加，由此可以先分析第 n 台 PCS 单独激励时系统的等效电路图。基于图 6-18，其等效结构图如图 6-24 所示。

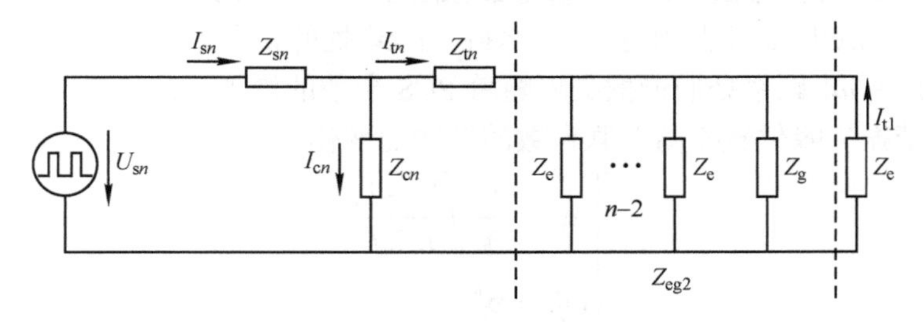

图 6-24 U_{sn} 单独激励时等效结构图

其中

$$Z_{eg2}=\frac{Z_eZ_g}{Z_e+(n-2)Z_g} \tag{6-28}$$

由此得到第 n 台 PCS 单独激励时，PCS_1 网侧输入电流为

$$I_{t1}=-\frac{Z_{eg2}}{Z_e+Z_{eg2}}\times\frac{V_{sn}}{L_sL_tCs^3+L_sCZ_{eg}s^2+(L_s+L_t)s+Z_{eg}} \tag{6-29}$$

将 n–1 台效果叠加后得到 I_{g2} 与 U_{s2}～U_{sn} 间的传递函数为

$$G_2(s)=-(n-1)\times\frac{Z_{eg2}}{Z_e+Z_{eg2}}\times\frac{1}{L_sL_tCs^3+L_sCZ_{eg}s^2+(L_s+L_t)s+Z_{eg}} \tag{6-30}$$

由式（6-30）画出频率特性曲线如图 6-25 所示。

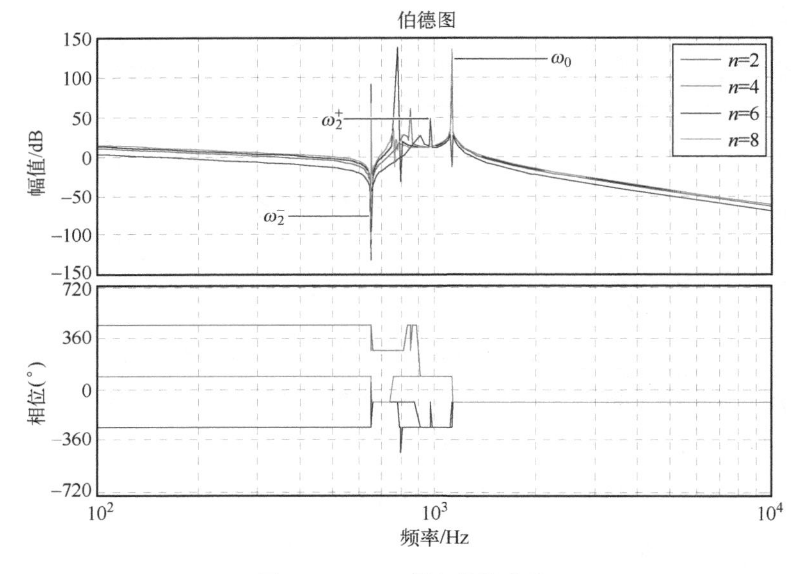

图 6-25 $G_2(s)$频率特性曲线

由图 6-25 可以看出，U_{s2}～U_{sn} 单独激励条件下，系统存在三个谐振尖峰：包括在 ω_0 处的 LCL 滤波器固有谐振尖峰；在 ω_2^+ 处的正谐振尖峰及在 ω_2^- 处的负谐振尖峰。其中 ω_2^+ 频率处的谐振尖峰随着 PCS 台数的增加会向低频处移动，而 ω_2^- 频率处的谐振尖峰位置不随并联台数的增加而变化。谐振频率的计算公式为

$$\begin{cases}\omega_0=\dfrac{1}{2\pi}\sqrt{\dfrac{L_s+L_t}{L_sL_tC}}\\ \omega_2^+=\omega_1^+\\ \omega_2^-=\dfrac{1}{2\pi}\sqrt{\dfrac{1}{L_sC}}\end{cases} \tag{6-31}$$

U_g 单独激励时，同理将 U_{s1}～U_{sn} 等效为短路，可将图 6-21 等效简化为如图 6-26 所示。

由此得到 I_{g3} 与 U_g 间的传递函数为

$$G_3(s)=\frac{I_{g3}}{U_g}=-\frac{1}{nZ_g+Z_e} \tag{6-32}$$

由式（6-32）画出频率特性曲线如图 6-27 所示。

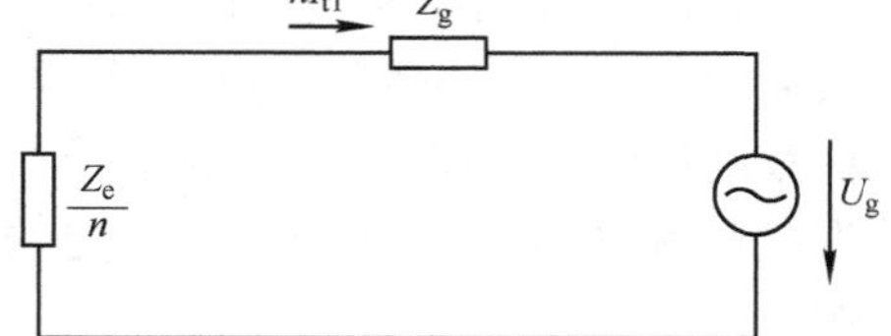

图 6-26　U_g 单独激励时等效结构图

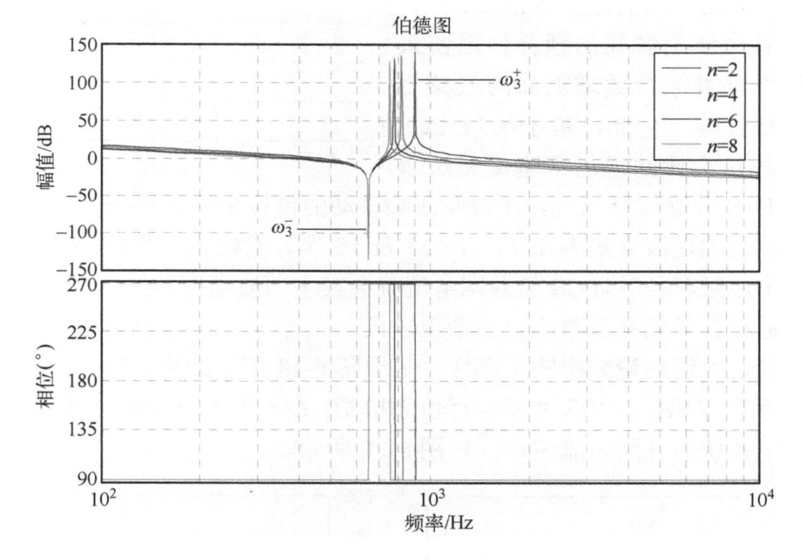

图 6-27　$G_3(s)$频率特性曲线

由图 6-27 可以看出，在 U_g 单独激励条件下，系统频率响应曲线中包括两个谐振尖峰，分别为在 ω_3^- 处因 PCS 并联耦合生成的固定负谐振频率以及在 ω_3^+ 处存在随 PCS 增加逐渐向低频侧移动的正谐振尖峰。其中

$$\begin{cases}\omega_3^+=\omega_2^+=\omega_1^+\\ \omega_3^-=\omega_2^-\end{cases} \tag{6-33}$$

最后根据叠加定理可知，U_{s1}、U_{s2}～U_{sn} 和 U_g 共同作用时，第一台 PCS 电网侧输入电流为 $I_{t1}=I_{g1}+I_{g2}+I_{g3}$。综上所述，多台 PCS 并联后各台 PCS 网侧输入电流包含四个谐振尖峰点，分别为：*LCL* 滤波器的固有谐振频率 ω_0；PCS 并联耦合产生的固有负谐振频率 $\omega_3^-=\omega_2^-$；随并联台数增加向低频侧移动的正谐振频率 $\omega_3^+=\omega_2^+=\omega_1^+$；随并联台数增加向低频侧移动的负谐振频率 ω_1^-。

基于表 6-2 的仿真参数及上述谐振频率的计算公式，得到随并联台数增加，ω_1^+ 与 ω_1^- 的变化趋势见表 6-3。

从表 6-3 可以看出，随着并联台数的增加，正谐振频率 ω_1^+ 和负谐振频率 ω_1^- 都向低频侧移动，另外值得注意的是，当并联台数增加到 25 台时，$\omega_1^+=\omega_1^-$，此时正谐振尖峰和负谐振尖峰会产生一定的抵消作用。

表 6-3　PCS 并联台数和对应的谐振频率

并联台数	ω_1^+/Hz	ω_1^-/Hz
2	897	974
3	850	897
4	818	850
5	795	818
6	778	795
7	764	778
8	753	764
25	690	690

基于上述分析可知，与单台 PCS 并网运行谐振失稳不同的是，多台 PCS 并联后由于各个激励源间的耦合作用使系统出现两个随并联台数增加而向低频侧移动的谐振尖峰。由此，基于单台 PCS 谐振抑制思路设计的阻尼策略便无法适用于多台 PCS 并联运行工况，使得向低频移动的谐振尖峰无法得到抑制，特别是电力电子装置的谐波常集中在 7、11、13 及 15 次等低频处，当谐振尖峰随并联台数降低到上述频率处时，PCS 的并网电流就会发生谐波谐振，导致电流 THD 增大，严重情况甚至会导致并联系统发生谐振停机。

为了验证上述理论分析的正确性，基于图 6-18 拓扑结构、表 6-2 参数及有源阻尼控制策略，搭建了 PCS 并联运行仿真模型，在不同 PCS 并联台数并网运行的工况下画出系统的并网电流波形，如图 6-28 所示。

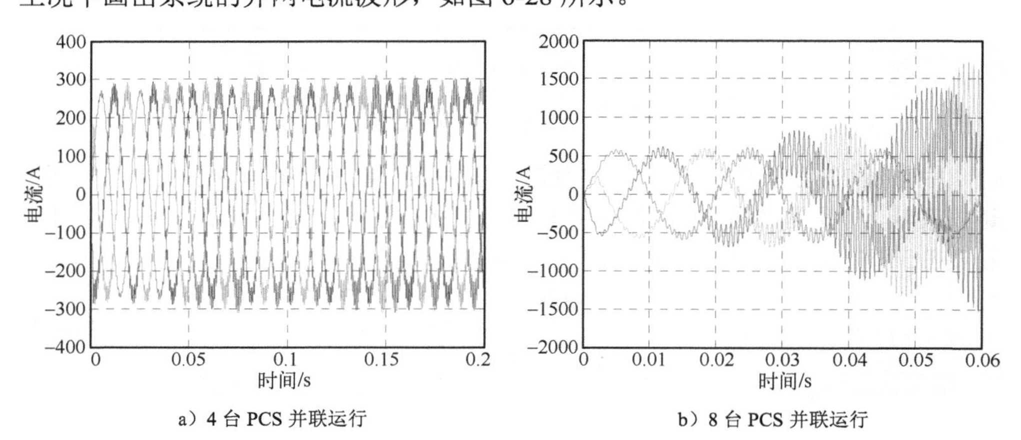

a）4 台 PCS 并联运行　　b）8 台 PCS 并联运行

图 6-28　PCS 并联系统输出电流波形

从图 6-28a 可以看出，当 4 台 PCS 并联运行时，在原有阻尼控制策略的条件下，PCS 并联系统的输出电流中已开始含有较多的谐波含量，电流波形发生明显的畸变；当并联台数增加至 8 台时，PCS 并联系统的输出电流发生剧烈谐振，使系统无法正常工作。

基于上述理论分析与仿真结果，在实验室对已有的两台 250kW PCS 并联系统进行了并网条件下的并联运行实验，限于实验室 PCS 并联台数的限制，通过改变 PCS 与电网连接线路的阻抗值来模拟系统谐振尖峰的变化。具体实验结果图 6-29 所示。

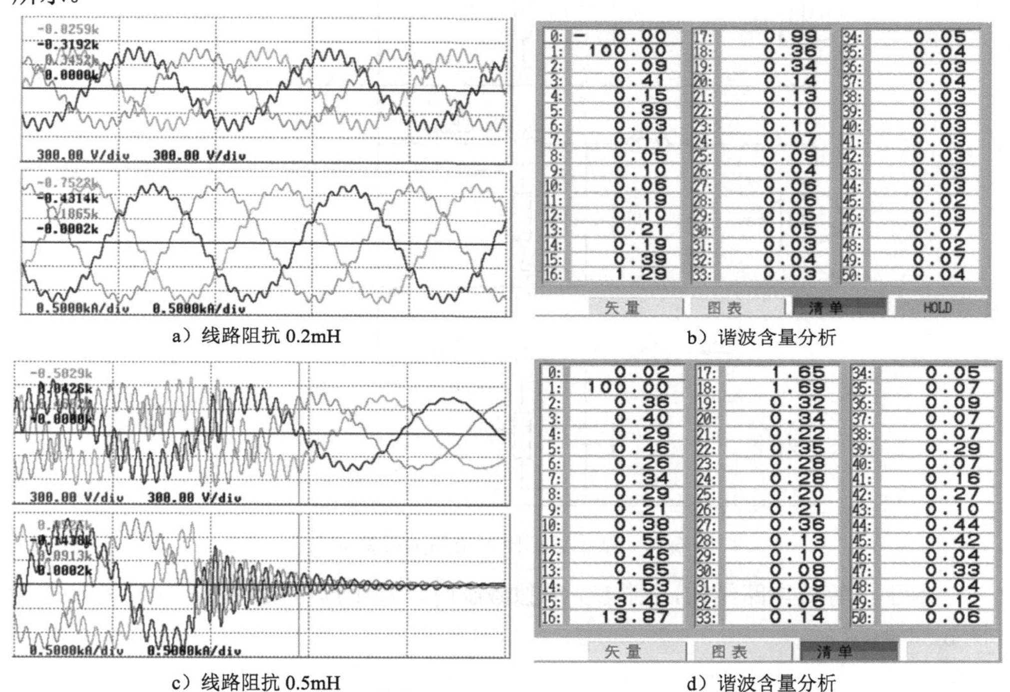

a）线路阻抗 0.2mH　b）谐波含量分析

c）线路阻抗 0.5mH　d）谐波含量分析

图 6-29　实验结果

由图 6-29a 可以看出，当连接线路中串联 0.2mH 电感时，系统 17 次频率附近的谐波含量明显增加，使 PCS 的输出电流及 PCC 点电压波形发生畸变；当连接线路中串联 0.5mH 电感时，系统 16 次频率附近的谐波含量明显增加，如图 6-29c 所示，PCS 输出电流及 PCC 点电压发生剧烈谐振，系统已无法正常运行。实验结果和理论分析与仿真结果相一致，证明了上述理论分析的正确性。

6.2.2　PCS 并联系统谐振抑制方法研究

6.2.2.1　多 PCS 并联谐振抑制原理分析

基于 6.2.1 节的分析可知，并网条件下，PCS 并联系统失稳的主要原因是系统出现两个随并联台数增加而向低频侧移动的谐振尖峰造成的。其中谐振尖峰主要是由于系统阻尼过低导致，而谐振尖峰向低频侧的移动是由于多台 PCS 间的交叉耦合造成。同样基于叠加定理，分析采用虚拟阻尼控制策略对多 PCS 谐振的抑制效果。

PCS 并联系统采用虚拟阻尼电阻的等效电路图如图 6-30 所示。

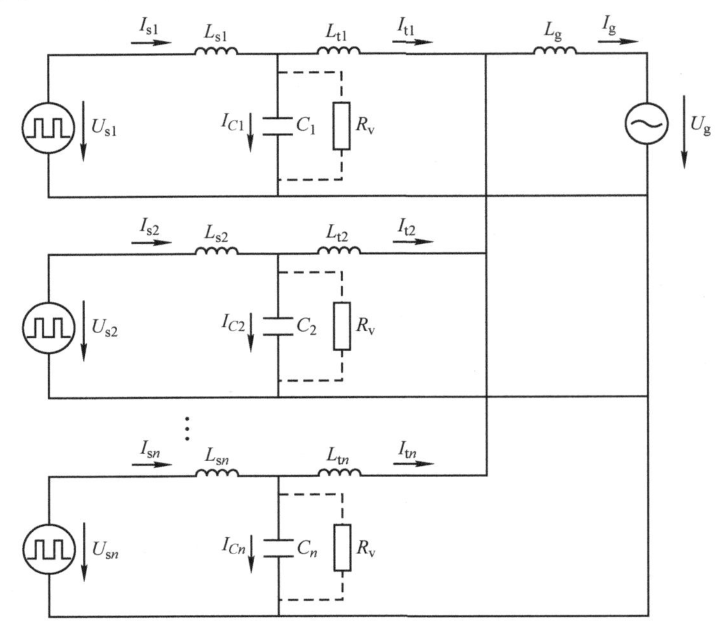

图 6-30　基于虚拟阻尼电阻的等效结构图

基于该等效电路结构，则 U_{s1} 单独激励时，基于虚拟阻尼电阻的等效结构如图 6-31 所示。

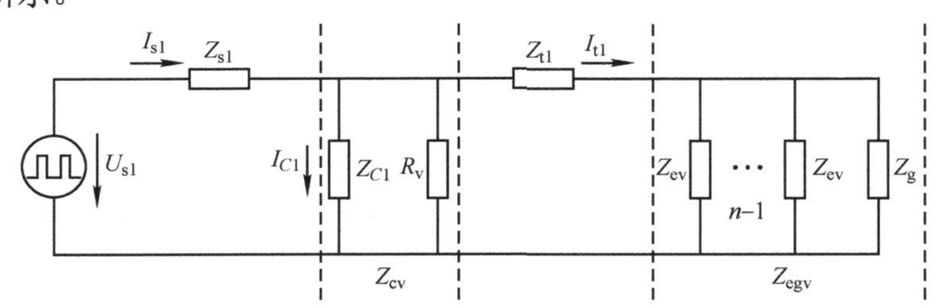

图 6-31　U_{s1} 单独激励时基于虚拟阻尼电阻的等效结构图

其中

$$\begin{cases} Z_{cv} = \dfrac{R_v}{R_v Cs + 1} \\ Z_{ev} = \dfrac{R_v C L_s L_t s^3 + L_s L_t s^2 + R_v (L_s + L_t) s}{R_v C L_s s^2 + L_s s + R_v} \\ Z_{egv} = \dfrac{Z_{ev} Z_g}{Z_{ev} + (n-1) Z_g} \end{cases} \tag{6-34}$$

由此根据图 6-31 和式（6-34），得到在引入虚拟阻尼电阻后 I_{g1} 与 U_{s1} 间的传递函数为

$$G_{1v}(s)=\frac{R_v}{L_sL_tR_vCs^3+(R_vL_sCZ_{egv}+L_sL_t)\ s^2+(R_vL_s+R_vL_t+L_sZ_{egv})s+R_vZ_{egv}} \tag{6-35}$$

基于表 6-2 中的参数及式（6-35），画出 $G_{1v}(s)$的频率特性曲线如图 6-32 所示。

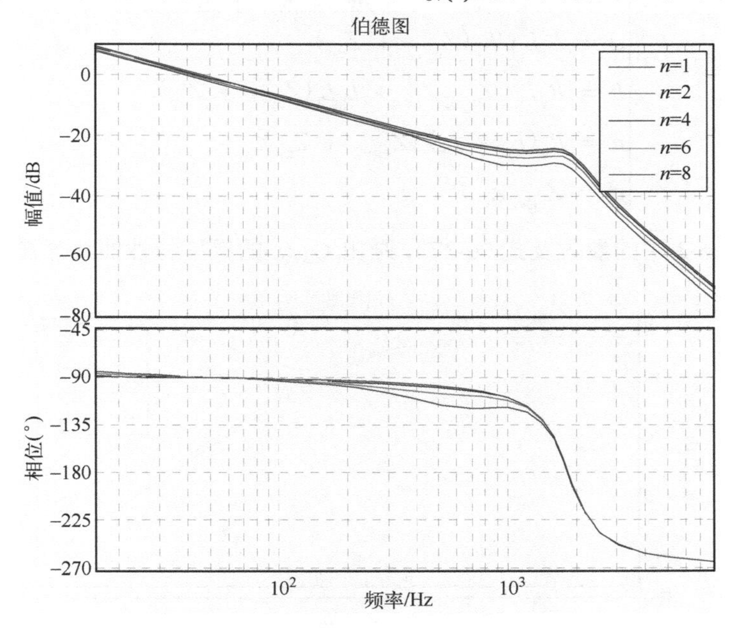

图 6-32　$G_{1v}(s)$幅频特性曲线

与图 6-23 对比，由于虚拟阻尼电阻的引入，使得包括在 ω_0 处的 LCL 滤波器固有谐振尖峰、在 ω_1^+ 处的正谐振尖峰及在 ω_1^- 的负谐振尖峰都得到了抑制，从而保证了在只有 U_{s1} 单独激励时，PCS 并联系统的稳定运行。

同理，基于图 6-30 及图 6-24 画出在 U_{s2}～U_{sn} 单独作为激励源时，引入虚拟阻尼电阻后系统等效结构图，如图 6-33 所示。

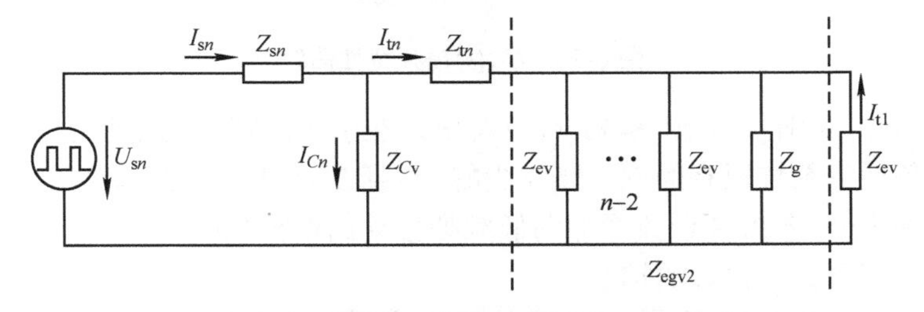

图 6-33　U_{sn} 单独激励时基于虚拟阻尼电阻的等效结构图

其中

$$Z_{\mathrm{egv2}}=\frac{Z_{\mathrm{ev}}Z_{\mathrm{g}}}{(n-2)Z_{\mathrm{g}}+Z_{\mathrm{ev}}} \tag{6-36}$$

根据图 6-33 得到在引入虚拟阻尼电阻后 I_{t1} 与 U_{s2}～$U_{\mathrm{s}n}$ 间的传递函数为

$$\begin{cases} G_{2\mathrm{v}}(s)=-(n-1)\times\dfrac{R_{\mathrm{v}}}{as^3+bs^2+cs+d} \\ a=L_{\mathrm{s}}L_{\mathrm{t}}CR_{\mathrm{v}}(Z_{\mathrm{egv2}}+Z_{\mathrm{ev}}) \\ b=R_{\mathrm{v}}L_{\mathrm{s}}CZ_{\mathrm{egv2}}Z_{\mathrm{ev}}+L_{\mathrm{s}}L_{\mathrm{t}}(Z_{\mathrm{egv2}}+Z_{\mathrm{ev}}) \\ c=R_{\mathrm{v}}(L_{\mathrm{s}}+L_{\mathrm{t}})(Z_{\mathrm{egv2}}+Z_{\mathrm{ev}}) \\ d=Z_{\mathrm{egv2}}Z_{\mathrm{ev}}R_{\mathrm{v}} \end{cases} \tag{6-37}$$

基于表 6-2 中的参数及式（6-37），画出 $G_{2\mathrm{v}}(s)$的频率特性曲线如图 6-34 所示。

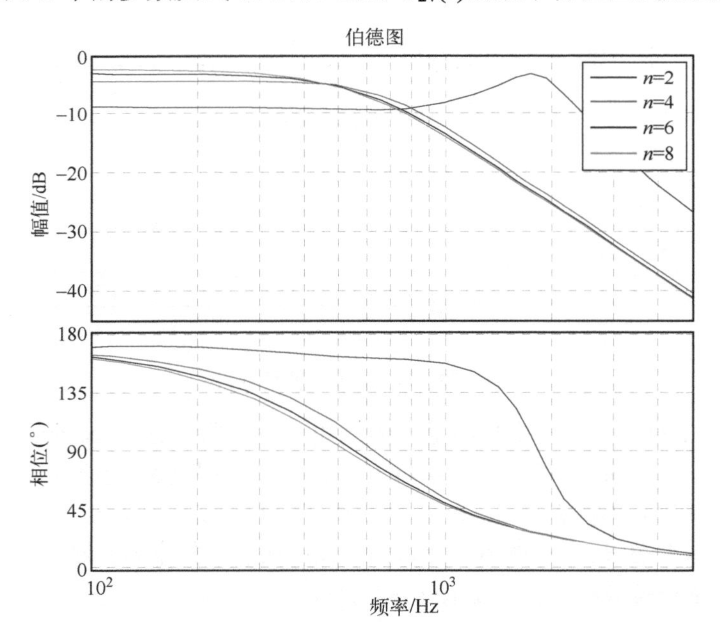

图 6-34 $G_{2\mathrm{v}}(s)$幅频特性曲线

与图 6-25 对比，从图 6-34 可以看出，在引入虚拟阻尼电阻之后，U_{s2}～$U_{\mathrm{s}n}$单独激励条件下系统原有的三个谐振尖峰，包括在 ω_0 处的 LCL 滤波器固有谐振尖峰、ω_2^+ 频率处的随 PCS 台数增加向低频处移动的谐振尖峰以及 ω_2^- 频率处的固定谐振尖峰位都得到了很好的抑制。

同理，基于图 6-30 及图 6-26 画出在 U_{g} 单独作为激励源时，引入虚拟阻尼电阻后系统等效结构图如图 6-35 所示。

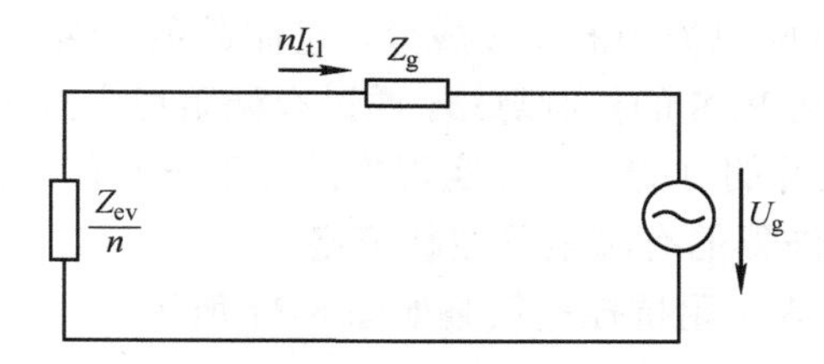

图 6-35　U_g 单独激励时基于虚拟阻尼电阻的等效结构图

$$G_{3v}(s)=\frac{I_{t1}}{U_g}=-\frac{1}{nZ_g+Z_{ev}} \tag{6-38}$$

基于表 6-2 中的参数及式（6-38），画出 $G_{3v}(s)$的频率特性曲线如图 6-36 所示。

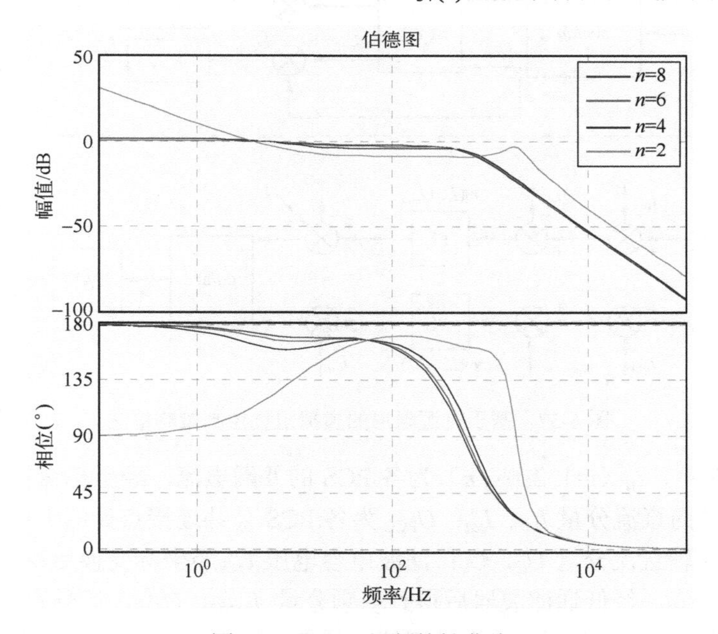

图 6-36　$G_{3v}(s)$幅频特性曲线

与图 6-27 对比，从图 6-36 可以看出，在引入虚拟阻尼电阻之后，U_g 单独激励条件下系统原有的两个谐振尖峰，包括在 ω_3^- 处因 PCS 并联耦合生成的固定负谐振尖峰以及在 ω_3^+ 处存在随 PCS 增加逐渐向低频侧移动的正谐振尖峰都得到了很好的抑制。

综上所述，通过在每台 PCS 滤波电容上并联虚拟电阻后，多台 PCS 并联后交叉耦合产生四个谐振尖峰会得到很好的抑制，避免了 PCS 输出电流中的低次谐波发生谐振，从而提高了并联系统的稳定性能。其实际的物理意义相当于 I_t 中的高次谐波通过滤波电容滤除，而 I_t 中的低次谐波通过虚拟电阻 R_v 滤除，从而有效抑制了 PCS 并联系统并网电流中的谐波成分，进而避免了谐波谐振的发生。在实际应用中，可以采用优化 PCS 的控制算法，通过有源阻尼方式等效地增加阻尼电阻，从而达到抑制谐振尖峰的目的，具体实现方法在下一节作具体的介绍。

6.2.2.2 基于数字滤波器的有源阻尼控制策略

基于有源阻尼的虚拟阻抗控制策略如图 6-37 所示。

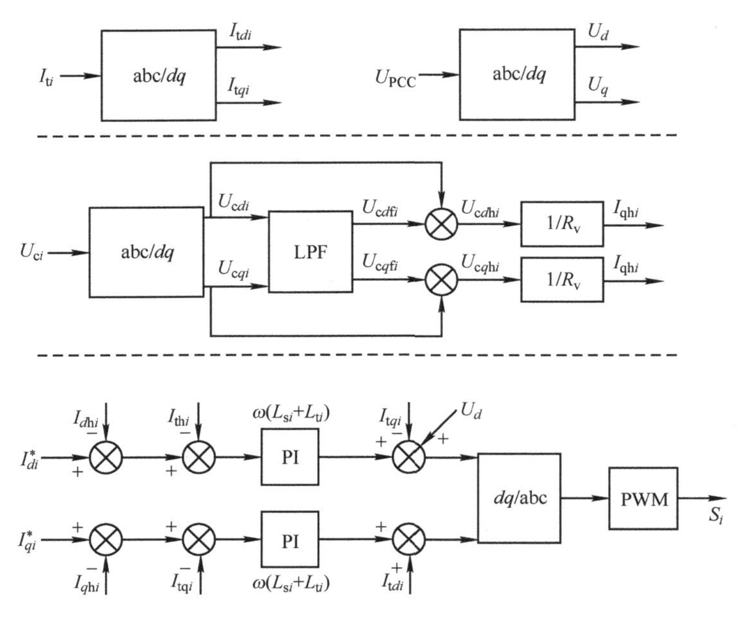

图 6-37 基于有源阻尼的虚拟阻抗控制策略框图

图 6-37 中，I_{ti}（i=1, 2, ···, n）为各 PCS 的并网电流，经坐标变换后得到并网电流在 dq 轴的直流分量 I_{tdi}、I_{tqi}；U_{PCC} 为各 PCS 公共连接点处的电压，经坐标变换后得到 dq 轴直流分量 U_d、U_q；滤波电容电压 U_{ci} 经坐标变换后得到 dq 轴直流分量 U_{cdi}、U_{cqi}，经低通滤波器后得到基频分量 U_{cdfi}、U_{cqfi}，后分别与 U_{cdi}、U_{cqi} 作差后得到滤波电容电压中的谐波直流分量 U_{cdhi}、U_{cqhi}，再经过虚拟电阻 R_v 后得到谐波电流的分量 I_{dhi}、I_{qhi}；从 dq 轴的给定电流 I_{di}*及 I_{qi}*中减掉 I_{dhi}、I_{qhi}，便可将虚拟电阻 R_v 引入到电流控制环节中，后分别与 I_{tdi}、I_{tqi} 作差，经 PI 控制器、解耦环节、坐标反变换及 PWM 调制后得到各台 PCS 的 IGBT 开关信号 S_i。基于图 6-37 得到系统等效控制框图如图 6-38 所示。

基于图 6-38 可得电流环的闭环传递函数为

$$G_c(s) = \frac{k_p R_v s + k_i R_v}{L_s L_t C R_v s^4 + L_s L_t s^3 + (L_s + L_t) R_v s^2 + k_p R_v s + k_i R_v} \tag{6-39}$$

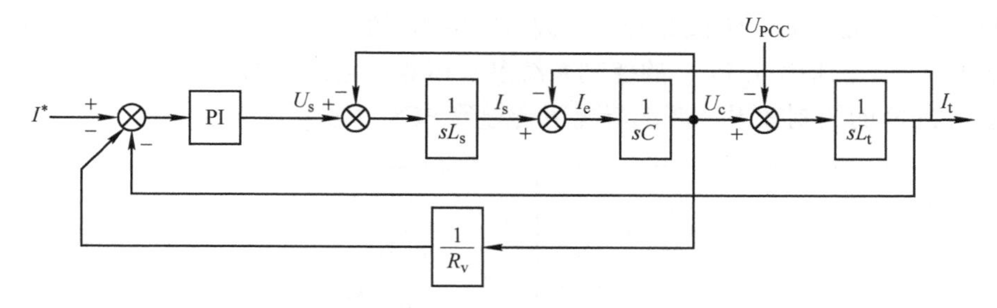

图 6-38　等效控制框图

为了分析 R_v 取值变化对系统稳定性能的影响，将式（6-39）转化为 z 域表达形式，并画出其在不同 R_v 条件下系统的零极点示意图如图 6-39 所示。

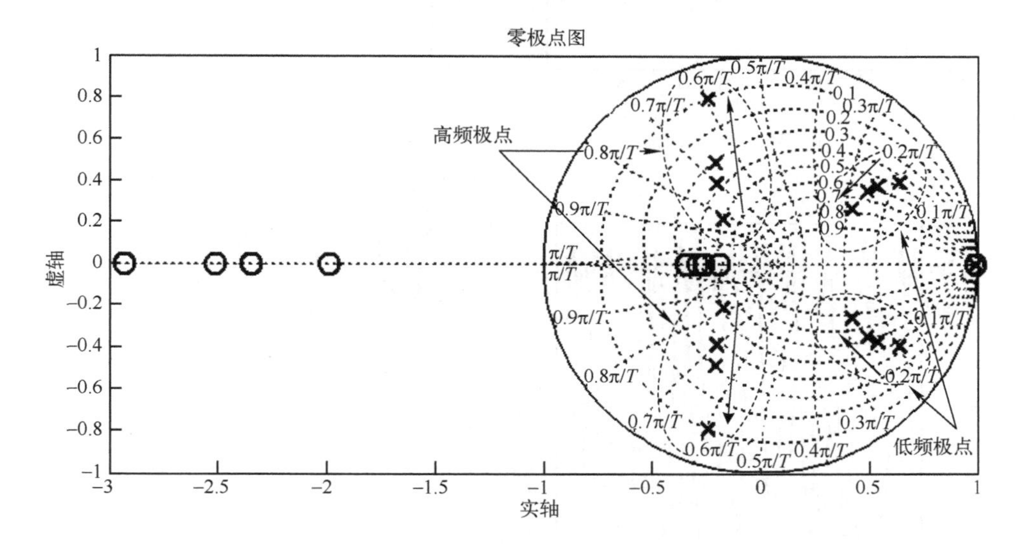

图 6-39　系统零极点示意图

由图 6-39 可知，随着虚拟电阻的减小，低频处的共轭极点会向单位圆内部靠近，从而使系统的阻尼特性和稳定性增强。但需要注意的是，随着 R_v 的减小，系统高频处的另一对共轭极点会向单位圆边界靠近，使系统稳定性能下降。另外在 R_v 改变的过程中可以发现，当 R_v 在 0.1～1Ω范围内变化时，系统的极点位置会发生剧烈的变化；而 R_v 在 5～10Ω范围内变化时，系统的零极点变化不大，说明当 R_v 在该范围内取值时，可以保证系统的稳定性对参数变化具有较低的灵敏度，从而保证了系统的稳定裕度。

基于上述控制策略，搭建了并网条件下 PCS 并联系统仿真模型，仿真工况为电流给定值在 0.1s 时由 50A 阶跃为 150A，具体仿真结果如图 6-40 所示。

由图 6-40b 可以看出，运行工况由单台变为两台并联之后，系统并网电流中的谐波含量明显增加，且 PCC 点电压波形发生剧烈的畸变，谐波含量增加到 4.74%。由于 PCC 点电压值在 PCS 的控制系统参与运算，因此其谐波含量的增加会进一步恶化 PCS 的控制效果，严重情况下会导致 PCS 并联系统失稳停机，无法运行。

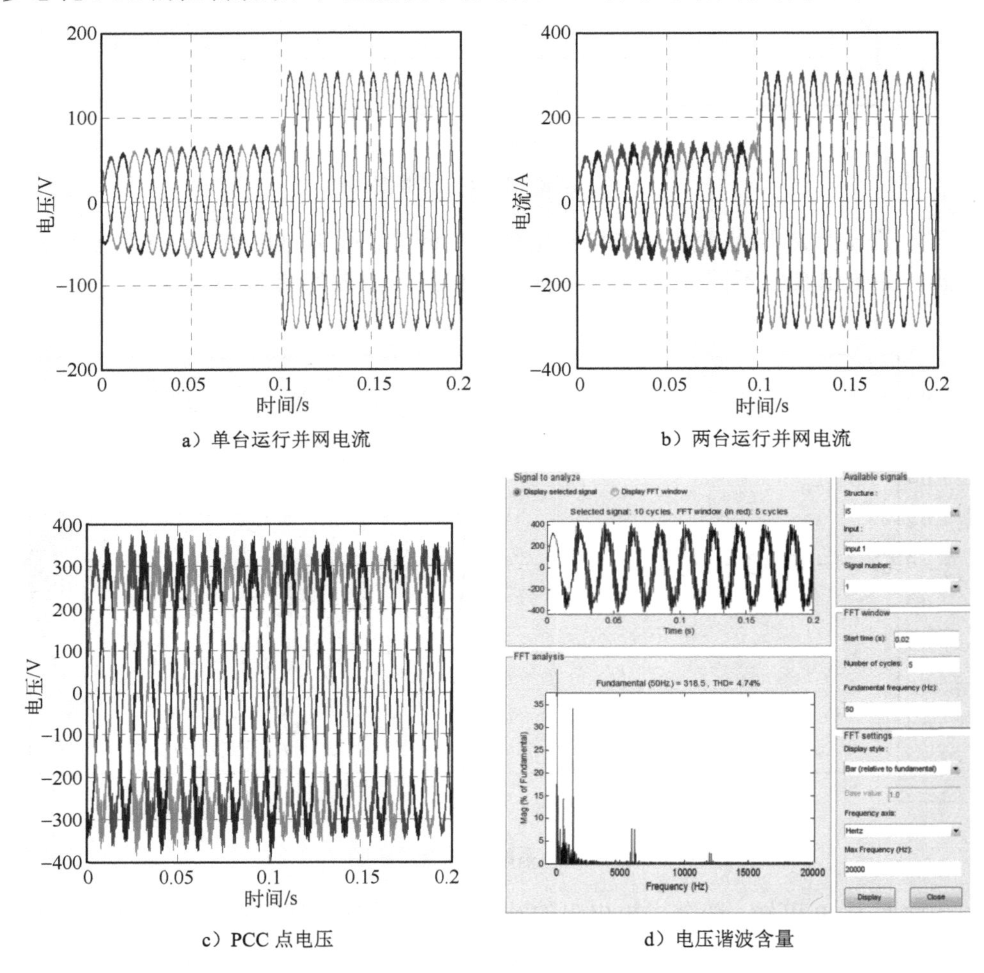

a）单台运行并网电流　　b）两台运行并网电流

c）PCC 点电压　　d）电压谐波含量

图 6-40　未采用所提控制策略的仿真结果

在同样工况条件下，在控制策略中加入基于有源阻尼的虚拟阻抗控制环，具体仿真结果如图 6-41 所示。

与图 6-40b 对比，图 6-41b 中系统输出电流中的谐波含量明显减少，且 PCC 点电压谐波含量降到了 0.94%，验证了所提控制策略的有效性。

在实验室两台 PCS 并联系统上对所提控制策略进行试验验证，基于表 6-2 参数及表 6-3 的谐振频率，可知在两台 PCS 并联后，ω_1^+ =897Hz。具体实验结果如图 6-42 所示。

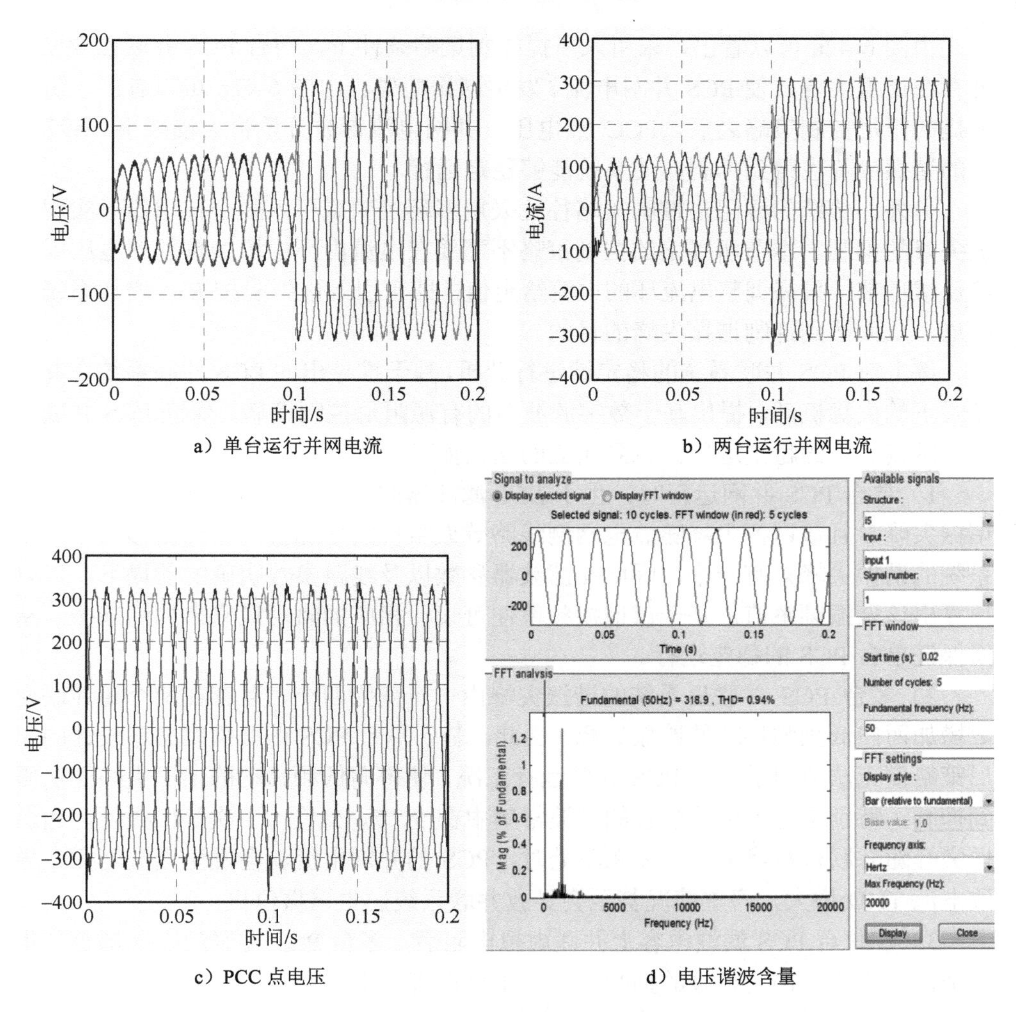

a）单台运行并网电流　b）两台运行并网电流

c）PCC 点电压　d）电压谐波含量

图 6-41　采用所提控制策略的仿真结果

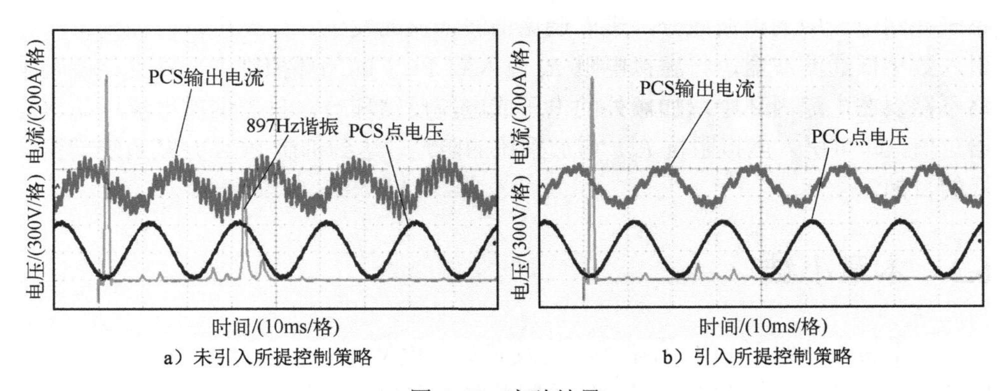

a）未引入所提控制策略　b）引入所提控制策略

图 6-42　实验结果

由图 6-42a 可以看出，未引入所提控制策略条件下，两台 PCS 并联在 897Hz 处存在谐振尖峰，使 PCS 并网电流 i 发生谐振畸变。由图 6-42b 可以看出，引入所提的阻尼控制策略之后，PCC 点电压、并网电流谐波分量将大幅减小，897Hz 处的谐振尖峰也得到抑制，使系统能够稳定运行。

另外，传统的源阻尼控制策略往往采用多环控制或引入多个传感器来实现谐振尖峰的抑制。本节所提出的控制策略不需要在电流内环中增加额外的电压或电流反馈环节，只需调整电流环的电流给定值，即可引入虚拟阻抗 R_{v}，增加系统的阻尼，从而达到抑制谐振尖峰的目的。

综上对 PCS 并联系统的稳定性进行分析，基于推导出的 PCS 并联系统在并网模式下的失稳机理，提出基于数字滤波器的有源阻尼控制策略，保证 PCS 并联系统并网模式下的稳定运行。得到相应的结论如下：

1）单台 PCS 并网运行时，由于 LCL 滤波器的存在会使系统存在一个固有的谐振尖峰，且该谐振尖峰随着电网侧线路等效阻抗的增加会向低频侧移动。由于系统的谐振尖峰只有一个，因此在滤波器参数以及线路参数明确的前提下，可以计算出该谐振频率值，基于该谐振频率便可设计相应的阻尼策略来抑制谐振，从而保证单台 PCS 的稳定运行。

2）多台 PCS 并联后系统的谐振尖峰由一个变为四个，且存在两个随并联台数增加而向低频侧移动的谐振尖峰。由此，基于单台 PCS 谐振抑制思路设计的阻尼策略便无法适用于多台 PCS 并联运行工况，使得向低频移动的谐振尖峰无法得到抑制，特别是电力电子装置的谐波常集中在 5、7、11 及 13 次等低频处，当谐振尖峰随并联台数降低到上述频率处时，PCS 的并网电流就会发生谐波谐振，导致电流 THD 增大，严重情况甚至会导致并联系统发生谐振停机。

3）在每台 PCS 滤波电容上并联虚拟电阻后，多台 PCS 并联后交叉耦合产生四个谐振尖峰会得到很好的抑制，其作用机理等同于将并网电流中的高次谐波通过滤波电容滤除，而低次谐波通过虚拟电阻 R_{v} 滤除，从而有效抑制了 PCS 并联系统并网电流中的谐波成分，进而避免谐波谐振的发生。由此可以在控制策略中引入数字低通滤波器，将虚拟电阻 R_{v} 引入到 PCS 的闭环控制中，并且该控制策略不需要在电流内环中增加额外的电压或电流反馈环节，只需调整电流环的电流给定值，即可引入虚拟阻抗 R_{v}，增加系统的阻尼，达到抑制 PCS 并联系统谐振尖峰的目的。

6.3 本章小结

本章首先介绍了 PCS 的拓扑结构及其数学模型，在此基础上分别设计了基于 PI 控制器和准 PR 控制器的双闭环控制策略，并分别对两种模型进行仿真分析。

基于 MATLAB 仿真模型，制定了两种不同运行工况，针对这两种工况对不同控制器条件下，PCS 的外输出特性进行对比分析，并得出相应的结论，为工程实践提供了相应的理论支撑和指导经验；最后通过研究单台 PCS 和多台 PCS 的谐振特性，详细分析了 PCS 并联系统的失稳机理，提出了基于数字滤波器的有源阻尼控制策略，保证了 PCS 并联系统并网模式下的稳定运行。

6.4　参考文献

[1] 徐少华, 李建林. 光储微网系统并网/孤岛运行控制策略[J]. 中国电机工程学报, 2013, 33(34): 25-33.

[2] 徐少华, 李建林, 惠东. 基于准 PR 控制的储能逆变器离网模式下稳定性分析[J]. 电力系统自动化, 2015, 39(19): 107-112.

[3] 徐少华, 李建林, 惠东. 多储能逆变器并联系统在微网孤岛条件下的稳定性分析及其控制策略[J]. 高电压技术, 2015, 41(10): 3266-3273.

[4] 李建林, 徐少华, 惠东. 一种适合于储能 PCS 的 PI 与准 PR 控制策略研究[J]. 电工电能新技术, 2016, 35(2): 54-61.

[5] 李建林, 徐少华, 惠东. 百兆瓦级储能电站用 PCS 多机并联稳定性分析及其控制策略综述[J]. 中国电机工程学报, 2016, 36(15): 4034-4047.

[6] ABDEL-RAHIM N M, QUAICOE J E. Analysis and design of a multiple feedback loop control strategy for single-phase voltage source UPS inverter[J]. IEEE Transactions on Power Electronics, 1996, 11(4): 532-541.

[7] BUSO S, FASOLO S, MATTAVELLI P. Uninterruptible power supply multiloop control employing digital predictive voltage and current regulators[J]. IEEE Transactions on Industry Application, 2001, 37(6): 1846-1859.

[8] 孙玉坤, 孙海洋, 张亮, 等. 中点箝位式三电平光伏并网 PCS 的三单相 Quasi-PR 控制策略[J]. 电网技术, 2013, 37(9): 2433-2439.

[9] 陈艳东, 罗安, 龙际根, 等. 阻性 PCS 并联环流分析及鲁棒下垂多环控制[J]. 中国电机工程学报, 2013, 37(9): 2433-2439.

第 7 章　全钒液流电池储能系统的分层控制

大容量全钒液流电池储能系统是由多个电池串并联，再加上功率变换器组成的，或配合风力、光伏等使用，提高可再生能源利用率；或削峰填谷。基于此，VFB 储能系统在不同场景下对其功率、容量的需求均不同。调度系统或能量管理系统根据不同应用场景，计算得到储能系统的总功率需求值，再根据储能的实时状态，分配到各个储能子系统，储能子系统再将功率分配到各个储能单元。不同功能对应到不同层去实现。因此，本章主要阐述 VFB 储能系统的分层控制。首先给出了 VFB 储能系统的分层控制结构，然后给出了全钒液流电池的充放电控制策略、基于 P–AWPSO 算法和基于模拟退火粒子群算法的全钒液流电池功率协调控制策略，最后给出了全钒液流电池储能电站内部的双层功率分配策略。

7.1　全钒液流电池储能系统的分层控制结构

全钒液流电池的分层控制结构如图 7-1 所示。

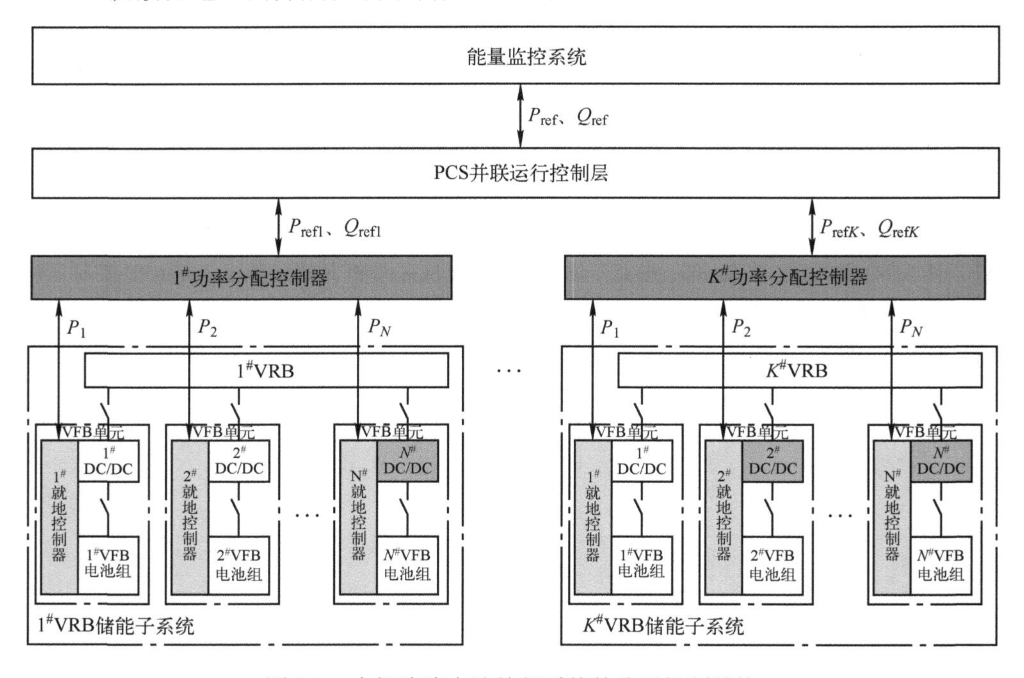

图 7-1　全钒液流电池储能系统的分层控制结构

其中PCS并联运行控制层的目标是控制多个PCS之间的稳定运行，满足电网电压、频率稳定要求，同时控制直流母线的电压稳定，实现各个储能子系统之间的功率分配，使其满足储能电站的要求；功率分配层的目标是实现各个VFB储能单元的功率分配，使其功率总和等于储能子系统总功率需求值，从而最大程度地利用各个VFB储能单元的储电能力，延长电池寿命，增大电池经济效益，并实现各个VFB储能单元的SOC一致；就地控制层的目标是通过功率控制器、电流控制器控制DC/DC变换器，实现VFB电池组的功率能够快速跟踪控制功率分配层下发的功率给定值，实现电池组在安全范围内的出力可控。

7.2　全钒液流电池的就地充放电控制

7.2.1　全钒液流电池的充放电方法

VFB重复充放电过程不会造成电池容量下降，十分适合应用于大容量储能系统。VFB的充放电特性决定了其充放电方式直接影响电池性能和使用寿命[1-2]。因此，VFB的充放电控制至关重要。

典型的充电方法包括恒压、恒流、恒功率充电及阶段式充电等[3-4]。

（1）恒压充电

充电过程中，通过调整充放电装置使其保持充电电压不变。充电初期电流很大，随着充电的进行，电池端电压慢慢变大，电流慢慢降低，当电池端电压和充电机电压接近时，电流趋向于零。因此，此方法对充电电压设置要求较高。若设置不当，导致电流过高，超过额定值，则会损坏电池，降低使用寿命。若电流过低，则会使得充电耗时太长，充电不足，降低电池容量。

（2）恒流充电

充电过程中，通过改变与电池串联的电阻或者调节充电装置输出电压等方法，保持充电电流大小恒定。在电池能够承受的电流范围内，电流越大，充电过程消耗的时间越少。但对于整个充电过程来说，由于充电电流不变，使得前期电流相对较小，充电效率缓慢，后期电流相对过大，易造成过充电。

（3）恒功率充电

在对电池充电时，保持恒定的输出功率进行充电即为恒功率充电。在此过程中，检测得到的电池端电压不断升高，由于系统功率一定，充电电流值随着电压上升而不断减小。

（4）恒流恒压阶段式充电

充电过程中，第一阶段对电池进行恒流充电，该阶段电池电压随时间线性增加，当电压达到预设上限值时，转入第二阶段并以此上限电压对电池再进行恒压充电。在恒压充电阶段，电流随时间逐渐减小，直至电流下降至设定的最小值，充电过程结束。此方法克服了恒压充电开始阶段电流较大和恒流结束阶段过充电的问题[5]。目前该方法充电效率高，而且对电池的损伤也较小，是较为普遍的充电方式。

典型的放电方法包括恒流、恒电阻以及恒功率放电等。

（1）恒流放电

放电过程中，以恒定电流对电池进行放电，直到达到截止电压停止放电。当放电电流不等于设定的放电电流时，通过电流反馈，将放电电流维持在恒定值，从而保证电池以恒定电流放电。由于电池放电容量等于放电电流与放电时间的乘积，因此，此方法常用于测量电池内部真实容量。

（2）恒电阻放电

放电过程中，电池的工作电压和电流均会随着放电时间的推移而慢慢下降，但负载的电阻始终保持不变。此方法操作简单，只需外接一个电阻箱即可，常应用于电池放电测试中。

（3）恒功率放电

放电过程中，以恒定的输出功率对电池放电。随着工作电压缓慢下降，放电电流逐渐上升。考虑到在实际发电系统中所应用的储能容量通常是以千瓦、兆瓦为单位的功率容量，并且其能量调度是按照功率分配进行放电出力，常采用恒功率放电。

（4）恒流恒压阶段式放电

该方法与前面所述的恒流恒压充电类似，即在放电过程中，先恒流后恒压，综合了恒流与恒压放电的优点。

下面针对典型的两阶段充放电策略进行阐述。

7.2.2 全钒液流电池的充放电控制策略

7.2.2.1 全钒液流电池的充电控制策略

恒流充电时，充电后期的大电流可能导致过充电，而恒压充电时充电前期的大电流可能导致过电流。因此本节采用将两种方法结合的阶段式充放电，系统框图如图 7-2 所示。充电时，前期采用恒流充电，当端电压上升到一定程度时，再采用恒压充电。

该策略采用电压环和电流环的双闭环结构，电压外环和电流内环均采用带限幅的 PI 调节器。开始充电时，先以大电流给定电流内环，U_d与 V_s同步增加，实现恒流充电；当 U_d增加到设定的上限电压值时，投切入电压外环，此时开始恒电压充电，V_s 继续增大，为了使 U_d 保持恒定，充电电流逐渐减小，直到充满（即 SOC 达到上限）。

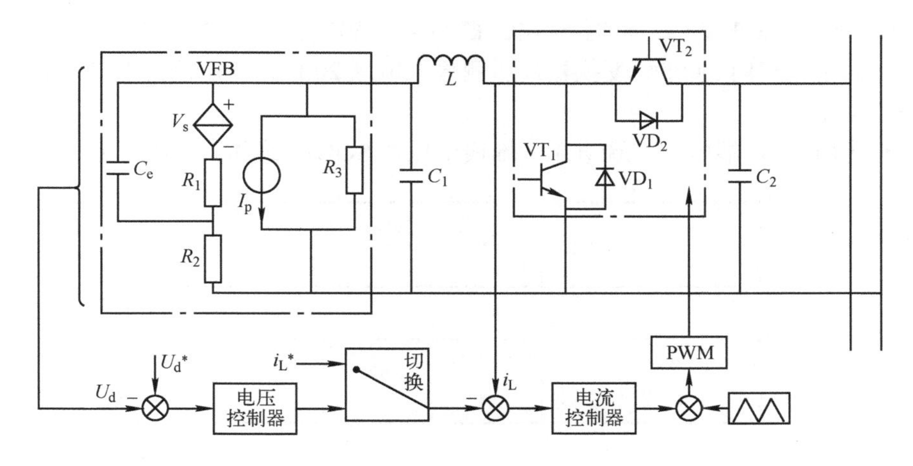

图 7-2 全钒液流电池的充电控制策略

7.2.2.2 全钒液流电池的放电控制策略

放电时 VFB 经过双向 DC/DC 变换器给负载供电时，其放电控制策略系统框图如图 7-3 所示。

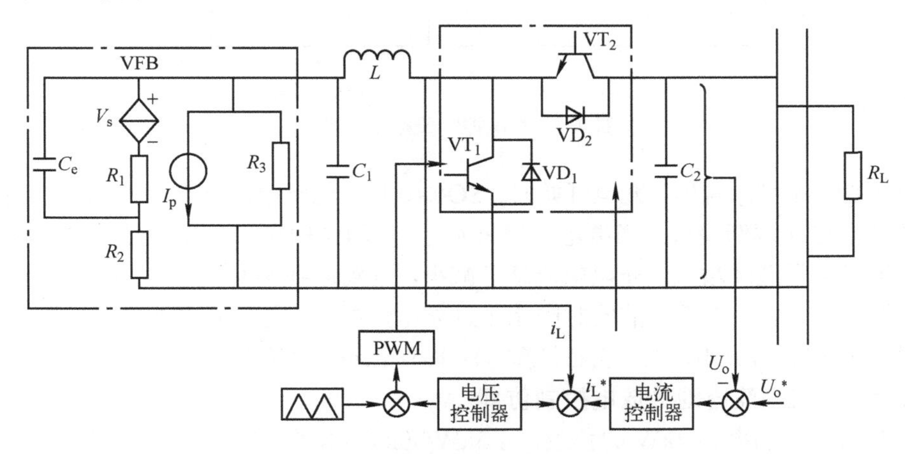

图 7-3 全钒液流电池的放电控制策略

该策略采用电压环和电流环的双闭环结构，电压外环和电流内环均采用带限幅的 PI 调节器，电流内环实现双向 DC/DC 变换器输出端的恒流，电压外环实现双向 DC/DC 变换器输出端的恒压。

7.2.3 全钒液流电池的充放电控制仿真

7.2.3.1 全钒液流电池的充电控制仿真

为了在较短仿真时间内观察出 VFB 各物理量的变化效果，将 VFB 容量设为

0.175A • h，即 30kW • s。针对 5kW/30kW • s 的 VFB 采用充电控制策略进行充电仿真。其中，双向 DC/DC 变换器高压侧输入电压 200V，低压侧为 VFB，两端均无串联电阻。

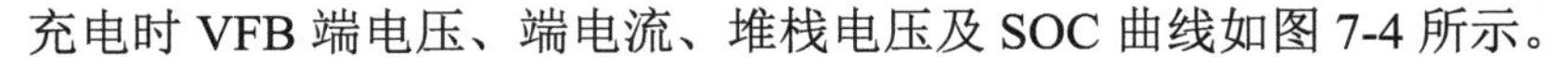

充电时 VFB 端电压、端电流、堆栈电压及 SOC 曲线如图 7-4 所示。

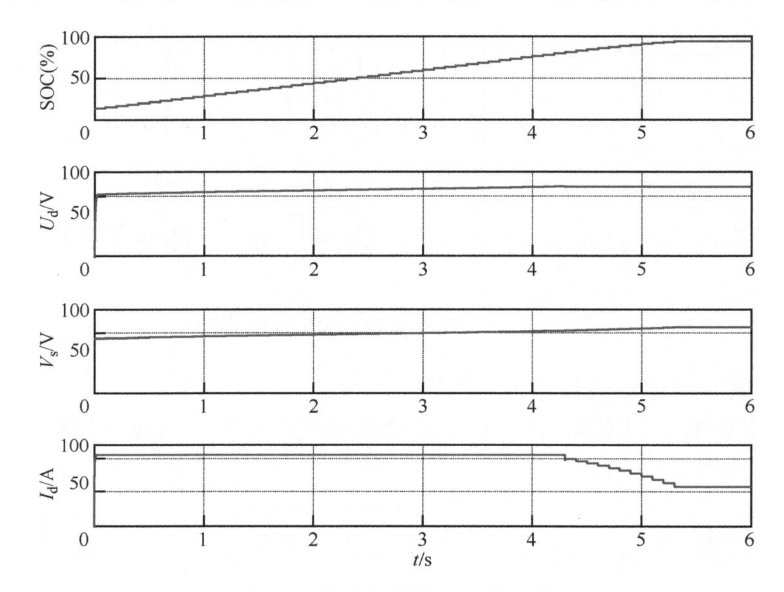

图 7-4　充电控制策略下的曲线

由图 7-4 可以看出，充电开始时，SOC=0.15，充电电流一直保持 105A，堆栈电压和端电压逐渐增大，当端电压增大到近电压上限 60V 时，端电压开始保持恒定，堆栈电压继续增大，充电电流逐渐减小，直到达到 SOC=0.95，而端电压始终没有超过 60V，在充满电的同时防止了过充电情况。若是只简单地采用恒流充电，为了防止 VFB 过充电，往往会在达到 60V 时停止对电池充电，这时 VFB 充电不满。

7.2.3.2　全钒液流电池的放电控制仿真

针对额定功率为 4kW 的负载，对 5kW/30kW • h 的 VFB 采用放电控制策略进行放电仿真。其中，双向 DC/DC 变换器低压侧为 VFB，高压侧输出为 200V，负载电阻为 10Ω。

负载侧电压、电流和功率曲线如图 7-5 所示。VFB 的 SOC、端电压、堆栈电压、端电流和功率曲线如图 7-6 所示。

由图 7-5 可知，在 0.52s 时，负载侧电压达到稳态 200V，负载侧电流达到稳态 20A，负载侧功率达到稳态 4000W，此时对负载维持一定功率供电。由图 7-6 可知，端电压、端电流以及 SOC 基本没有变，这是由于 5s 相对于 5kW/30kW • h 的 VFB 放电时间非常短；VFB 的功率曲线到达稳态后保持为 4000W。

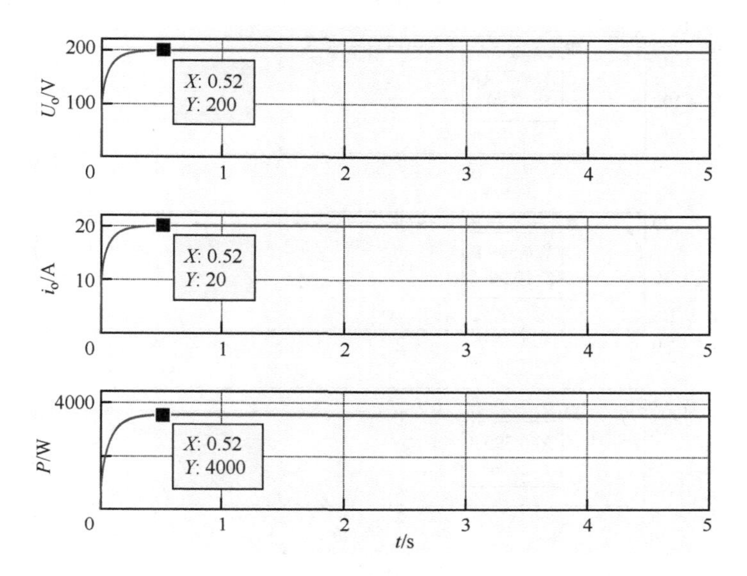

图 7-5　负载侧曲线（5kW/30kW•h）

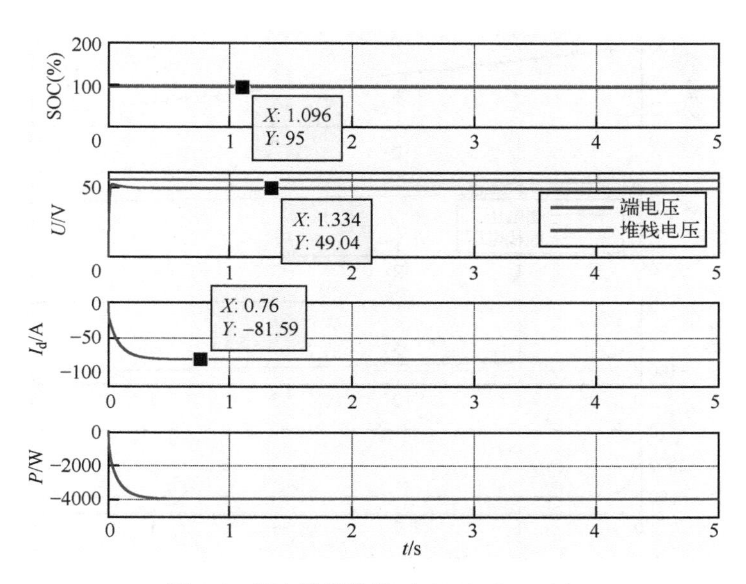

图 7-6　钒电池侧曲线（5kW/30kW•h）

由上述分析可知，5s 虽然能看出双向 DC/DC 变换器输出侧（即负载侧电压、电流）的控制效果，但是大容量的 VFB 的电压、电流和 SOC 变化很小。为了在较短仿真时间内观察出 VFB 的 SOC 变化效果，将 VFB 容量设为 0.175A•h（即 30kW•s）进行仿真，此时负载侧电压、电流和功率曲线如图 7-7 所示，VFB 的 SOC、端电压、堆栈电压、端电流和功率曲线如图 7-8 所示。

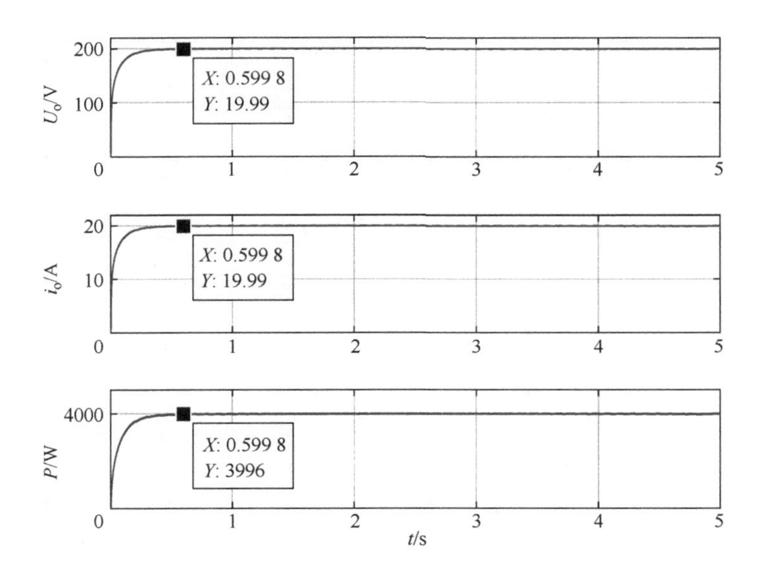

图 7-7　负载侧曲线（5kW/30kW • s）

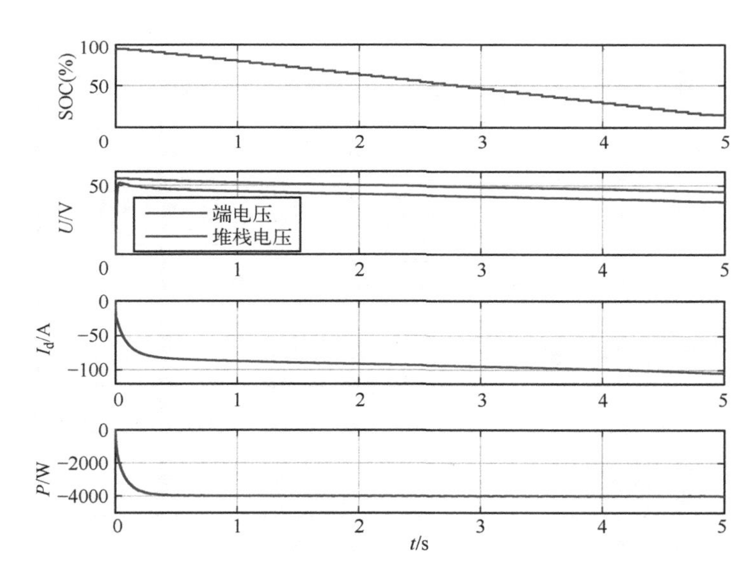

图 7-8　钒电池侧曲线（5kW/30kW • s）

由图 7-7 可知，在 0.5998s 时，负载侧电压近似达到稳态 200V，负载侧电流近似达到稳态 20A，负载侧功率近似达到稳态 4000W，此时对负载维持一定功率供电。由图 7-8 可知，放电时 VFB 的 SOC 不断减小，但功率曲线到达稳态后为 4000W；VFB 的端电压在放电过程中不断减小，而为了维持一定的功率，VFB 的端电流在放电过程中不断增大，这个过程持续到放电结束。

7.3 基于P–AWPSO的全钒液流电池储能系统的功率协调控制

本小节研究了 VFB 储能子系统内部的协调控制和优化调度，即如何根据当前电池储能子系统的总功率需求命令值 P_{BES} 及各个VFB 储能单元的实时状态计算出各个 VFB 储能单元的功率给定值 P_j^*，主要内容包括：首先建立了 VFB 储能系统协调控制的数学模型，以 VFB 储能系统折损成本最低、损耗率最小和 SOC 一致性最好为目标，以所有 VFB 储能单元的总出力约束、各 VFB 储能单元 SOC、出力及爬坡率等为约束条件，并定义了 4 个评价 VFB 储能系统功率分配的指标；然后提出了计及优先级的自适应权重粒子群算法（Priority–Adaptive Weight Particle Swarm Optimization，P–AWPSO）的协调控制策略，该策略采用“先选择储能单元后协调控制”的思路，即首先研究储能单元组合，选定参与本次功率分配的 VFB 储能单元，然后再在选定的 VFB 单元内进行功率分配；最后通过与 AWPSO、传统功率分配算法的仿真对比分析，验证了算法的有效性。

7.3.1 全钒液流电池储能系统协调控制的数学模型

本节从目标函数、约束条件及评价指标三个方面阐述了 VFB 储能系统协调控制问题的数学模型。

7.3.1.1 目标函数

目标 1：VFB 储能系统折损成本最低

VFB 储能单元在充放电过程中，由于离子扩散和副反应的发生会导致容量衰减（损失）[6]，进而产生折损成本，n 个 VFB 储能单元的折损成本计算公式为

$$\min f_1 = \sum_{j=1}^{n} L_j (C_{\mathrm{f}j} - R_{\mathrm{c}j}) \tag{7-1}$$

式中，$C_{\mathrm{f}j}$ 为第 j 个 VFB 储能单元的成本[元/(kW • h)]，包括初始投资成本、运行成本和维护成本[元/(kW • h)]；$R_{\mathrm{c}j}$ 为 VFB 的电解液残值[元/(kW • h)]；L_j 为第 j 个 VFB 储能单元的容量损失率，计算公式为

$$L_j = 0.5 \times r_{\mathrm{d}j} \tag{7-2}$$

每个循环的容量衰减比 $r_{\mathrm{d}j}$ 是放电深度 DOD 的函数，该函数可通过电池厂家提供的详细实验数据进行拟合得到，函数表示为

$$r_{\mathrm{d}j} = r_{100} \times d_j^{k_{\mathrm{p}}} \tag{7-3}$$

式中，d_j 为放电深度；k_{p} 为一个恒值，是通过 VFB 制造商提供实验数据拟合得到的常数[7]；r_{100} 为 $d=100\%$ 时每个循环的容量衰减比，当 VFB 剩余可使用的容量衰减到初始电池额定容量的 δ 倍时，电池寿命即被认为结束，δ 取 80%。

$$(1-r_{100})^{R_s}=\delta \tag{7-4}$$

式中，R_s 为 VFB 的循环次数。

以不同放电深度进行循环充放电，电池容量衰减不同，放电深度 d_j 为电池放电量与额定容量的比值，计算公式为

$$d_j=\left|\frac{E_k-E_{k-1}}{E_N{}'}\right|=\left|\frac{E_k-E_{k-1}}{E_N\left(1-\sum_k L_j\right)}\right| \tag{7-5}$$

式中，E_N 为 VFB 理论额定容量(kW • h)；$E_N{}'$ 为容量衰减后的额定容量(kW • h)。

目标 2：VFB 储能系统损耗率最小

VFB 储能系统的功率损耗主要包括 VFB 电池组损耗及 DC/DC 损耗。

定义 VFB 储能单元的功率损耗率，如式（7-6）所示，该指标可以用来间接表示 VFB 储能单元的工作效率，损耗率越低表示 VFB 储能单元的效率越高。

$$\eta_{\mathrm{VRB},j}=\frac{P_{\mathrm{bat\_loss},j}+P_{\mathrm{dc\_loss},j}}{P_j} \tag{7-6}$$

由 3.5 节建立的 VFB 电池组数学模型可知，VFB 电池组损耗包括内部电阻损耗和寄生损耗两部分。内部电阻损耗主要包括 R_{rea}、R_{res} 产生的损耗 $P_{\mathrm{bat\_loss\_R}}$，寄生损耗包括由泵及寄生电阻 R_{f} 产生的损耗 $P_{\mathrm{bat\_loss\_P}}$。

VFB 电池组功率损耗 $P_{\mathrm{bat\_loss},j}$ 计算公式为

$$P_{\mathrm{bat\_loss},j}=P_{\mathrm{bat\_loss\_R},j}+P_{\mathrm{bat\_loss\_P},j} \tag{7-7}$$

其中

$$\begin{cases} P_{\mathrm{bat\_loss\_R},j}=\left(I_{\mathrm{d},j}-\dfrac{U_{\mathrm{d},j}}{R_{\mathrm{f},j}}-I_{\mathrm{p},j}\right)^2 R_{\mathrm{res},j}+\dfrac{\left(U_{\mathrm{d},j}-\left(I_{\mathrm{d},j}-\dfrac{U_{\mathrm{d},j}}{R_{\mathrm{f},j}}-I_{\mathrm{p},j}\right)\times R_{\mathrm{res},j}-V_{\mathrm{s},j}\right)^2}{R_{\mathrm{rea},j}} \\ P_{\mathrm{bat\_loss\_P},j}=\dfrac{U_{\mathrm{d},j}{}^2}{R_{\mathrm{f},j}}+U_{\mathrm{d},j}I_{\mathrm{p},j} \end{cases} \tag{7-8}$$

DC/DC 损耗根据其工作状态分为工作损耗和待机损耗，即

$$P_{\mathrm{dc\_loss},j}=\lambda_j P_{\mathrm{dc\_loss\_w},j}+\left(1-\lambda_j\right)P_{\mathrm{dc\_loss\_s},j} \tag{7-9}$$

式中，λ_j 为第 j 个 VFB 储能单元的使能因子。$\lambda_j=1$ 表示该储能单元被启动工作，则 DC/DC 产生工作损耗；$\lambda_j=0$ 表示该储能单元未工作，DC/DC 处于待机状态。

DC/DC 工作损耗计算公式为

$$P_{\mathrm{dc\_loss\_w},j}=(1-\eta_{\mathrm{dc}})|P_j| \tag{7-10}$$

DC/DC 待机损耗计算公式为

$$P_{\mathrm{dc\_loss\_s},j}=0.5\%\times P_{\mathrm{dcN},j} \tag{7-11}$$

式中，P_j 为第 j 个 VFB 储能单元的实际分配功率（kW），$P_j>0$ 表示充电，$P_j<0$ 表示放电；$P_{\mathrm{dcN},j}$ 为 DC/DC 的额定功率（kW）；η_{dc} 为 DC/DC 的工作效率，考虑 DC/DC 工作效率会随着输出效率的改变而变化，在额定状态效率最大，随着功率减小，效率会降低，故取

$$\eta_{\mathrm{dc}}=\begin{cases}95\% & P_{\mathrm{dc},j}\in(0.8P_{\mathrm{N}},P_{\mathrm{N}}]\\93\% & P_{\mathrm{dc},j}\in(0.6P_{\mathrm{N}},0.8P_{\mathrm{N}}]\\90\% & P_{\mathrm{dc},j}\in(0,0.6P_{\mathrm{N}}]\end{cases} \tag{7-12}$$

则 VFB 储能系统的平均损耗率为

$$\min f_2=\frac{1}{n}\sum_{j=1}^{n}\eta_{\mathrm{VRB},j} \tag{7-13}$$

目标 3：VFB 储能系统 SOC 一致性最好

VFB 储能系统的 SOC 一致性采用各个 VFB 储能单元的剩余荷电状态的方差表示，如式（7-14）所示。该值越小表示各个 VFB 储能单元的 SOC 一致好，或者说均衡度好。

$$\min f_3=\frac{1}{n}\sum_{j=1}^{n}\left(\mathrm{SOC}_j(t)-\frac{1}{n}\sum_{j=1}^{n}\mathrm{SOC}_j(t)\right)^2 \tag{7-14}$$

式中，SOC_j 表示第 j 个 VFB 储能单元的 SOC，可根据第 4 章中的 4.5 节计算得到。

7.3.1.2 约束条件

VFB 储能系统协调控制的约束条件如下。

（1）所有 VFB 储能单元的总出力约束

$$P_{\mathrm{BES}}(t)=\sum_{j=1}^{n}\lambda_j P_j(t) \tag{7-15}$$

式中，$P_{\mathrm{BES}}(t)$ 为 t 时刻 VFB 储能系统的总功率需求（kW）。

（2）VFB 储能单元 SOC 约束

$$\mathrm{SOC}_{\min}\leqslant\mathrm{SOC}_j(t)\leqslant\mathrm{SOC}_{\max} \tag{7-16}$$

（3）VFB 储能单元出力约束

$$P_{\mathrm{d\_max}}(t)\leqslant P_j(t)\leqslant P_{\mathrm{c\_max}}(t) \tag{7-17}$$

式中，最大充电允许值 $P_{c\_max}(t)=\min\left\{P_N,\frac{E_N\left[SOC_{max}-SOC_j(t)\right]}{\Delta t}\right\}$；最大放电允许值 $P_{d\_max}(t)=\min\left\{-P_N,\frac{E_N\left[SOC_j(t)-SOC_{min}\right]}{\Delta t}\right\}$；$P_N$ 为 VFB 电池组额定功率（kW）。

（4）VFB 储能单元爬坡率约束

仿照火电机组爬坡率，定义 VFB 储能单元爬坡率为单位时间内 VFB 储能单元功率的变化幅度，即

$$r_j(t)=\frac{\left|P_j(t)-P_j(t-\Delta t)\right|}{\Delta t} \tag{7-18}$$

$$r_j(t)\leqslant r_{max} \tag{7-19}$$

式中，r_{max} 为爬坡率最大值。文献[8]指出储能系统从满充状态到满放或者满放到满充的转换时间不超过 1～2s。标准[9]也规定储能系统处于稳定运行状态，从 90%额定功率充电转换到 90%额定功率放电的时间及放电到充电的转换时间不大于 2s。故此处 $r_{max}=\frac{P_N-(-P_N)}{\Delta t}=\frac{P_N}{2}$。

7.3.1.3 评价指标

为了定量地描述 VFB 储能系统功率分配算法的效果，借鉴标准 GBT 36549—2018《电化学储能电站运行指标及评价》，定义了 4 个评价 VFB 储能系统功率分配的指标，具体如下。

（1）VFB 储能单元充放电平衡度

该指标可用于衡量 VFB 储能单元的充放电能力，表达式为

$$B_j(t)=\frac{SOC_j(t)-SOC_{ref}}{(SOC_{max}-SOC_{min})/2} \tag{7-20}$$

式中，SOC_{max}、SOC_{min} 分别为 VFB 储能单元 SOC 的上限和下限；SOC_{ref} 为储能单元 SOC 推荐值，SOC_{ref} 过大则储能单元易充满电，SOC_{ref} 过小则储能单元放电能力不足，合理设置 SOC_{ref} 能保证储能单元有效运行。

文中设计 $SOC_{ref}=\frac{SOC_{max}+SOC_{min}}{2}$。$B_j(t)\in[-1,1]$，$B_j(t)$ 越接近−1，说明储能单元充电能力越强，但放电能力不足；$B_j(t)$ 越接近 1，说明储能单元放电能力越强，但充电能力不足；$B_j(t)$ 越接近 0，说明储能单元充放电能力适中，建议该指标保持在 0 附近。

（2）VFB储能单元充放电状态切换次数

VFB储能有三种运行状态：充电、放电与待机。待机时认为功率为0，充放电交替出现时为一次充放电状态切换次数，即

$$N_j = N_j + 1, P_j(t-1)P_j(t) < 0 \tag{7-21}$$

（3）VFB储能单元利用系数

VFB储能单元利用系数评价周期内储能系统运行时间与统计时间的比值，即

$$\mathrm{UTF}_j = \frac{\mathrm{UTH}_j}{\mathrm{PH}} \times 100\% \tag{7-22}$$

式中，UTF_j为第j个VFB储能单元在评价周期内的运行小时数；PH为评价周期内统计时间小时数（当评价周期为1天时，PH取24h；若评价周期为1年，则PH取8760h）

（4）VFB储能单元等效利用系数

$$\mathrm{EAF}_j = \frac{E_{\mathrm{c},j} + E_{\mathrm{d},j}}{\mathrm{PH} \times P_{\mathrm{N}}} \times 100\% \tag{7-23}$$

式中，$E_{\mathrm{c},j}$、$E_{\mathrm{d},j}$分别为第j个VFB储能单元在评价周期内的充电量和放电量(kW•h)。

等效利用系数越接近100%越好，说明该储能单元一直以额定功率点附近的功率进行充放电。

7.3.2 全钒液流电池储能系统的协调控制算法

7.3.2.1 多目标函数预处理

7.3.1节建立的VFB储能系统协调控制数学模型为多目标函数，为便于计算，根据储能系统需求确定不同目标函数的权重，通过线性加权方法将多个目标函数汇总成一个单目标函数，如式（7-24）和式（7-25）所示，然后通过自适应权重粒子群算法进行求解。

$$\min f_{\mathrm{VRB}} = w_1 f_1 + w_2 f_2 + w_3 f_3 \tag{7-24}$$

$$\begin{cases} w_1 + w_2 + w_3 = 1 \\ w_i \geqslant 0 \end{cases} \tag{7-25}$$

式中，w_i为各个目标函数的权重系数，当$w_1 = 1$、$w_2 = 0$且$w_3 = 0$时，表示VFB储能系统进行功率分配策略时侧重折损成本最低；当$w_2 = 1$、$w_1 = 0$且$w_3 = 0$时，表示侧重VFB储能系统损耗率；当$w_3 = 1$、$w_1 = 0$且$w_2 = 0$时，表示侧重SOC一致性的影响，忽略其他目标函数的影响。

为了消除f_1、f_2和f_3三个目标函数量纲带来的影响，对目标函数进行归一化处理，即

$$\overline{f_i}=\frac{f_i-f_i^{\min}}{f_i^{\max}-f_i^{\min}} \tag{7-26}$$

式中，f_i为归一化前的变量；$f_i^{\min}$和$f_i^{\max}$分别为f_i的最小和最大值；$\overline{f_i}$为归一化后的变量。

7.3.2.2 计及优先级的自适应权重粒子群算法

粒子群算法（Particle Swarm Optimization，PSO）是由 KENNEDY J 和 EBERHART R C 于 1995 年提出的一种进化算法[11]。PSO 通过群体中个体之间的协作和信息共享来寻求最优解，具有收敛速度快、设置参数少等优点。

PSO 是模拟鸟类捕食行为，每个鸟就是 PSO 中的粒子，也是求解问题的可行解，每个粒子有自己的速度、位置信息并通过适应度函数来评判目前位置的好坏。PSO 初始化为一群随机粒子，然后通过迭代寻找最优解。每次迭代时，粒子通过跟踪个体最优值（p_{Best}）和群体最优值（g_{Best}）来更新自己的速度和位置，直至找到最优解。

在一个D维的目标搜索空间中，有N个粒子组成一个群体，各个粒子的速度为$v_i=[v_{i1},v_{i2},\cdots,v_{id}]$，位置为$x_i=[x_{i1},x_{i2},\cdots,x_{id}]$；个体最优值为$p_{\text{Best}i}=[p_{i1},p_{i2},\cdots,p_{id}]$，全局最优值为$g_{\text{Best}}=[g_1,g_2,\cdots,g_d]$。粒子的速度和位置更新公式如下

$$v_{id}^{k+1}=wv_{id}^k+c_1r_1\left(p_{\text{Best}id}-x_{id}^k\right)+c_2r_2\left(g_{\text{Best}d}-x_{id}^k\right) \tag{7-27}$$

$$x_{id}^{k+1}=x_{id}^k+v_{id}^k \tag{7-28}$$

式中，v_{id}^k为粒子i在第k次迭代、第d维的速度，$v_{id}^k\in[-v_{\max},v_{\max}]$，$i=1,2,\cdots,N$表示粒子编号；$d=1,2,\cdots,D$表示维度编号；$x_{id}^k$为粒子$i$在第$k$次迭代、第$d$维的位置，$x_{id}^k\in[-x_{\max},x_{\max}]$；$c_1$和$c_2$为加速度常数，调节学习最大步长，也称学习因子，$c_1$用来调整自我认知的权重，$c_2$用来调整群体认知的权重；$r_1$和$r_2$为[0,1]之间的随机值；$w$为惯性权重，非负数，调节对解空间的搜索范围。

惯性权重起到了平衡全局搜索能力与局部搜索能力的作用，w值越大则全局搜索空间越大，越小则进行小范围搜索越容易局部寻优。自适应权重粒子群算法（Adaptive Weight Particle Swarm Optimization，AWPSO）为粒子群算法的改进算法，该算法能够自适应更新权重，并且保证粒子具有很好的全局搜索能力和较快的收敛速度。其惯性权重w并非恒值，而是根据式（7-29）进行调整。

$$w=\begin{cases} w_{\min}-\dfrac{(w_{\max}-w_{\min})(f-f_{\min})}{f_{\text{avg}}-f_{\min}} & f\leqslant f_{\text{avg}} \\ w_{\max} & f>f_{\text{avg}} \end{cases} \tag{7-29}$$

式中，w_{max} 和 w_{min} 分别为惯性权重 w 的最大值和最小值；f 为粒子当前的适应度函数值；f_{avg} 和 f_{min} 分别为当前所有粒子的平均目标值和最小目标值。

VFB 储能系统是由多个 VFB 储能单元并联组成的，随着储能容量的增加，优化变量的维数也相应增加，若直接采用 AWPSO 算法会导致计算量增加，收敛性变慢。在实际运行中，如果储能系统总的功率需求小于 x 个储能单元的功率之和，则可以在 x 个 VFB 储能单元内进行功率协调控制，而不需要在所有 VFB 单元内进行功率分配，其中 $x \in [1, n]$，n 为总的储能单元数。

举例：假设 VFB 储能系统由 10 个 VFB 储能单元并联组成，每个 VFB 储能单元在 t 时刻最大出力均为 50kW，储能系统总功率需求为 370kW，则只需要在 8 个 VFB 储能单元内进行功率分配，维度从 10 降为 8，当储能总的功率需求低时，维度会降低得更多。因此，本节对每个 VFB 单元提出优先级控制的思想，并将优先级与 AWPSO 结合，提出计及优先级的自适应权重粒子群算法（Priority-Adaptive Weight Particle Swarm Optimization，P–AWPSO）的协调控制策略，该策略采用“先选择储能单元后协调控制”的思路：首先通过考虑优先级及所有 VFB 储能单元总出力要求，来判断各个 VFB 储能单元是否参与本次功率分配，从而得到最优的 VFB 储能系统内部储能单元组合；然后在选定的 VFB 单元内采用 AWPSO 算法进行协调控制。P–AWPSO 算法流程图如图 7-9 所示。

由图 7-9 可知，采用 P–AWPSO 进行协调控制主要包括两大块：第一块是选定参与本次功率分配的 VFB 储能单元；第二块是在选定的 VFB 单元内进行功率分配。

其中第一块是通过考虑优先级及所有 VFB 储能单元总出力要求，来判断各个 VFB 储能单元是否参与本次功率分配，从而得到最优的 VFB 储能系统内部储能单元组合。如果 $P_{BES}(t) > 0$，则根据每个 VFB 储能单元的 SOC 值进行升序排序，SOC 低的优先级高，适合充电。若有 n 个 VFB 单元，则序号 PR_i 在 1～n 中取值，若 $PR_i = 1$ 则表示该单元优先级最高，最先考虑充电。反之，若 $P_{BES}(t) < 0$，则根据每个 VFB 储能单元的 SOC 值进行降序排序，SOC 大的 VFB 单元优先级高，适合放电。然后从优先级 $PR = 1$ 开始选择，若满足式 $\left|\sum_{j=1}^{k} \lambda_j P_j^{max}(t) - P_{BES}(t)\right| \geqslant 0$，则得到最优的参加功率分配的 VFB 组合。其中 λ_j 为 VFB 储能单元 j 的 0～1 决策变量，$\lambda_j = 0$ 表示第 j 个 VFB 储能单元不参与本次功率分配，$\lambda_j = 1$ 表示第 j 个 VFB 储能单元参与本次功率分配；$P_j^{max}(t)$ 为 VFB 储能单元 j 在 t 时刻允许工作的最大功率；$P_{BES}(t)$ 为 VFB 储能系统在 t 时刻所需要的总功率（功率给定值）；n 为 VFB 储能单元的总个数。

第二块是在选定的 VFB 单元内采用 AWPSO 实现，步骤如下。

1）初始化。初始化粒子群的群体规模，随机速度及位置。

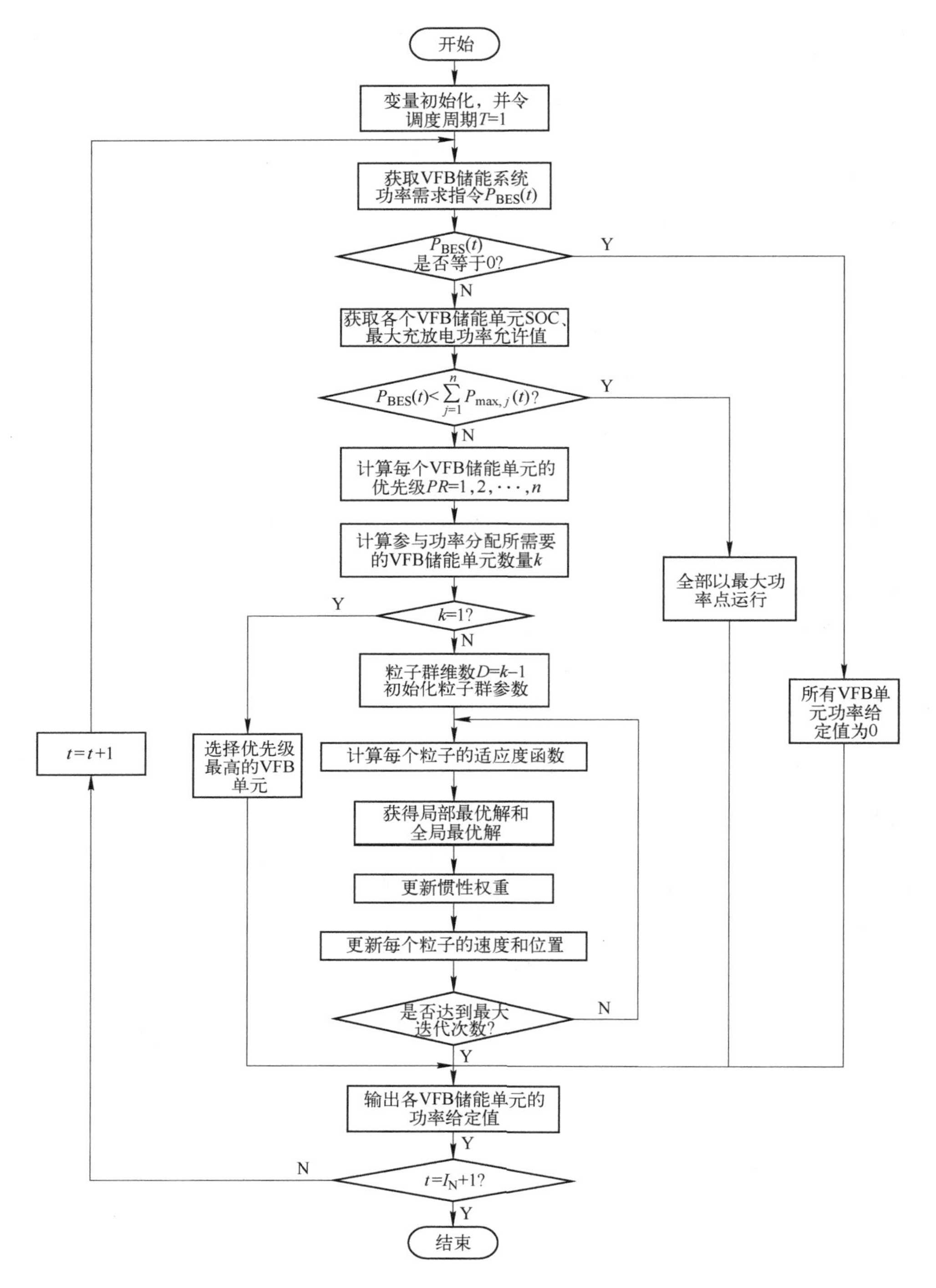

图 7-9　P−AWPSO 算法流程图

2）计算适应度函数。根据目标函数，计算每个粒子的适应度函数。

3）获得局部最优解和全局最优解。对于每个粒子，通过比较其当前适应度值与个体历史最佳位置（p_{Best}）对应的适应度值，决定是否需要更新局部最佳位置 p_{Best}。若当前的适应度值较好，则用当前位置更新 p_{Best}。同时，若每个粒子的适应度值优于 g_{Best} 对应的适应度值，则 g_{Best} 更新为当前粒子的位置。

4）计算惯性权重，根据式（7-29）计算。

5）根据式（7-27）和式（7-28）更新每个粒子的速度和位置信息。

6）是否满足结束条件，若算法达到最大迭代次数，则输出最优解并停止运行；若未满足结束条件，则转到步骤 2）。

7.3.3　算例仿真

本节将通过两个算例来描述 VFB 储能系统功率分配的效果。算例 1 采用的总功率需求为固定值，运行 15min，观察 P–AWPSO 算法与 AWPSO 算法单目标优化与多目标优化后的功率协调控制效果。算例 2 中采用平抑某个光伏系统中光伏波动所需的储能功率作为总的储能系统功率需求值，然后通过 P–AWPSO 算法进行多目标优化，得到每个调度周期各个 VFB 储能单元的最优功率，并与传统功率算法进行了对比分析。

7.3.3.1　算例 1 仿真分析

VFB 储能系统由 5 个 VFB 储能单元并联，每个 VFB 储能单元的额定功率为 50kW，SOC 初始值分别为 0.2、0.25、0.3、0.19 和 0.4，VFB 储能系统总功率需求为 190kW，分析 P–AWPSO 算法与 AWPSO 算法进行协调控制时的优劣以及单目标优化与多目标优化后的协调控制效果。

选取粒子群群体规模为 40，迭代次数为 200；加速度常数 c_1 和 c_2 均为 1.49445，w_{max} 和 w_{min} 分别为 0.9 和 0.4。综合考虑了折损成本、损耗率和 SOC 一致性，认为每个目标的权重占比相同，即各取 1/3，即权重 $w_1=w_2=w_3=1/3$。

由给定 SOC 初始值可知，考虑优先级时 5 个 VFB 储能单元的顺序分别为 4、1、2、3 和 5，即 4[#]VFB 储能单元优先级最高，5[#]VFB 储能单元优先级最低。VFB 储能系统总功率需求为 190kW，只需 4 个 VFB 储能单元分配功率，故只对优先级排序的前四个单元进行功率分配，即对 1[#]、2[#]、3[#]和 4[#]VFB 储能单元进行功率分配。

采用 P–AWPSO 算法与 AWPSO 算法进行功率分配，功率分配结果见表 7-1，进化过程如图 7-10 所示。

由表 7-1 可知，采用 P–AWPSO 算法只对 4 个 VFB 单元进行功率分配。由图 7-10 可知，采用 P–AWPSO 只需迭代 21 次便可找到最优解，而且其目标函数适应度值比采用 AWPSO 时低。因此采用 P–AWPSO 算法更易找到最优解，且最优解小。

表 7-1 算例 1 功率分配结果 （单位：kW）

$\min f_{VFB}$ 最优解 P	各个 VFB 储能单元的功率				
	1#VFB 储能单元	2#VFB 储能单元	3#VFB 储能单元	4#VFB 储能单元	5#VFB 储能单元
P–AWPSO	48.2108	47.1769	46.1931	48.4193	0
AWPSO	40.0332	40.0137	34.5440	40.0377	35.3714

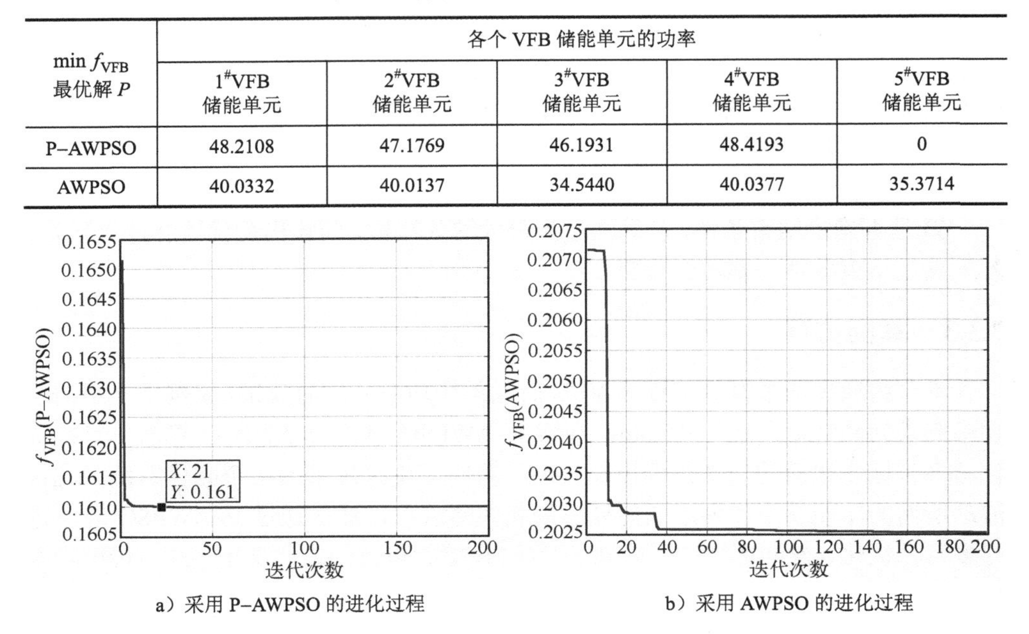

a）采用 P–AWPSO 的进化过程　　b）采用 AWPSO 的进化过程

图 7-10 P–AWPSO 算法与 AWPSO 算法的进化过程

接下来将比较单目标优化与多目标优化的功率分配效果，并将 P–AWPSO 算法用于各个单目标优化及多目标优化的结果，功率分配结果以及不同最优解下对应的目标函数值见表 7-2。

表 7-2 单目标与多目标功率分配结果 （单位：kW）

项目	对应的目标函数值	各个 VFB 储能单元的功率				
		1#VFB 储能单元	2#VFB 储能单元	3#VFB 储能单元	4#VFB 储能单元	5#VFB 储能单元
$\min f_1$ 最优解 P_1	7.18E-05	50	50	40	50	0
$\min f_2$ 最优解 P_2	0.1566	46.3541	48.0239	49.6166	46.0054	0
$\min f_3$ 最优解 P_3	0.0042	50	50	40	50	0
$\min f_{VFB}$ 最优解 P	0.05367	48.2108	47.1769	46.1931	48.4193	0

由表 7-2 可知，不同目标函数下分配的功率值不同，在多目标转换为单目标时要根据实际不同侧重点来选取权重。

7.3.3.2 算例 2 仿真分析

VFB 储能系统的总需求 P_{BES} 可来自平抑光伏波动或者风电波动的数据或者直接来自电网调度数据，文中采用文献[12]中平抑光伏波动所需的储能功率作为 VFB 储能系统总功率，如图 7-11 所示，共 60 个调度周期（5:00～20:00，15h），时间间隔为 15min。

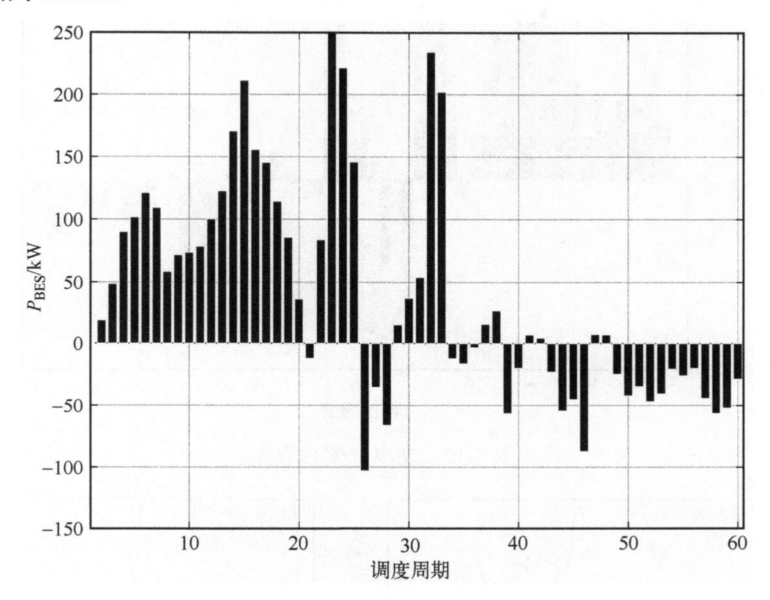

图 7-11 VFB 储能系统总功率需求

各个 VFB 单元的初始值、额定参数及粒子群参数与算例 1 中的参数相同，采用 P–AWPSO 算法对图 7-11 所示的储能系统总功率进行功率分配，分配的结果如图 7-12 和图 7-13 所示。

在第 1 个调度周期，储能总需求功率 P_{BES} 为 18.5kW，按照本节策略只需将功率分给优先级最高的储能单元。由最初给定的各个 VFB 储能单元 SOC 初始值可知，5 个 VFB 储能单元的优先级是：4#VFB 储能单元>1#VFB 储能单元>2#VFB 储能单元>3#VFB 储能单元>5#VFB 储能单元。故此时将功率分配给 4#VFB 储能单元。4#VFB 储能单元开始充电，其他 4 个 VFB 储能单元处于待机状态。到了第 2 个调度周期，1#～5#储能单元的 SOC 变为：0.2、0.25、0.3、0.2036 和 0.4，P_{BES} 为 48.58kW，该功率小于单个 VFB 的最大充电功率，则此时仍选用优先级最高的 VFB 储能单元，即 1#VFB 储能单元。到了第 3 个调度周期，1#～5#储能单元的 SOC 变为：0.2332、0.25、0.3、0.2036、0.4，P_{BES} 为 89.88kW，该功率大于单个 VFB 的最大充电功率，则此时需要两个 VFB 储能单元，因 1#和 4#VFB 储能单元优先级最高，故先选择这两个储能单元，然后再用 AWPSO 算法进行功率分配。以此

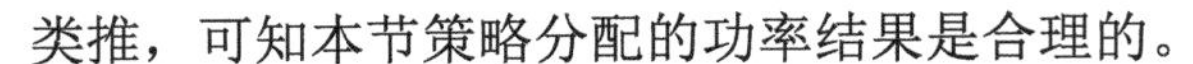

类推，可知本节策略分配的功率结果是合理的。

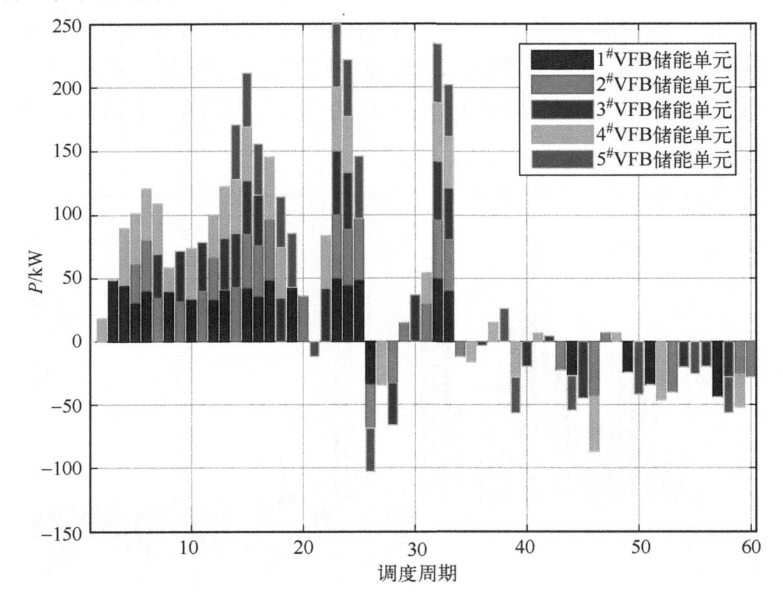

图 7-12　功率分配直方图

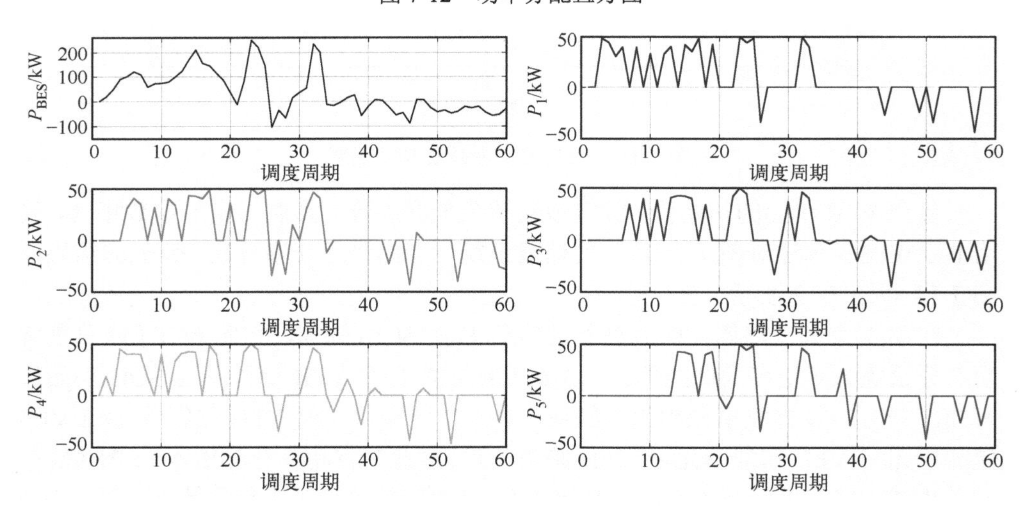

图 7-13　各个 VFB 储能单元的功率分配曲线

为了更好地描述调度周期内各个 VFB 单元是否工作，图 7-14 表示了最优值对应的 VFB 储能单元组合的甘特图。甘特图是通过条状图来显示项目的活动顺序与时间的关系。图 7-14 中横坐标为调度周期（1～60），纵坐标为 VFB 单元编号（1～5），空白表示该储能单元不工作。如第 1 个调度周期，只有 4 号储能单元工作；第 2 个调度周期，只有 1 号储能单元工作。

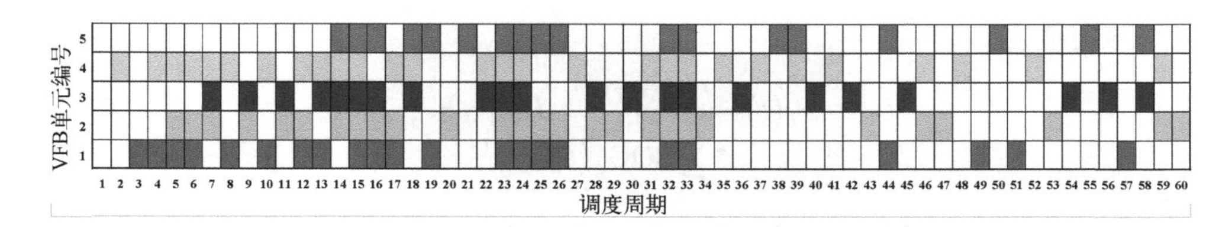

图 7-14　5 个 VFB 储能单元最优组合的甘特图

通过本节算法进行功率分配后，各个 VFB 储能单元的 SOC 曲线如图 7-15 所示。由此可以看出虽然 5 个储能单元初始 SOC 值不同，但经过功率分配后每个储能单元的 SOC 趋于一致。

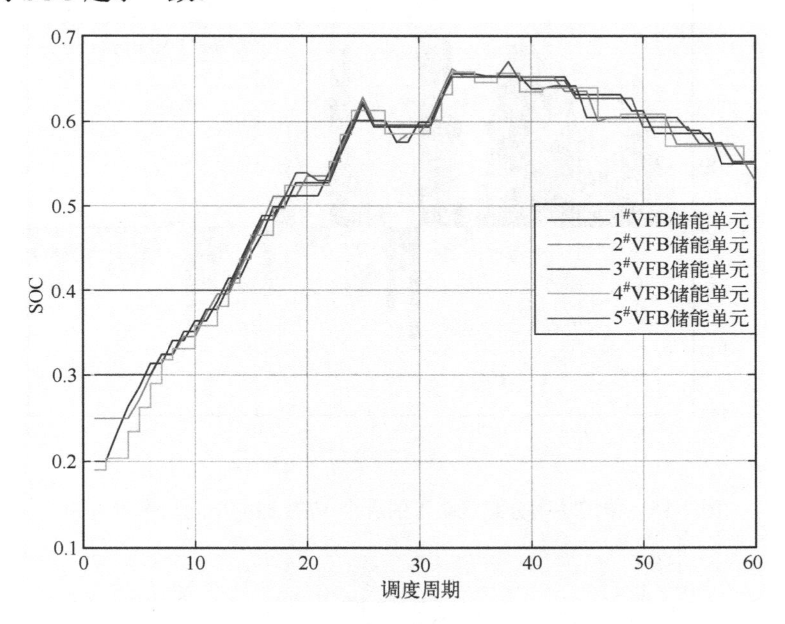

图 7-15　每个 VFB 储能单元的 SOC 曲线

7.3.3.3　与传统功率分配策略对比分析

将文献[13-14]中所述的功率分配算法称为传统功率分配策略，如下所示。

当 VFB 储能系统在 t 时刻所需要的总功率（功率给定值）$P_{BES}(t)>0$ 时，表示 VFB 储能系统将处于充电状态，各个 VFB 储能单元功率给定值为

$$P_j(t)=\frac{\mathrm{SOD}_j(t)}{\sum_{j=1}^{n}\mathrm{SOD}_j(t)}P_{BES}(t) \tag{7-30}$$

式中，$\mathrm{SOD}_j(t)=1-\mathrm{SOC}_j(t)$

当 $P_{BES}(t)<0$ 时，表示 VFB 储能系统将处于放电状态，各个 VFB 储能单元

功率给定值为

$$P_j(t)=\frac{\mathrm{SOC}_j(t)}{\sum_{j=1}^{n}\mathrm{SOC}_j(t)}P_{\mathrm{BES}}(t) \tag{7-31}$$

将传统功率分配策略用于算例 2 中，得出 60 个调度周期中各个 VFB 储能单元的功率分配值如图 7-16、图 7-17 所示，SOC 曲线如图 7-18 所示。

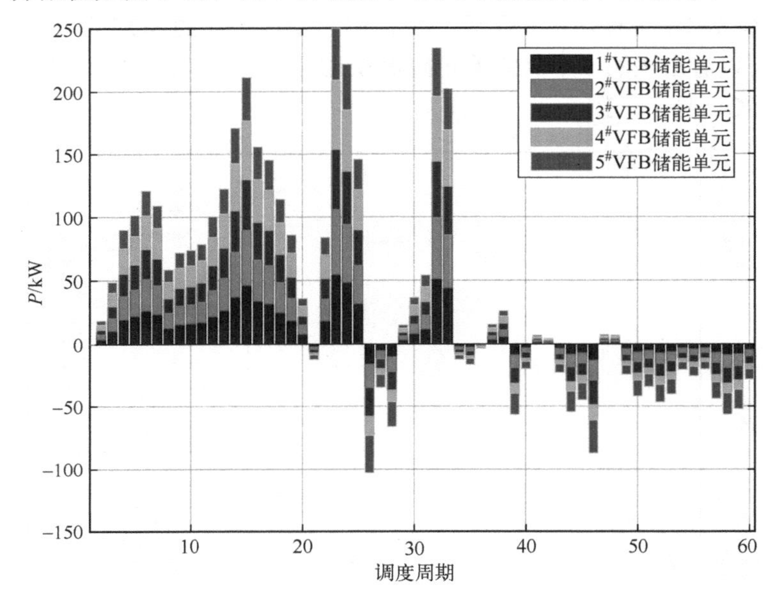

图 7-16　传统功率分配策略下的各个 VFB 储能单元功率直方图

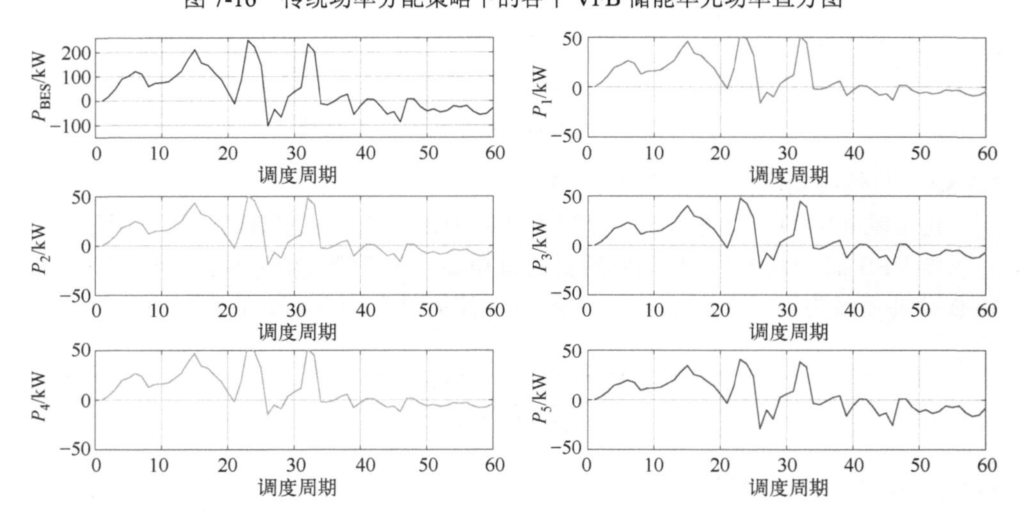

图 7-17　传统功率分配策略下的各个 VFB 储能单元的功率分配曲线

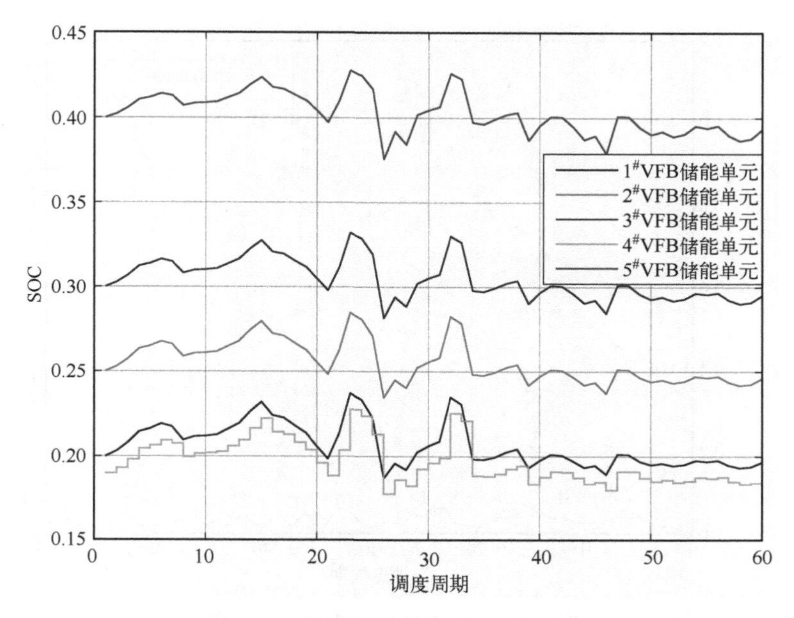

图 7-18　传统功率分配策略下的各个 VFB 储能单元的 SOC 曲线

在第 1 个调度周期，储能总需求功率 P_{BES} 为 18.52kW，电池处于充电状态，按照传统策略将功率按照式（7-30）进行分配。各个 VFB 储能单元 SOC 初始值分别为 0.2、0.25、0.3、0.19 和 0.4，则对应的 SOD 分别为 0.8、0.75、0.7、0.81 和 0.6，SOD 之和为 3.66，则 1#VFB 储能单元 SOD 占 SOD 之和的比例为 0.2186，分配的功率为 4.048kW，同理，2#～5#VFB 储能单元分配的功率为 3.795kW、3.542kW、4.098kW 和 3.036kW。到了第 2 个调度周期，1#～5#储能单元的 SOC 分别为 0.4022、0.3026、0.2529、0.2031 和 0.1931，则对应的 SOD 分别为 0.5978、0.5978、0.6974、0.7471、0.7969 和 0.8069，SOD 之和为 3.6461，此时 P_{BES} 为 48.59kW，根据式（7-30）可得到每个 VFB 储能单元分配的功率为 10.62kW、9.957kW、9.293kW、10.75kW 和 7.996kW。由此可知，图 7-16～图 7-18 按照传统功率分配策略的结果与理论分析的一致。

由图 7-16～图 7-18 可知，传统功率分配策略是根据 SOC 值的大小进行分配的，每个调度周期各个 VFB 储能单元均工作，经过一定的调度周期后各个储能单元的 SOC 并没有趋于一致。

接下来，将传统策略得到的各个 VFB 储能单元的功率给定值加到本节策略中的多个目标函数进行计算，折损成本、损耗成本及 SOC 一致性对比分析分别如图 7-19 所示。由此可知，采用本节策略进行功率分配的目标函数适应度值比采用传统功率策略时低。

本节策略与传统策略的评价指标对比见表 7-3。

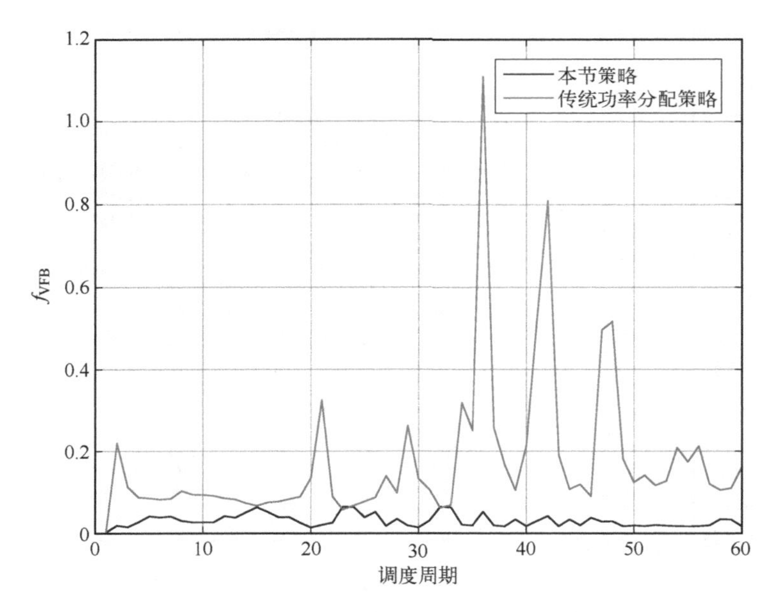

图 7-19 目标函数适应度值对比分析

表 7-3 本节策略与传统功率分配策略分配结果的评价指标对比

评价指标		1#VFB 储能单元	2#VFB 储能单元	3#VFB 储能单元	4#VFB 储能单元	5#VFB 储能单元
充放电平衡度	本节策略	0.1234	0.0749	0.1302	0.1251	0.1285
	传统策略	–0.7583	–0.6352	–0.5122	–0.7829	–0.2661
充放电次数	本节策略	1	4	0	0	2
	传统策略	11	11	11	11	11
等效利用系数	本节策略	0.2983	0.3194	0.2531	0.3260	0.2242
	传统策略	0.2880	0.2852	0.2824	0.2886	0.2768
利用系数	本节策略	0.3667	0.4500	0.3667	0.4667	0.3000
	传统策略	1	1	1	1	1

从表 7-3 可知：

1）采用本节策略进行 VFB 储能系统功率分配时，其充放电平衡度更加接近 0，储能系统充放电能力适中；而采用传统策略分配后，各个 VFB 储能单元的充放电平衡度相差较大，1#和 4#VFB 储能单元放电能力好，而 5#VFB 储能单元充电能力好，整个储能系统放电时易出现因 5#VFB 储能单元而停止放电的情况，在充电时易因 4#VFB 储能单元提前到达 SOC 上限而停止充电。

2）采用本节策略进行 VFB 储能系统功率分配时，其充放电次数比采用传统策略时少。3#和 4#VFB 储能单元充放电次数为 0，是因为没有出现从充电到放电或者放电到充电的切换过程，中间经历了停止工作状态，通过式（6-21）计算的充放电次数为 0。

3）采用传统功率分配策略时，1#～5#VFB 单元的等效利用系数基本相近，说明每个储能单元在整个调度周期中的充放电能量差不多，而采用本节策略时，4#VFB 储能单元的等效利用系数最大，因为该单元的 SOC 初始值最低，为了和其他储能单元 SOC 保持一致需要更多的电量。1#、2#和 4#VFB 储能单元的等效利用系数比传统策略时对应的单元等效利用系数高，3#和 5#VFB 储能单元的等效利用系数比传统策略时对应的单元等效利用系数低，这是因为采用本节策略进行功率分配时，要让各个 VFB 储能单元的 SOC 一致性最高，所以每个单元的充放电能量与初始的 SOC 相关。

4）采用本节策略进行 VFB 储能系统功率分配时，VFB 储能单元的利用系数比传统策略低，是因为每个调度周期内并不是每个 VFB 储能单元都工作，这样反而有利于给 VFB 储能单元提供检修时间，而系统不会停机。

综上所述，采用本节策略进行 VFB 储能系统的功率分配时，其损耗率低，SOC 一致性好，充放电次数少。

7.4　基于模拟退火粒子群算法的全钒液流电池储能系统的功率协调控制

7.4.1　模拟退火粒子群算法

7.4.1.1　模拟退火算法基本概念

模拟退火算法（Simulate Anneal，SA）是一种近似求解最优化问题的方法，最早由 Metopolis 提出，S. Kirkpatrick 等将该算法思想引入到组合优化求解领域。算法求解过程模拟物体物理退火过程，待优化问题的目标优化函数类比于物体的内能，待优化问题的变量组合状态空间等同于物体内能状态空间，待优化问题的求解过程就是搜索到变量某一组合状态下目标优化函数适应度计算值最小。

物体物理退火包括加温、等温和冷却三个步骤，加温过程通过增大粒子的热运动，消除系统原非均匀状态，类比于对算法设定初值；等温过程对于较封闭的系统，与环境进行热量交换但温度不变，系统自由能自发地向减少的方向变化，系统达到平衡状态时自由能最小，对应算法 Metopolis 抽样准则；冷却过程降低粒子热运动得到低能的晶体结构，类比算法对应控制参数的下降。Metropolis 抽样准则描述为系统从某一能量状态 E_1 变化至另一能量状态 E_2 的概率公式为

$$p = \exp\left(-\frac{E_2 - E_1}{T}\right) \tag{7-32}$$

若 $E_2<E_1$，系统接受此状态；否则以随机的概率放弃此状态，因此新状态被接受的概率公式为

$$p(1 \to 2)=\begin{cases}1 & E_2<E_1 \\ \exp\left(-\dfrac{E_2-E_1}{T}\right) & E_2 \geqslant E_1\end{cases} \tag{7-33}$$

式中，T 为模拟退火算法的重要影响因子温度参数；其他主要控制参数还包括迭代优化次数等。

1）温度参数包括初温和退温函数，是决定算法退火走向的重要因素，初温数值设置越高，算法获得最优解的概率越大，但增加了算法运行时间，退温函数主要为更新温度功能。开始初温较大，算法接受较差的恶化解，随着温度降低变为接受较好的恶化解，在温度接近 0 时不再接受恶化解。退温函数计算公式为

$$T(t+1)=K_{sa}\times T(t) \tag{7-34}$$

式中，k 为迭代次数；K_{sa} 取值为 0～1 的常数。

2）算法迭代优化次数选取原则为使退温函数在同一温度下进行“充分”搜索，一般取 100～1000 次。该参数也为算法停止准则，SA 算法停止准则也应考虑终止温度的阈值。

SA 主要行为是在搜索区间随机计算，利用 Metopolis 抽样准则经过迭代使随机计算逐渐收敛于待优化函数最优解。标准 SA 算法流程图如图 7-20 所示。

7.4.1.2 模拟退火粒子群算法基本概念

PSO 算法搜寻最优解行为是在迭代过程中用更好的粒子位置代替原来的粒子位置，因此难以避免地得到局部最优解，而 SA 搜寻最优解行为是在迭代过程中引入随机因素，采用概率性的变迁指导算法搜索方向去接受一个比当前解略差的解，该行为令 SA 具备跳出局部最优解的能力[15]。因此本节采用 PSO 作为主导算法，利用具有通用易实现、鲁棒性强和全局搜索性等特性的 SA 调整优化 PSO 群体。SAPSO 的概率公式为

$$p(X_{id}^{k}\to X_{id}^{k+1})=\begin{cases}1 & f(X_{id}^{k+1})<f(X_{id}^{k}) \\ \exp(-\dfrac{f(x_{id}^{k+1})-f(x_{id}^{k})}{T(t)}) & f(X_{id}^{k+1})\geqslant f(X_{id}^{k})\end{cases} \tag{7-35}$$

式中，$f(X_{id}^{k})$ 为 d 维的第 i 个粒子在 k 代的适应度值。

基于 SAPSO 算法的储能系统功率分配算法步骤如下：

1）读取储能系统参数等初始数据，算法初始化，设定算法种群大小、维度和初始温度，初始化粒子群粒子位置和速度，此时迭代次数为 1。

2）根据需求功率值分配 P_1、P_2、P_3 和 P_4（粒子），计算初始粒子适应度值，

更新个体最优和群体最优。

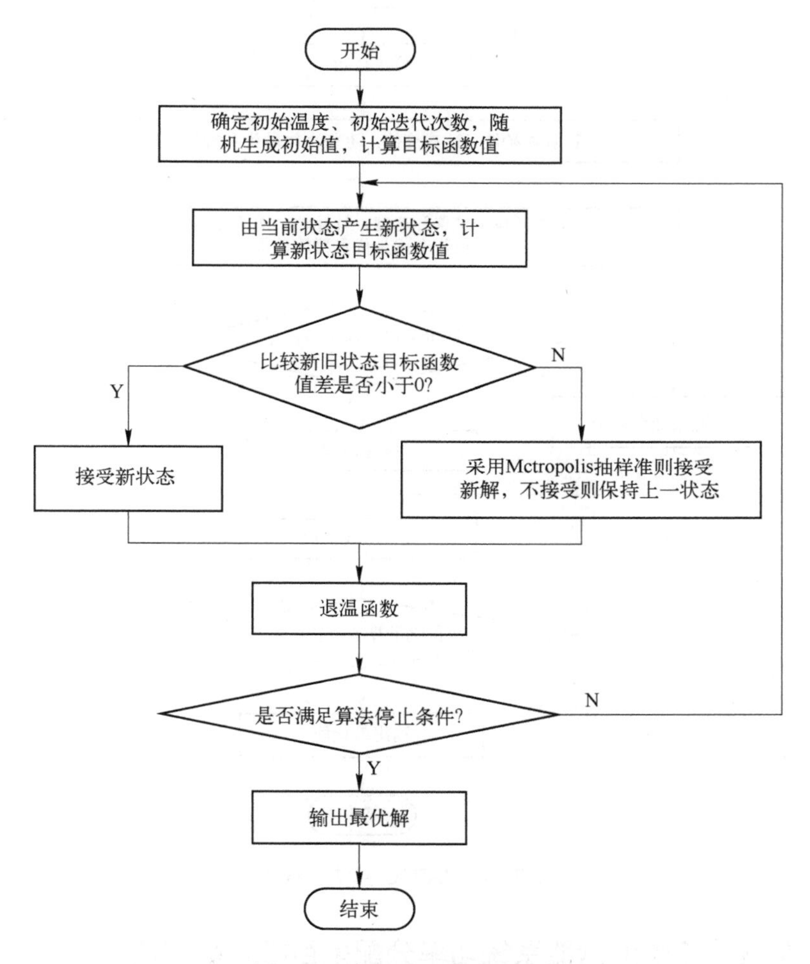

图 7-20　标准 SA 算法流程图

3）根据式（7-27）和式（7-28）更新粒子位置和速度，计算粒子适应度值，更新个体最优和群体最优。

4）评价粒子适应度值是否优于上一代适应度值，优于则更新个体最优和群体最优，执行步骤 6)，否则，执行步骤 5）。

5）引入模拟退火机制，根据 Metopolis 准则更新粒子个体最优和群体最优。

6）执行退温函数。

7）判断是否满足算法停止条件，满足则输出最优解，算法结束；否则执行步骤 3）。

基于 SAPSO 算法的储能系统功率分配算法流程图如图 7-21 所示。

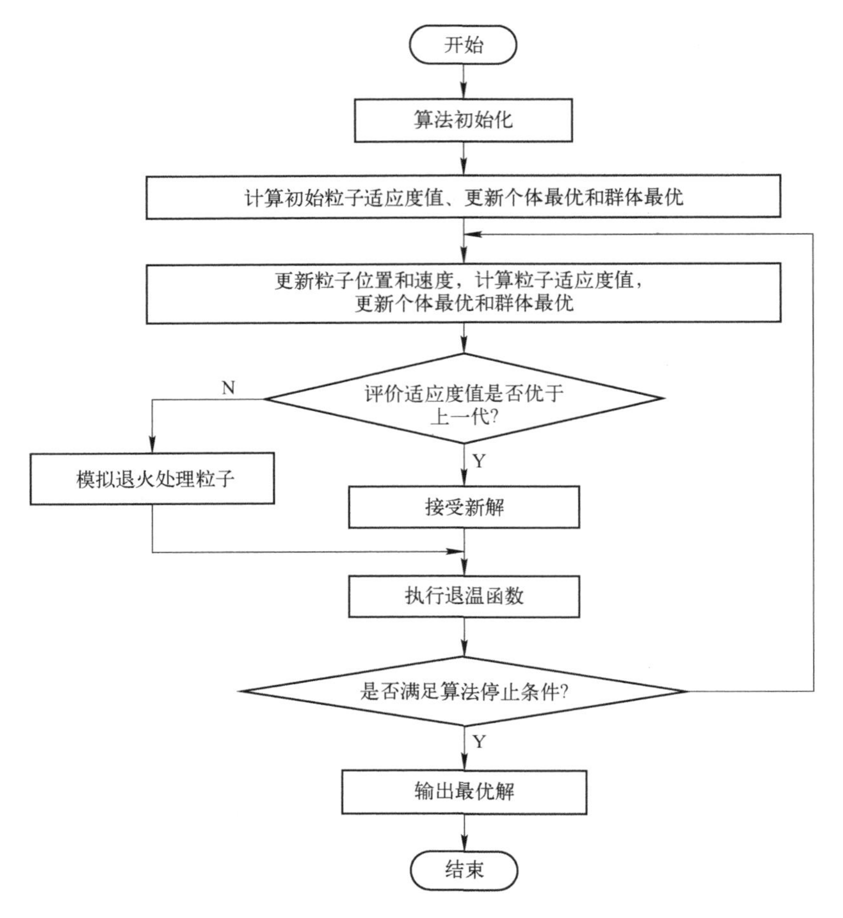

图 7-21 SAPSO 算法流程图

7.4.2 全钒液流电池储能系统功率分配多目标函数构建

综合储能系统运行损耗最低、储能单元使用寿命延长和储能单元间 SOC 均衡度三个因素，构建全钒液流电池储能系统的多目标优化函数，即

$$\min f = w_1 k_{\mathrm{Nor1}} f(el) + w_2 k_{\mathrm{Nor2}} f(cf) + w_3 k_{\mathrm{Nor3}} f(\mathrm{SOC}) \tag{7-36}$$

式中，$f(el)$ 为功率分配中储能系统的运行损耗评价指标；$f(cf)$ 为 VFB 充放电容量折损评价指标；$f(\mathrm{SOC})$ 为 VFB 组间 SOC 均衡度评价指标；$k_{\mathrm{Nor}i(\mathrm{Nor}i=1,2,3)}$ 为指标归一化系数；$w_{i(i=1,2,3)}$ 为各评价指标权重系数。

7.4.2.1 储能系统运行损耗评价指标

储能系统的运行损耗评价指标主要考虑 VFB 运行损耗和储能设备运行损耗。根据图 3-23 电池等效损耗模型，其运行损耗主要包含等效内阻损耗、寄生电阻损耗和泵损电流损耗等，假设每个全钒液流电池的等效电阻相同。等效内阻损耗 $P_{internal}$ 由 R_1 和 R_2 产生，其中 R_1 约占内部损耗的 60%，而 R_2 约占 40%[16]，寄生电阻 R_{fixd} 产生与端口电压 U_d 有关的寄生电阻损耗 P_{fixd}，泵损电流损耗记为 P_{pump}，则

$$P_{internal} = I^2 R_1 + I_s^2 R_2 \tag{7-37}$$

$$P_{fixd} = \frac{U_d^2}{R_{fixd}} \tag{7-38}$$

$$P_{pump} = k' \frac{I_{stack}}{SOC_i} \tag{7-39}$$

式中，I 与 I_s 为 R_1 与 R_2 所流经的电流（A）；I_{stack} 为电池堆栈电流（A）；k' 表征泵升损耗常数，取值 42.5[17]。

综合式（7-37）～式（7-39）得电池运行损耗 P_{bat_loss}，即

$$P_{bat\_loss} = P_{internal} + P_{fixd} + P_{pump} \tag{7-40}$$

本节计算的储能设备运行损耗 P_{dc_loss} 主要指 DC/DC 变换器的损耗，包括导通损耗、开关损耗和静态损耗，根据 DC/DC 变换器相关论文研究[18]，其转换效率可取 95%，因此损耗可设定为转换效率的 5%。储能系统运行损耗评价指标 $f(el)$ 综合储能单元运行损耗和储能设备运行损耗，其表达式为

$$f(el) = k_L t_c (P_{bat\_loss} + P_{dc\_loss}) \tag{7-41}$$

式中，k_L 为电价系数[元/(kW • h)]；t_c 为常量，表示每个分配周期的时间长度（h）。

7.4.2.2 储能单元充放电容量折损评价指标

储能单元 VFB 在充放电过程中，存在容量衰减现象，其容量衰减的因素主要有钒离子扩散和副反应（本节暂不考虑副反应），且电池容量衰减取决于历史循环行为。VFB 容量折损评价指标与以下参数有关，包括容量衰减率 L_z、VFB 总循环次数 R_s、VFB 购置成本 B_p 和残余价值 B_r。储能单元充放电容量折损评价指标 $f(cf)$ 计算公式为

$$f(cf) = L_z (B_p - B_r) \tag{7-42}$$

式中，L_z 为 VFB 在使用周期内容量损失率。

令 L 表示为电池在每个调度周期的容量损失率，L_z、L 由以下公式求得

$$L = 0.5 \times d^{k_p} r_{100} \tag{7-43}$$

式中，k_p 为由 VFB 制造商提供的通过使用实验数据拟合得到的常数，为 0.85。

因此在 h 个调度周期内，可求容量总损失率 L_z 为

$$L_z = \sum^{h} L \tag{7-44}$$

式中，r_{100}为 VFB 的 100%充放电深度时的容量衰减率，其大小与 VFB 充放电使用总循环次数 R_s 有关。

$$(1-r_{100})^{R_s}=\delta \tag{7-45}$$

当 VFB 剩余可使用的容量衰减到初始额定容量 E_0 的 δ 倍时，电池寿命即被认为结束，δ 取 80%。

式（7-43）中 d 为某调度周期内电池充或放电程度，其计算公式为

$$d=\frac{E_h-E_{h-1}}{E_{h0}} \tag{7-46}$$

式中，E_h 为第 h 个调度周期后电池的剩余容量（A•h）；E_{h-1} 为第 h–1 个调度周期后电池的剩余容量（A•h），即为第 h 个调度周期前电池的剩余容量；E_{h0} 为第 h 个调度周期后电池衰减后的总容量（A•h），可表示为

$$E_{h0}=E_0(1-L_z) \tag{7-47}$$

7.4.2.3 储能单元间 SOC 均衡度评价指标

储能系统可通过多个电池的串并联满足不同的出力需求。在储能系统实际运行中，储能单元因调度目的、控制精度的不同或电池特性、电极材料不一致等因素的影响，各储能单元间 SOC 必然存在差异。若此时各储能单元分配的功率不当，将增大储能单元过充电、过放电及提前退出运行等现象的发生率，且可能致使储能单元间 SOC 差值越来越大。因此将储能单元间 SOC 均衡度作为功率分配的评价指标是合理的。均衡度评价指标 f（SOC）计算公式为

$$f(\mathrm{SOC})=\sum_{i=1}^{n}(\mathrm{SOC}_i-a)^2+(\mathrm{SOC}_{i\max}-\mathrm{SOC}_{i\min}) \tag{7-48}$$

式中，SOC_i 为第 i 个分配周期前电池 SOC 值；$\mathrm{SOC}_{i\max}$ 与 $\mathrm{SOC}_{i\min}$ 为第 i 个分配周期后四组电池 SOC 的最大值和最小值；a 为各电池 SOC 需要达到的均衡目标点，a 值的选取与以下有关。

计算第 h 分配周期前整个储能系统的 $\overline{\mathrm{SOC}}$ 值，在满足分配周期内总出力 P_{total} 后得出整个储能系统当前 $\overline{\mathrm{SOC}}$ 值，作为储能单元 SOC 均衡目标点 a。P_{total} 包括储能系统需求值 P_z 和储能系统运行损耗 $P_{\mathrm{bat\_loss}}$、$P_{\mathrm{dc\_loss}}$。储能系统 $\overline{\mathrm{SOC}}$ 值计算公式为

$$\overline{\mathrm{SOC}}=\frac{E_h}{E_{\mathrm{total\_0}}}=\frac{\sum_{i}^{n}\mathrm{SOC}_iE_0}{nE_0} \tag{7-49}$$

式中，E_h 为储能系统当前总容量（A•h），$E_{\mathrm{total\_0}}$ 为储能系统总额定容量（A•h）。

储能系统总出力 P_{total} 耗能计算公式为

$$W = P_z t_c + \sum^{t_c}(P_{bat\_loss} + P_{bc\_loss}) \tag{7-50}$$

综合式（7-48）～式（7-50）可计算储能单元 SOC 均衡目标点 a 值，即

$$a = \frac{4E_0 U_{额定}\overline{SOC} - W}{4E_0 U_{额定}} \tag{7-51}$$

7.4.2.4 目标优化函数系数分析

因 $f(el)$、$f(cf)$和 $f(SOC)$评价指标数值计算单位不同、大小差异明显，为消除评价指标的量纲单位和统一其数值变化范围，使储能系统多目标优化运行更加可控化，特对各评价指标进行线性归一化处理，设定电池不同的初始 SOC 值与出力功率情况，具体如表 7-4 中 Nor1～Nor9 情况，根据式（7-37）～式（7-51）计算 $f(el)$、$f(cf)$和 $f(SOC)$的最小数值与最大数值，其中充电功率为正，放电功率为负。

表 7-4 指标归一化计算详情表

电池 SOC_0	情况	出力功率	$f(el)$值	$f(cf)$值	$f(SOC)$值
1#：0.2、2#：0.2 3#：0.2、4#：0.2	Nor1	1#：5、2#：5 3#：5、4#：5	1.2697	0.1334	0
	Nor2	1#：−5、2#：−5 3#：−5、4#：−5	2.1635	0.1935	0
1#：0.2、2#：0.2 3#：0.3、4#：0.5	Nor3	1#：5、2#：5 3#：5、4#：5	1.2613	0.1317	0.0595
1#：0.5、2#：0.5 3#：0.5、4#：0.5	Nor4	1#：5、2#：5 3#：5、4#：5	1.2462	0.1285	0
	Nor5	1#：−5、2#：−5 3#：−5、4#：−5	1.8702	0.1755	0
1#：0.48、2#：0.49 3#：0.5、4#：0.53	Nor3	1#：−5、2#：−5 3#：−5、4#：−5	1.8704	0.1754	0.0015
1#：0.8、2#：0.8 3#：0.8、4#：0.8	Nor6	1#：5、2#：5 3#：5、4#：5	1.2293	0.1236	0
	Nor7	1#：−5、2#：−5 3#：−5、4#：−5	1.6983	0.1628	0
1#：0.78、2#：0.8 3#：0.85、4#：0.9	Nor8	1#：−5、2#：−5 3#：−5、4#：−5	1.6760	0.1610	0.0093
	Nor9	1#：−2.5、2#：−2.5 3#：−2.5、4#：−2.5	0.8509	0.0811	0.0089

通过表 7-4 数据可推，若要 $f(el)$、$f(cf)$和 $f(SOC)$评价指标在同一量级，需对

$f(cf)$和f(SOC)指标先进行加权处理。

对于式（7-36）目标优化函数的权重系数选取，常用方法为经验判断法，但是具有主观性太强、缺少检验条件等缺点。因此本节采用美国运筹学家萨蒂（Saaty T. L.）教授在20世纪80年代中期针对较复杂模糊及难以完全定量分析的问题提出一种便捷灵活且实用的建模方法——层次分析法（Analytic Hierarchy Process，AHP)，该方法对相互关联、相互制约的系统本质，系统的各影响因素及系统内部因素内在关系等进行深度分析后，提供了一种兼具系统性、灵活性和实用性等特点的新的决策和排序思路，适合多准则、多目标的系统决策。近年来该系统决策被广泛地应用于各个领域，如能源系统分析、运输规划、行为科学和经济管理等。AHP的基本思路如图7-22所示。

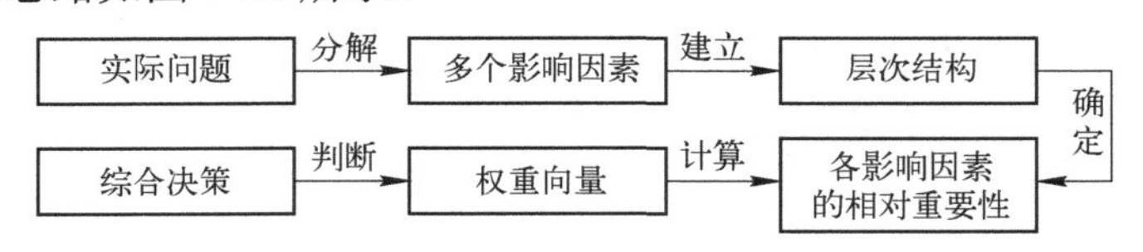

图7-22 AHP基本思路图

1）将复杂系统按层次分解划分，根据系统问题性质，目标划分因素层和目标层，因素层由对目标层起影响作用的多个影响因素构成。

2）考虑各个影响因素之间的关系，按不同层次组合各个影响因素，形成多层次结构最高层、中间层和最下层。最高层为要解决的问题本身；中间层一般为准则，即对决策目标起影响作用的影响因素；最下层为决策方案。

3）针对同层次影响因素进行两两比较，引入1～9比率标度进行定量化判断，以确定各影响因素之间的相对重要性，依次类推至所有层影响因素，从而得到权重向量。

AHP步骤如下。

（1）层次结构的建立

建立层次结构是AHP解决问题的关键，最上层为目标层，通常只定一个因素，即决策目标，然后列出与其相关的各影响因素作为下层，分析影响因素间关系，画出层次结构图。图7-23为基本层次结构图，图7-24为本节层次结构图。

（2）构造判断矩阵

建立图7-24层次结构图后，确定因素层所有影响因素相对重要性，根据不同方案需求对因素层进行两两比较，形成判断矩阵$\boldsymbol{A}=(a_{ij})$，其中i与j取值为1～m，表明存在m个影响因素，某影响因素与其他影响因素要进行$m-1$次比较，用a_{ij}表示第i个影响因素与第j个影响因素的比较，a_{ii}表示与自身的比较，从而形成一个$m \times m$阶的判断矩阵。判断矩阵的建立是数据标量化的过程，互反性九分法标度最常用的标量化方法见表7-5。

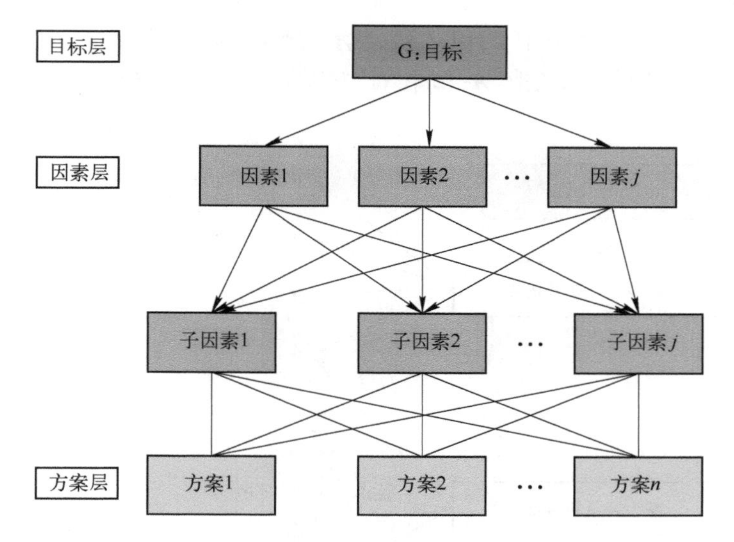

图 7-23　基本层次结构图

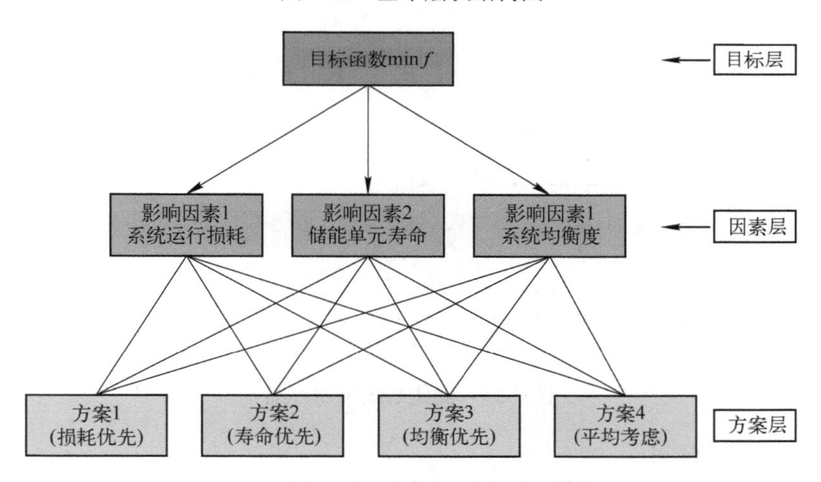

图 7-24　储能系统寻优层次结构图

表 7-5　互反性九分法标度表

标　　度	含　　义
1	表示两个影响因素相比具有同等重要性
3	表示两个影响因素相比，前者比后者稍微重要
5	表示两个影响因素相比，前者比后者明显重要
7	表示两个影响因素相比，前者比后者强烈重要
9	表示两个影响因素相比，前者比后者极端重要
2、4、6、8	上述两相邻判断的中值
倒数	影响因素 i 与 j 比较为 a_{ij}，则影响因素 j 与 i 比较为 $a_{ji}=1/a_{ij}$

本节设定 a_i、a_j（本节中 i, j=1,2,3）表示为影响因素，代表本节中三个评价指标，从而构成 3×3 的判断矩阵 $\boldsymbol{A}=[a_{ij}]_{3\times3}$。储能系统出力方案存在多种可能，如图 7-25 所示。

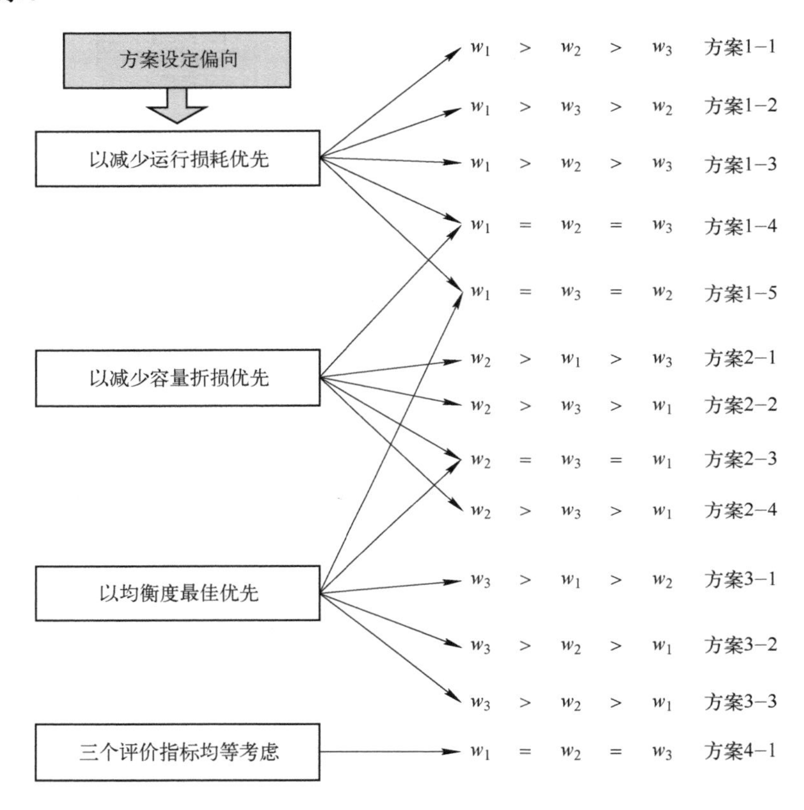

图 7-25 储能系统出力方案

（3）一致性检验

判断矩阵是影响因素间两两比较出相对重要性，可能存在因素比较次序不一致等判断，如设定 a_1 比 a_2 明显重要，a_2 比 a_3 明显重要，a_3 比 a_1 明显重要，该类逻辑混乱又违反常识的判断，导致判断矩阵出现不完全一致情况。因此 AHP 要求判断矩阵具有大体的一致性，需对其进行层次单排序和层次总排序的一致性检验。层次单排序为确定该层各影响因素对上层（也可能是目标层）某因素紧密关系程度的过程，层次总排序为计算某一层次所有影响因素对最高层（目标层）相对重要性的权值。层次单排序和层次总排序的判断矩阵均必须保障矩阵满足一致性检验的前提。本节因素层只有一层，因此本节可只对层次单排序进行检验，检验公式为

$$\mathrm{CR}=\mathrm{CI}/\mathrm{RI} \tag{7-52}$$

式中，CR 为判断矩阵 $\boldsymbol{A}$ 的随即一致性比率；RI 为矩阵 $\boldsymbol{A}$ 的平均一致性指标；CI 为矩阵 $\boldsymbol{A}$ 的一般一致性指标。

CI 计算公式为

$$\mathrm{CI}=\frac{\lambda_{\max}-m}{m-1} \tag{7-53}$$

一般当 CI=0 时具有完全的一致性，CI 越接近于 0 表明一致性越良好，$\lambda_{\max}$ 为判断矩阵 $\boldsymbol{A}$ 的最大特征值，m 为因素个数，本节 m 为 3。RI 取值规则见表 7-6。

表 7-6　RI 取值规则表

矩阵阶数	1	2	3	4	5	6	7	8	9
RI	0	0	0.52	0.89	1.12	1.26	1.36	1.41	1.46

当判断矩阵 $\boldsymbol{A}$ 的 CR<0.1 时，即认定 $\boldsymbol{A}$ 具有满意的一致性；否则调整矩阵元素数值，直至满足一致性检验。

7.4.3　算例仿真

7.4.3.1　粒子群算法与模拟退火粒子群算法比较

Rosenbrock 函数为测试优化算法的经典函数，基本公式如式（7-54）所示。针对该函数的二维和四维进行基本 PSO 与 SAPSO 的算法验证，如图 7-26 和图 7-27 所示。图 7-26 和图 7-27 中，“+”为 PSO 算法适应度值；“*”为 SAPSO 算法适应度值。

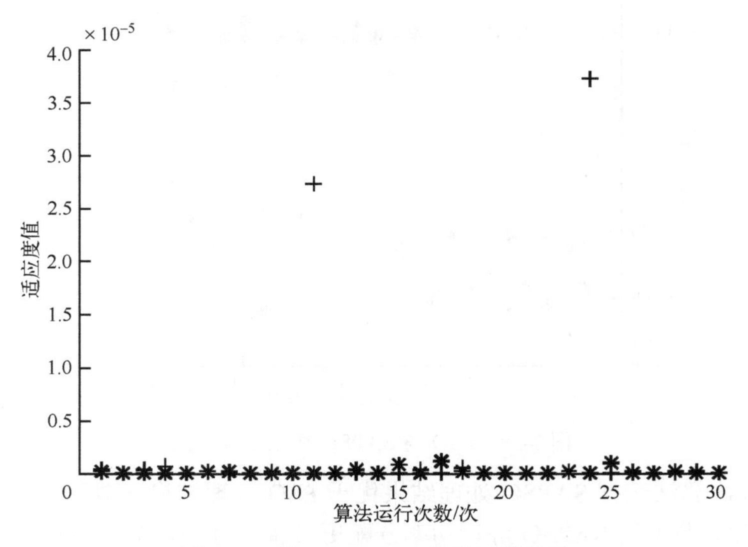

图 7-26　维 Rosenbrock 函数运算结果

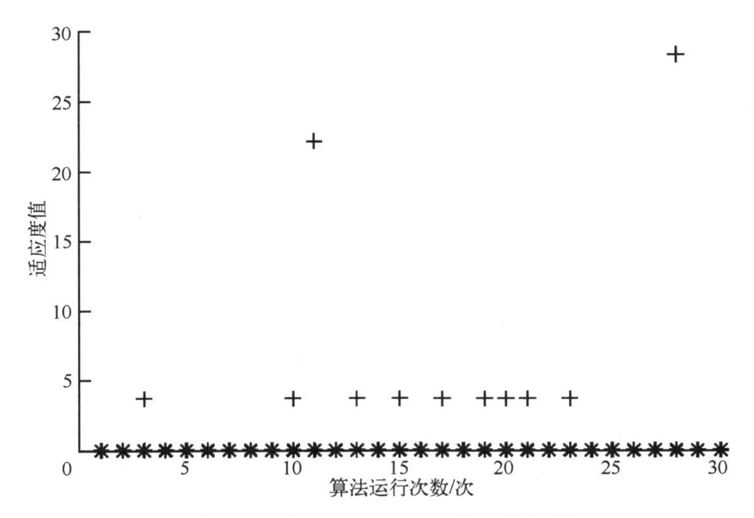

图 7-27 维 Rosenbrock 函数运算结果

$$f(x)=\sum_{i=1}^{n}(100(x_{i+1}-x_i^2)^2+(x_i-1)^2) \tag{7-54}$$

SAPSO 在计算维度较小的函数时，与 PSO 相比除运算速度外并无明显优势；但在处理维度较大的函数时，其运算结果明显优于 PSO 算法。本节设定在电池初始 SOC 分别为 20%、18%、25%和 25%，需求功率值为 12kW，算法规模为 100 和迭代次数为 1000 时，比较基本 PSO 与 SAPSO 适应度值曲线，如图 7-28 所示。

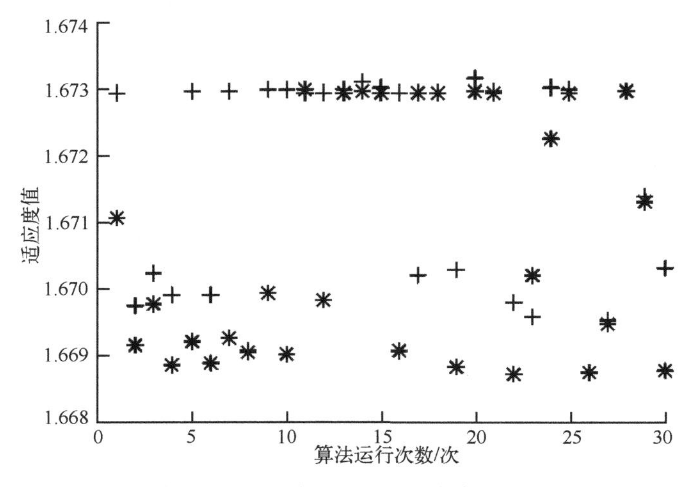

图 7-28 PSO 与 SAPSO 适应度值对比

在 30 次算法运行 SAPSO 处理结果优于 PSO 处理结果次数为 27 次，概率为 90%。因此本节使用 SAPSO 进行功率分配更具备可行性，且分配结果更加优良。SAPSO 适应度值迭代表现如图 7-29 所示。

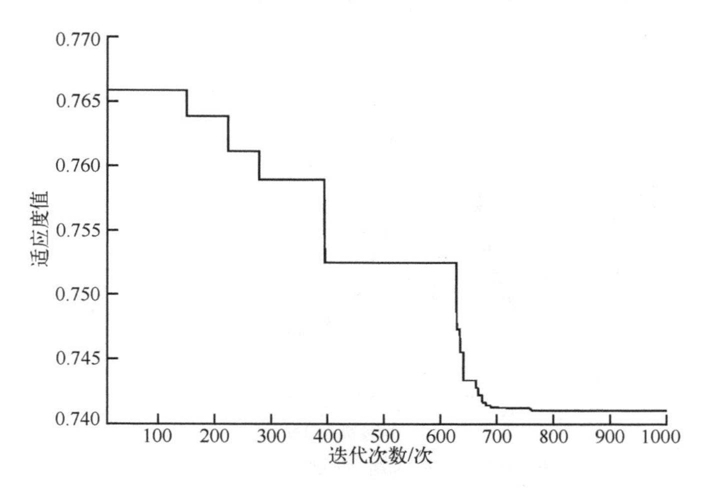

图 7-29　SAPSO 迭代适应度值

7.4.3.2　仿真参数说明

本节储能系统中有 4 组 VFB 串联组，VFB 串联组为 4 个 VFB 电池串联，每个 VFB 电池功率为 5kW。设定粒子群算法维度 D 为 4 维，为使得功率分配策略具有较高的精度和较稳定的特征，选取种群规模 N 为 100，惯性权重的最大值和最小值分别取值为 0.9 和 0.4，并选取算法迭代次数 K 为 1000，学习因子 $c_1=c_2=1.43$，K_{sa} 根据工程经验取值为 0.99。初温设计为最大适应值的绝对值的 2 倍。

7.4.3.3　单目标功率分配仿真与分析

本节目标优化函数包含运行损耗、储能单元寿命和储能单元间均衡度三个评价指标，评价指标计算数值越小，其评价性能越优。将 w_1、w_2 和 w_3 分别置为 1，同时另外两个权重系数置为 0，将多目标优化函数转换为单目标优化函数，本节单目标优化不对评价指标归一化处理，设置 1#、2#、3# 和 4# 四组电池组阻值参数一致，其 SOC_0 分别为 20%、18%、25% 和 25%。根据上一小节中评价指标公式对本节 SAPSO 策略和按照 SOC 的比率（SOCRATE）分配功率策略（以下称为策略 2）进行目标函数值对比。仿真结果如图 7-30～图 7-33 所示。

图 7-30 中，权重系数设置为 $w_1=1$，$w_2=w_3=0$ 时只考虑损耗。图 7-31 中，权重系数设置为 $w_1=0$，$w_2=1$，$w_3=0$ 时只考虑损耗。图 7-32 中，权重系数设置为 $w_1=w_2=0$，$w_3=1$ 时只考虑均衡度。图 7-33 设置前 20 个调度周期只考虑损耗，20～40 个调度周期只考虑容量折损，后期只考虑均衡度。由图 7-30～图 7-33 可知，根据各单目标优化的评价指标计算，本节选用的 SAPSO 策略无论是在储能系统运行损耗评价指标、在储能单元充放电容量折损评价指标，还是在储能单元间 SOC 均衡度评价指标下，其系统运行情况整体均优于策略 2，因此可证明本节策略更加合理。尤其在图 7-32 中，较策略 2 具有明显优势。通过观察图 7-30～图

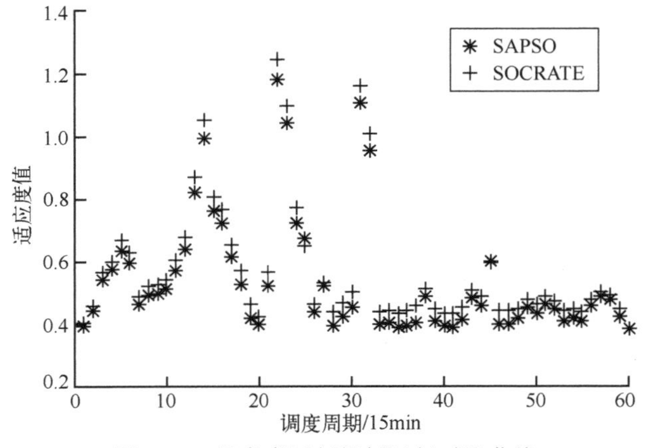

图 7-30 只考虑运行损耗运行对比曲线

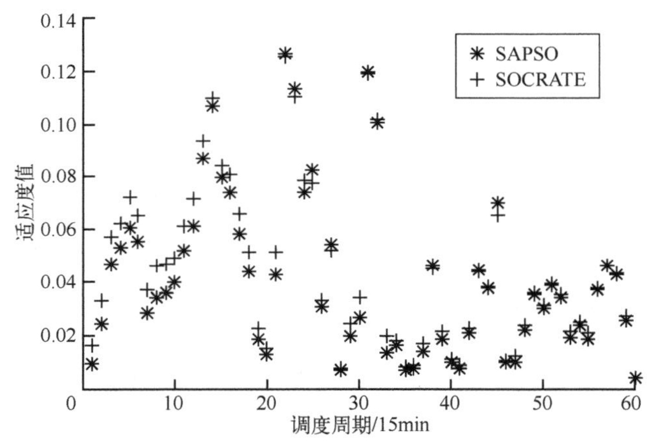

图 7-31 只考虑容量折损运行对比曲线

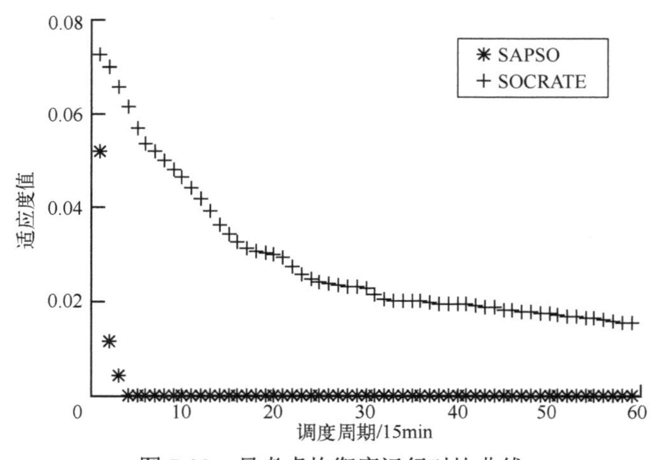

图 7-32 只考虑均衡度运行对比曲线

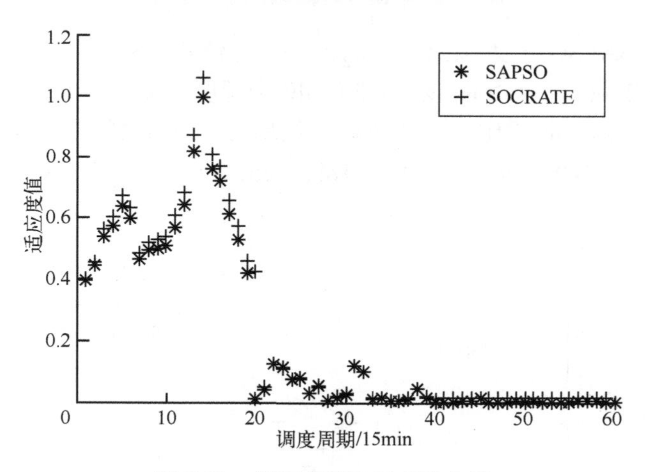

图 7-33　指标分段运行对比曲线

7-32，在第 14 个、第 22 个和第 31 个分配周期均出现评价指标尖峰值。经分析可知，此 3 个分配周期功率需求值接近本储能系统出力极限值，为满足功率需求值大小，四组电池组均接近最大功率运行。

7.4.3.4　多目标功率分配仿真与分析

储能系统在多目标功率分配设定时，先对储能系统运行损耗、储能单元充放电容量折损和储能单元间 SOC 均衡度三个评价指标根据 7.4.2.4 章节中得出的指标归一化系数进行归一化处理，然后SAPSO 策略再根据各情况设定的权重比例进行综合计算。按照 7.4.2.4 章节出力方案不同的设定，可将三个权重间的大小关系分为 13 种，本节选取 $w_1 = w_2 = w_3$ 、$w_1 = w_3 > w_2$ 和 $w_1 > w_3 > w_2$ 三种关系进行具体的计算说明，并将本节策略和策略 2 进行仿真对比。

若认为储能系统运行损耗重要程度=储能单元间均衡度>储能单元寿命重要程度，则 $w_1 = w_3 > w_2$ 。构造判断矩阵 $\boldsymbol{A}_1$ 如式（7-55）所示。经过权重计算可得权重分配为 0.4286、0.1429 和 0.4286，可通过式（7-52）～式（7-53）的一致性检验，该权重分配合理。同理 $w_1 > w_3 > w_2$ 时，即认为储能系统运行损耗重要程度>储能单元间均衡度>储能单元寿命重要程度，此时构造判断矩阵 $\boldsymbol{A}_2$ 如式（7-56）所示。经过权重计算可得权重分配 0.6370、0.1047 和 0.2583，可通过一致性检验，该权重分配合理。在 $w_1 = w_2 = w_3$ 时，权重分配定为 1/3、1/3 和 1/3。

$$\boldsymbol{A}_1 = \begin{pmatrix} 1 & 3 & 1 \\ 1/3 & 1 & 1/3 \\ 1 & 3 & 1 \end{pmatrix} \tag{7-55}$$

$$\boldsymbol{A}_2 = \begin{pmatrix} 1 & 5 & 3 \\ 1/5 & 1 & 1/3 \\ 1/3 & 3 & 1 \end{pmatrix} \tag{7-56}$$

本节设定 SAPSO–1 为按照 $w_1 = w_2 = w_3$ 进行仿真；SAPSO–2 为前 20 个调度周期权重系数按照 $w_1 = w_3 > w_2$ 设定，20～40 个调度周期设定 $w_1 > w_3 > w_2$，后期权重系数按照 $w_1 = w_2 = w_3$ 设定；对比策略为策略 2。设置 1#、2#、3#和 4#四组电池组阻值参数一致，SOC_0 分别为 20%、18%、25%和 25%。仿真对比结果如图 7-34 所示。

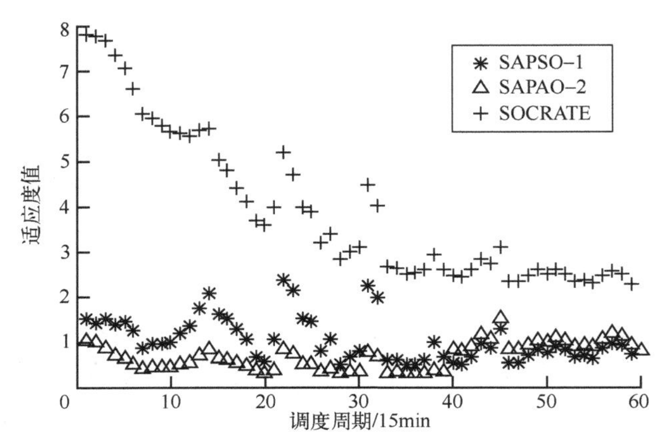

图 7-34 各情况目标函数值对比曲线

其中在 SAPSO–1 情况下，四组电池组运行 SOC 变化曲线如图 7-35 所示。

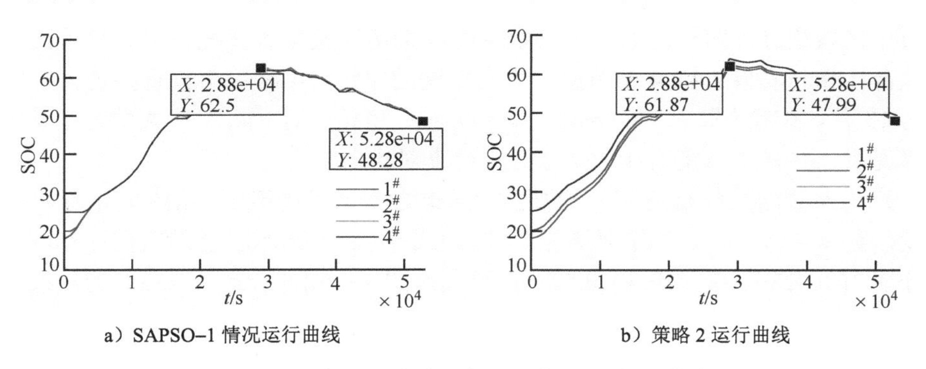

a）SAPSO–1 情况运行曲线

b）策略 2 运行曲线

图 7-35 内阻一致时调度周期内 SOC 变化曲线

通过图 7-34 可知，本节策略多目标优化函数值运行结果和策略 2 对比均具有明显的优势，可证明储能系统按照本节策略进行出力，其损耗、容量折损度和不均衡度均可得到良好改善。图 7-35 仿真结果为权重关系为 $w_1 = w_2 = w_3$ 时，储能单元 SOC 变化曲线和策略 2 下 SOC 变化曲线。由图 7-35 可知，本节策略下储能系统在满足需求功率曲线出力时，储能系统中各电池组 SOC 最终将趋向一致化，而且 SOC 最终状态值可充可放具有良好的可调度性。策略 2 在非调度性功率分配情况下，策略均衡作用明显；但在周期性调度功率分配情况下，均衡效果一般，且储能系统可用能量少于本节策略控制下的可用能量，同时本节策略不会出现如策略 2 在四组电池 SOC 不一致却又需要四组电池全部出力时出现的功率分配越限现象。因此本节策略具有更优秀的均衡表现。

设置 1#、2#、3#三组电池组阻值参数一致，4#电池组阻值增加 12%。SOC_0 分别为 20%、18%、25%和 25%，权重系数设定为 $w_1 = w_2 = w_3$。仿真结果如图 7-36 所示。四组电池组运行 SOC 变化曲线如图 7-37 所示。

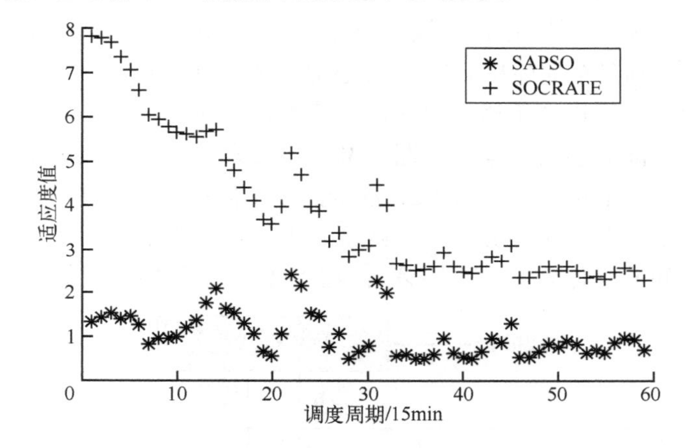

图 7-36　目标函数值对比曲线

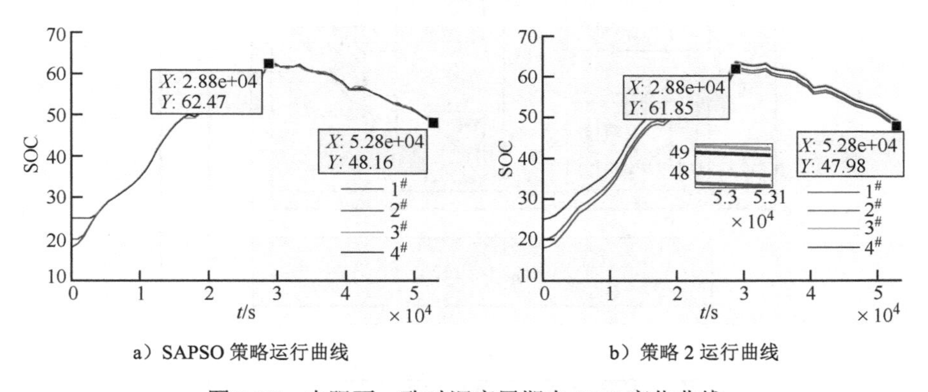

图 7-37　内阻不一致时调度周期内 SOC 变化曲线

由图 7-36 和图 7-37 可知，基于模拟退火粒子群算法的功率协调控制策略在并联电池组内阻不一致时，依然具有可行性，其分配结果相比策略 2 均降低了运行损耗、容量折损度和不均衡度，且 SOC 最终状态值趋向一致，但策略 2 在运行过程中内阻不一致、初始 SOC 一致的 3#和 4#电池 SOC 变得不再一致，从而使储能系统均衡度更差。综上所述，可证明本策略在多种情况设定下，在减少系统运行损耗、降低容量折损和提高系统均衡度方面均具有明显优势。

7.5 全钒液流电池储能电站的双层功率分配技术

本节结合全钒液流电池储能电站架构和控制方式，提出了一种全钒液流电池储能电站内部多储能单元的双层功率分配策略，上层策略考虑全钒液流电池储能电站整体 SOC 均衡度、PCS 运行效率等，实现上级需求指令在多个储能子系统之间的功率优化分配，下层策略为保证各储能单元的 SOC 一致性，引入非线性对数函数，实现直流侧多个储能单元的 SOC 快速动态均衡。最后结合实际算例，通过对比功率均分、分级投切策略，验证该策略的有效性。

全钒液流电池储能电站架构如图 7-38 所示。其中，全钒液流电池集成模块作为最小单元，即储能单元；单台 PCS 控制的多个储能单元作为一套储能子系统，将多储能单元功率分配策略分为上下两层。上层策略为上级功率需求指令在多个储能子系统之间的优化分配；下层策略为直流侧多个储能单元的功率动态均衡。

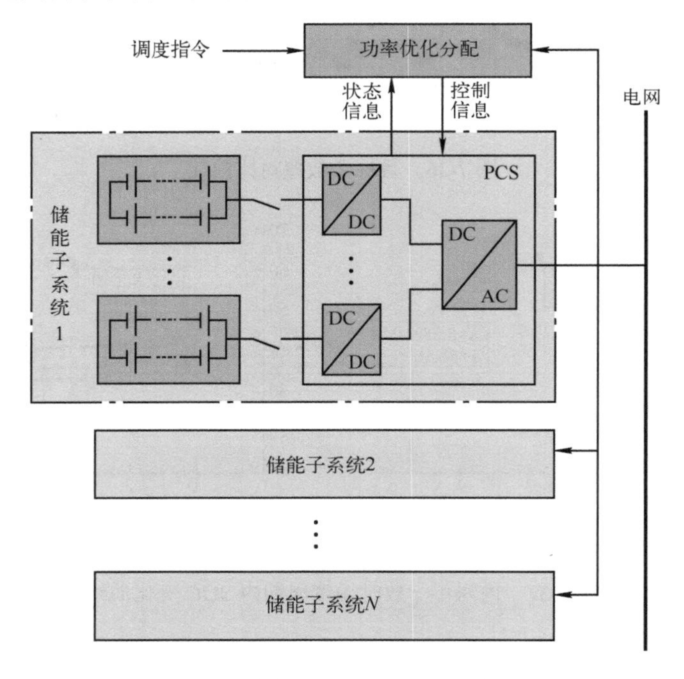

图 7-38　全钒液流电池储能电站架构

本节功率分配策略不关注储能电站所处的应用场景，仅从能量管理角度出发，研究上级需求指令在储能电站内部多储能单元之间的优化分配。为突出本节策略，假设需求指令均满足储能电站出力上下限约束。大规模全钒液流电池储能电站功率分配策略流程图如图 7-39 所示。

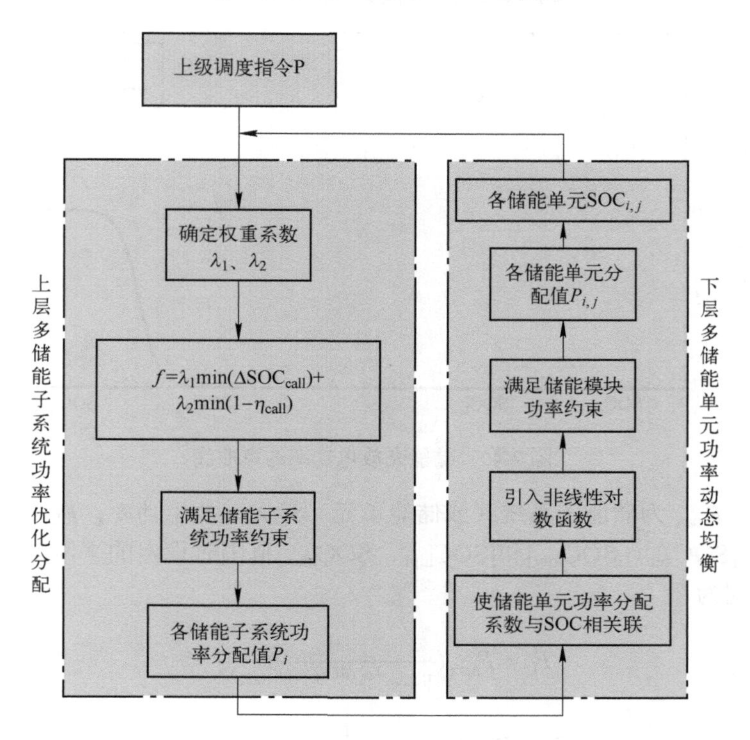

图 7-39　大规模液流电池储能电站功率分配策略流程图

7.5.1　储能充放电功率约束

首先，为避免功率分配过程中，储能子系统（或储能单元）出现过充电、过放电而降低使用寿命的现象，需对其充放电功率进行限制。本策略在现有储能SOC限值分类基础上，引入 Sigmoid 函数对处于[SOC_{min}，SOC_{low}]和[SOC_{high}，SOC_{max}]的储能充放电功率进行平滑约束，如图 7-40 所示。

则储能子系统（或储能单元）在不同 SOC 范围内的运行状态和出力范围见表 7-7。

表 7-7　储能子系统（或储能单元）分类

SOC 范围	运行状态	出力范围
$0 \leqslant SOC \leqslant SOC_{min}$	允许充电，不允许放电	$-P_{max} \leqslant P \leqslant 0$
$SOC_{min} < SOC \leqslant SOC_{low}$	允许充电，限功率放电	$-P_{max} \leqslant P \leqslant P_L$
$SOC_{low} < SOC \leqslant SOC_{high}$	充放电均可	$-P_{max} \leqslant P \leqslant P_{max}$
$SOC_{high} < SOC \leqslant SOC_{max}$	允许放电，限功率充电	$-P_H \leqslant P \leqslant P_{max}$
$SOC_{max} < SOC \leqslant 1$	允许放电，不允许充电	$0 \leqslant P \leqslant P_{max}$

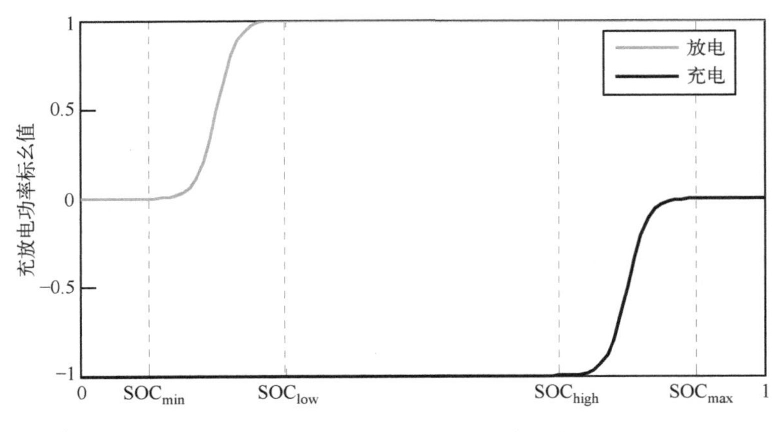

图 7-40　储能充放电功率约束曲线

其中，P_{max}为储能子系统（或储能单元）最大充放电功率；P_L和P_H分别为SOC 处于[SOC_{min}，SOC_{low}]和[SOC_{high}，SOC_{max}]范围时设定的平滑功率限值，其表达式分别为

$$P_L = P_{max}\left(\frac{1}{1+e^{-a_1(SOC-SOC_{min})}}\right) \tag{7-57}$$

$$P_H = P_{max}\left(\frac{1}{1+e^{-a_2(SOC-SOC_{max})}}-1\right) \tag{7-58}$$

式中，a_1、a_2分别由SOC_{min}和SOC_{low}、SOC_{high}和SOC_{max}决定。

7.5.2　上层功率优化分配

上层策略考虑液流电池储能电站整体 SOC 均衡度、PCS 运行效率等，实现上级需求指令在多个储能子系统之间的功率优化分配。

设当前时刻，液流电池储能电站接收到的上级需求指令为 P_{sch}，液流电池储能电站共有 N 个储能子系统，则

$$P_{sch} = \sum_{i=1}^{N} P_i \tag{7-59}$$

式中，P_i为储能子系统 i 的功率分配值，各储能子系统充放电状态与液流电池储能电站整体充放电状态保持一致（$P_{sch}>0$ 表示液流电池储能电站放电；$P_{sch}<0$ 表示液流电池储能电站充电）。

首先，为实现各储能子系统的 SOC 均衡，选取当前时刻结束时各储能子系统SOC 偏差最小作为优化目标之一；其次，需求指令的不断调整会导致液流电池储能电站长期工作在非满功率状态，本策略选取并联多 PCS 总效率最优为另一优化

目标，在实现各储能子系统按需调用的同时，可以适当提高系统运行效率。因此上层策略的目标函数为

$$f = \lambda_1 \min(\Delta\mathrm{SOC}_{\mathrm{all}}) + \lambda_2 \min(1 - \eta_{\mathrm{all}}) \tag{7-60}$$

式中，$\Delta\mathrm{SOC}_{\mathrm{all}}$ 为各储能子系统 SOC 偏差；η_{all} 为并联多 PCS 总效率；λ_1、λ_2 为两者所占权重系数，$\lambda_1+\lambda_2=1$。

图 7-41 给出了随着权重系数变化，SOC 偏差与 PCS 总效率的变化趋势，可以看出，两者相互制约，无法同时优化，一个目标的减小会使另一个目标增大。

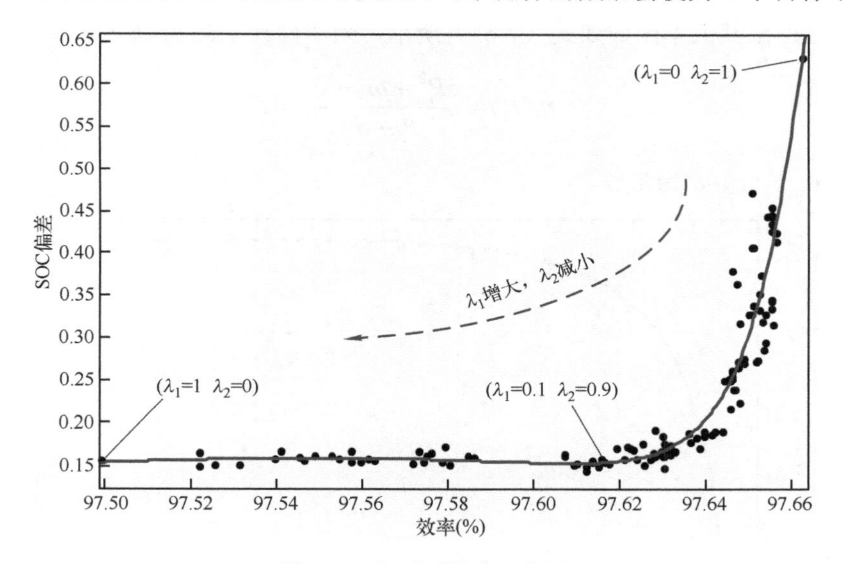

图 7-41　权重系数分配结果

7.5.2.1　各储能子系统 SOC 偏差

以当前时刻结束时，各储能子系统 SOC 偏差最小建立目标函数为

$$\begin{cases} \Delta\mathrm{SOC}_{\mathrm{all}} = \dfrac{1}{N}\displaystyle\sum_{i=1}^{N}\left|\mathrm{SOC}_i^1 - \overline{\mathrm{SOC}}\right| \\ \mathrm{SOC}_i^1 = SOC_i - \dfrac{P_i T}{E_i} \\ \overline{\mathrm{SOC}} = \dfrac{1}{N}\displaystyle\sum_{i=1}^{N}\mathrm{SOC}_i^1 \end{cases} \tag{7-61}$$

式中，SOC_i 和 SOC_i^1 分别为当前时刻开始、结束时储能子系统 i 的荷电状态；$\overline{\mathrm{SOC}}$ 为当前时刻结束时液流电池储能电站整体平均 SOC；E_i 为储能子系统 i 额定容量；T 为时间间隔。

7.5.2.2 并联多 PCS 总效率

以 N 台相同 PCS 并联总效率最优建立如下目标函数，即

$$\eta_{\text{all}}=\frac{\sum_{i=1}^{N}[P_i\eta_i(P_i)]}{\sum_{i=1}^{N}P_i} \tag{7-62}$$

式中，$\eta_i(P_i)$为第 i 台储能变流器的效率值。

根据国内某厂家实际储能变流器的测试结果，借助 MATLAB 中的 Curve Fitting 工具拟合得出其效率函数如式（7-63）所示，效率曲线如图 7-42 所示。

$$\eta_i(P_i)=\frac{aP_i^2+bP_i+c}{P_i+d} \tag{7-63}$$

式中，a、b、c、d 为常数。

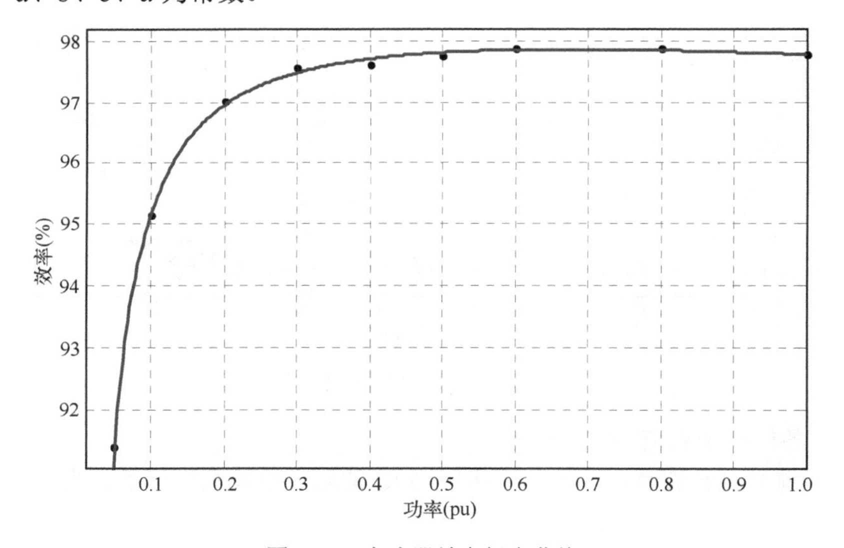

图 7-42 变流器效率拟合曲线

由图 7-42 可以看出，变流器功率较低时，其效率较低，随着功率的增加，效率不断提升，在 0.76（pu）达到最高点，之后略有下降。

第 7.5.2.1 节中的目标函数为线性函数，便于求解。针对本节并联多 PCS 总效率最优的非线性函数，本策略采用分段线性化方法，将该函数转化便于求解的线性函数。最后在 MATLAB 中调用 CPLEX 工具箱进行求解，求解得出的各储能子系统功率分配值传递给下层策略。

7.5.2.3 非线性目标函数的分段线性化

第 7.5.2.2 节中的并联多 PCS 总效率最优问题是一个非线性函数，求解过程较

为复杂，本策略采用分段线性化的方法，便于快速求解。

如图 7-43 所示，将非线性函数 $y=f(x)$ 的特性曲线分成若干段，每段用直线近似代替特性曲线，将非线性函数 $y=f(x)$ 近似转化为线性分段函数为

$$y=\begin{cases} a_1x+b_1 & x_1\leqslant x\leqslant x_2 \\ a_2x+b_2 & x_2\leqslant x\leqslant x_3 \\ \vdots \\ a_{n-2}x+b_{n-2} & x_{n-2}\leqslant x\leqslant x_{n-1} \\ a_{n-1}x+b_{n-1} & x_{n-1}\leqslant x\leqslant x_n \end{cases} \tag{7-64}$$

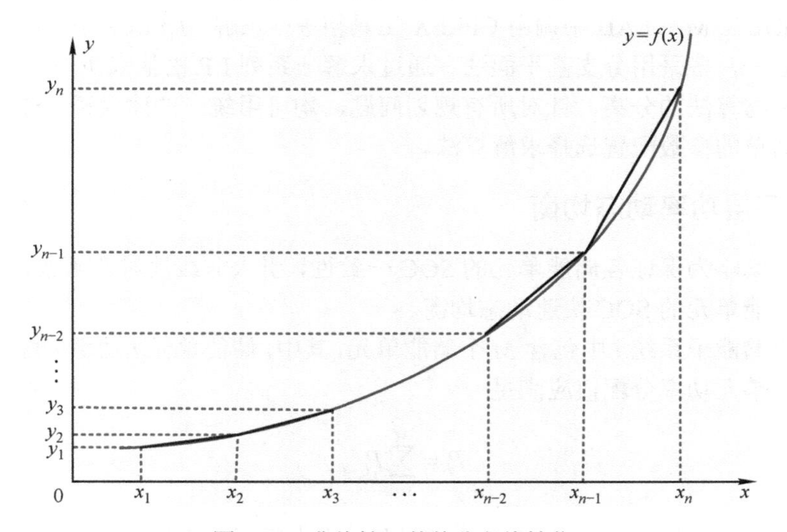

图 7-43　非线性函数的分段线性化

引入连续变量 w_k 和 0～1 变量 h_k，将 x 和 y 表示为

$$x=\sum_{k=1}^{n} w_k x_k \tag{7-65}$$

$$y=\sum_{k=1}^{n} h_k y_k \tag{7-66}$$

可以理解，当 x 属于第一个小区间$[x_1, x_2]$时，$x=w_1x_1+w_2x_2$，$w_1+w_2=1$，w_1、$w_2\geqslant 0$，因为 y 在$[x_1, x_2]$上近似为线性直线，则 $y=w_1y_1+w_2y_2$；同样，当 x 属于第一个小区间$[x_2, x_3]$时，$x=w_2x_2+w_3x_3$，$w_2+w_3=1$，w_2、$w_3\geqslant 0$，因为 y 在$[x_2, x_3]$上近似为线性直线，则 $y=w_2y_2+w_3y_3$。依次类推，为了表示 x 在哪个区间，引入 0～1 变量 h_k，当 x 在第 k 个区间时，$h_k=1$；否则，$h_k=0$。这样连续变量 w_k 和 0～1 变量 h_k 需满足以下约束条件

$$\begin{cases} \sum_{k=1}^{n} w_k = 1 \\ 0 \leqslant w_k \leqslant h_k \\ \sum_{k=1}^{n} h_k \leqslant 2 \\ \sum_{k=1}^{n} \sum_{i=1}^{n-k} (h_k + h_{k+i}) \leqslant 1 \end{cases} \tag{7-67}$$

这样，就把一个非线性规划问题转化为一个 MILP 问题。针对 MILP 问题，本策略采用在 MATLAB 中调用 CPLEX 工具箱进行求解。CPLEX 作为 MILP 商业求解器之一，多采用分支割平面法。通过求解一系列 LP 松弛来实现，CPLEX 实现了建模与算法的分离。针对所有规划问题，均可用统一的建模语言来实现，然后通过简单的参数配置选择求解算法。

7.5.3 下层功率动态均衡

下层策略为保证各储能单元的 SOC 一致性，引入非线性对数函数，实现直流侧多个储能单元的 SOC 快速动态均衡。

假设储能子系统 i 中包含 M 个储能单元，其中，储能单元 j 功率分配值为 P_{i_j}，则各储能单元功率分配值应满足

$$P_i = \sum_{j=1}^{M} P_{i\_j} \tag{7-68}$$

为避免部分储能单元 SOC 过高或过低，出力受限甚至停止动作，影响储能子系统整体出力能力，下层策略以 SOC 均衡为目标，优化各储能单元充放电功率。以放电过程为例，SOC 较高的储能单元应有较高的功率分配值，SOC 较低的储能单元有较低的功率分配值，从而使得各储能单元 SOC 逐渐趋于一致。本策略引入中间变量——功率分配系数。

$$\begin{cases} P_{i\_j} = k_{i\_j} P_i \\ \sum_{j=1}^{M} k_{i\_j} = 1 \end{cases} \tag{7-69}$$

式中，k_{i_j} 为功率分配系数，各储能单元功率分配值由系数 k_{i_j} 决定；P_i 为储能子系统 i 的功率指令，由上层功率优化分配得出，$P_i>0$ 表示储能子系统 i 放电，$P_i<0$ 表示储能子系统 i 充电；各储能单元充放电状态与储能子系统整体充放电状态保持一致。

为实现各储能单元的 SOC 均衡，建立功率分配系数 k_{i_j} 与各 SOC 之间的关系。

$$\begin{cases} k_{i\_j}=\dfrac{\mathrm{SOC}_{i\_j}}{\sum\limits_{j=1}^{M}\mathrm{SOC}_{i\_j}}=\dfrac{1}{M}\times\dfrac{\mathrm{SOC}_{i\_j}}{\mathrm{SOC}_i} & P_i>0 \\ k_{i\_j}=\dfrac{(1-\mathrm{SOC}_{i\_j})}{\sum\limits_{j=1}^{M}(1-\mathrm{SOC}_{i\_j})}=\dfrac{1}{M}\times\dfrac{1-\mathrm{SOC}_{i\_j}}{1-\mathrm{SOC}_i} & P_i<0 \\ \mathrm{SOC}_i=\dfrac{1}{M}\sum\limits_{j=1}^{M}\mathrm{SOC}_{i\_j} & \mathrm{SOC}_{i\_j}\in[0,1] \end{cases} \tag{7-70}$$

式中，SOC_{i_j} 为第 j 个储能单元荷电状态；SOC_i 为储能子系统 i 的 SOC 平均值。

为使得各储能单元 SOC 有更快的均衡速度，本策略引入非线性对数函数构建各储能单元的功率分配系数 k_{i_j}，式（7-71）和式（7-72）为储能子系统 i 放电情况下，储能单元 j 的功率分配系数 k_{i_j} 与自身 SOC 之间的关系；根据式（7-73）和式（7-74）可以确定储能子系统 i 放电情况下，储能单元 j 的功率分配系数 k_{i_j} 与自身 SOC 之间的关系。

$$\frac{\mathrm{SOC}_{i\_j}}{\mathrm{SOC}_i}=Mk_{i\_j}=\frac{\left[-\ln(1-\mathrm{SOC}_{i\_j})\right]^n}{\left[-\ln(1-\mathrm{SOC}_i)\right]^n} \tag{7-71}$$

$$\begin{cases} \dfrac{\left[-\ln(1-\mathrm{SOC}_{i\_j})\right]^n}{\left[-\ln(1-\mathrm{SOC}_i)\right]^n}>\left[\dfrac{\mathrm{SOC}_{i\_j}}{\mathrm{SOC}_i}\right]^n & \mathrm{SOC}_{i\_j}>\mathrm{SOC}_i \\ \dfrac{\left[-\ln(1-\mathrm{SOC}_{i\_j})\right]^n}{\left[-\ln(1-\mathrm{SOC}_i)\right]^n}=1 & \mathrm{SOC}_{i\_j}=\mathrm{SOC}_i \\ \dfrac{\left[-\ln(1-\mathrm{SOC}_{i\_j})\right]^n}{\left[-\ln(1-\mathrm{SOC}_i)\right]^n}<\left[\dfrac{\mathrm{SOC}_{i\_j}}{\mathrm{SOC}_i}\right]^n & \mathrm{SOC}_{i\_j}<\mathrm{SOC}_i \end{cases} \tag{7-72}$$

$$\frac{1-\mathrm{SOC}_{i\_j}}{1-\mathrm{SOC}_i}=Mk_{i\_j}=\frac{\left[-\ln(\mathrm{SOC}_{i\_j})\right]^n}{\left[-\ln(\mathrm{SOC}_i)\right]^n} \tag{7-73}$$

$$\begin{cases} \dfrac{\left[-\ln(\mathrm{SOC}_{i\_j})\right]^n}{\left[-\ln(\mathrm{SOC}_i)\right]^n}>\left[\dfrac{1-\mathrm{SOC}_{i\_j}}{1-\mathrm{SOC}_i}\right]^n & \mathrm{SOC}_{i\_j}<\mathrm{SOC}_i \\ \dfrac{\left[-\ln(\mathrm{SOC}_{i\_j})\right]^n}{\left[-\ln(\mathrm{SOC}_i)\right]^n}=1 & \mathrm{SOC}_{i\_j}=\mathrm{SOC}_i \\ \dfrac{\left[-\ln(\mathrm{SOC}_{i\_j})\right]^n}{\left[-\ln(\mathrm{SOC}_i)\right]^n}<\left[\dfrac{1-\mathrm{SOC}_{i\_j}}{1-\mathrm{SOC}_i}\right]^n & \mathrm{SOC}_{i\_j}>\mathrm{SOC}_i \end{cases} \tag{7-74}$$

式中，n 为非线性对数函数的幂，n>0。

可以看出，随着 n 的增大，各储能单元的 SOC 可以更快地趋于一致。

求解得出的各储能单元功率分配值发送至对应的 DC/DC 变换器，控制各储能单元按照给定功率运行。在当前时刻结束时，由式（7-75）计算得出各储能子系统 SOC，传递给上层策略，进入下一时刻。

$$
\begin{aligned}
\mathrm{SOC}^1_{i\_j} &= \mathrm{SOC}_{i\_j} - \frac{1}{E_{i\_j}} \int P_{i\_j} \mathrm{d}t \\
\mathrm{SOC}^1_{i} &= \frac{1}{M} \sum_{j=1}^{M} \mathrm{SOC}^1_{i\_j}
\end{aligned}
\tag{7-75}
$$

式中，$\mathrm{SOC}^1_{i\_j}$ 为当前时刻结束时，储能单元 j 的 SOC 值；SOC^1_i 为当前时刻结束时储能子系统 i 的 SOC 值。

7.5.4 算例分析

选择国内某港口为其配置液流电池储能电站，液流电池储能电站的功能为平抑联络线功率波动，减少每月容量电费，得出液流电池储能电站配置规模以及充放电需求指令。图 7-44 为液流电池储能电站功率需求指令，以及加装储能前后联络线波动曲线。其中，液流电池储能电站规模为 6MW×4h，共包含 6 台 1MW 储能子系统，每 1MW 储能子系统包含四组 250kW 储能单元。为模拟液流电池储能电站运行过程中产生的 SOC 差异，设置各储能单元初始 SOC 存在适当差异。

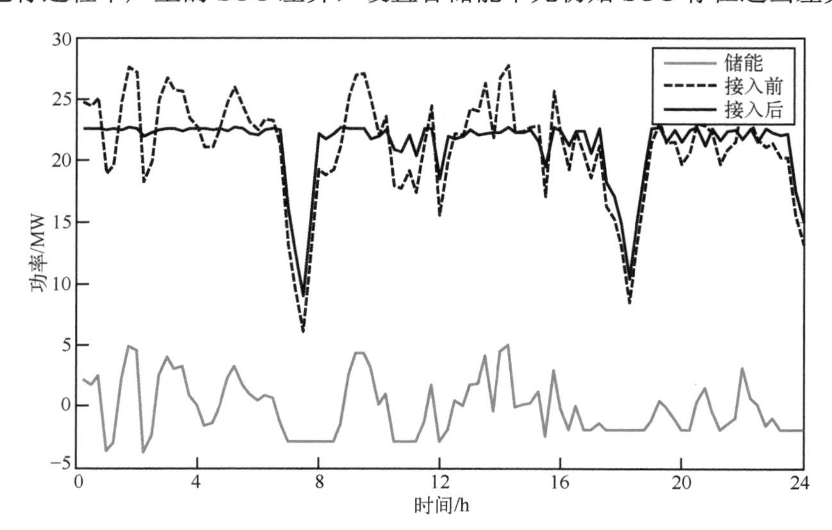

图 7-44 液流电池储能电站功率需求指令和联络线功率波动曲线

以该港口液流电池储能电站功率需求指令为例，分别对比功率均分、分级投切以及本章所提功率分配策略的效果。策略相关参数设定值见表 7-8。

表 7-8　策略参数设定值

相关参数	设定值	相关参数	设定值
SOC_{min}	0.05	a_2	138
SOC_{low}	0.15	N	6
SOC_{high}	0.85	M	4
SOC_{max}	0.95	λ_1	0.1
P_{max}（储能子系统）	1×10^6	λ_2	0.9
P_{max}（储能单元）	2.5×10^5	T	15/60
a_1	138	n	1

功率均分指的是各个储能单元平均分配所需功率。

分级投切指根据所需功率及各储能单元 SOC 状态，分级投切储能单元，新的储能单元投入运行时，已投运的储能单元均满功率运行。

相同功率指令下，液流电池储能电站分别执行三种不同的功率分配策略，得出一天内各储能单元 SOC 变化曲线，如图 7-45 所示。可以看出：功率均分策略由于功率平均分配，各储能单元 SOC 始终保持一定差异；分级投切策略虽会根据储能单元 SOC 进行投运，但无法较好地保证各储能单元的 SOC 均衡。相比两种策略，本节所提策略可以明显减小各储能单元 SOC 间的差异，使之维持在储能电站平均 SOC 附近。此外，5:00～7:00 时刻，功率均分、分级投切模式下均有部分储能单元因 SOC 过低，放电功率受到限制甚至为 0。

图 7-46 给出了不同策略下储能电站 SOC 偏差的具体变化曲线。可以看出：功率均分模式下，若无液流储能单元 SOC 超限停止运行，储能电站 SOC 偏差将始终保持初始时刻设置的 SOC 偏差；分级投切模式下，储能单元根据 SOC 状态进行投运，但缺乏灵活性，电站整体 SOC 偏差仍较高；在本节策略作用下，储能电站 SOC 偏差会迅速降低，之后稳定在一定区间内，稳定之后的 SOC 偏差低于功率均分和分级投切模式下的 SOC 偏差，证明本节策略可以更好地保证各储能单元的 SOC 一致性。

进一步对比不同策略下液流电池储能电站整体出力情况，如图 7-47 所示。可以看出：5:00～7:00 时刻，功率均分、分级投切模式下，因部分储能单元放电功率受到限制甚至为 0，导致液流电池储能电站整体出力受到影响，无法很好地跟踪功率需求指令；在本节策略作用下，各储能单元 SOC 均维持在电站平均 SOC 附近，具有较好的出力状况，保证液流电池储能电站的安全可靠运行。

上级指令的不断调整导致 PCS 长期工作在非满功率状态，液流电池储能电站的整体效率并未达到最优状态，图 7-48 给出了三种不同功率分配模式下，液流电

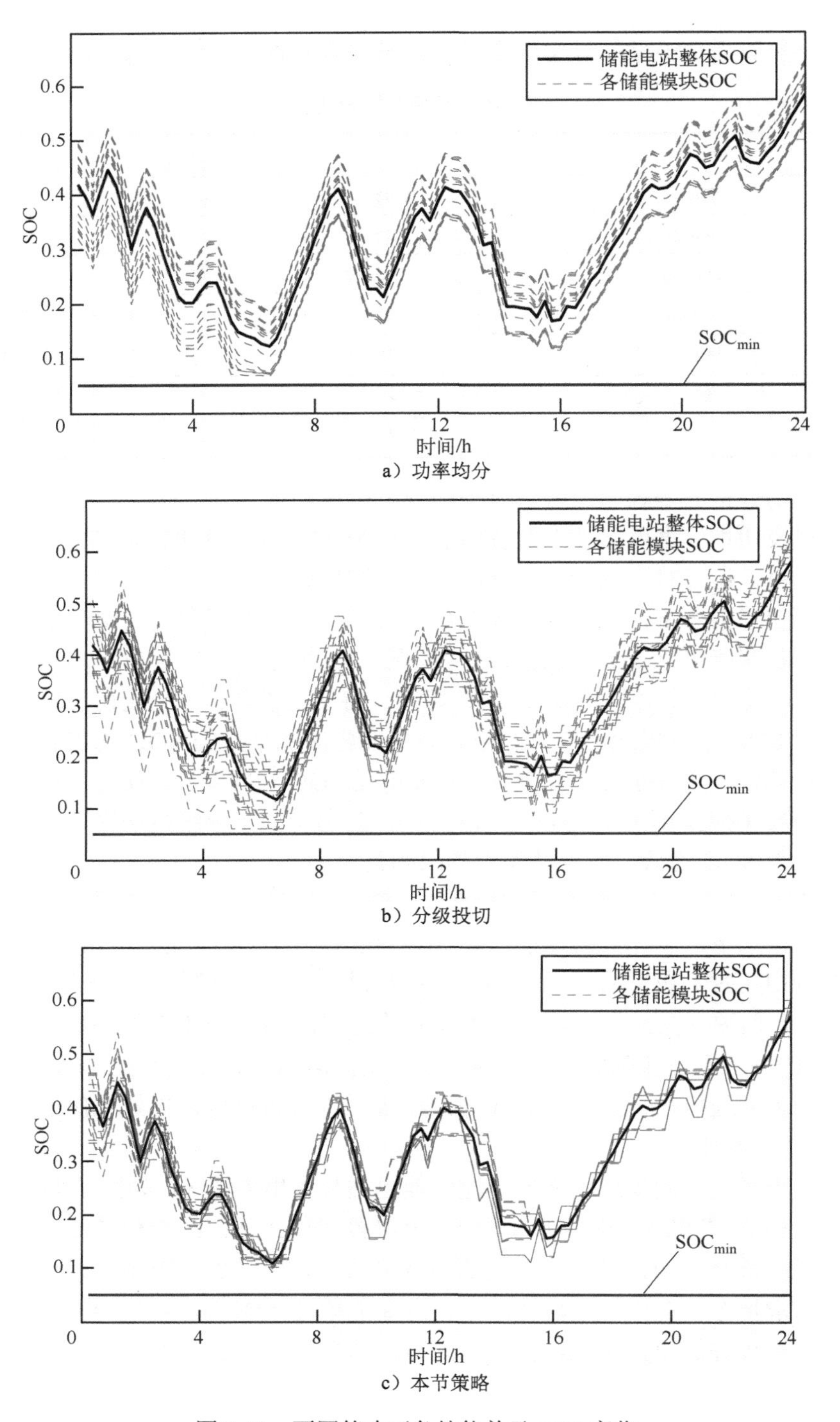

a）功率均分

b）分级投切

c）本节策略

图 7-45 不同策略下各储能单元 SOC 变化

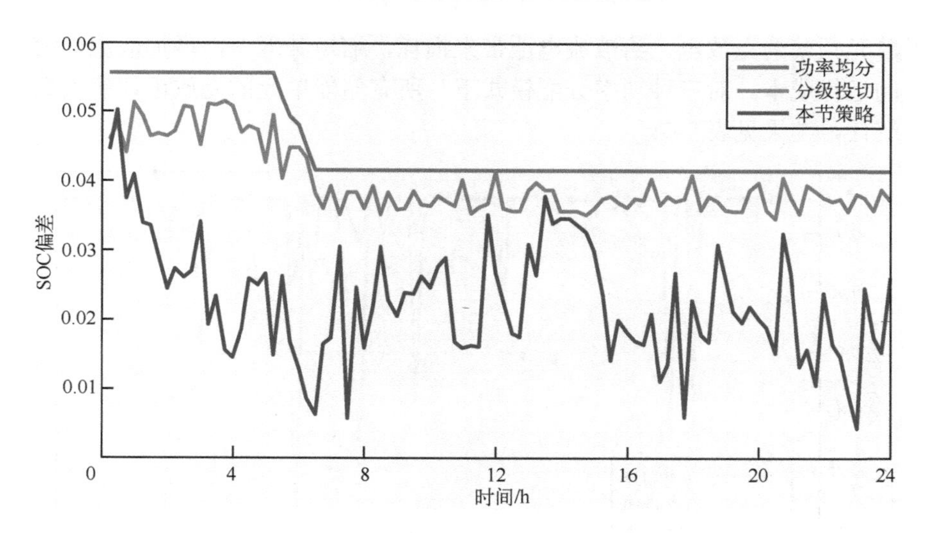

图 7-46　不同策略下 SOC 偏差变化

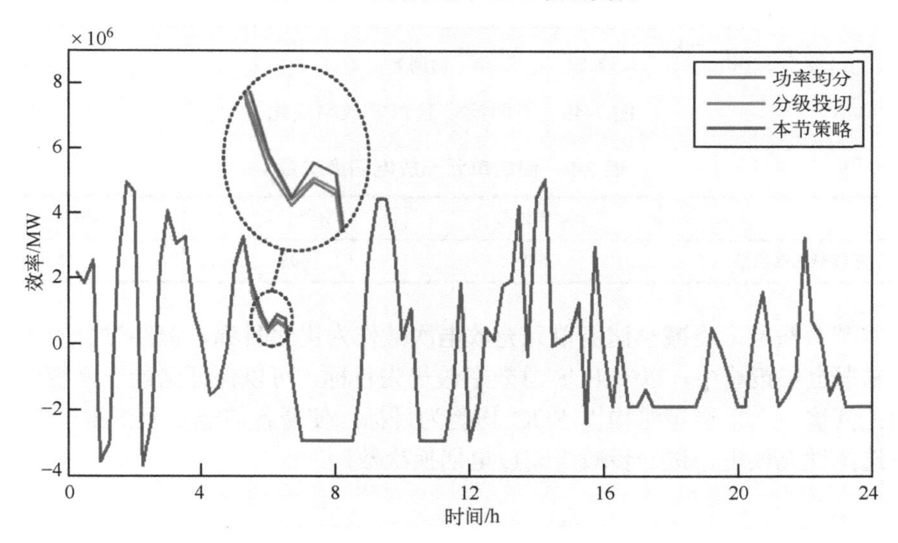

图 7-47　不同策略下液流电池储能电站整体出力对比

池储能电站并联多 PCS 总效率在一天内的变化曲线。结合图 7-47 和图 7-48，可以看出：在液流电池储能电站整体出力较低时，功率均分模式下并联多 PCS 总效率明显下降；而本节策略和分级投切由于按照所需功率调用储能单元，使得每个时刻液流电池储能电站的整体运行效率均处于较高水平，减少了运行过程中的电能损耗。

除实现各储能单元 SOC 均衡和提高液流电池储能电站整体效率之外，本节策略同时可以大幅减少储能单元的总充放电次数，避免上级指令的不断调整导致各储能单元频繁的充放电，给液流电池带来损耗，缩短其寿命，增加液流电池储能电站的运行成本。对三种功率分配模式下，所有储能单元的充放电切换次数之和进行统计，结果见表 7-9。

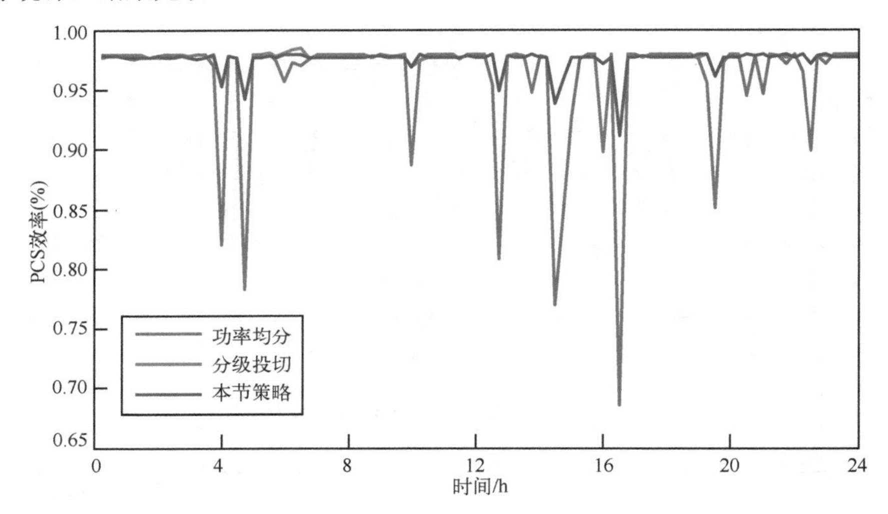

图 7-48 不同策略下 PCS 效率变化

表 7-9 储能单元充放电切换次数

	功率均分	分级投切	本节策略
充放电切换次数	648	408	322

本节策略虽未将减小储能单元充放电次数作为优化目标，但经过分析不难得出：本书上层策略中，以多 PCS 总效率最优为目标，可以保证储能子系统的按需调用；其次，上下层策略均以 SOC 均衡为目标，使得各储能单元根据自身 SOC 状态选择性充放电，进一步减少充放电切换次数。

7.6 本章小结

本章给出了包括 PCS 并联运行控制层、功率分配层和就地控制层的 VFB 储能系统分层控制结构。针对就地层，给出了 VFB 的充放电双闭环控制策略；针对功率分配层，提出了基于 P–AWPSO 算法和基于模拟退火粒子群算法两种算法，以 VFB 储能系统折损成本最低、损耗最小和 SOC 一致性最好为总目标。其中 P–AWPSO 算法在传统自适应粒子群算法的基础上考虑了优先级，能够减少大容量储能系统功率分配时的优化变量维数。通过仿真分析得出：P–AWPSO 算法具有减少充放电次数、损耗率低和 SOC 一致性好的特性，储能系统充放电能力适中，更有利于下次调度，另外折损成本、损耗率和 SOC 一致性等目标会影响功率分配的结果，目标不同分配的结果也不同，实际应用时要根据不同侧重点来选取各个目标的权重；基于模拟退火粒子群算法，在粒子群算法的基础上与模拟退火算法相结合可以使得 PSO 跳出局部的最优解，并采用层次分析法解决多目标问题，通过仿真分析 SAPSO 算法在多种情况设定下，在减少系统运行损耗、降低容量折损和提高系统均衡度方面均具有明显优势。针对 PCS 并联运行控制层，提出了一种液流电池储能电站内部多储能单元的双层功率分配策略，上层策略考虑液流电池储能电站整体 SOC 均衡度、PCS 运行效率等，实现上级需求指令在多个储能子系统之间的功率优化分配，下层策略为保证各储能单元的 SOC 一致性，引入非线性对数函数，实现直流侧多个储能单元的 SOC 快速动态均衡。最后结合实际算例，通过对比功率均分、分级投切策略，验证了该策略的有效性。

7.7 参考文献

[1] 张华民，王晓丽. 全钒液流电池技术最新研究进展[J]. 储能科学与技术，2013，2(3): 281-288.

[2] 杨霖霖，廖文俊，苏青，等. 全钒液流电池技术发展现状[J]. 储能科学与技术，2013，2(2): 140-145.

[3] 丁明，陈中，林根德. 钒液流电池的建模与充放电控制特性[J]. 电力科学与技术学报，2011，26(1): 60-66.

[4] 沈洁. 钒液流电池储能在光伏发电系统中的应用研究[D]. 保定：华北电力大学，2013.

[5] 谢毛毛. 基于移相全桥双向 DC/DC 变换器的电池管理系统的设计[D]. 合肥：合肥工业大学，2014.

[6] TANG A, BAO J, SKYLLAS-KAZACOS M. Dynamic modelling of the effects of ion diffusion and side reactions on the capacity loss for vanadium redox flow battery [J]. Journal of Power Sources, 2011, 196(24): 10737-10747.

[7] HE G, CHEN Q, KANG C, et al. Optimal operating strategy and revenue estimates for the arbitrage of a vanadium redox flow battery considering dynamic efficiencies and capacity loss[J]. Iet Generation Transmission & Distribution, 2016, 10(5): 1278-1285.

[8] 王芝茗. 大规模风电储能联合系统运行与控制[M]. 北京：中国电力出版社，2017.

[9] 中国电力企业联合会. 电力系统电化学储能系统通用技术条件：GBT 36558—2018[S]. 北京：中国标准出版社，2018.

[10] 全国电力储能标准化技术委员会. 电化学储能电站运行指标及评价：GB/T 36549—2018[S]. 北京：中国标准出版社，2018.

[11] 涂娟娟. PSO 优化神经网络算法的研究及其应用[D]. 镇江：江苏大学，2013.

[12] 倪宵. 全钒液流电池储能系统的多 DC/DC 协调控制策略[D]. 合肥: 合肥工业大学, 2018.

[13] LI X, HUI D, LAI X. Battery Energy Storage Station (BESS)-based smoothing control of Photovoltaic (PV) and wind power generation fluctuations[J]. IEEE Transactions on Sustainable Energy, 2013, 4(2): 464-473.

[14] LI X, YAO L, HUI D. Optimal control and management of a large-scale battery energy storage system to mitigate fluctuation and intermittence of renewable generations[J]. Journal of Modern Power Systems and Clean Energy, 2016, 4(4): 593-603.

[15] 雷秀娟, 付阿利, 孙晶晶. 改进 PSO 算法的性能分析与研究[J]. 计算机应用研究, 2010, 27(2): 453-458.

[16] CHEN Z, DING M, SU J H. Modeling and control for large capacity battery energy storage system[A]. International Conference on Electric Utility Deregulation & Restructuring & Power Technologies[C]. Weihai: IEEE, 2011: 1429-1436.

[17] 雷加智, 李勋, 朱敬峰, 等. 全钒液流电池模型及其充放电控制[J]. 电源技术, 2013, 37(9): 1574-1576.

[18] 陈海. 现代集成 DC-DC 变换器的高效率控制技术研究[D]. 杭州: 浙江大学, 2009.

第 8 章　全钒液流电池储能系统的应用实例

本章给出了全钒液流电池储能系统的几个应用实例。首先设计了 10MW/40MW•h 全钒液流电池储能系统的方案，然后给出了全钒液流电池储能系统测试平台、光储一体化平台的实例，并基于 Wincc OA 搭建了全钒液流电池能量管理系统[1-5]，最后基于光伏场景和风电场景分析了全钒液流电池储能系统的不同应用模式。

8.1　10MW/40MW • h 全钒液流电池储能系统设计

8.1.1　系统集成设计

8.1.1.1　系统整体拓扑设计

全钒液流电池的特点是功率输出与能量存储相互独立，即电解液储液罐与电堆、功率转换设备可独立设计，这使得系统更具灵活性，易扩展，可根据需求优化组合设计，适合大容量安装。系统中占地面积最大的是电解液储液罐部分，其体积主要由能量密度决定，故可基于此来进行系统整体设计。

根据液流电池的特点，10MW/40MW • h 全钒液流电池储能电站可分为电解液储罐区（包括正负极电解液及储液罐）、电池模块区（包括电堆、循环泵、过滤器、管路系统、传感器和电池管理系统）和电控区（包括储能变流器、高低压配电柜、变压器和能量管理系统）。

系统总体结构拓扑图如图 8-1 所示。

整体集成方案如下：

1）每 6 个 45kW 电堆经 3 串 2 并构成 1 个 270kW 电池组，每个电池组经一台 270kW 双向 DC/DC 变换器升压汇集成 1 个额定功率为 270kW 的储能单元。

2）每 4 个 270kW 储能单元的直流输出端并联汇集后再经 1 台 1000kW 的 DC/AC 双向变流器变换为交流 500V。

3）每两台 DC/AC 双向变流器交流侧经 1 台 2500kV • A 的变压器（10.5kV/0.5，Dyn11 接线）升压至 10kV 交流母线。

4）10MW/40MW • h 储能系统经 5 台 2500kV • A、0.4kV/10.5kV 双分裂变压器接入 10kV 母线，再经 10.5kV/36.5kV 升压变接入 35kV 配电柜。

8.1.1.2　液流电池模块参数

液流电池模块以 45kW 为单体单元设计，45kW 电堆额定电压为 75V，额定电

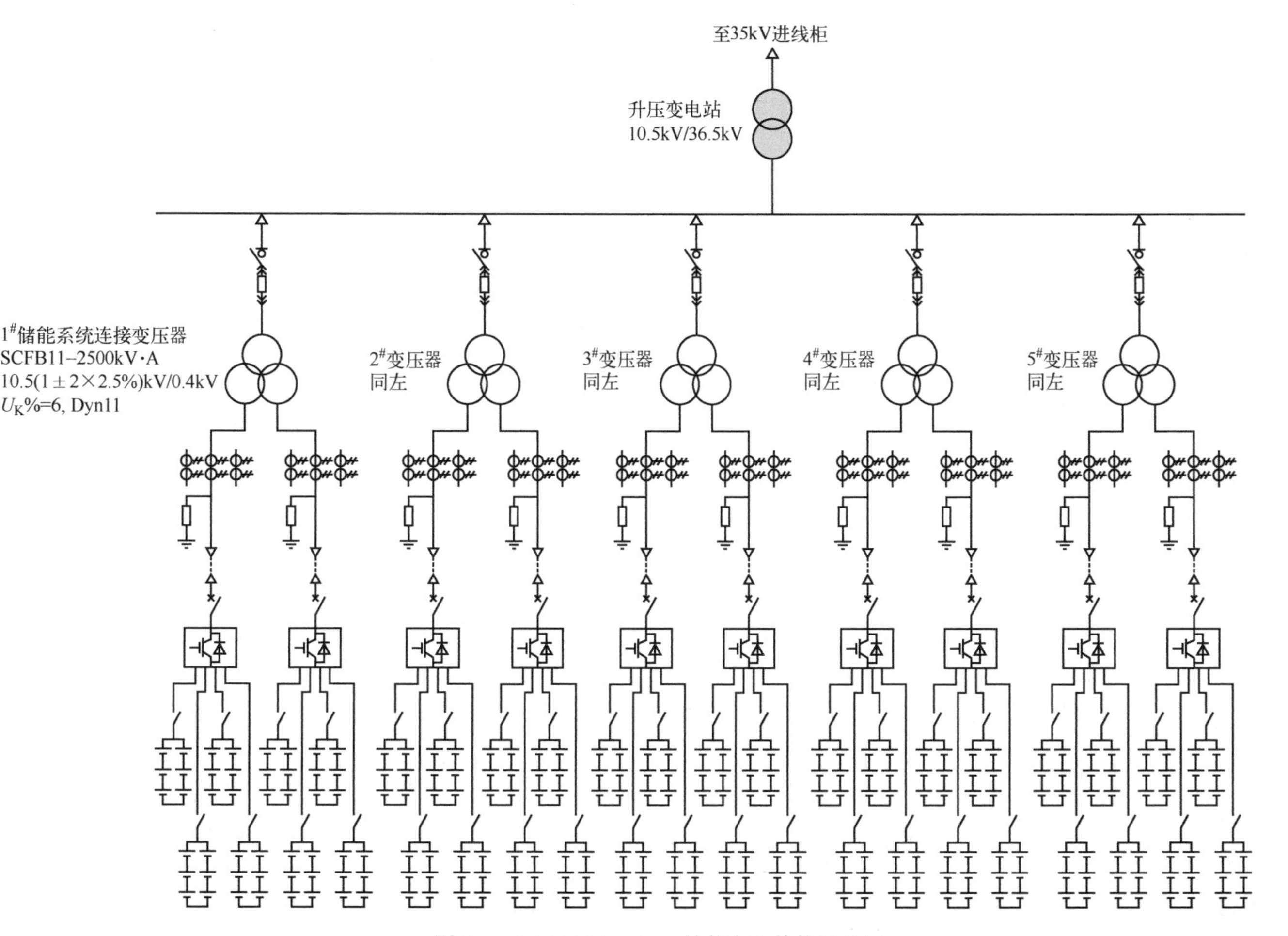

图 8-1 10MW/40MW·h 储能电站整体设计图

流 600A，由 60 片单电池串联组成，详细参数见表 8-1。

表 8-1　单体电堆参数表

类　型	数　值	类　型	数　值
额定电压/V	75（范围 60～96V，60 片）	额定电流/A	600（<750）
额定功率/kW	45	额定时间/h	4
额定能量/（kW • h）	180	额定容量/kW	45
工作温度/℃	−10～50	最大功率/kW	54
充电限压/V	96	放电限压/V	60

8.1.1.3　电堆成组设计

基于每 6 个 45kW 电堆经 3 串 2 并构成 1 个 270kW 电池组，每个电池组经一台 270kW 双向 DC/DC 变换器升压至 1000V，与 270kW 电池组组成 270kW 的储能单元，电池管理系统（BMS）负责实时监控电堆状态，如图 8-2 所示。

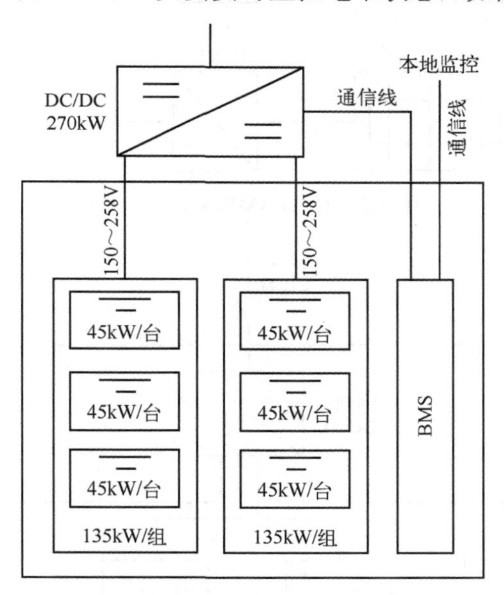

图 8-2　270kW 储能单元

每 4 个 270kW 储能单元的直流输出端并联汇集后再经 1 台 1000kW 的 DC/AC 双向变流器变换为交流 500V，接入储能系统变压器低压侧，如图 8-3 所示。

8.1.1.4　功率变换模块设计

液流电池的电压输入范围及耐压特性较低，目前本系统的 270kW 电池集装箱模块其输出端电压范围仅为 225～360V，故先经过一级 DC/DC 完成直流变换，四组 270kW DC/DC 单元输出端短接后，通过 1 台 1000kW DC/AC 模块输出至交流母线，然后再通过变压器升压接入 10kV 馈线，如图 8-4 所示。

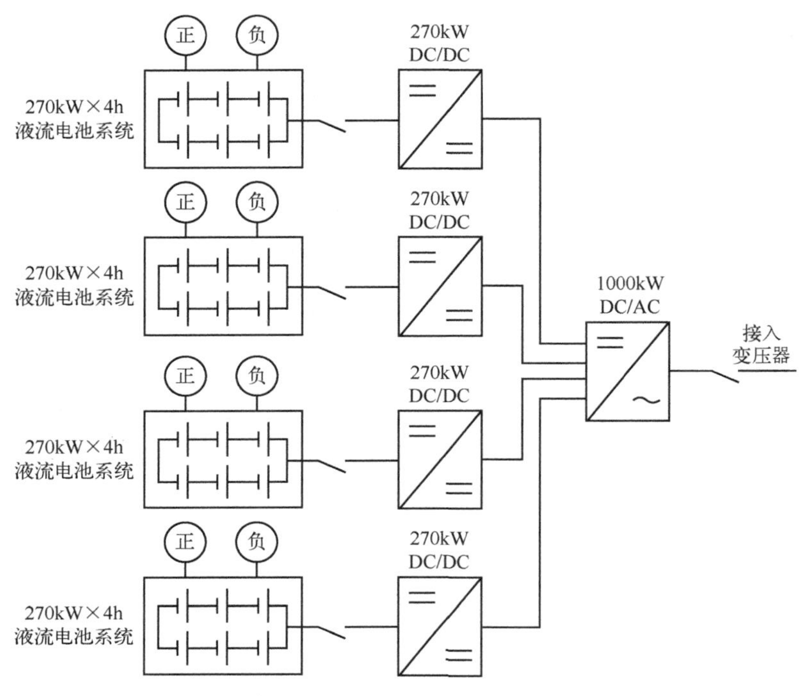

图 8-3　1MW/4MW • h 储能系统

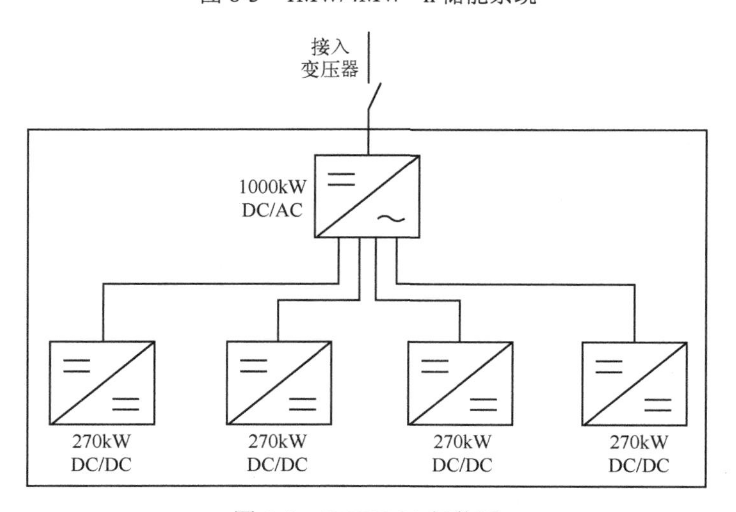

图 8-4　1MW PCS 拓扑图

储能变流器的单机额定功率为 1MW，由 DC/DC 柜和 DC/AC 柜构成。1MW PCS 的直流输入功率为 1100kW，交流输出功率为 1000kW；四组电池分别接入 1MW PCS 的四组 DC/DC 柜，经由 DC/AC 柜变换至 AC 500V。PCS 具体参数见表 8-2 和表 8-3。

表 8-2　270kW 直流变换器的技术参数

	DC/DC	参数
直流输入	额定功率/kW	270
	电池放电电压范围/V	150～258
	电池充电电压范围/V	0～300
	最大允许充/放电电流/A	1800（每支路 900）
	允许接入路数	2
直流输出	额定直流输出电压/V	700
	直流输出电压范围/V	650～750（可调）
	额定直流输出电流/A	386
常规	最大效率（%）	≥99
	充放电转换时间/s	＜0.1（额定功率）
	防护等级	IP20
	冷却方式	温控强迫风冷
	允许环境温度/℃	−30～+50
	允许相对湿度（%）	≤95（无凝露）
	尺寸（宽×高×深）/（mm×mm×mm）	1200×2150×800

表 8-3　1MW 储能变流器技术参数

	DC/AC	参数
直流输入	最大直流输入功率/kW	1100
	直流输入电压范围/V	650～750
	最大直流输入电流/A	1800
交流输出	额定交流输出功率/kW	1000
	额定交流输出电流/A	1155
	额定交流输出电压/V	500
	允许电网电压波动范围/V	420～550（可调）
	额定交流电压频率/Hz	50
	允许频率波动范围/Hz	47～52（可调）
	电流总谐波畸变率（THD）（%）	<3（额定功率）
	功率因数	≥0.99（额定功率）
	功率因数可调范围	−1～+1
效率	最大效率（%）	98.7
常规	防护等级	IP42
	充放电转换时间/s	＜0.1（额定功率）
	允许环境温度/℃	−30～+55
	允许相对湿度（%）	≤95（无凝露）
	人机界面	触摸屏
	通信方式	以太网、RS 485、CAN
	外形尺寸（宽×高×深）/（mm×mm×mm）	1600×2150×800

变流器设计参照国家电网 Q/GDW564—2010《储能系统接入配电网技术规定》[6]和 Q/GDW480—2010《分布式电源接入电网技术规定》[7]等标准。PCS 设备向电网或本地交流负载输送电能的质量，满足在谐波、电压偏差、电压不平衡度、直流分量、电压波动和闪变等方面的相关国家标准。PCS 采用下垂控制和虚拟同步机控制策略，可快速响应调频、调压等调度指令，并且在系统频率受到扰动时能够提供一定的惯性和一次调频功率输出，实现与电网的友好连接，具体如下：

1）谐波PCS 接入电网后，造成电网电压波形过度畸变，注入电网的谐波电流满足 GB/T 14549《电能质量公用电网谐波》的规定。

2）直流分量并网运行时，储能变流器交流侧输出电流中的直流电流分量不超过其输出电流额定值的 0.5%。

3）恒流充电稳流精度对储能电池进行恒流充电时，输出电流的稳流精度不超过±1%（额定电流）。

4）恒流充电电流纹波对储能电池进行恒流充电时，输出电流的电流纹波不超过 5%。

5）电压不平衡变流器接入电网的公共连接点的三相电压不平衡度不超过 GB/T 15543 规定的限值，公共连接点的负序电压不平衡度应不超过 2%，短时不得超过 4%；变流器引起的负序电压不平衡度不超过 1.3%，短时不超过 2.6%。

6）电压波动和闪变变流器并网运行时，在低压供电系统中产生的电压波动和闪烁应不超过 GB/Z 17625.3（额定电流大于 16A 的设备）规定的限值。

7）并网运行模式下，功率因数不参与系统无功调节且储能变流器输出大于其额定输出的 50%功率时，平均功率因数大于 0.95（超前或滞后）。

8）通信功能变流器具备一个 RJ 45（以太网）接口、一个 RS 485 接口；支持 Modbus/RTU 协议、Modbus/TCP 协议；预留 IEC 61850 协议接口。

功能要求如下。

（1）并网模式下

1）限压功能当储能变流器处于充电状态，电池组或单体电压最高值达到限定值时，储能变流器能自动调整，使电池组或单体电压不超过限定值。

2）限流功能储能变流器并网运行时，可根据电池的需要采取必要的限流措施，避免冲击电流对电池及储能变流器自身的损害。并网运行对电池充（放）电时，当电池端口电压或 SOC 达到规定值时，充（放）电电流可自动减小，充（放）电电流的偏差不超过规定限流值的±2%。储能变流器的充（放）电电流自动调整范围可以满足储能电池组充（放）电要求。

3）初始充电功能因钒液电池的特性，储能变流器采用预充电模式对电池充电。当电池电压达到充电设定值时，预充电过程结束，转入正常充电模式。变流器具有蓄电池充放电电流控制功能，将变流器设置在蓄电池 CC-DC 模式，根据用户需求可自行设置充放电电流。

4）有功/无功自动调节功能在控制系统授权的情况下，储能变流器具有根据当前电网频率/电压自动输出对应的有功功率/无功功率（按特定策略）。变流器在 P/Q 运行模式下，可实现输出功率的有功/无功调节，满足负载的主要功率需求。采用电网电压定向的矢量控制，实现有功功率和无功功率的正交解耦，同时实现功率的解耦控制。根据瞬时功率理论，也实现了有功功率和无功功率的瞬时控制。因此根据上位机指令可以快速准确地控制有功功率/无功功率的输出与吸收，实现电池储能系统的功率快速调节功能。

（2）离网模式下

1）限压功能。当储能变流器处于充电状态，电池组或单体电压最高值达到限定值时，储能变流器能自动调整，使电池组或单体电压不超过限定值。

2）限流功能。离网运行情况下，当电池端口电压或 SOC 达到规定值时，放电电流自动减小，使放电电流的偏差不超过规定限流值的±2%。储能变流器的放电电流自动调整范围应满足储能电池组放电要求。

3）三相不平衡负载。离网运行时 PCS 可支持三相 100%不平衡负载，输出负序电压不平衡度小于 2%，短时不超过 4%。

4）短路支撑能力。离网运行时 PCS 可提供短路支撑电流，短路支撑电流不低于 1.25 倍额定电流，支撑时间不低于 10s。

5）多机 V/F 并联。PCS 具备 V/F 源的并机能力，动态响应（包含短路支撑和三相不平衡负载）一致性不低于 90%，动态响应时间不大于 1ms；V/F 源的并机运行时，静态出力比例可受能量管理系统调节。

8.1.1.5　电池管理系统（BMS）设计

电池管理系统直接检测及管理电池堆运行的全过程，包括电池运行基本信息测量、电量估计、系统运行状态分析、电池/系统故障诊断和保护、系统充放电策略控制和数据通信等方面。并支持 61850 TCP/IP 通信，配合功率变换系统及站内能量管理系统完成储能单元的监控及保护。

电池管理系统实现以下几个功能。

1）检测功能。检测电池堆的充放电电流、单电池电压和总电压、电解液温度、压力、电量和液位等基本信息。

2）计算功能。准确估测电池组 SOC，保证 SOC 维持在合理的范围内，防止由于过充电或过放电对电池的损伤。

3）控制功能。实时控制和显示泵的运行状态，为此需要有数字量输出点来分别控制泵体的运行和停止，并且需要数字量的输入实现运行状态的采集。

4）保护功能。系统异常时，BMS 发送指令给 PCS 进行相应的保护动作，必要时紧急切断电池柜的继电器，保护电池系统的安全。

5）热管理。根据电池的温度或温差开启或关闭系统的散热风机。记录系统的概要数据、报警信息以及历史数据。

6）通信功能。提供两路 CAN2.0B 网络接口：一路对 PCS；一路对分 BMS 和电池系统监控主机。

BMS 结构图如图 8-5 所示。

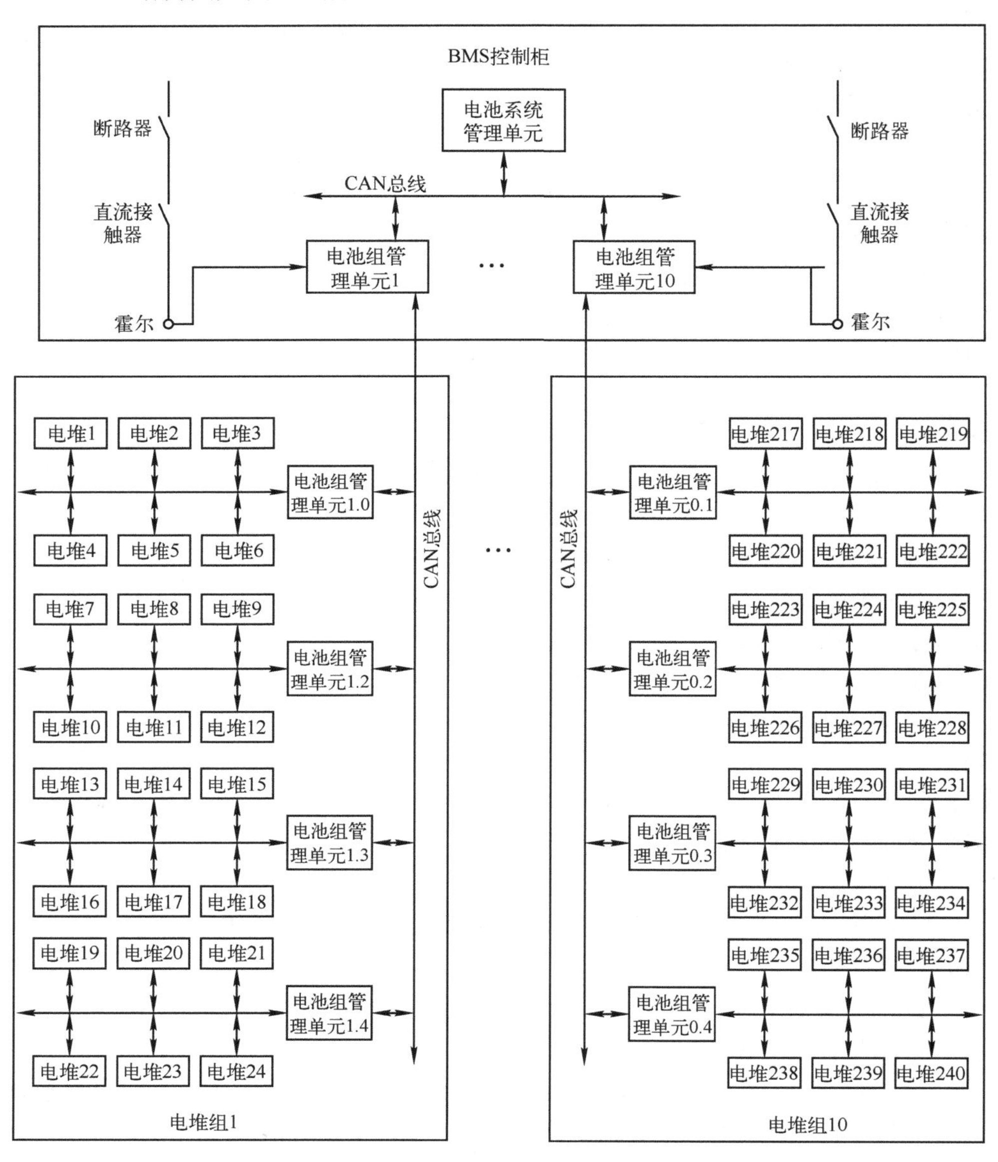

图 8-5 BMS 结构图

BMS 以 PLC 为主控单元，并配以高精度的模拟量数据采集模块和高精度的模拟量输出模块，实现现场的数据采集、处理、分析以及远传功能，完成对现场调节阀的精确控制；并且和接触器相连，可以实现对全钒液流电池储能系统的保护。PLC 通过通信线与工控机相连，在工控机上实现现场参数与报警信息的实时显示和记录，并且操作人员可以通过工控机实现对系统参数的修改。

BMS 需要采集的模拟点包括 SOC 测量点（0～2V）、温度测量点、流量测量点、压力测量点、电压&电流测量点和控制泵体的变频器反馈信号。所有信号通过仪表或相应转换模块变换成 4～20mA 的信号传入 PLC 模拟量采集模块。

系统中需要实时地控制和显示泵的运行状态，为此需要有数字量输出点来分别控制泵体的运行和停止，并且需要数字量的输入实现运行状态的采集。对泵体加有变频器控制，为此需要有模拟量输出，通过输出 4～20mA 的电流信号来控制变频器工作。

系统中需对现场的调节阀进行控制，为此需要有模拟量输出点，能精确控制现场调节阀的开合角度。

所有的数据分析、处理、传送以及各项联锁控制都将在 PLC 的 CPU 中完成。PLC 和工控机相互通信完成人机对话的过程。

各个设备的功能见表 8-4。

表 8-4　各个设备的功能

设备名称	功能	备注
PLC CPU	实现数据的处理转换报警的产生和现场设备的联锁控制	带有 24 点的数字量输入和 16 点数字量采集功能
模块扩展适配器	PLC 扩展通信	
模拟量输入/输出模块	采集和控制现场的模拟量信号	模拟量输出点和模拟量输入点
模拟量输入模块	采集现场模拟量信号	输入信号均为 4～20mA 电流信号
工控机	实现现场数据和报警信息的集中显示、历史数据存储和对现场设备等控制功能	
信号隔离转换模块	转换现场的电压电流信号	采集电堆的电压和电流以及 SOC 状态
温度传感器	采集现场的温度信号并将其转换为 4～20mA 信号	
压力变送器	采集现场的压力信号	根据现场要求确定是否具有远传功能
流量计	采集现场的流量信号并将其转换为 4～20mA 信号	

270kW 系统集成用传感器（BMS 监测）的技术参数见表 8-5。

BMS 具体实现的功能如下。

1）运行参数监测与控制。系统运行过程中 PLC 时刻对系统进行状态的扫描

表 8-5 传感器参数

序号	监测项目	传感器	参数	限值设定	监测用途	安装方法/备注
1	电压	电压互感器	测量范围：0～500V 输出信号：0～5V	0～400V		必备
2	开路电压	电压互感器	测量范围 0～2V	0～1.6V	用于 SOC 估计，过充电过放电保护	必备
3	电流	电流互感器	测量范围：0～1500A	0～1200A	检测充放电电流	必备
4	单片电池电压	电压互感器	测量范围：0～2V，精度：≤0.2V	电压差≤2V	检测电堆单片电压一致性	只做参考
5	正极罐出液口温度	热电阻，PT100，三线制	测量范围： –40～70℃材质：耐腐蚀	–30～60℃	电池过温保护	必备
6	负极罐出液口温度	热电阻，PT100，三线制	测量范围： –40～70℃材质：耐腐蚀	–30～60℃	电池过温保护	必备
7	正极罐进液口温度	热电阻，PT100，三线制	测量范围：–40～70℃ 材质：耐腐蚀	–30℃～60℃	电池过温保护	只做参考；可不要
8	负极罐进液口温度	热电阻，PT100，三线制	测量范围：–40～70℃ 材质：耐腐蚀	–30℃～60℃	电池过温保护	只做参考；可不要
9	环境温度	热电阻，PT100，三线制	测量范围：–40～70℃ 材质：可不耐腐蚀	–30℃～60℃	过温保护	必备
10	电堆漏液检测	水浸变送器	输出信号：高低电平输出（VL:0V VH:5V）		漏液故障报警	必备，多个
11	氢传感		流量范围： 输出信号：4～20mA		电池故障报警，保护人身安全	必备，现场
12	流量–正极电解液进电堆总管	电磁流量计	流量范围： 输出信号：4～20mA		电池充放电保护	必备
13	流量–负极电解液进电堆总管	电磁流量计	流量范围： 输出信号：4～20mA		电池充放电保护	必备
14	压力–正极电解液泵 P01 出口	压力变送器	压力范围： 输出信号：4～20mA		防止正极压力过大，损坏电堆	必备
15	压力–负极电解液泵 P02 出口	压力变送器	压力范围： 输出信号：4～20mA		防止正极压力过大，损坏电堆	必备
16	液位–正极电解液罐	目视标尺或者磁翻板（带远传）	液位高度：目视 输出信号：4～20mA（带远传）		观察电解液液位	
17	液位–负极电解液罐	目视标尺或者磁翻板（带远传）	液位高度：目视 输出信号：4～20mA（带远传）		观察电解液液位	

（续）

序号	监测项目	传感器	参数	限值设定	监测用途	安装方法/备注
18	正负泵的出液口、电动蝶阀/电磁阀		电压等级：AC 220V。管道孔径：材质耐腐蚀，绝缘，温度工作范围：-30～60℃，防护等级：IP66		用于控制正负极电解液循环	大口径用电动蝶阀，小口径使用电磁阀
19	循环泵（含变频器）		流量：待定；扬程：待定；功率：待定		用于电解液循环	考虑控制系统

和监控，并实时地将参数值传递给工控机且在屏幕上予以显示，针对特定参数系统会根据要求每隔一个时间间隔进行一次记录（时间间隔可调，且能满足最短时间 0.5s），在屏幕上会设置专门的画面予以显示。在画面上可以监控各个泵体的运行情况，对于用变频器控制的泵体，根据反馈的模拟量信号可以监控泵体的转速，对于各个泵体在画面上均设定有运行和急停按钮，可以通过鼠标单击相应的按钮来控制泵体的运行和停止。

2）变频器控制。可以进行自动控制和手动控制。在手动控制变频器时，可以通过设定相应的频率来控制泵体的转速。自动控制时，通过设定流量可以自动调节变频器以控制泵体的转速，从而达到自动控制流量。

3）调节阀控制。对于调节阀均可进行手动控制和自动控制。手动控制时可通过工控机输入相应的数值来控制调节阀的开合角度。自动控制时，通过设定与调节阀联锁的参量可以自动控制调节阀的开度，使联锁的参量维持在设定值。

4）报警处理。对于各个参量运行情况，将根据要求设定报警上限和报警下限，当运行参数值超过报警值时将会在屏幕上显示相应的报警。对于任何时候产生的报警自动进行记录，便于以后查找和维护工作。

5）操作与后期维护。对系统的操作体现在对系统参数报警限定值的修改上，用户可以通过触摸屏上的专用界面完成参数修改功能。现场的历史数据记录与报警信息的记录均存储在计算机硬盘中。硬盘容量可容纳至少 2000000 条信息，为保证信息实时准确的记录，建议每隔一段时间进行一下数据的备份与清理工作。

6）屏幕画面设计。工控机上设计为多画面显示，分别为主画面、历史参数查询画面、报警记录查询画面、实时数据曲线画面、参数限定值修改画面、变频器控制画面以及调节阀控制画面。

8.1.1.6　能量管理系统方案

液流电池储能电站的能量管理系统基本功能主要包括：

1）电站数据采集。包括液流电池单体及其总电压、充放电电流、SOC、SOH、电池运行故障及保护状态，储能变流器的故障及运行状态和充放电工况信息等。

2）运行监视。监视储能电站整天的运行状态，展示整个储能电站的全景数据信息；监控升压站中所有开关、刀开关及电气间隔主要遥测数据；各储能基本单元中每个 PCS 的出力及储能电池的 SOC 与其他重要数据。

3）功率调度控制（有功、无功）。可实时接收电网的调度指令，并对每个储能单元的有功/无功进行调度管理；也可在本地控制模式下，通过对本地电压与频率的采集分析、PCS 的有功/无功控制，实现对本地电网的电压与频率支撑。

4）发电计划管理。通过对源、荷、储和网的短中长期数据分析及供需预测，制定短、中和长期的发电计划管理。

能量管理控制拓扑如图 8-6 所示。

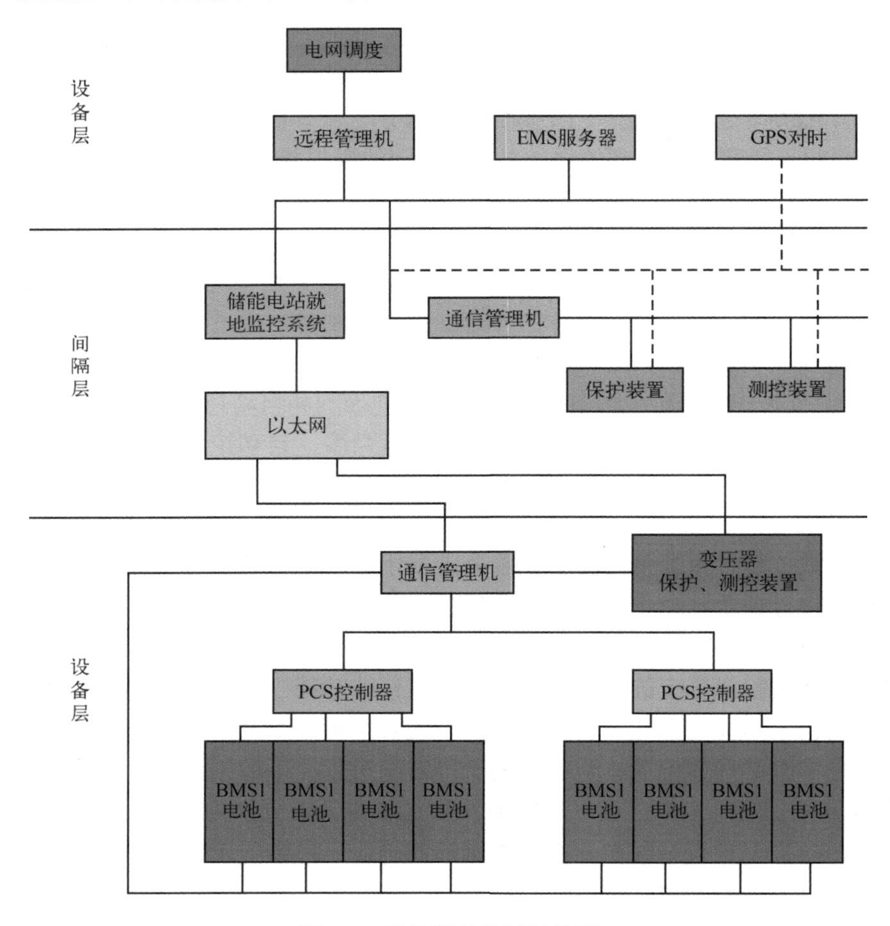

图 8-6　能量管理控制拓扑图

储能系统电站的能量管理控制主要分设备层、间隔层和调度层三层。

1）设备层。主要包括液流电池、储能变流器、变压器及电网级一次设备；设备层采用工业以太网通信。通信协议采用 IEC 61850 通信协议，也可以采用 DL/T 634.5104 通信协议。

2）间隔层。主要包括电网保护装置及测控装置等二次设备；间隔层网络可采用以太网、CAN 或者 RS 485 通信，支持 Modbus RTU、Modbus TCP、CAN2.0B 和 Profibus 等协议。

3）调度层。主要是实现整个电站级的监控及电网服务相关应用，完成数据采集、监视控制、GPS 对时、EMS 服务器、通信管理以及电网调度接口等功能。调度层采用光纤通信。可采用 DL/T 634.5101（IEC 60870–5–101）与远程主站端专线通信，也可采用 DL/T 634.5104（IEC 60870–5–104）规约与远程主站端网络通信。

能量管理系统包含监控功能、故障监控、能量策略、数据查询、数据采集、数据分析和系统管理七大模块，图 8-7 为功能框架图。

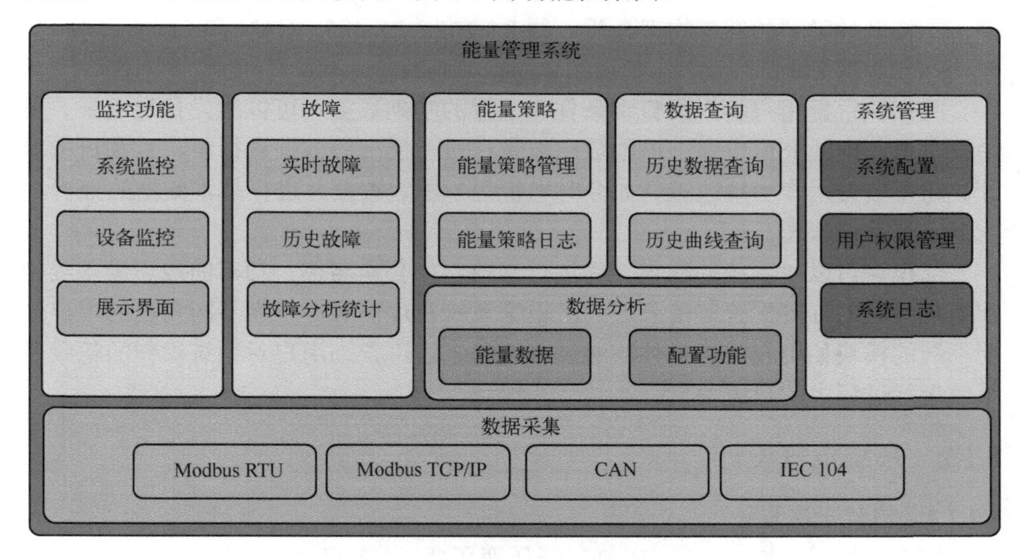

图 8-7 监控系统软件架构

各模块含义如下。

（1）监控功能

此模块主要实现对光伏、储能、送出线路、并网点、关键配电、系统保护和控制系统等进行实时监控，显示用户所关注重点设备的关键数据、详细状态的主要参数等，并通过界面来显示，使用户对整个系统的运行状态一目了然。

（2）故障监控

此模块可实时显示当前系统发生的全部故障，并向用户提出报警信息。当有故障发生时，系统还能够保存故障发生时刻前后时间段的数据，并能够在故障查询功能中显示，用户可通过查询条件（如时间、故障类型等）来获取需要的历史故障信息。

（3）能量策略

此模块负责对系统的能量策略进行配置，并修改策略中的相关参数。通过能量策略日志，还可查询策略执行过程中的信息，方便用户了解能量策略执行情况。

（4）数据查询

此模块提供系统中各运行设备的历史数据与历史曲线查询功能。通过选择和设置各种查询条件（如时间，设备名称等），进行历史数据查询，并允许将查询数据导出为 CSV 格式文件。通过历史曲线和历史数据的对比，方便作数据分析。

（5）数据采集

此模块主要负责实时采集系统中各设备的运行数据，并实时向设备发送控制信号。数据采集功能支持多种通信协议，如 CAN、Modbus RTU 和 Modbus TCP/IP 等；支持多种类型的通信物理介质，如 RS 232、RS 485、CAN 和 Ethernet 等。

（6）数据分析

此模块根据用户输入的查询条件和配置的基础数据，可以对光伏发电量、风力发电量、电池充电电量、电池放电电量和负荷情况等数据进行年、月和日的统计。还可根据用户当地政策（如分时电价等）配置数据并进行基本数据的分析。

（7）系统管理

此模块可以对系统的配置文件进行修改，如公司名称、功率曲线、设备类型和监控界面的标签配置等信息。同时根据系统管理需要，可为不同角色的用户分配不同的模块使用权限。另外，通过系统日志还可查询用户对系统操作的记录及系统运行过程中的日志信息。

8.1.2 系统电气设计

8.1.2.1 电气一次设计

储能电站需配置 10.5kV/36.5kV 升压变压器，并新建 1 座 35kV 开关站，开关站采用单母接线，母线通过出线可接入升压站 35kV 配电柜，本项目方案为 35kV 送出。

配置 5 台 0.5kV/10.5kV 双分裂储能变压器，容量为 2500kV • A，每 2MW 电能通过 1 台储能变压器升压接入 10kV 母线。本期建设的 10MW 储能装置以 1MW 为 1 个储能单元，通过 0.5kV 电压等级电缆线路接入，回路电流不大于 1166A。

根据储能电站的容量及功率配置方案，10kV 接线采用单母线接线，本项目每 2 个 1MW 储能系统经 1 台 2500kV • A 变压器接入 10kV 母线。储能系统采用单元模块化方案，其接线方式如下：

1）每 3 个 45kW 电堆串联构成 1 个电堆单元，2 个电堆单元并联经 270kW DC/DC 升压汇集至 1MW PCS 的中间直流母线，构成 1 个 270kW 储能单元。

2）每 4 个 270kW 储能单元的输出端并联汇集后再经 1MW PCS 的 1 台 1000kW

DC/AC 双向变流器变换为交流 500V。

3）1MW PCS 的 DC/AC 双向变流器交流侧接入 1 台 2500kV・A 的双分裂变压器低压侧的其中一侧，升压至 10kV 交流母线。以上描述以放电过程为例，如为充电过程，则功率反向。

电气主接线图如图 8-8 所示。

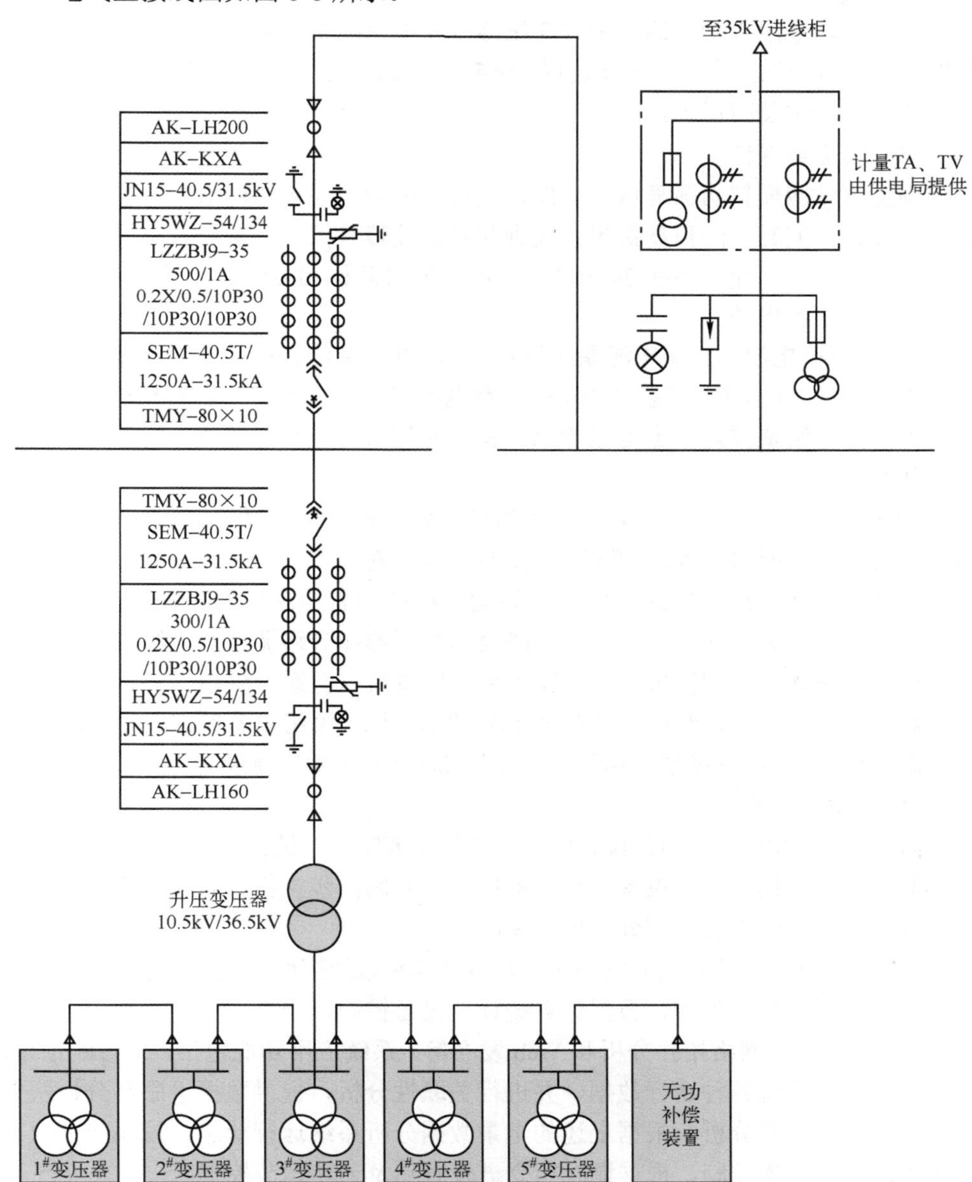

图 8-8　10MW/40MW・h 储能电站电气主接线图

8.1.2.2 电气二次配置

（1）10kV 出线保护

电网 10kV 出线采用光纤电流差动保护、复压闭锁方向电流保护，保护测控装置应保证两侧一致，采用微机型保护测控一体化装置，安装于 10kV 开关柜。

（2）变压器保护

变压器均采用无励磁调压干式变压器，其中储能变压器容量为 2500kV•A，配置一套微机型保护测控一体化装置，安装于 10kV 开关柜，保护类型为速断保护、过电流保护和过负荷保护。

（3）防孤岛保护

储能电站应配置防孤岛保护功能，当电网故障出现电压降低、升高，频率降低、升高或突变时，防孤岛保护接收到此时的故障量信号，及时发出跳闸命令，跳开并网点开关，使电站在 2s 内脱离电网，同时闭锁相应的储能功率单元。

（4）交直流电源

220V 直流电源：直流电源系统设置一组 220V 免维护阀控式铅酸蓄电池，事故放电时间按 2h 考虑，容量 100A•h，蓄电池组组屏安装；一套高频开关充电装置，每套充电装置额定输出电流 50A。直流系统采用单母线接线，母线接入蓄电池组和充电器。

UPS 电源：容量 3kV•A，免维护阀控式铅酸蓄电池，容量 100A•h，额定电压 220V。交流不停电电源为监控系统、时钟同步对时系统及火灾报警系统等重要负荷提供不间断电源。配置一套 UPS 装置。UPS 装置由逆变器、静态旁路开关、手动检修旁路开关、逆止二极管、旁路隔离变压器和旁路调压器等组成。UPS 装置采用单相输入、单相输出。直流输入由站用直流电源系统供电。

48V 通信电源：共设置两组直流 48V 通信电源，每组电源额定容量 1kW。通信电源采用 DC/DC 变换器，电源取自站用 220V 直流系统的蓄电池。

（5）EMS 配置

储能电站 EMS 配置包括硬件配置和软件功能实现。硬件配置包括远动通信设备、监控主机、调度管理设备、公用测控柜、时间同步主机、电能质量在线监测设备以及就地通信设备七部分，见表 8-6。

储能电站 EMS 软件功能主要包括基本功能和系统应用功能。基本功能包括数据采集、数据接入及处理、数据计算统计、设备控制、报警、曲线、权限、时间同步、事故追忆、网络拓扑分析和 Web 发布等。系统应用功能包括：①诊断预警，实时监视储能系统各种运行数据，并进行关联性分析，提供数据诊断和分析决策功能；②电站全景分析，根据上述的全景数据分析系统运行状态，挖掘或抽取有用的信息；③功率控制，根据调度指令进行有功及无功调节控制。

表 8-6　EMS 系统配置

序号	设备名称	规格型号	数量
（一）	远动通信设备柜		
1	I 区数据通信网关机	1U 机架式服务器	2 台
2	防火墙	企业级防火墙 F100–S	2 台
3	网络安全监测装置		1 台
4	KVM	内置 8 路 KVM 端口并集成 19 英寸 LCD 屏幕、键盘及触控板	1 台
（二）	监控主机柜		
1	数据服务器	2U 机架式服务器	2 台
2	AGC 主机	2U 机架式服务器	1 台
3	前置服务器	2U 机架式服务器	2 台
3	监控主机兼操作员工作站	塔式工作站	2 台
4	网络打印机	HP 激光打印机	1 台
5	KVM	内置 8 路 KVM 端口并集成 19 英寸 LCD 屏幕、键盘及触控板	1 台
（三）	调度管理信息柜		
1	工作站	塔式工作站	1 台
2	正向隔离装置	南瑞 Syskeeper2000（正向型）	1 台
3	反向隔离装置	南瑞 Syskeeper2000（反向型）	1 台
4	交换机	三旺 28 口全千兆工业以太网交换机	1 台
5	防火墙	H3C 千兆企业级防火墙 F100–S	1 台
6	路由器	H3C 千兆企业级路由器	1 台
7	机柜	高 2260mm×宽 800mm 深 600mm	1 台
（四）	公用测控柜		
1	公用测控装置		2 台
2	I 区交换机	工业以太网交换机	2 台
3	II 区交换机	工业以太网交换机	2 台
4	机柜	高 2260mm×宽 800mm×深 600mm	1 台
（五）	时间同步主机柜		
1	时间同步主机	支持 GPS 及北斗	2 台
2	机柜	高 2260mm×宽 800mm×深 600mm	1 台
（六）	电能质量在线监测柜		
1	电能表	双向有功，0.5S 级	4 块
2	电能量终端服务器	1U 机架式	2 台
3	电能质量在线监测装置		1 台
4	机柜	高 2260mm×宽 800mm×深 600mm	1 台
（七）	就地通信		
1	间隔层交换机	工业以太网交换机	32 台
2	站控层交换机	工业以太网交换机	2 台

8.1.3 储能集装箱（方舱）设计

8.1.3.1 方舱主要性能参数

1）方舱防护等级为IP54，承重40t，方舱内部所有紧固件均采用不锈钢材质。

2）方舱喷涂均一颜色，色号为RAL7035。

3）自耗性：方舱系统在–35～50℃环境条件下运行时，最大自耗电功率不大于10kW。

4）底板载荷：底板承受下列静载荷，无塑性变形或损坏；集中载荷：$10kN/0.25m^2$（500mm×500mm面积上）。

5）顶板载荷：顶板承受下列静载荷，无塑性变形或损坏；集中载荷：$3kN/0.18m^2$（600mm×300mm面积上）。

6）防水性：箱体顶部不积水、不渗水及不漏水，箱体侧面不进雨，箱体底部不渗水。出厂前会进行淋雨试验，试验内容：处于工作状态，门、翻板、窗和孔口关闭，降雨强度为5～7mm/min，试验时间为1h，舱内和舱壁及各孔口内部无渗水或漏水。

7）保温性：方舱壁板、舱门采取隔热措施处理，且须采用温度调节系统，方舱内部温度控制在（15±5）～（30±5）℃。

8）防腐性：方舱整体结构框架均采用优质钢材加工而成。钢板的涂层中均加入紫外线吸收剂。在实际使用环境条件下，方舱的外观、机械强度和腐蚀程度等在25年内满足实际使用的要求。

9）防火性：方舱外壳结构、隔热保温材料和内外部装饰材料等全部为阻燃材料。

10）防震：方舱出厂前会进行吊装、承重和跑车试验，可以保证运输和地震条件下方舱及其内部设备的机械强度满足要求，不出现变形、功能异常和振动后不运行等故障。

11）防紫外线：全部钢板的涂层中均已加入紫外线吸收剂。方舱内外材料的性质不会因为紫外线的照射发生劣化、不会吸收紫外线的热量等。

8.1.3.2 方舱设备配置

（1）电池支架

方舱内部设置电池支架，用于安装电池模组。电池支架采用铝型材拼接而成，并与方舱底板内的预埋件可靠连接。

（2）方舱监控系统

监控系统提供监控及门禁报警功能，在总的通信监控室可以实时观察设备室（方舱）内的设备情况，当有人强行试图打开设备室（方舱）门时门禁产生威胁性报警信号，同时，通过以太网远程通信方式向监控后台报警，该报警功能可以由用户屏蔽。

（3）方舱显示屏

方舱设置显示屏，实时显示舱内设备的工作状况，从而减少人工逐步监测的繁重工作。

（4）方舱应急灭火系统及烟温传感系统

1）气体灭火系统的设计、安装及验收，主要依据以下的规范及标准：GB 50370—2005《气体灭火系统设计规范》；GB 16670—2006《柜式气体灭火装置》；GBJ 16—1987《建筑设计防火规范》；NFPA 2001《洁净气体灭火系统标准》；GB 50263—2007《气体灭火系统施工及验收规范》；GB 50116—1998《火灾自动报警系统设计规范》。

2）灭火材料选用七氟丙烷。

3）灭火系统的灭火控制分为两种。自动部分：通过感温电缆及烟雾报警器感知火警，并自动灭火；手动部分：当操作人员在车厢内工作时发现火警时，能通过手动装置立即启动灭火系统，在短时间（5s 内）实现对车厢的火源进行扑灭；当操作人员在车厢内发现火警为误报的情况时，可通过手动控制终止灭火系统的启动。

4）配置烟雾传感器、温度传感器和应急灯等安全设备，烟雾传感器、温度传感器和系统的控制开关形成电气联锁，一旦检测到故障，能通过声光报警和远程通信的方式通知用户，同时切掉正在运行的锂电池成套设备。

（5）方舱照明

舱内配置照明灯和应急照明灯，一旦系统断电，应急照明灯能立即投入使用，5 年内，单盏应急照明灯的有效照明时间确保不小于 30min。

（6）动力配电与走线

方舱内配有一套集中壁挂式动力配电箱，动力配电箱采用 400V/230V 的 TN–S 供电方式为内部加热系统、消防系统、监控系统及其他系统提供电力供给。

动力配电箱具有防雷模块、漏电保护、过电流保护、过电压保护和欠电压保护等功能。

动力配电箱具备完善、可靠的防雷系统，防雷器具备差模和共模保护能力，防雷器选用标称放电电流不小于 30kA、最大放电电流不小于 50kA 的国际知名品牌的高品质产品；动力配电箱的总出口配置 ABB、西门子和施耐德的工业级漏电保护开关，每条输出支路均配置 ABB、西门子和施耐德的工业级断路器进行过载、短路和选择性保护；为便于用户识别，动力配电箱内不同供电回路的接线端子采用不同的标识颜色（即采用彩色接线端子标识不同供电回路）；TN–S 供电系统内的电线电缆全部采用不同颜色标识的交联聚乙烯绝缘阻燃电缆，电缆有独立的绝缘层和护套层，其长期允许工作温度不低于 90℃，电线电缆的额定绝缘耐压值高出实际电压值一个等级。电缆中性线和地线的截面积不小于相线的截面积，电缆相线的最小截面积不小于 4mm^2，其中，照明和电源插座电缆的截面积不小于 2.5mm^2；动力配电箱的技术性能、标识、安全性和布线方式等均符合国标中最严格条款的要求。

方舱中每扇门的旁边均设置一套带室内照明控制开关的电源插座，每套电源插座至少包含 1 个 10A 的两相插座和 1 个 10A 的三相插座，其中，三相插座地线没接通前不允许供电（即不接通地线，L、N 线的插头无法插入插座）。每套开关插座前端（动力配电箱内）有独立的断路器进行短路、过载和选择性保护，电源插座均从 ABB、西门子和施耐德的工业级产品中选择。

动力配电箱至少预留 1 个 16A 的三相四线接线断路器及其接线端子、3 个 16A 的单相接线断路器及其接线端子作为方舱内的备用电源；动力配电箱的设计充分考虑用电负荷的三相平衡，保证供用电的平衡性。

方舱内走线采用明线和暗线结合的方式，并配置合理的线槽。

（7）接地防雷

方舱内动力配电盒内安装有感应雷引起的雷电浪涌和其他原因引起的过电压的防雷模块。方舱设置两个 100mm×4mm 铜排接地点，位于方舱的对角线位置，分别为接地点 1 与接地点 2。方舱内直流汇流设备及其安装底座、动力配电柜等与通信监控设备及其安装底座有直接电气通路的非功能性导电导体通过内部接地网统一连接到接地点 1 铜排。

（8）方舱固定

方舱提供螺栓与焊接两种固定方式。方舱底部基础为 8 个在同一水平面的墩柱，方舱放置后方舱中部与墩柱之间无间隙。

（9）方舱舱体及内饰

方舱舱体采用玻璃钢制成，不仅具有强度大、刚性好等优点，而且更具隔热、防腐、耐化学性好、绝缘、易清扫和修理简便等特点。

玻璃钢本身具有隔热、防腐和无污染等特性，使用寿命长（25 年），而 235 碳钢材料的使用寿命一般在 10 年；玻璃钢本身的耐化学性较强，不会因为酸性雨水的冲刷和环境湿度的影响而导致舱体表面生锈甚至损坏，以至于舱内漏水、电路短路甚至导致不可预料的后果；舱体材料涂层中均已加入紫外线吸收剂，方舱内外材料的性质不会因为紫外线的照射发生劣化、不会吸收紫外线的热量等；方舱出厂前进行吊装、承重和跑车实验，可以保证运输和地震条件下方舱及内部设备的机械强度满足要求，不出现变形、功能异常和振动后不运行等故障；方舱表面光滑平整相比于瓦楞形钢铁表面，更易于清洁、打扫，并且具有通过强风和雨水进行自洁的优点；舱体内壁喷涂氟碳漆，地面铺设具有绝缘、阻燃和防滑性能的橡胶地板。

8.1.3.3　温控系统

（1）温控实现方式概述

方舱系统主要采用新型相变材料配合通风阻沙系统实现 ESS 温度控制，从而保证 ESS 运行的最优温度条件（25℃）。相对于仅仅使用空调系统恒温方式具有以下优点：

1）储能方舱系统自耗能低，与传统单靠空调系统相比，自耗能降低 80%。方舱所处环境昼夜温差较大，在温度较低时需要加热，在温度较高时需要散热。利用相变材料发生相变时温度不变的性质，在外界温度高时吸收、储存能量，外界温度低时放出能量，通过能量的交换转移，达到温度控制的效果，从而大大降低储能方舱自耗能。

2）能够均衡储能方舱内部温度分布，降低电池间温差。

3）能够抵御外界剧烈的温度变化。

4）无须后期繁重清洗和维护工作。根据相关课题研究测算结果显示，在风电场等大风沙地区，正常运转下，空调系统需要每隔 4～15 天要对空调系统的过滤网进行一次清洗，才能保证 ESS 热管理系统的正常运转。据测算，地表风力 10.8m/s（六级）及以下通风率达到 40%以上，阻沙率≥99%。风力 17.2m/s（八级）条件下，通风率在 40%以上，阻沙率达到 99%以上。因此使用新型材料配合通风阻沙系统进行热管理，则只需周期性进行简单的舱内除尘即可。

（2）方舱温控主要控制方式

项目所在地春秋季节天气凉爽、温度适宜，温度控制重点主要集中在夏季与冬季。需采用合理的热管理方案，使方舱内温度维持在 5～35℃之间，保证系统的正常运行。

夏季温度控制：夏季白天天气炎热，夜间气候凉爽，重点是避免白天方舱工作时温度过高。通过相变材料巨大的容热能力吸收工作时放出的热量，当夜间温度较低时，放出吸收的热量，恢复其容热能力。当遇到极端条件不能有效调节时，开启空调系统制冷，进行辅助调节。

冬季温度控制：冬季天气寒冷，重点在方舱的保温与加热。一方面，加强方舱壁面的保温隔热，降低不必要的热损失；另一方面，方舱散热量大，工作状态下放出的热量不足以维持方舱内部温度，采用空调系统进行加热。

方舱上下冷热分层：对方舱进行制冷与加热时，内部热空气密度小，受重力影响向上移动，形成较严重的冷热分层现象，每升高 1m，温度升高 1～2℃，不仅造成电芯间温差，并且当加热时底部温度很难升高到理想状态。采用相变材料的巨大容热特性对内部温度进行均衡，有效降低方舱内部上下温差。

（3）项目运行控制策略

方舱在不同外界环境下采用不同的控制策略。在春季与秋季，外部环境温度分别为–5～14℃与 8～25℃情况下，室内温度通过相变材料自身的容热特性与自然对流、辐射即能满足需求。在夏季与冬季，外部环境温度分别为 13～31℃与–12～2℃情况下。在系统启动前，先确保方舱内温度冬季大于 5℃，夏季小于 15℃，否则开启空调系统加热或制冷进行温度调节。

具体控制策略如下。

夏季：监测到舱内的温度高于 24℃且舱外温度低于 24℃，开启进风风扇及排风风扇，带走相变材料储存能量并使相变材料具有吸热能力；否则关闭进、排风扇，当舱内温度与舱外温度均高于 25℃时，开启空调系统制冷。

冬季：当检测到舱内的温度低于 5℃时，开启空调系统加热功能。

方舱内部空调系统调控策略流程图如图 8-9 所示。

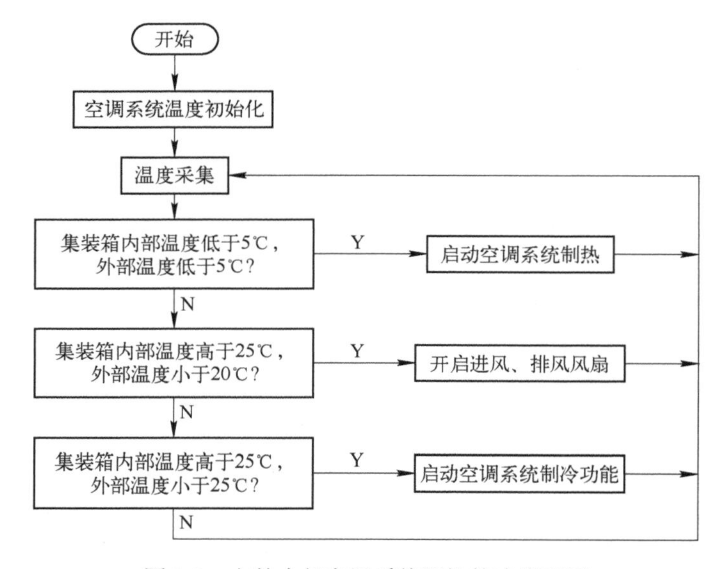

图 8-9 方舱内部空调系统调控策略流程图

8.2 全钒液流电池储能系统测试平台

8.2.1 系统整体架构

全钒液流电池储能系统测试平台整体架构如图 8-10 所示。该系统能够检测全钒液流电池充放电过程中的状态信息以及存储相关测试数据，同时，解决目前一般检测装置存在的安装烦琐、不易移动以及适配性较差等问题。

图 8-10 中，传感器用于检测 VFB 运行时的相关状态信息，如电流、电压和温度等，然后将该传感器信号作为输入，通过连接的导线将测得的信号传输到信

号采集箱中，接着由传输电缆将处理后的信号送至插有 PCI 数据采集卡的 PC 中，最后通过编写的上位机软件实现对 VFB 的报警保护以及数据的显示与存储等功能。基于该便携式测试系统，只需将传感器放置在对应位置上，并将其作为信号箱的输入即可随时对任意一块 VFB 进行检测，从而获取其状态信息。这大大降低了时间与空间对检测系统的限制，并且统一了检测标准，能够有效降低检测成本以及提高测试效率。便携式 VFB 测试系统设备平台包括信号采集箱、传输电缆以及插有 PCI 数据采集卡的上位机。图 8-11 为系统设备平台。

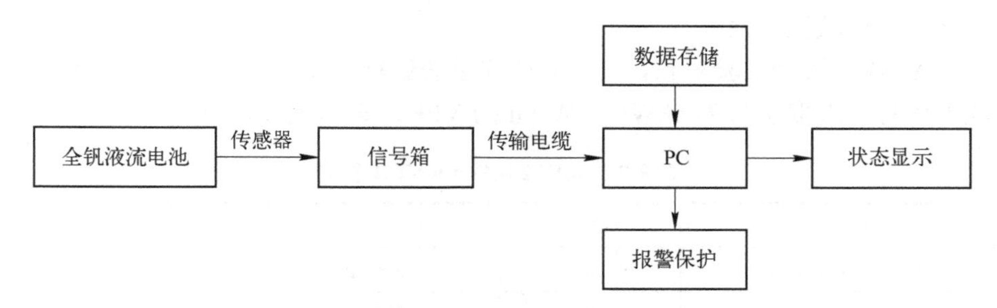

图 8-10　便携式 VFB 测试系统架构

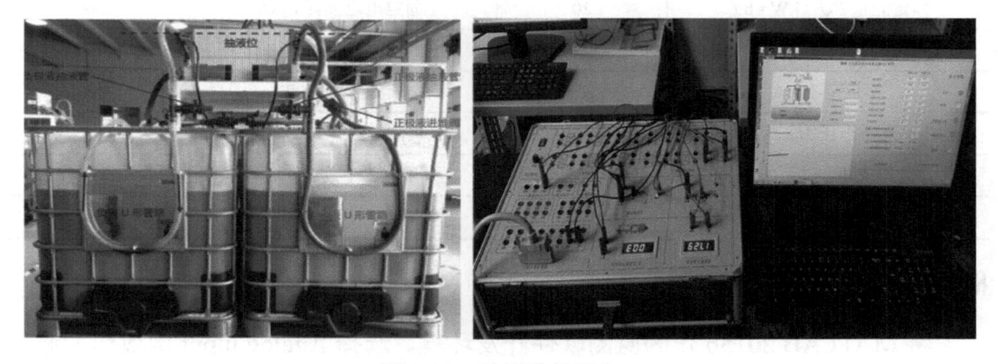

图 8-11　系统设备平台

8.2.2　系统硬件平台

系统硬件包括信号采集箱、接线电缆、输入模块和 VFB 等设备，下面分别介绍各设备的主要功能。

（1）信号采集箱

信号采集箱主要由直流可调恒流源、直流稳压源、电流/电压转换模块、温度变送器、模拟输入/出模块、数字输入/出模块、定时/计数模块、直流数字毫安表、交/直流数字电压表及公共端等单元组成。其主要为了实现接收传感器信号，并通过其内部的信号调理器对信号进行隔离、激励、放大、滤波和线性化等一系列处理操作。

（2）接线电缆

接线电缆主要用于信号采集箱与 PC 端的连接。通过双绞线布线方式有效减少来自其他信号源的串扰和噪声，从而提高信号质量。另外，其模拟量信号线的数字量信号线是分别屏蔽的，可以有效解决 EMI/EMC 问题。

（3）输入模块

输入模块是一款功能强大的高分辨率多功能 PCI 数据采集卡，主要实现 A/D 转换、D/A 转换、数字量输入、数字量输出和计数器/定时器等功能。

（4）全钒液流电池

以 VFB 模块为实验对象，在该便携式系统进行测试，可在线实时获取电池的充放电信息。选取型号为 5kW/20kW·h 的 VFB，其相关参数见表 8-7。

表 8-7 5kW/20kW·h VFB 参数

参数	数值	参数	数值
额定功率 P_{rating}/kW	5	内部电阻 R_{res}/Ω	0.0396
额定时间 t/h	4	反应电阻 R_{rea}/Ω	0.0264
额定能量 E_N/（kW·h）	20	固定电阻损耗 R_f/Ω	12.64
额定电压 U/V	DC 48	动态响应 C_e/F	0.154
额定电流 I/A	105	单体体积 V_{av}/L	4.2
最小电压 U_{min}/V	DC 40	储液罐总体积 V_{tk}/L	880
最大电流 I_{max}/A	120	单体个数 N_{cell}	39
循环寿命/次	20000	工作温度/℃	−30～60

8.2.3 系统软件平台

将 MATLAB 2015b 作为监测软件开发环境，选择 Analog input 函数作为通信模块，建立起数据采集卡与 MATLAB GUI 之间的联系。该软件共包括状态显示、数据存储以及报警指示三个模块。

（1）状态显示模块

全钒液流电池实时监测上位机主界面如图 8-12 所示。该用户界面具有的功能包括以下方面：可以实现连续采集和间断采集数据，在 GUI 界面主要显示当前电压值、电流值、SOC 值的动态变化曲线以及采样个数和工作时间，实现电池的实时监测，判断电池的工作状态。同时调用 Simulink 模块，选择 Analog input 模块，实时监测电流电压等值，在同样的采样时间内与电池模型输出进行对比。

（2）数据存储模块

数据存储模块在程序运行时将采集得到的状态参数保存到 Excel 表格中，通过对实验数据的存档分析，可以与仿真数据对比，从而验证模型的正确性。存储过程中，为防止因采样频率过高导致文件开关频繁而使得监控软件出现卡顿现象，存储过程首先将接收到的数据存入一个 1000×4 的矩阵中，待矩阵存满后调用 Xslread 函数打开创建的 Excel 表格并将其一次性存入，同时清空该矩阵。数据存储表格如图 8-13 所示。

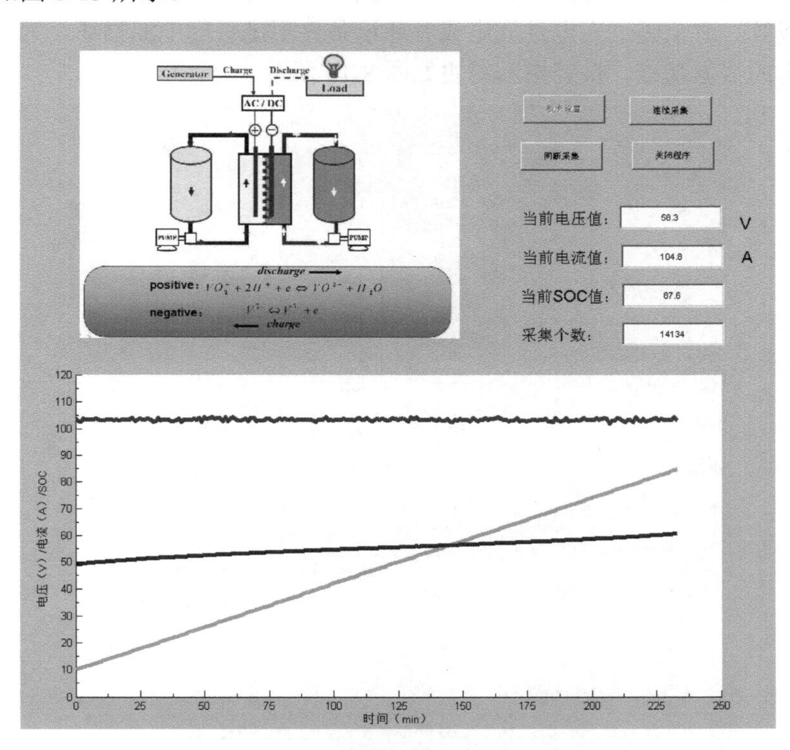

图 8-12　全钒液流电池实时监测界面

ID	系统时间	电流	电压	SOC
1	2019/3/4/13:05:00	104.9	49.5	12.4
2	2019/3/4/13:05:01	104.3	49.6	13.2
3	2019/3/4/13:05:02	105.1	49.6	13.1
4	2019/3/4/13:05:03	104.5	49.5	12.5
5	2019/3/4/13:05:04	103.9	49.5	12.5
6	2019/3/4/13:05:05	108.5	49.5	12.4
7	2019/3/4/13:05:06	101.4	49.5	13
8	2019/3/4/13:05:07	104.5	49.6	13.2
9	2019/3/4/13:05:08	102.5	49.6	12.5
10	2019/3/4/13:05:09	101.4	49.6	13.1
11	2019/3/4/13:05:10	104.9	49.6	13.1
12	2019/3/4/13:05:11	102.5	49.6	12.4
13	2019/3/4/13:05:12	105.1	49.5	12.4
14	2019/3/4/13:05:13	104.3	49.5	12.4
15	2019/3/4/13:05:14	104.5	49.6	12.3
16	2019/3/4/13:05:15	105.1	49.6	13.1
17	2019/3/4/13:05:16	102.5	49.5	13.1
18	2019/3/4/13:05:17	105.3	49.6	13.1

图 8-13　数据存储

（3）报警指示模块

最后，该上位机界面还设有故障报警指示功能，包括电压、电流、SOC 值和流量等数字量，采用条件结构，依据电池状态数据判断电池与对应阈值的大小关系，根据比较结果显示开关的状态。并设置相关变量的故障画面、电路电压电流历史曲线等。避免因过充电过放电或者环境条件不足引起电池损坏，为保护电池提供一定的数据基础。报警指示模块如图 8-14 所示。

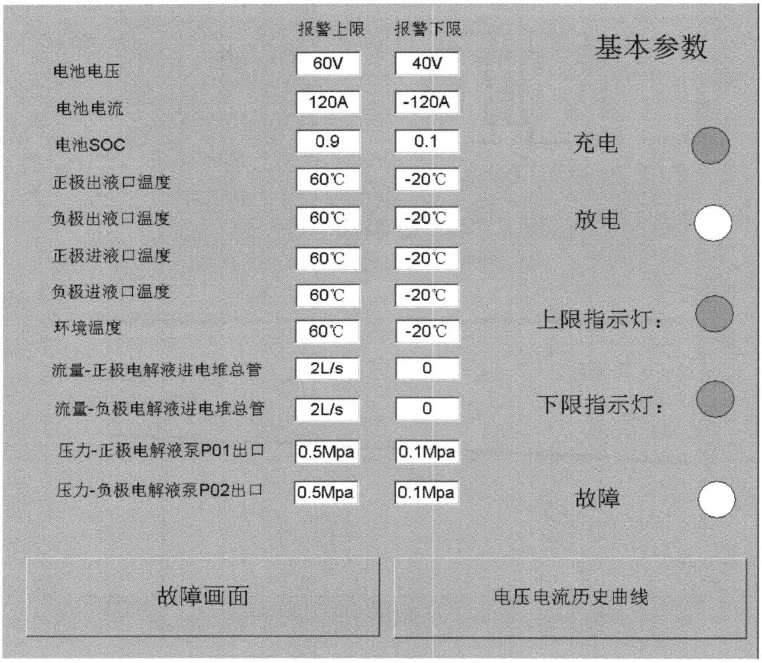

图 8-14 报警指示模块

设计并搭建了便携式 VFB 测试系统，硬件设备包括信号采集箱、接线电缆和输入模块等设备。上位机界面实时显示数据状态，存储数据，并设有故障报警指示功能，该测试系统安装简易，可实时检测 VFB 的状态，具备工程应用的指导性。

8.3 基于 Wincc OA 的全钒液流电池能量管理系统

8.3.1 系统整体架构

全钒液流电池能量管理系统采用视窗控制中心开放式架构（Windows Control Center Open Architecture，Wincc OA）软件搭建，该软件具有扩展性灵活、功能模块化高、允许工程在线开发、人机互动快速响应和界面友好等优势，数据信息具有高可用性和高可靠性，适用于跨地理域范围和复杂型分布式大型项目应用。其优越性体现在以下方面。

（1）Wincc OA 管理系统

Wincc OA[8-11]完整的系统架构分为中央级、通信服务器级和现场级。中央级中包括一个冗余服务器、一个 Oracle 集群、多个 Web 服务器和 IT 架构服务器，以及一个可选的 ERP 系统。冗余服务器用于维护所有通信服务器的连接，并为所有用户界面提供服务。Oracle 集群用作数据库服务器来存储历史过程值。IT 架构服务器包括邮件服务器、文件服务器、活动目录或 LDAP 服务器等功能，还可以要求将 ERP 数据集成到控制系统作为一个选件，以便将过程数据输入 ERP 系统中。第二级则由通信处理器组成。根据相应的需求，可以将这些服务器作为一个独立系统或作为一个冗余系统。根据过程值的数量或运行方案的要求，通信系统通过所有的控制器为一个或多个电厂提供服务。对于非常大型的电厂，可以为每个电厂部署多个通信系统，并可以根据需要在本地或分布式部署这一层。如果有特殊需求，当中央连接中断时需要确保本地操作，执行本地安装选件。电厂中的现场设备或单个的控制器构成了最底层级。这种架构确保了整个储能系统在较大范围内（含地理位置上的）的可扩展性，还可以组态具有数百万个设备对象或最多 2048 台分布式（在地理位置上）服务器的系统。

（2）Wincc OA 的数据归档

通过对历史数据的高性能归档，可以全面跟踪系统状态。该系统提供两种不同的归档解决方案：归档到值归档中（内部数据库格式）或归档到 Oracle 数据库中。为满足储能系统复杂的项目要求，需要对 Oracle 数据库历史信息进行优化。使用稳定可靠的 WinCC OA 进行归档维护，不存在这种问题。系统资源可用于对归档进行增加、移除、参数设置和删除等操作。

（3）WinCC OA 的热备冗余系统

这是一种与硬件无关的解决方案，它由两台互联的服务器系统组成。这两台服务器均持续运行，并承担相同的功能负载。只有一台服务器处于运行状态，而另一台处于备用状态时，备用服务器上的运行数据将与主服务器上的保持一致。如果某个单元发生故障，会立即进行切换，之前的备用服务器会接管运行管理任务。WinCC OA 中贯彻的客户端/服务器架构，允许从远程终端对系统进行完全的访问，在性能角度上几乎没有任何限制。客户端安装不需要物理介质，直接跨越网络。在客户端侧的自动项目和 WinCC OA 更新时，共享服务器路径的同时没有任何安全风险，所有图形化的远程维护均通过 TCP/IP 连接。高级维护套件（Advanced Maintenance Suite，AMS）是一个简单且可参数化的软件工具，针对维护工作和设备故障的高效计划、管理、实现和控制，所有的事件都能够通过统计表格和报表展示准确地评估。

（4）WinCC OA 结构的可扩展性

WinCC OA 可用于储能电站监控系统中的各种层级。其中，人机界面（Human Machine Interface，HMI）位于金字塔底部，PLC、现场总线、执行器和传感器位于现场级。数据采集与监视控制（Supervisory Control And Data Acquisition，SCADA）系统用于收集多个本地系统的数据，并转换为区域或电厂管理信息。这一层级的数据通常会长期存储在区域数据库中。下一个层级也是最高层级，为中央储能电站管理级。在该层级将进行高级过程操作和数据收集。整个系统为模块化结构的高性能系统架构，确保了系统的最大可用性。

能量管理系统的功能如图 8-15 所示。整体结构由硬件层、软件层以及数据库构成。硬件层主要包括支撑平台与硬件设备，支撑平台包括网络之间的通信、数据库的建立与存储及公共服务的建立。它支撑着系统的通信交流、公共服务及数据管理。硬件设备包含控制设备 PLC 与服务器等。软件层包括功能应用软件 WinCC OA 与操作系统 Windows 等。硬件层与软件层的数据都会存入数据库中。硬件模块和软件模块之间的通信接口是以太网接口和 RS 485 接口。其中，RS 485 接口与设备之间进行双向通信，具有控制指令的下发与相关数据的采集功能。以太网接口则将设备运行数据通过 TCP/IP 上传到云端，同时传输云端数据库中的调度指令。通过 OPC 协议可以实现 MATLAB 与 WinCC OA 的通信及数据传输，可以更好地对全钒液流电池储能系统进行监控，每个分布式单元可通过局域网与其他的分布式单元进行数据通信。

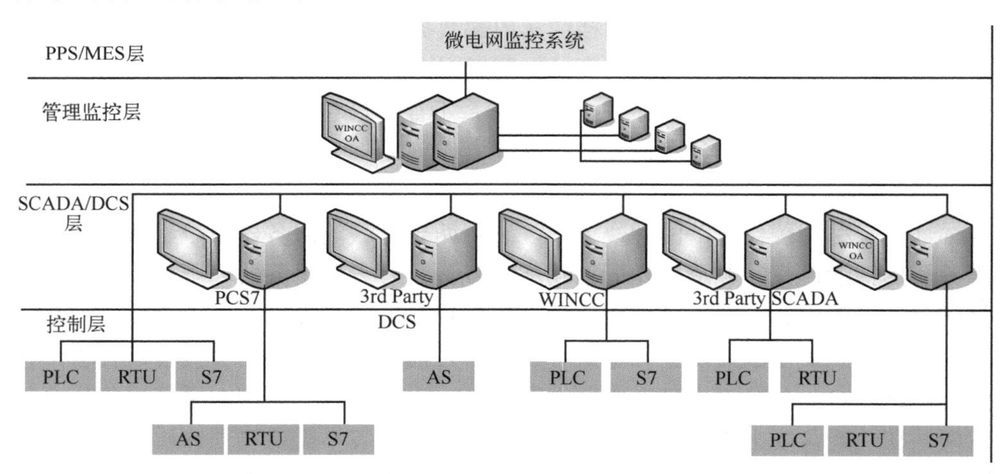

图 8-15　WinCC OA 管理系统

8.3.2　系统硬件平台

本节将 WinCC OA 作为 EMS 的开发环境，为储能系统提供一个系统数据汇总、分析及管理的有效平台，方便管理人员及时有效地获取信息，保障储能系统为较优状态运行。WinCC OA 平台设备如图 8-16 所示。

图 8-16　硬件平台

8.3.3　系统软件平台

软件主要包括主画面、实时曲线、历史曲线、参数和报警等，分别如图 8-17～图 8-22 所示。其中主画面用来显示各个 VFB 储能单元的运行状态，如电压、电流和功率等信息；实时曲线界面用来显示 VFB 储能单元的有功功率、SOC 和容量等曲线信息；单个电池曲线界面可用来显示单个全钒液流电池的功率、SOC 等信息；运行控制画面可用来显示所有电池的运行状态并控制其启停。

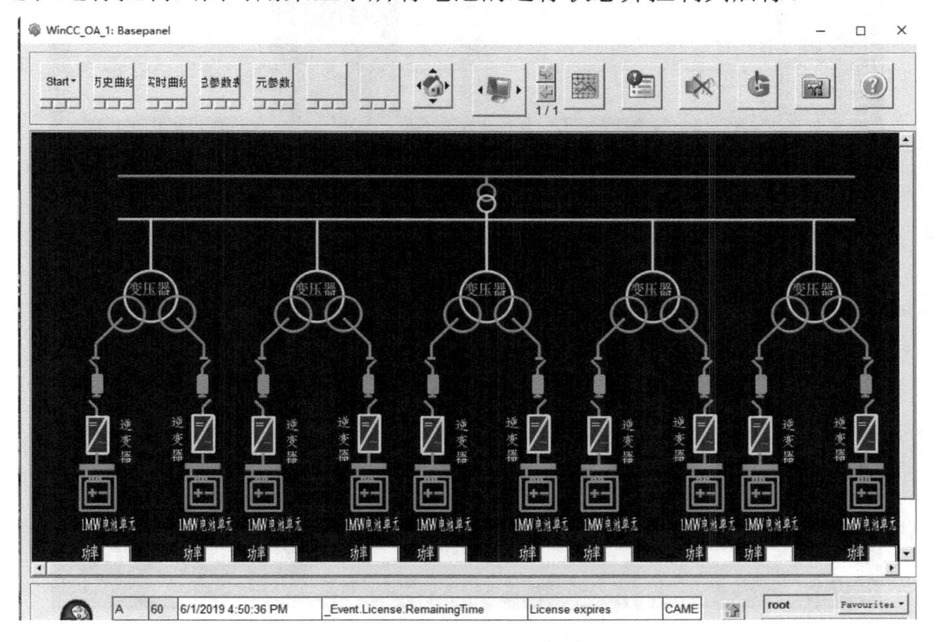

图 8-17　主界面

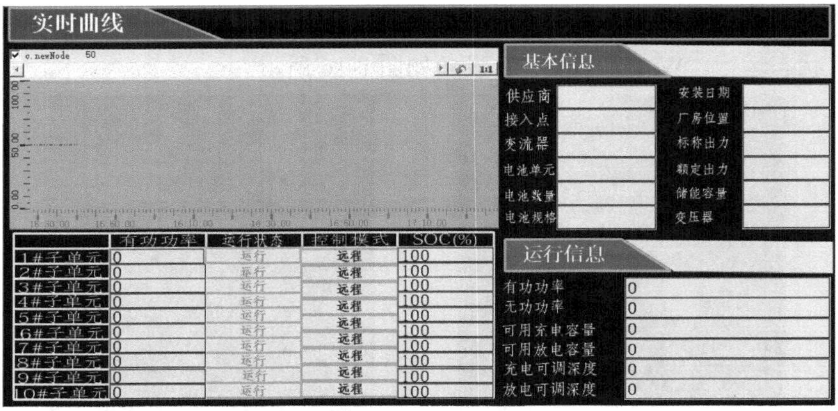

图 8-18　实时曲线

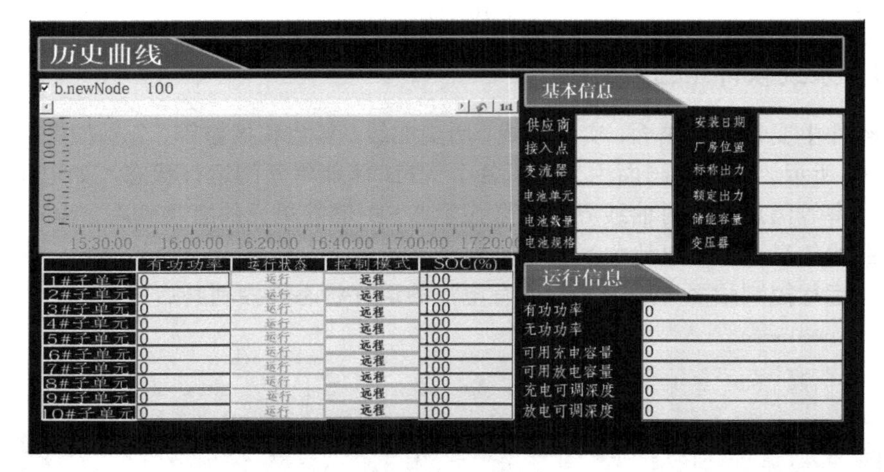

图 8-19　历史曲线

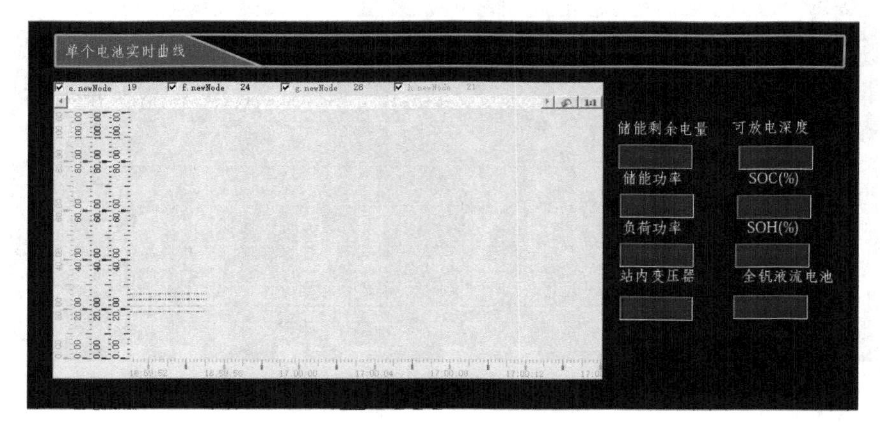

图 8-20　单个电池曲线

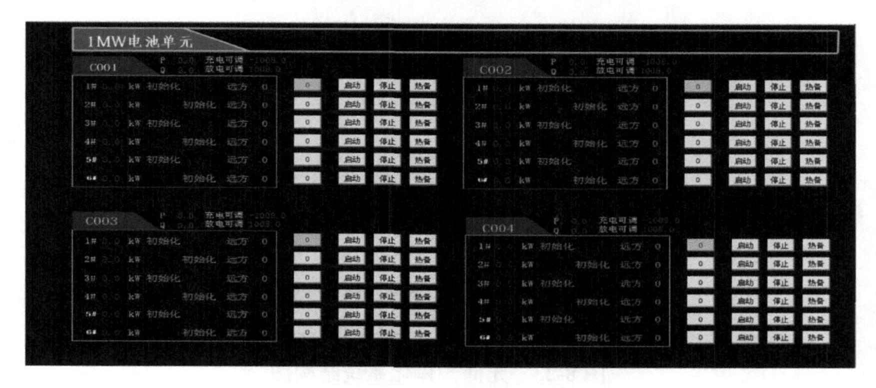

图 8-21　运行控制画面

WinCC_OA-AES: AEScreen

Short	Prioi	Time	DP element/Description	Alert text	Direct	Value	Ack	Ack.time	Numl	>	...
A	60	6/1/2019 4:50:36 PM	Event.License.RemainingTime	License expires	CAME	30 min	!!!				...

Top / Alerts / Current / Running

1 - 1　Mode : Current

aes_propAlerts　Print

图 8-22　报警报表

8.4　光储一体化系统

8.4.1　系统整体架构

为了更好地了解 VFB 电气特性、建立其数学模型、准确估计 SOC 和观察其与光伏配合时的运行效果，搭建了 5kW/30kW・h 全钒液流电池储能系统实证平台，该平台为一个光储一体化系统，其结构图如图 8-23 所示。

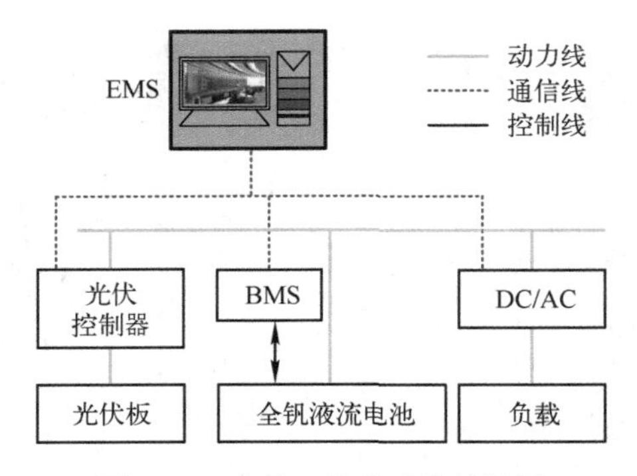

图 8-23 光储一体化系统结构图

该系统由光伏板、光伏控制器、全钒液流电池、逆变器、负载、充电机、动力柜和能量管理系统等组成。实物图如图 8-24 所示。其中图 8-24a 为 VFB 储能系统，外观为集装箱，其内部包括一个 5kW/30kW • h 全钒液流电池、动力柜和控制系统，如图 8-24b 所示；图 8-24c 是一个光伏停车棚，光伏板铺设在停车棚上面，由 2 串 9 并的光伏阵列组成，容量为 5.6kW，停车棚设有 1 个 3.5kW 交流充电桩，并提供 10 路电瓶车充电接口，为储能系统的负载。

a）VFB 储能系统

b）VFB 储能系统内部

c）光伏及负载

图 8-24 光储一体化系统实物图

在该系统上可以完成光伏板特性测试、独立型光储系统能量管理策略的研究、电池建模及 SOC 估计等，同时为厂区部分车辆充电，也可作为厂区办公负荷的应急电源。其核心控制是 BMS 和能量管理系统。

8.4.2 系统硬件平台

该系统的主电路图如图 8-25 所示。

5kW/30kW • h 的电池管理系统实物图如图 8-26 所示。

实物图前面板上包括按钮、指示灯和触摸屏。按钮用来控制 BMS 的开机/关机、循环泵的手动起停；指示灯用来直观地指示电池的运行状态；触摸屏与 BMS 中的控制器通信，获取电池的运行状态并实时显示，同时设有参数设置界面和故障显示画面，其主画面、设置界面和故障界面如图 8-27 所示。

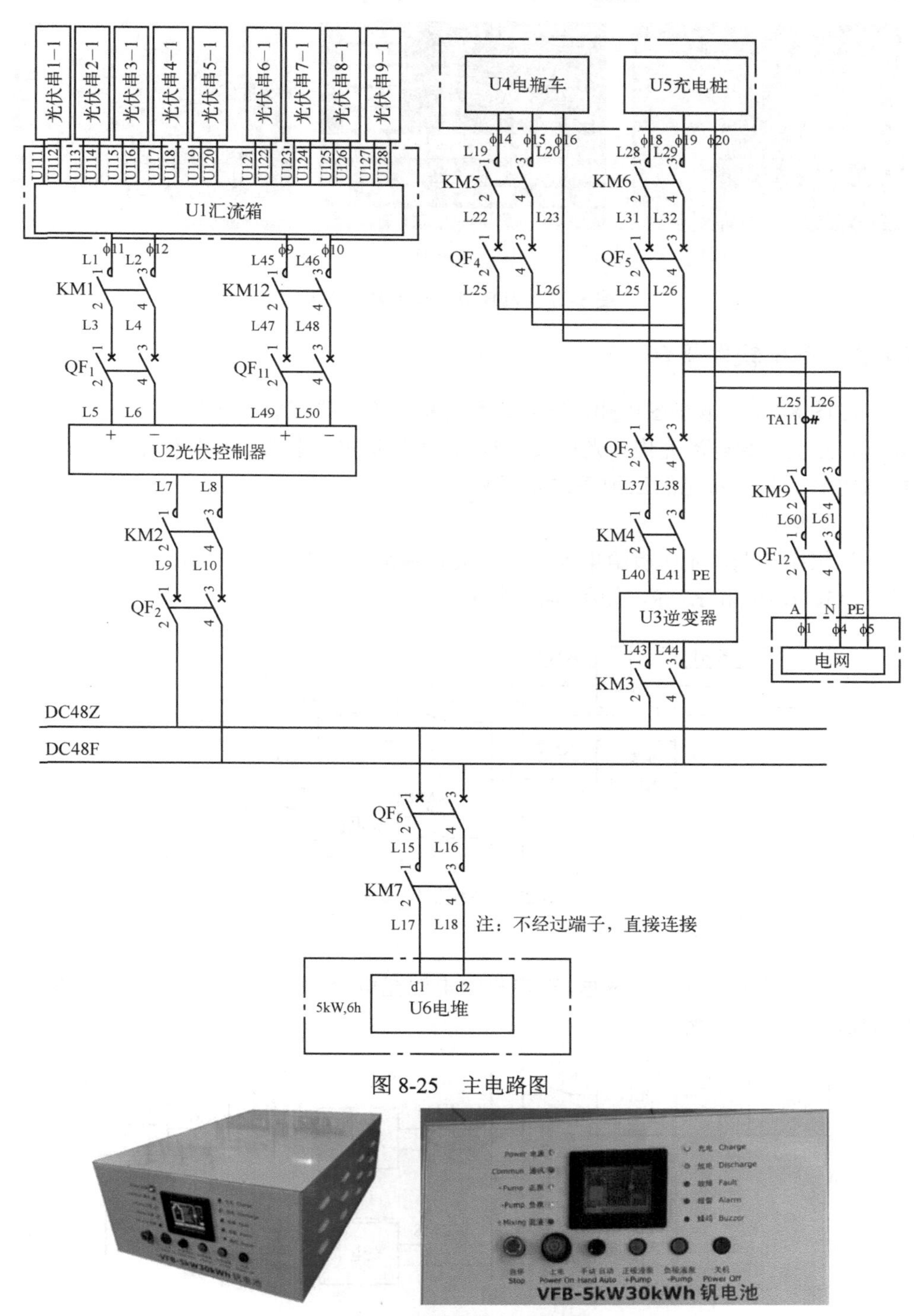

图 8-25　主电路图

图 8-26　VFB 电池管理系统实物图

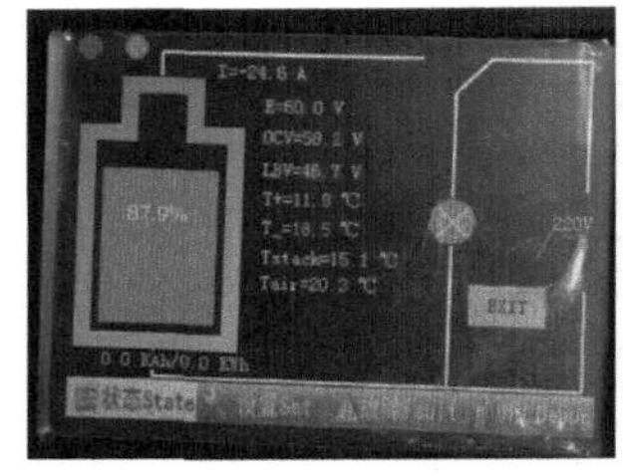
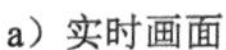
a）实时画面

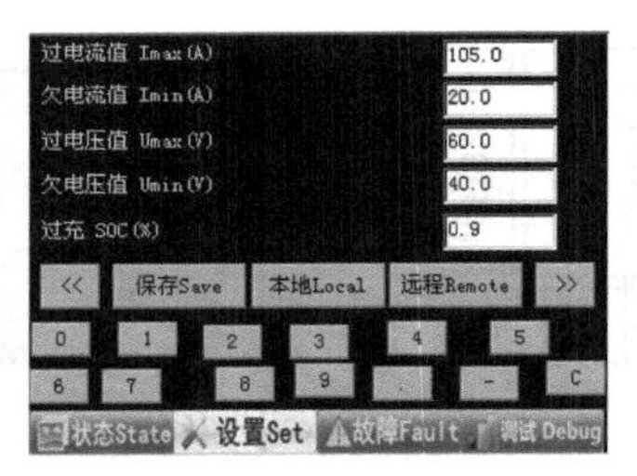

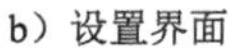
b）设置界面

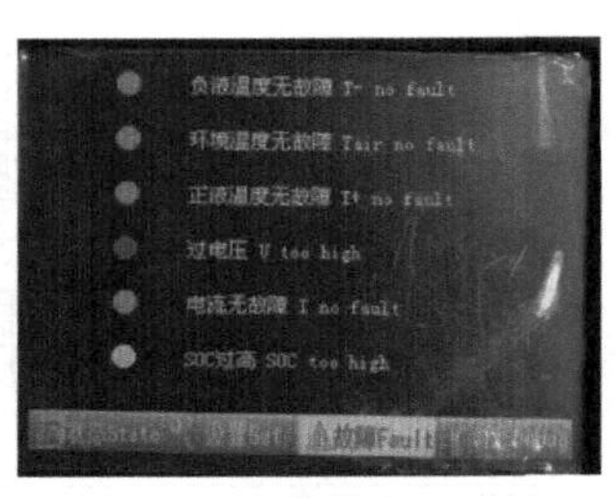
c）故障界面

图 8-27　VFB 电池管理系统界面

8.4.3　系统软件平台

由图 8-25 主电路图可知，该储能系统系统工作模式有很多种，如市电给电池充电，光伏板给电池充电，光伏板+电池给负载供电，电池给负载供电，市电给负载供电等，其中常见的三种模式如下所示。

（1）模式一

光照比较弱，光伏板给电池充电，负载由市电供电，闭合 KM1、KM2、KM7 及 KM5、KM6 和 KM9，如图 8-28 所示。

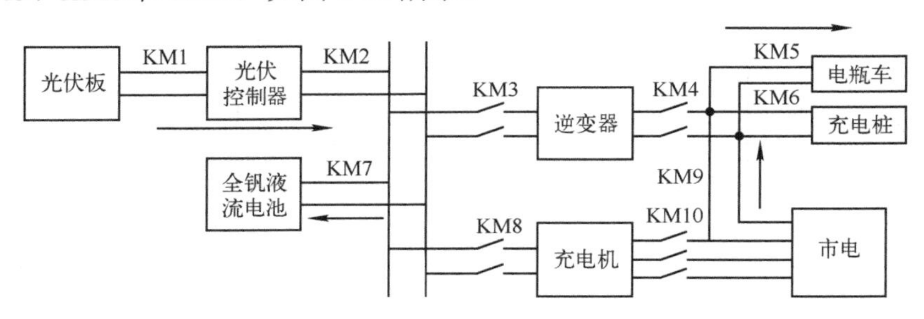

图 8-28　系统工作模式一

（2）模式二

光照条件很差或者是夜里，充电机给电池充电，负载由市电供电，闭合 KM5～KM10，如图 8-29 所示。

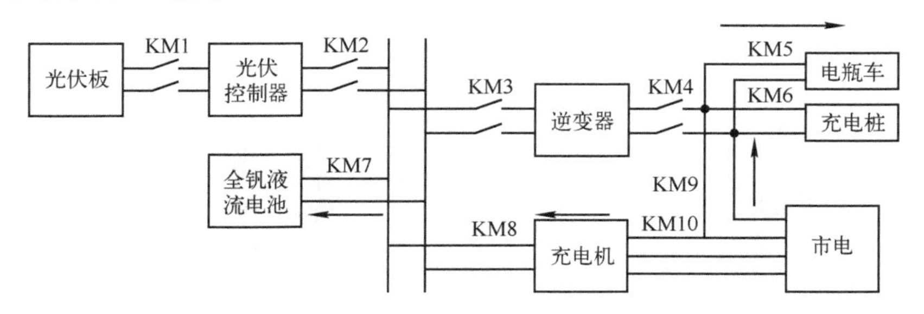

图 8-29　系统工作模式二

（3）模式三

光照处于正常水平时，光伏板和电池共同给负载供电，闭合 KM1～KM7，如图 8-30 所示。

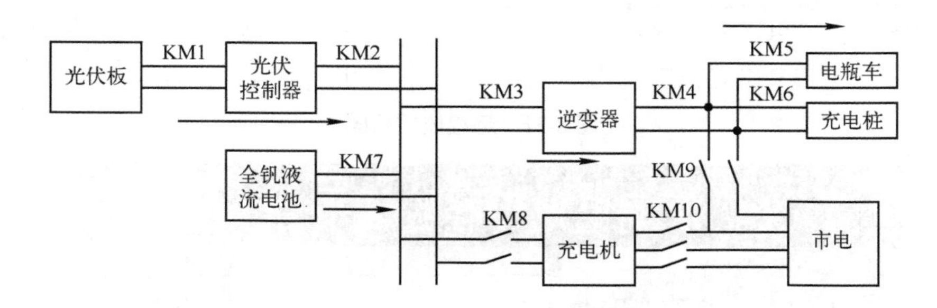

图 8-30　系统工作模式三

这三种工作模式的控制策略见表 8-8。

表 8-8　系统控制策略

SOC		直流母线电压		时间		模式
$SOC<SOC_m$	$SOC>SOC_m$	$U_{dc}>U_{dcmax}$	$U_{dc}<U_{dcmin}$	6:00～23:59	0:00～5:59	
√			√	√		模式一
√			√		√	模式二
	√	√				模式三

整个系统的控制方式包括就地手动控制、就地自动控制和远程控制。就地手动控制即通过控制柜上的操作按钮来就地操作，控制接触器的闭合与断开，并决定工作在哪种操作模式；就地自动控制即由 PLC 控制各个接触器的闭合与断开，根据光伏发电状态、电池 SOC 状态和负载状态来决定系统工作在哪种模式；远程控制即不在现场也能够控制系统的起停，观察系统的运行状态。接下来主要介绍系统远程控制的实现方式。

储能控制系统内配有远程安全通信模块，该模块与现场的控制系统连接，获取设备运行状态，通过宽带将信号传到控制室，便于相关工作人员迅速掌握现场故障情况，方便故障排查与维护，减小故障停车时间，同时节省人力资源，并具有故障预警功能，提高了系统可靠性。另外，系统配有摄像头，摄像头也与远程安全通信模块连接，便于对现场情况实时监控。在控制室配有一台服务器和远程安全通信服务器，该模块与现场的客户端组网，读取现场的运行数据，如图 8-31 所示。控制室内的监控主画面如图 8-32 所示。

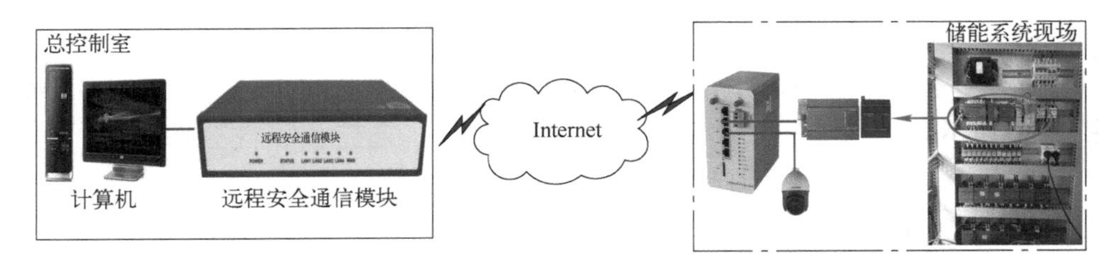

图 8-31 远程监控框图

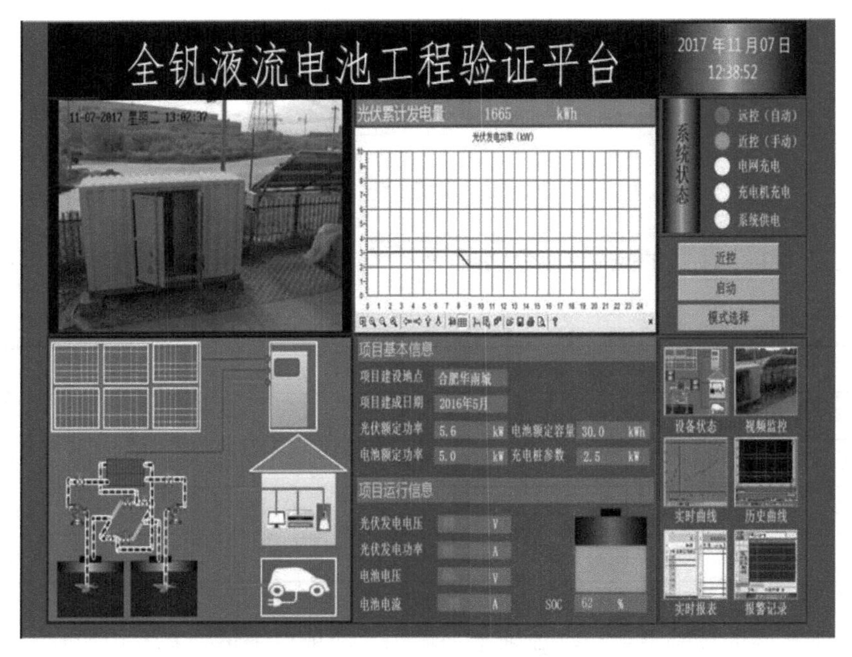

图 8-32 远程监控画面

8.5 不同场景下全钒液流电池储能系统应用模式研究

不同的应用场景，储能系统的应用模式不同，本节分别基于光伏场景和风电场景分析全钒液流电池储能系统的不同应用模式。

8.5.1 光伏场景下应用模式

电池储能系统配合光伏接入时，应用模式主要包括减少光伏电站弃光、平滑光伏功率波动和跟踪光伏计划出力。

（1）减少光伏电站弃光

为促进新能源消纳，应尽可能减少光伏电站弃光。选择两组 500kW×4h 的全钒液流电池分别接入两路光伏并网单元三相低压侧和 1MW 光伏发电单元。通过仿真分析，1MW 光伏发电+500kW×4h 储能单元时的光储功率曲线如图 8-33 所示。

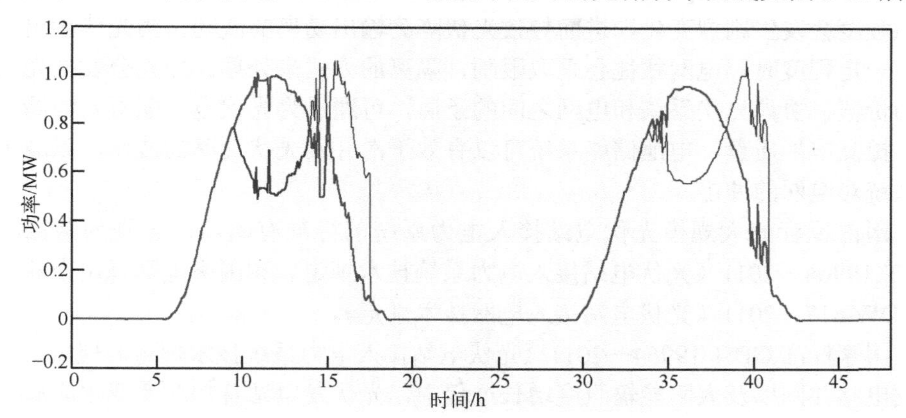

图 8-33　1MW 光伏发电+500kW×4h 储能单元时的光储功率曲线

500kW×4h 储能单元时的输出功率曲线和 500kW×4h 储能单元时的 SOC 曲线如图 8-34 所示。

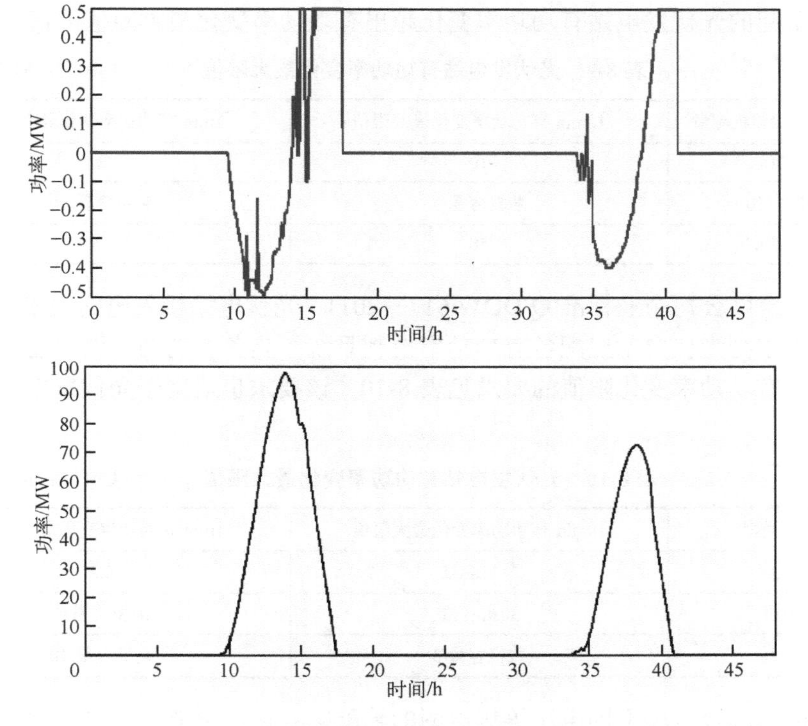

图 8-34　500kW×4h 储能单元时的输出功率和储能单元时的 SOC 曲线

（2）平滑光伏功率波动

光照强度受天气和时间因素的影响，有时变化较快，特别是受到云层的影响，光照强度会发生剧烈变化，进而导致光伏阵列输出功率的波动。当光伏输出波动达到一定程度时，电网往往会采取限制、隔离的方式来处理。为充分发掘光伏发电的价值，协调光伏系统和电网之间的矛盾，可通过为光伏电站配置电池储能系统，提高电能质量，电池储能系统可以有效平滑并网光伏功率的波动，以减小光伏系统对电网的冲击。

国内现行的大规模光伏电站接入电力系统的标准有两项，分别为国家标准GB/T 19964—2011《光伏电站接入电力系统技术规定》和国家电网公司企业标准Q/DDW 617—2011《光伏电站接入电网技术规定》。

国家标准GB/T 19964—2011《光伏电站接入电力系统技术规定》规定，在光伏发电站并网以及太阳能辐照度增长过程中，光伏发电站有功功率变化应满足电力系统安全稳定运行的要求，其限值应根据所接入电力系统的频率调节特性由电力系统调度机构确定。标准中规定的光伏发电站有功功率变化限值包括 1min 和 10min 最大有功功率限值，对光伏电站正常运行情况下有功功率变化的限值要求可参考表8-9，该要求也适用于光伏发电站的正常停机。允许出现因太阳能辐照度降低而引起的光伏发电站有功功率变化超出有功功率变化最大限值的情况。

表8-9　光伏发电站有功功率变化最大限值　　（单位：MWp）

光伏发电站装机容量	10min 有功功率变化最大限值	1min 有功功率变化最大限值
<30	10	3
30～150	装机容量/3	装机容量/10
>150	50	15

国家电网公司企业标准Q/DDW 617—2011《光伏电站接入电网技术规定》中要求：大中型光伏电站应配备有功功率控制系统，具备有功功率调节能力。对光伏发电站有功功率变化限值的要求见表8-10，该要求也适用于光伏发电站的正常停机。

表8-10　光伏发电站有功功率变化最大限值　　（单位：MWp）

电站类型	10min 有功功率变化最大限值	1min 有功功率变化最大限值
小型	装机容量	0.2
中型	装机容量	装机容量/5
大型	装机容量/3	装机容量/10

该标准综合考虑不同电压等级电网的输配电容量、电能质量等技术要求，根据光伏电站接入电网的电压等级，可分为小型、中型和大型光伏电站。

1）小型光伏电站：通过 380V 电压等级接入电网的光伏电站。

2）中型光伏电站：通过 10～35kV 电压等级接入电网的光伏电站。

3）大型光伏电站：通过 66kV 电压等级接入电网的光伏电站。

通过对 1min 级和 10min 级波动的监测，控制每分钟储能系统的出力，可以将光伏波动限制在要求范围内。由于光伏出力具有随机性，其功率波动既可能向上也可能向下，对应地，储能既可能充电也可能放电。为了保证储能电池能够持续工作，对向上或向下波动都需要留有足够的备用容量，所以其 SOC 应尽量保持在 50%附近。通过以下策略可以实现 SOC 自我调整，控制框图如图 8-35 所示。

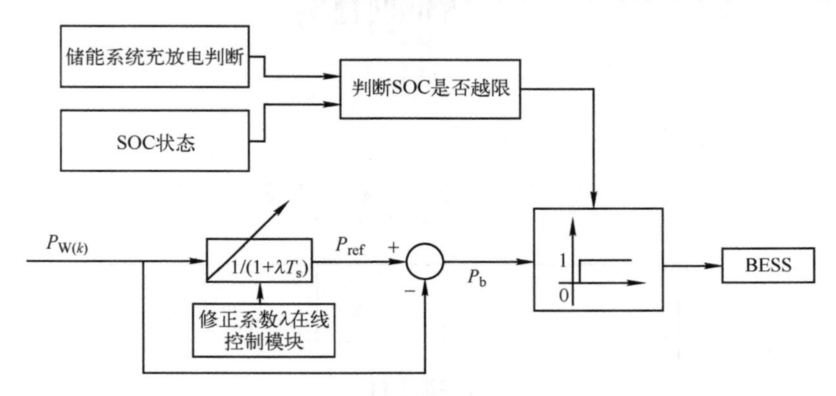

图 8-35　变平滑时间常数控制框图

若规定 1min 级允许最大波动为 0.3MW，10min 级允许最大波动为 0.9MW，使用储能对波动较为剧烈的光伏出力进行平抑，平抑效果如图 8-36 所示。1min 级功率波动和 10min 级功率波动如图 8-37 所示。

从图 8-37 可以看出，在某 5MWp 光伏电站加入 1MW/4MW·h 的全钒液流电池储能系统，可有效平抑光伏 1min/10min 级功率波动，最大功率波动范围在标准允许范围内。

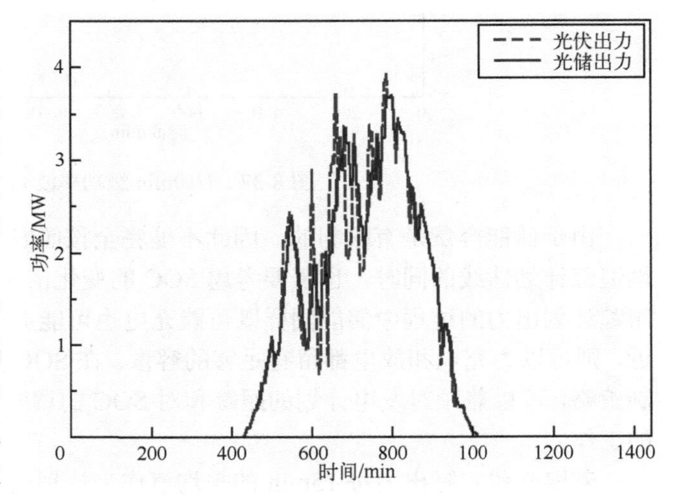

图 8-36　储能平抑光伏波动

（3）跟踪光伏计划出力

光伏电站的发电计划是调度端基于日前预测功率制订的，由于日前预测值可能和次日实测值差别较大，会使光伏电站的次日实际出力偏离发电计划较多，因此需要利用储能系统对光伏电站整体出力进行调整，减少与发电计划之间的偏差，提高其可调度性，控制框图如图 8-38 所示。

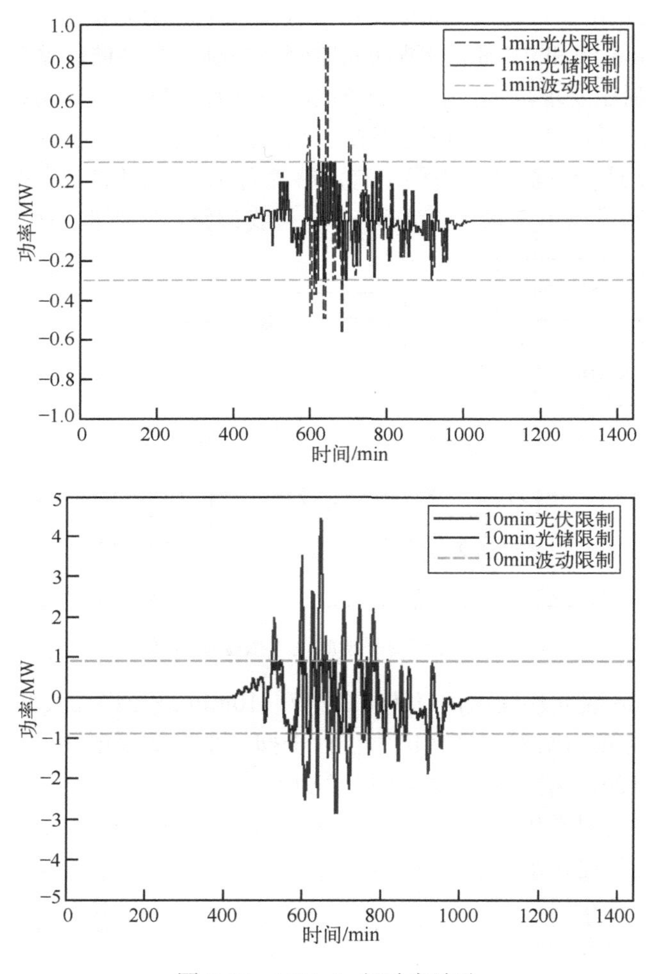

图 8-37 1/10min 级功率波动

由于储能容量是有限制的，因此不能完全按照发电计划进行跟踪，在尽可能地追踪计划曲线的同时，也需要考虑 SOC 的变化情况。由于光伏出力的随机性，跟踪计划出力的过程中储能同样既可能充电也可能放电，如果 SOC 处于 50%附近，则可以为充电和放电都留有足够的容量。在 SOC 反馈控制模块中使用模糊控制策略，可以兼顾对发电计划的跟踪和对 SOC 的调整，较好地完成跟踪计划出力的工作。

若取光伏实际出力每 15min 的平均值作为计划出力曲线，储能配合光伏电站对计划出力的跟踪效果如图 8-39 所示。

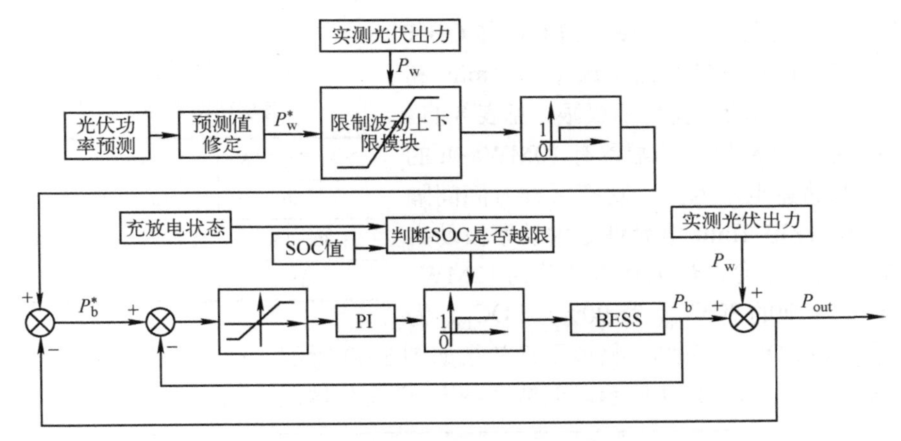

图 8-38　跟踪系统计划出力控制框图

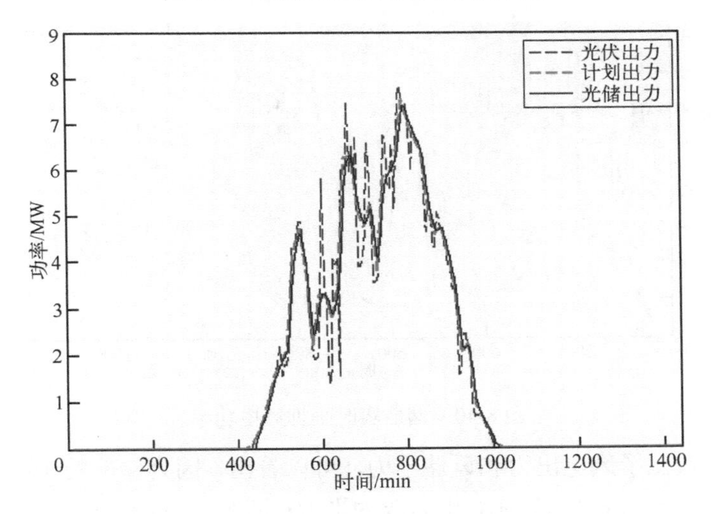

图 8-39　储能配合光伏跟踪发电计划

以某 5MWp 光伏电站为例，加入 1MW/4MW • h 的全钒液流电池储能系统，若取光伏实际出力每 15min 的平均值作为计划出力曲线，当跟踪误差带宽为 5%时，可将满足跟踪要求的概率从 90.14%提高到 98.06%。

8.5.2　风电场景下应用模式

电池储能系统配合风电接入时，应用模式主要包括平抑风电功率波动和跟踪计划出力。

（1）平抑风电功率波动

风能具有随机波动性，其出力大幅波动会对潮流和节点电压产生影响，不利于电网的安全运行。根据 GB/T 19964—2012 的规定，光伏电站有功功率变化率应不超过 10%装机容量每分钟，国家标准 GB/T 19963—2011 则直接给出了风电场 1min 和 10min 级别有功功率变化率极限，见表 8-11。

表 8-11 正常运行情况下风电场有功功率变化最大限值

装机容量/MW	10min	1min
<30	10	3
30～150	装机容量/3	装机容量/10
>150	50	15

以某 50MW 风电场配置有 10MW×4h 的液流电池储能电站为例，功率采样时间间隔为 1min，设定 1min 级允许最大功率波动为 4MW，10min 级允许最大功率波动为 12MW，设定储能电池的 SOC_{max} 为 90%，SOC_{min} 为 10%，初始 SOC 为 50%，整体平抑效果如图 8-40 所示。1min 级和 10min 级功率波动如图 8-41～图 8-44 所示。储能系统 SOC 变化情况如图 8-45 所示。

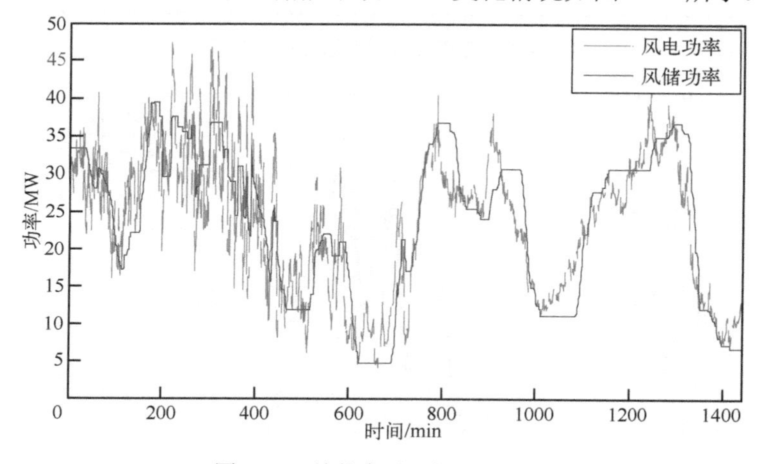

图 8-40 储能实时平抑风电功率

图 8-40 对比了风电出力和风储出力，可以看出，因为储能的作用，风功率的波动性得到了很大程度的抑制，出力较为平滑；图 8-41～图 8-44 对比了风电出力和风储联合出力波动情况，可以看出储能将 1min 级和 10min 级功率波动基本都限制在了规定的范围内，但是仍有某些时刻功率波动超出限制值，这是由于需要抑制的功率波动超出了储能系统功率最大值导致的；由图 8-45 可以看出，使用本节的平抑波动策略，储能系统的 SOC 可以进行自我调整，当 SOC 过高或者过低时，均可以通过改变 1min 级功率波动限制值对储能的充放电功率进行控制，使 SOC 一直保持在限定的区间内，同时可以尽可能提升储能平抑风电功率的效果。

（2）跟踪计划出力

新能源电站的发电计划是调度端基于日前预测功率制订的，由于日前预测值可能和次日实测值差别较大，会使新能源电站的次日实际出力偏离发电计划较多，若不使用储能对实际功率进行调整，则新能源电站可能达不到并网要求，将面临限电甚至不能并网的问题。因此需要利用电池储能系统对新能源电站整体出力进

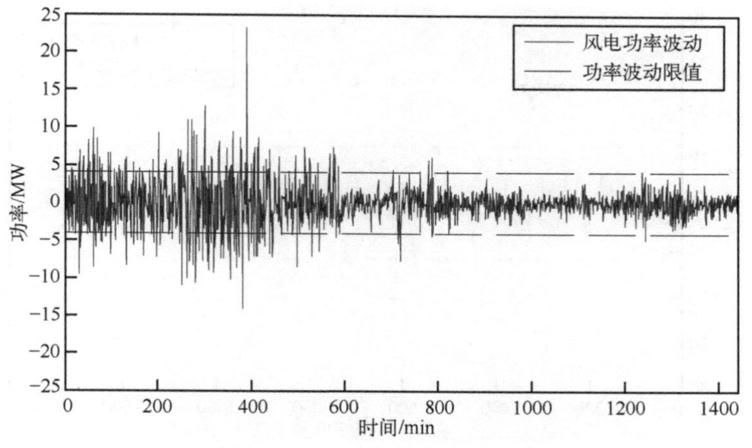

图 8-41　1min 级风电功率波动

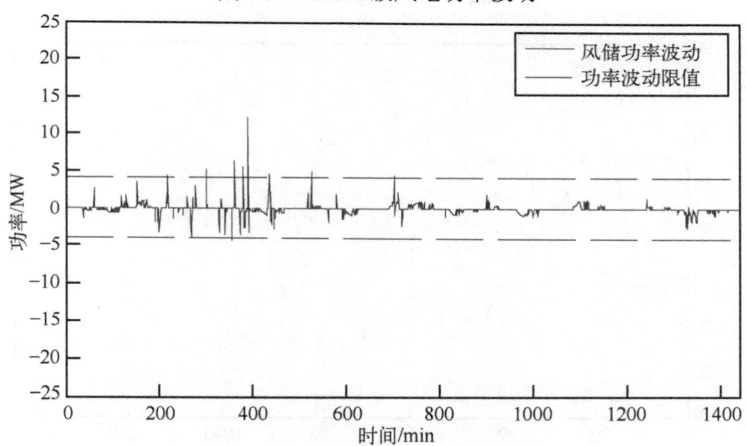

图 8-42　1min 级风储功率波动

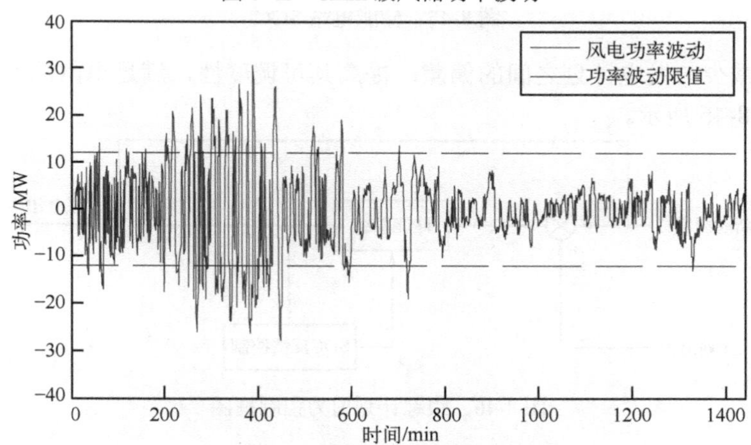

图 8-43　10min 级风电功率波动

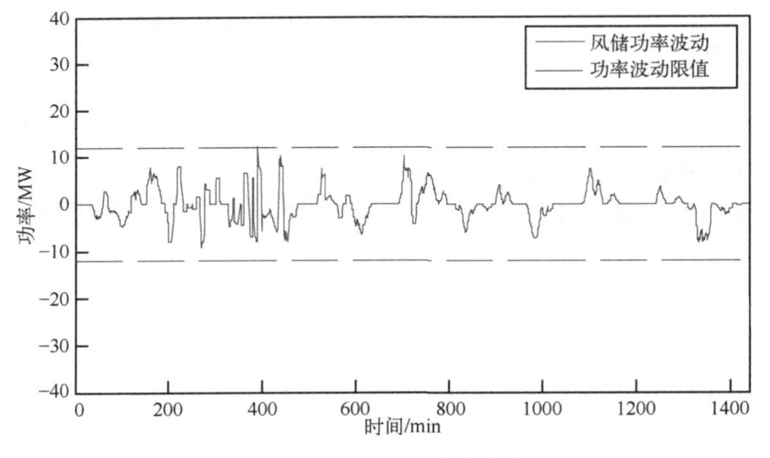

图 8-44 10min 级风储功率波动

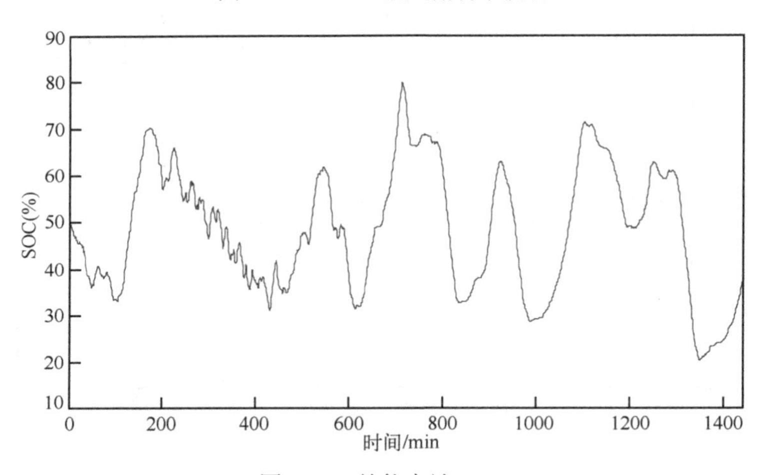

图 8-45 储能电站 SOC

行调整，减少与发电计划之间的偏差，提高其可调度性，满足电网的要求，控制框图如图 8-46 所示。

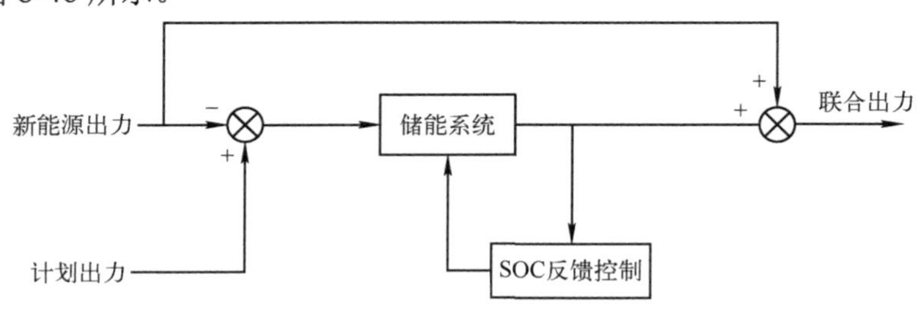

图 8-46 跟踪计划出力控制框图

由于储能容量和功率是有限制的，若完全按照计划出力曲线进行补偿，则可能造成某些时间段储能 SOC 达到限制值而停止工作，此时新能源出力将不可控，不仅无法继续跟踪计划出力，连功率波动也无法平抑，因此不能完全按照发电计划进行跟踪，在尽可能地追踪计划曲线的同时也需要考虑 SOC 的变化情况。

风电实际出力和计划出力曲线之间存在较大偏差，需要使用储能对偏差较多的部分进行补偿，从而提高风电场对计划出力曲线的跟踪能力。在一个完整调度周期内，合理利用储能的能量，达到较好的跟踪效果，跟踪结果和 SOC 变化情况如图 8-47 和图 8-48 所示。

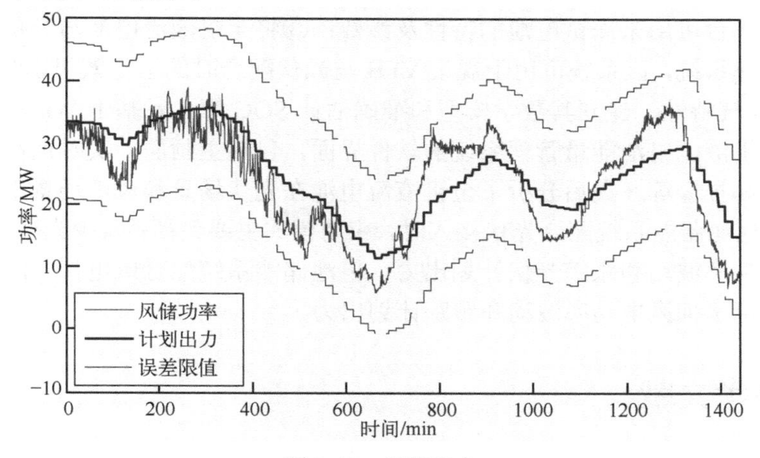

图 8-47 风储出力

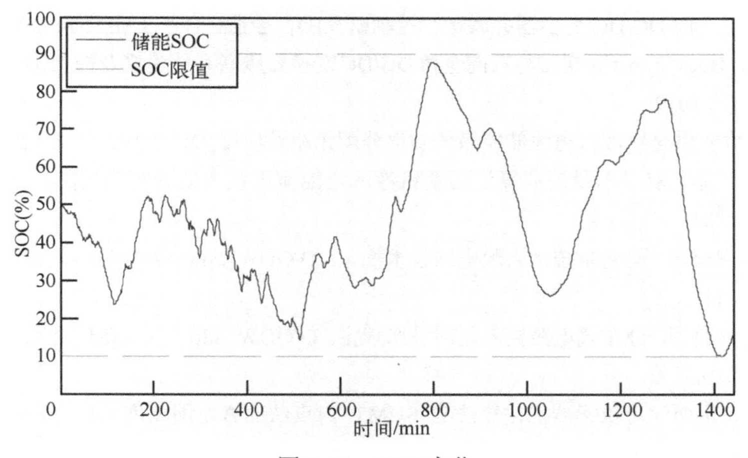

图 8-48 SOC 变化

从图 8-47 和图 8-48 可以看出，储能可以兼顾对计划出力曲线的跟踪和 SOC 的调整，当 SOC 过低时，及时调整储能出力，使 SOC 不至于达到限值导致储能停止工作，并且风储出力一直在计划曲线附近，实现了对计划出力较好的跟踪，同时也对风电功率的波动进行了较好的平抑。

8.6 本章小结

本章给出了全钒液流电池储能系统的几个应用实例：①针对10MW级液流电池储能电站进行了集成方案设计，包括液流电池串并联成组设计、电池管理系统、储能变流器、能量管理系统方案、储能集装箱（方舱）设计方案、电气一次设计方案和电气二次配置方案等；②给出了全钒液流电池储能系统测试平台的软硬件架构，该平台可用来测试电池的特性及参数；③将全钒液流电池与光伏配合构成光储一体化系统，该系统可用于观察VFB与光伏配合时的运行效果，也可用于了解VFB电气特性、建立其数学模型和准确估计SOC等；④基于Wincc OA平台搭建了全钒液流电池能量管理系统的软件界面，包括主画面、实时曲线、历史曲线、参数和报警等。最后分析了全钒液流电池在光伏场景和风电场景下的不同应用模式，电池储能系统配合光伏接入时，应用模式主要包括：减少光伏电站弃光、平滑光伏功率波动和跟踪光伏计划出力；电池储能系统配合风电接入时，应用模式主要包括平抑风电功率波动和跟踪计划出力。

8.7 参考文献

[1] 莫言青. MWh全钒液流电池建模及控制[D]. 合肥：合肥工业大学, 2019.

[2] 黄钰笛. 双向DC/DC变换器并联运行控制研究[D]. 合肥：合肥工业大学, 2019.

[3] 张微微. Buck/Boost变换器与双向全桥DC/DC变换器级联系统建模及控制[D]. 合肥：合肥工业大学, 2019.

[4] 狄那. 大容量全钒液流电池储能系统功率分配策略及应用[D]. 合肥：合肥工业大学, 2019.

[5] 卢文品. 基于双卡尔曼滤波算法的全钒液流电池荷电状态估计与应用[D]. 合肥：合肥工业大学, 2019.

[6] 国家电网公司. 储能系统接入配电网技术规定：Q/GDW 564—2010[S]. 北京：中国电力出版社, 2011.

[7] 国家电网公司. 分布式电源接入电网技术规定：Q/GDW 480—2010[S]. 北京：中国电力出版社, 2010.

[8] 杨艳芳. 全面学习粒子群优化算法与SUMT内点法的微电网调度[D]. 合肥：合肥工业大学, 2019.

[9] 周涛的. 基于WinCC OA城市热网分布式监控系统[D]. 天津：河北工业大学, 2016.

[10] 佘建煌. 基于WinCC OA的矿山能源管理系统[J]. 可编程序控制器与工厂自动化, 2014(8): 80-84, 86.

[11] 乔孟磊, 韦永清. 基于西门子WinCC_OA的风电场SCADA系统设计及应用[J]. 风能, 2015(12): 66-68.

第9章　其他液流电池储能技术

液流电池是一种新型化学储能装置，它将不同价态的活性物质溶液分别作为正负极的活性物质，储存在各自的电解液储罐中，通过外接泵将电解液泵入到电池堆体内，使其在不同的储液罐和半电池的闭合回路中循环流动。采用离子膜作为电池组的隔膜，电解液平行流过电极表面并发生电化学反应，将电解液中的化学能转化为电能，通过双极板收集和传导电流。与锂电池相比，液流电池具有大容量、高安全性、长寿命和可深度放电的优势；与钠硫电池相比，液流电池具有常温、瞬时启动和高安全性的优势。根据参与反应的活性物质的不同，液流电池可以分为全钒液流电池、锌溴液流电池、多硫化钠/溴液流电池、锌/镍液流电池、铁/铬液流电池、钒/多卤化物液流电池、锌/铈液流电池和半液流电池。虽然它们各自的电化学活性物质不同，但都具备电池的功率和容量相互独立，输出功率由电堆模块的大小和数量决定，储能容量由电解液的浓度和体积决定，可实现功率与容量的独立设计，具有能量转化效率高、启动速度快和可深度放电等特点[1-2]。本章主要介绍其他液流电池储能技术，包括铁铬液流电池和锌溴液流电池。

9.1　铁铬液流电池

9.1.1　铁铬液流电池工作原理

铁铬液流电池储能单元的电解质溶液为卤化物的水溶液，其正负极的电化学氧化还原反应如下。

正极的正向充电与反向放电反应为 $Fe^{2+}-e^{-}\rightleftharpoons Fe^{3+}$，相对于标准氢电极 SHE，其电极电位 E^{0}_{Fe}=+0.77V。

负极的正向充电与反向放电反应为 $Cr^{3+}+e^{-}\rightleftharpoons Cr^{2+}$，相对于标准氢电极 SHE，其电极电位 E^{0}_{Cr}=–0.42V。

总的电化学反应为 $Fe^{2+}+Cr^{3+}\rightleftharpoons Fe^{3+}+Cr^{2+}$，总的电化学标准电位为 $E^{0}=E^{0}_{Fe}-E^{0}_{Cr}$=1.19V。

铁铬液流电池的基本原理如图9-1所示。

9.1.2　铁铬液流电池特点

铁铬液流电池与其他电化学电池相比，具有明显的技术优势，具体优点如下：

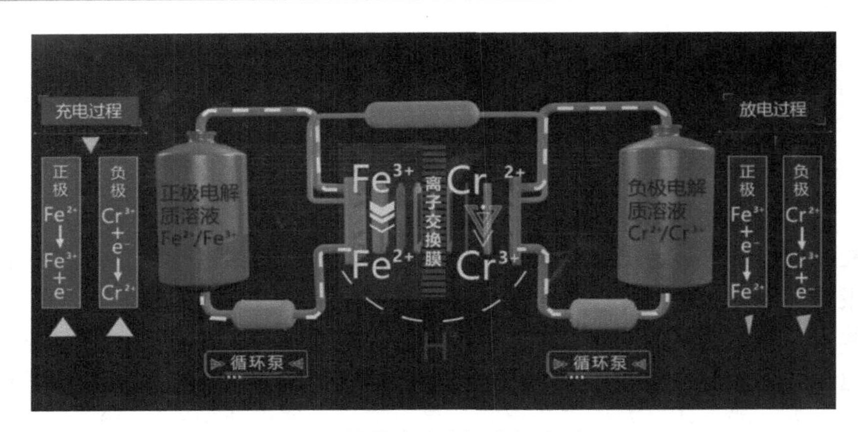

图 9-1　铁铬液流电池的基本原理

1）稳定性、安全性好，寿命长。铁铬液流电池的内部电化学环境温和、腐蚀性弱，电极与隔膜材料长期性能稳定。电解质溶液稳定性也较好，不会出现离子化合物的热分解形成沉淀的现象，避免堵塞管道、电池堆和输送泵，甚至引起管道爆裂，不会引发安全风险。铁铬液流电池的循环寿命可达到 10000 次以上，不少于全钒液流电池，寿命远高于钠硫电池、锂离子电池和铅酸电池。

2）电池堆关键材料选择范围广、成本低。正是基于铁铬液流电池的内部电化学环境温和、腐蚀性弱，允许使用碳氢化合物等价格更便宜的膜材料，同时扩展了电极材料的选择范围、使用寿命，因此可使电池堆的成本显著下降、使用寿命延长。

3）电解质溶液毒性相对较低。铁铬液流电池的电解质溶液是含二价、三价铁盐和二价、三价铬盐的稀盐酸溶液（HCl 浓度<3M），毒性相对较低。

4）环境适应性强，运行温度范围广。相比其他液流电池与固态电池，铁铬液流电池的运行温度更加宽，电解质溶液可在-20～70℃全范围启动。铁铬液流电池的运行温度高温可达 70℃左右，基本不需要配置制冷系统。

5）无爆炸可能，安全性更高。铁铬液流电池的电解质溶液采用水性溶液，没有锂离子电池中固有的爆炸风险。且电解质溶液储存在两个分离的储液罐中，电池堆与储液罐分离，在近似常温常压下运行，因此安全性更高。

6）资源丰富，成本低廉。电解质溶液原材料资源丰富且成本低，不会出现短期内资源制约发展的情况。铁铬液流电池的电解质溶液原材料铁、铬资源丰富，易获取，成本低，因此是更加可持续发展的储能技术。

7）储罐设计，无自放电。电能储存在电解质溶液内，而电解质溶液存储在储罐里，并不是像锂离子电池一样封装在电池里，因此不存在自放电现象，尤其适用于做备用电源等情况。

8）定制化设计，易于扩容。铁铬液流电池的额定功率和额定容量是独立的，功率大小取决于电池堆，容量大小取决于电解质溶液，可以根据用户需求进行功率和容量的量身定制。在对功率要求不变的情况下，只需要增加电解质溶液即可扩容，十分简便。

9）模块化设计，系统稳定性与可靠性高。铁铬液流电池系统采用模块化设计，以 250kW 一个模块为例，一个模块是由 8 个电池堆放置在一个标准集装箱内，因此电池堆之间一致性好，系统控制简单，性能稳定可靠。而锂电池等类型的固态电池则含有上万个柱状小电池单元，性能一致性较差，系统控制通道数目巨大，检测与控制极其复杂，从而造成性能稳定性和可靠性差，甚至存在安全风险问题。

10）废旧电池易于处理，电解质溶液可循环利用。铁铬液流电池的结构材料、离子交换膜和电极材料分别是金属、塑料（或树脂）和碳材料，容易进行环保处理，电解质溶液理论上是可以永久循环利用的。

铁铬液流电池技术具有高效率、长寿期、环境友好、安全可靠性高、适应性强和成本低等诸多优点，在输出功率为数千瓦至数十兆瓦，储能容量数小时以上级的规模化固定储能应用场合，铁铬液流电池储能具有明显的优势，是大规模储能首选的技术路线之一。

9.1.3 铁铬液流电池发展历史

铁铬液流电池技术起源于 20 世纪七八十年代美国国家航空航天局（NASA）的路易斯研究中心（Lewis Research Center），该中心的科学家 Thaller 提出了氧化还原液流电池的概念[3]，他们在筛选了多种氧化还原体系电对基础上，最终选择了铁铬液流电池（Fe/Cr RFB）体系作为主要的研发对象，因为其成本低廉、综合电化学特性较好[4]。实验测试结果表明，在碳电极上正极 Fe^{3+}/Fe^{2+}离子的氧化还原反应可逆性好，负极 Cr^{3+}/Cr^{2+}氧化还原反应可逆性较差，但是经过在负极上沉积催化剂改善其可逆性，电极性能得到显著改善[5]。NASA 首先研制出了 1kW 的铁铬液流电池储能系统[6]。后期为了改善系统的性能，在单电池基础上开展了进一步的研发，电解液采用了铁、铬离子的混合溶液，并且升高了操作温度，从而保持了系统容量的相对稳定。同时，也提高了电极的性能。在此基础上，NASA 认为铁铬液流电池储能技术达到了商业化应用的技术程度，开始转入商业公司 Standard Oil of Ohio 准备产品的开发，但是由于石油危机的减缓或其他原因，该公司没有选择将这一技术进行商业应用的发展。日本 NEDO 在 NASA 的研发合同下，也开展了进一步的研究，曾经推出过 10kW 的铁铬液流电池系统[7]。可以说，铁铬液流电池储能系统的技术基础已经形成。

随着新能源的发展，对储能技术的需求越来越迫切，美国 Deeya Energy（后并入 Imergy 公司）和 EnerVault 公司继承了 NASA 的技术体系，在此基础上进行了进一步的开发。美国的 EnerVault 公司在 2014 年建成了全球第一座 250kW/

1000kW•h 铁铬液流电池储能电站。NASA 的科学家之一 Reid 对 NASA 的技术发展进行了详细描述[8]。

国内在 20 世纪 90 年代初期有几家单位对铁铬液流电池进行了跟踪研究。其中，中科院长春应用化学研究所的江志韫团队对 NASA 在 20 世纪七八十年代的工作进行了细致的综述[9]，中科院大连化学物理研究所的衣宝廉团队于 1992 年曾经推出过 270W 的小型铁铬液流电池电堆[10]。但是由于铁铬液流电池技术中关键问题阴极析氢与电解液互混未得到解决，研究一度止步[11-14]。

目前，国家电投集团科学技术研究院采用的铁铬液流电池技术采用混合的铁、铬离子溶液，已经成功解决了电解液互混问题；通过催化剂解决了阴极析氢问题；并且在储能系统中设计安装了再平衡系统，有效解决了系统容量长期稳定运行问题，极大地提高了铁铬液流电池的使用寿命，进一步提升了铁铬液流电池技术水平。国家电投集团科学技术研究院自主研发的铁铬液流电池技术水平处于国际领先，储电技术实验室已经搭建了材料测试平台和电池测试平台，可以进行单电池测试、300W 电池测试、2kW 电堆测试和 30kW 电堆测试。目前，已经成功研发了 300W、2kW、10kW、30kW 和 250kW 等系列储能产品，具备从研发、设计、测试到组装生产等一整套完整的技术能力，所有零部件已实现国产化。同时，基于 250kW 储能产品的兆瓦级储能系统的模块化成组技术也已成熟。

9.1.4 铁铬液流电池研究现状

铁铬液流电池的研究现状目前主要体现在以下几个方面。

（1）电池堆关键材料筛选与优化

铁铬液流电池中影响电池堆性能的关键材料有双极板、隔膜和电极材料等。在这些关键材料的选择上，开展了大量的研究和评测。

电池堆关键材料首先就是电极，沿用了 PAN 基碳毡电极材料，但是碳毡电极材料的密度、压缩率以及电极结构得以优化。目前，碳毡电极材料的生产基本已经实现国产化，然而其原材料 PAN 基纤维的性能改善与生产上的国产化有待于进一步解决。

其次是电池堆的隔膜材料，NASA 前期的研究非常广泛，从多孔膜到离子交换膜都有研制与测试，最后研制出了一种质子交换膜，获得了电池的最佳性能。但是后期由于技术转移到商业公司，但未得到商业应用，从而研究中断。2006 年后，硅谷的科技公司为了片面地降低成本，主要采用多孔膜作为正负极间的隔膜，虽然实现了一定商业应用，但是电池堆的效率并不理想。国内研究为了保持液流电池的高效率仍然侧重于质子交换膜，并证明了采用廉价的碳氢化合物质子交换膜的可行性。该膜材料在铁铬液流电池中应用效果显著，在近似的电压效率下得到了较理想的库仑效率。目前，正在对该膜材料进行规模化放大和进一步开展示范验证。

（2）千瓦级铁铬液流电池电堆与储能系统

2kW 铁铬液流电池储能系统已在国家电投集团科学技术研究院研制成功，如图 9-2 所示。该系统由两个电池堆（1 备 1 用）、电解液储罐、电解液输送泵、管路系统、充放电机和控制系统等部分组成，电池堆功率最大为 2.5kW，正负极电解质溶液合计最多约为 350L。试验结果表明：①系统运行稳定，充放电测试结果重复性较好；②系统能量效率可以达到约 70%；③电池堆中电池单元一致性很好，全部电池单元的最大、最小电压差为 40mV 左右；④完成 100 次以上连续充放电后，系统效率与容量基本稳定。

图 9-2　2kW铁铬液流电池储能系统

（3）30kW 大型电池堆与储能系统

国家电投集团科学技术研究院的研究人员开展了 30kW 级大型电池堆的研制，突破了三维仿真理论模拟、设计计算、受力分析、热传导计算、密封设计、电池堆装配和抗振分析等技术难关，并实施了大量的实验验证，理论与实践结合保证了电池堆设计的合理性和有效性。最终，实现了电池堆的制造及测试系统的建立。2019 年 11 月，报道了 30kW 级铁铬液流电池堆成功下线并通过测试，实测功率 32kW，电池堆有效面积 5000cm^2，电流密度达到 70mA/cm^2。如图 9-3、图 9-4 所示。

（4）铁铬液流电池储能系统示范

在光伏电站配置的250kW 铁铬液流电池储能系统示范工程将于2020年建成，如图 9-5 所示。该系统采用多个电池堆集成为电池堆模块，优化了电解质溶液流体分配技术，并实现了液流电池系统的充放电控制由双向变流器（PCS）与 400V 交流电网对接，可实行多种运行模式，如平滑光伏输出、跟踪出力曲线和移峰移谷等，可起到减少弃光的作用。

图 9-3　30kW级铁铬液流电池电堆“容和一号”

图 9-4　30kW级铁铬液流电池储能系统

（5）新一代铁铬液流电池技术研发

国家电投集团科学技术研究院正在研发新一代高功率密度铁铬液流电池技术，将全面提升电池堆与储能系统的性能，并在此基础上提出和建立相应的检测、评价方法与标准，通过新一代铁铬液流电池技术研发，有望实现在保持较高电压效率下电池堆电流密度提升一倍。

图 9-5　国内首座百千瓦级铁铬液流电池储能示范项目效果图

9.2　锌溴液流电池

9.2.1　锌溴液流电池工作原理

锌溴氧化还原液流电池是一种将能量储存在溶液中的电化学系统。正负半电池由隔膜分开，两侧电解液为 $ZnBr_2$ 溶液。在动力泵的作用下，电解液在储液罐和电池构成的闭合回路中进行循环流动。氧化还原反应电极对间的电势差是发生反应的动力。充电过程中，负极锌以金属形态沉积在电极表面，正极生成溴单质，放电时在正负极上分别生成锌离子和溴离子。电化学反应可以简单地表示如下。

锌溴液流电池的电极反应为

负极 $Zn^{2+} + 2e^- \Leftrightarrow Zn$　　$E = 0.763$ V（25℃）

正极 $2Br^- \Leftrightarrow Br_2 + 2e^-$　　$E = 1.087$ V（25℃）

电池反应 $ZnBr_2 \Leftrightarrow Zn + Br_2$　　$E = 1.85$ V（25℃）

从上面电池反应中可以看出，充电时，溴离子失去两个电子变成单质溴。溴溶解于水中，变成 Br_3^-、Br_5^-离子，并以 Br_3^-、Br_5^-离子形式从正极向负极扩散，当扩散到负极附近时，与沉积的锌发生反应，造成自放电。

$$2Zn + 2Br_3^- \rightarrow 2Zn^{2+} + 6Br^-$$

$$4Zn + 2Br_5^- \rightarrow 4Zn^{2+} + 10Br^-$$

锌溴液流电池基本原理如图 9-6 所示。

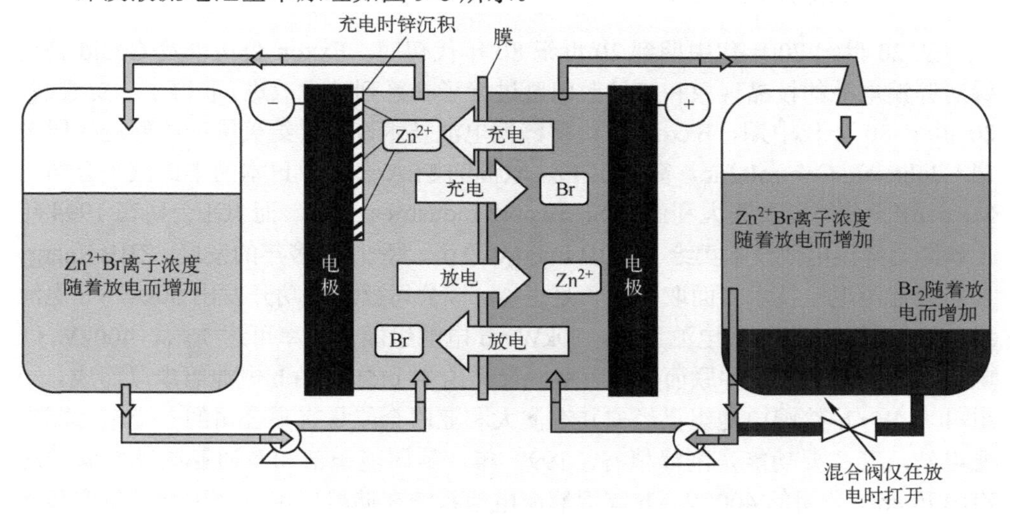

图 9-6　锌溴液流电池工作原理

9.2.2　锌溴液流电池特点

锌溴液流储能系统的功率取决于电池的面积和堆的节数，储能容量取决于储液罐的容量，两者可单独设计以符合各种规模的电池。所以电池的设计灵活性大，易于模块组合，储能规模易于调节。正负极和贮液罐中的电解液均为 $ZnBr_2$，保持了反应的一致性。理论上讲，锌溴液流电池储能系统的使用寿命长，无污染，运行和维持费较低，是一种高效的大规模储电装置。

锌溴液流电池特点如下：

1）工作原理简单和使用寿命长。电池反应为液相反应，只发生溶液中离子化合价的变化。与使用固体活性物质的电池相比不存在减少电池使用寿命的因素，如活性物质的损失、相变，电池使用寿命可达 15 年以上，甚至 20 年。

2）安装布局比较灵活，适于用作规模储能装置。电池的输出功率（电池堆）和容量（电解液储槽）可分隔开，因此氧化还原液流电池可以做成大容量的储能装置。

3）无静置损失问题，自放电低，可以快启动。电池充电后荷电电解液分别储存在正负储槽中，长期放置不用也不会发生自放电。而且，长期放置后只需起动泵，几分钟就可起动。

4）电池充放电性能好，可 100%深度放电几千次。

5）电池部件廉价，使用寿命长，材料来源丰富，加工技术较成熟，易于回收，成本优势明显。

9.2.3 锌溴液流电池发展历史

从 20 世纪 70 年代中期到 20 世纪 80 年代初期，Exxon 公司以及 Gould 公司针对锌溴电池的枝晶现象和溴扩散问题进行了一系列技术改进，取得了一定进展。20 世纪 80 年代中期，Exxon 公司将锌溴电池技术许可转给美国的约翰逊控股公司（Johnson Control Inc，简称 JCI）、欧洲的 SEA 公司、日本的丰田汽车公司、Meidensha 公司以及澳大利亚的 Sherwood Industries 公司。而 JCI 公司在 1994 年把该公司锌溴电池技术卖给了 ZBB Energy 公司。经过 10 多年的发展，ZBB Energy 公司在锌溴电池技术方面取得了长足进展。该公司已经成功开发出 50kW•h 电池组并设计了 400kW•h 电池系统，50kW•h 电池组能量效率可达 70%。400kW•h 电池系统由两行电池并联而成，而每一行又由 4 个 50kW•h 电池组串联而成。一组 400kW•h 锌溴电池组已经安装在澳大利亚联合能量有限公司的一个电力配电变电站，其主要功能是削峰填谷。1999 年，美国能源部和桑迪亚国家实验室对 ZBB Energy 公司的 400kW•h 锌溴液流电池系统在储能应用方面进行了研究和评价。2006 年，美国能源部、桑迪亚国家实验室和美国加州能源委员会联合 ZBB Energy 公司对其 500kW•h 锌溴电池系统性能、可靠性及技术竞争力进行了示范研究。研究结果表明，该公司锌溴液流电池在充放电性能、长期循环性能及运行可靠性方面都有了很大程度的提高，锌溴液流电池技术非常适合应用于规模储能领域。2008 年 12 月，ZBB Energy 公司宣布将向爱尔兰提供一套 500kW•h 锌溴电池系统，作储能与风能发电技术用，在商业化进程中迈出坚实的一步。

日本也致力于发展用于电力事业的锌溴液流电池技术。在 20 世纪 80 年代，研究和开发了第一个 1kW 电池组，然后是 10kW 电池组并最终制作出 60kW 电池组。1990 年，由新能源和工业技术发展组织、Kyushu 电力公司和 Meidensha 公司将 1MW、4MW•h 的电池安装在福冈市 Kyushu 电力公司的 Imajuku 变电站。该装置由 24 个 25kW 电池组串联组成，是目前世界上最大的锌溴电池组。该电池组完成了 1300 多次循环，系统能量效率为 65.9%。

奥地利 SEA（现在的 Powercell Gmbh）公司自 1983 年以来一直在研究用于电动车的锌溴电池组，目前已经制备出容量范围为 5～45kW·h 之间的电池组。其中在一辆公共汽车上安装一组 45kW·h、216V 的电池组，电池组质量约为 700kg，这辆车最高时速达到了 100km/h，以 50km/h 的速度行驶的最大行程为 220km。将安装了铅酸电池组的相同试验车辆同锌溴电池组进行比较，可以证实安装锌溴电池组的实验电动车比铅酸电池的行程长 2～3 倍。

中国非循环性的锌溴电池研究自 20 世纪 90 年代以后在国内陆续开展，包括科研院所及一些企业，如瑞源通公司致力于非循环的锌溴动力电池的开发，应用于大型电动客车，质量比能量约为 40W·h/kg；锌溴液流电池的产业化研发在中国起步相对较晚，目前国内有 3～4 家企业从事锌溴液流电池的开发，其中包括美国 ZBB 公司与安徽鑫龙电器合资成立的安徽美能储能系统有限公司，主要以美国 ZBB 公司的 EnerStoreTM 技术为基础，进行锌溴液流电池储能系统产品的总装；北京百能汇通科技股份有限公司核心团队具有多年锌溴液流电池技术开发经验，为国内首批从事锌溴液流电池产业化的技术人员，通过对关键材料及电堆技术的自主研发，建立了微孔隔膜及双极板的连续化生产线，填补了国内该领域的空白，同时利用先进的电堆集成工艺，目前已开发出额定功率 2.5kW 的单电堆以及 10kW/25kW·h 的储能模块，为具有完全自主知识产权的锌溴液流电池产业化奠定了良好的基础。此外，由中国科学院大连化学物理研究所和博融（大连）产业投资有限公司共同组建的大连融科储能技术发展有限公司依托于中国科学院大连化学物理研究所的技术开展了对锌溴液流电池的研发工作[15-24]。

2014 年 7 月 22 日青海省锌溴电池工程技术研究中心落户海东科技园，这是全国首个锌溴电池工程技术研究中心，如图 9-7 所示。

图 9-7　全国首个锌溴电池工程中心落户青海中关村产业基地

9.2.4 锌溴液流电池研究现状

锌溴液流电池的主要技术问题是：溴和溴盐的水溶液对电池材料具有强烈的腐蚀性；充电过程中锌电极上易形成枝晶；由于溴在电解液中溶解度高，溶解的溴快速传质到锌电极表面，与锌直接反应，造成严重的自放电；考虑到成本性能等因素，隔膜的选取也是目前较为关键的问题。为此，研究学者们为解决这些问题展开了研究。

（1）溴和溴盐的水溶液对电池材料具有腐蚀性

电池的基本材料为塑料，较早时采用聚丙烯为电池材料，之后采用聚乙烯。溴水具有很强的腐蚀性，电池长时间运转导致电池材料老化变形，大大影响了电池的性能和使用寿命。采用碳–塑料复合材料可以大大降低溴水的腐蚀，并且提高了电池的强度。

（2）充电过程中形成锌枝晶

电池充电时，锌在负极上沉积，当沉积的锌层达到一定的厚度时，锌就开始呈枝状生长。如果不对锌枝加以控制，尤其是在深度充电时，锌枝将穿透隔膜到达正极，造成短路使电池失效。因此，要控制条件，使之形成均匀、粘附性好的金属薄层，避免锌枝晶的产生导致刺破隔膜而引起电池内部短路，采用碳质孔隙电极，使电解液沿电极表面的流动有利于形成均匀锌沉积层。提高电解液流速、增大电极沿流动方向的长度及增加孔隙层厚度，都可改善沉积层均匀性。在电解液中添加有机阻化剂可获得显著效果。充电时正极产生的溴透过隔膜到负极可以对锌产生腐蚀，也可抑制锌沉积的枝晶生长，腐蚀速率越高，这种作用越明显。这种作用降低了电池的电流效率，但仍不失为一种控制手段。

（3）自放电

充电时产生的溴透过隔膜快速传质到锌电极表面，与锌直接反应，造成电池的自放电。为减少这样的自放电，一般采取的办法是：用隔膜将正、负极电解液分开，减少溴的通过；在电解液中加入溴络合剂，减少溴的浓度；用阳离子交换膜作为电池的隔膜，它允许阳离子通过，但阻止溴的通过等。隔膜的厚度、溴在隔膜中的扩散系数、正极电解液贮液罐中油箱的体积、溴在正极液中水相和有机相得分配系数以及电解液流动动力学状况，都是影响电池自放电的重要参数。为了避免溶解的溴和锌反应而使电池自放电，电解质溶液的溴含量要求小于 0.2%，液体溴不能满足这一要求。可采取在制作正极的过程中添加一定的有机季铵盐，用它来吸收生成的溴。有机季铵盐能和溴生成有机的络合物，从而把溴给固定住，以达到减少电池的自放电、提高电池的比能量的目的。

（4）隔膜的选取

对隔膜进行改进，其基本思想就是在减小隔膜孔径时以阻止溴分子的扩散，在隔膜的孔上搭接一个大分子用以减少隔膜的孔径，阻止溴从正极向负极扩散。目前应用于锌溴液流电池最主要的隔膜是 Nafion 膜。

9.3 本章小结

液流电池有多个类型，包括全钒液流电池、锌溴液流电池、多硫化钠/溴液流电池、锌镍液流电池、铁铬液流电池、钒/多卤化物液流电池、锌铈液流电池和半液流电池等，本章给出了其中两种常见的液流电池，即铁铬液流电池和锌溴液流电池的工作原理、特点、发展历史及研究现状。

9.4 参考文献

[1] 杨霖霖, 王少鹏, 倪蕾蕾, 等. 新型液流电池研究进展[J]. 上海电气技术, 2015, 8(1): 46-49.
[2] 杨霖霖, 廖文俊, 苏青, 等. 全钒液流电池技术发展现状[J]. 储能科学与技术, 2013, 2(2): 140-145.
[3] THALLER L H. Electrically rechargeable redox flow cell: US3996064[P]. 1976-12-07.
[4] HAGEDOM N H. Nasa redox storage system development project[R]. NASA TM-83677, DOE/NASA/12726-24. 1984.
[5] BARTOLOZZI M. Development of redox flow batteries- a historical bibliography[J]. Journal of Power Sources, 1989, 27(3): 219-234.
[6] THALLER L H. Redox flow cell energy storage systems[R]. NASA TM-79143, DOE/NASA/1002-79/3. 1979.
[7] FUTAMATA M, HIGUCHI S, NAKAMURA O, et al. Performance testing of 10 kW-class advanced batteries for electric energy-storage systems in Japan[J]. Journal of Power Sources, 1988, 24(2): 137-155.
[8] REID C M, MILLER T B, HOBERECHT M A, et al. History of electrochemical and energy storage technology development at NASA Glenn Research Center[J]. Journal of Aerospace Engineering, 2013, 26(2): 361-371.
[9] 江志韫, 张利春, 林兆勤, 等. 近年氧化还原液流电池发展概况[J]. 自然杂志, 1988: 739-742.
[10] 衣宝廉, 梁炳春, 张恩浚, 等. 铁铬氧化还原液流电池系统[J]. 化工学报, 1992, 43(3): 330-336.
[11] YI B L, LIANG B C, ZHANG E J, et al. Iron/Chromium redox flow cell system[J]. Journal of Chemical Industry and Engineering (China), 1992, 43(3): 330-336.
[12] MANOHAR A K, KIM K M, PLICHTA E, et al. A high efficiency iron-chloride redox flow

battery for large-scale energy storage[J]. Journal of the Electrochemical Society, 2015, 163(1): 5118-5125.

[13] ZENG Y K, ZHAO T S, AN L, et al. A comparative study of all-vanadium and iron-chromium redox flow batteries for large-scale energy storage[J]. Journal of Power Sources, 2015, 300: 438-443.

[14] 贾传坤, 王庆. 高能量密度液流电池的研究进展[J]. 储能科学与技术, 2015, 4(5): 467-475.

[15] 孟琳. 锌溴液流电池储能技术研究和应用进展[J]. 储能科学与技术, 2013, 2(1): 35-41.

[16] 宋文君. 锌溴液流电池各部件及电堆的制备研究[D]. 大连: 大连理工大学, 2013.

[17] 冯天明. 锌溴液流电池电解液性能的探究[D]. 杭州: 浙江工业大学, 2018.

[18] 陈健. 锌溴液流电池管理系统的研究[D]. 保定: 河北大学, 2018.

[19] 谢聪鑫, 郑琼, 李先锋, 等. 液流电池技术的最新进展[J]. 储能科学与技术, 2017, 6(5): 1050-1057.

[20] 张亮. 锌溴电池在广电机房中的应用[J]. 电脑知识与技术, 2017, 13(23): 190-191, 199.

[21] 孟琳, 林燕燕, 任忠山, 等. 不同活性炭对锌溴液流电池正极性能的影响[J]. 材料热处理学报, 2017, 38(4): 32-37.

[22] 宋文君, 李明强, 苏杭. 锌溴液流电池的电堆制备及性能评价[J]. 电源技术, 2015, 39(5): 963-964, 967.

[23] 孙钰. 锌溴液流电池用隔膜的制备及性能研究[D]. 大连: 大连理工大学, 2015.

[24] 纪永新, 张丽, 杨波, 等.锌溴液流电池安全性研究[J]. 工业控制计算机, 2014, 27(10): 138-140.